Elemente der Mathematik

EdM

Nordrhein-Westfalen

Qualifikationsphase Leistungskurs
Lösungen Kapitel 4 bis 8

Herausgegeben von
Heinz Griesel, Andreas Gundlach, Helmut Postel, Friedrich Suhr

Schroedel
westermann

Lösungen Kapitel 4 bis 8
Nordrhein-Westfalen
Qualifikationsphase Leistungskurs

Herausgegeben von
Prof. Dr. Heinz Griesel, Dr. Andreas Gundlach, Prof. Helmut Postel, Friedrich Suhr

Bearbeitet von
Karin Benecke, Sibylle Brinkmann, Martin Brüning, Gabriele Dybowski, Dr. Andreas Gundlach, Dr. Arnold Hermans †, Jakob Langenohl, Matthias Lösche, Hanns Jürgen Morath, Dr. Holger Reeker, Sigrid Schwarz, Heinz Klaus Strick, Friedrich Suhr

Beratend wirkte mit
Dr. Reinhard Köhler

westermann GRUPPE

Druck A[7] / Jahr 2022
Alle Drucke der Serie A sind im Unterricht parallel verwendbar.

Redaktion: Dr. Petra Brinkmeier, Michael Boßmeyer
Grafiken: Ilona Külen, imprint, Zusmarshausen
Taschenrechner-Screenshots: Texas Instruments Education Technology GmbH, Freising
Umschlagsfoto: |Avenue Images GmbH (RF), Hamburg: Peter Eberts/agefotostock
Umschlagsgestaltung: Janssen Kahlert Design & Kommunikation
Druck und Bindung: Westermann Druck GmbH, Georg-Westermann-Allee 66, 38104 Braunschweig

ISBN 978-3-507-**87993**-5

4 Vektoren, Geraden und Winkel im Raum

5 Analytische Geometrie mit Ebenen

6 Wahrscheinlichkeitsverteilungen

7 Beurteilende Statistik und stochastische Prozesse

8 Aufgaben zur Vorbereitung auf das Abitur

4 Vektoren, Geraden und Winkel im Raum

4.1 Punkte und Vektoren im Raum – Wiederholung

4.1.1 Lage von Punkten im Raum beschreiben

212 **Einstiegsaufgabe ohne Lösung**

Hinweis: Als Koordinatenursprung sollte man eine untere Ecke des Klassenraumes wählen. Zwei Schüler/innen sollten dann möglichst mit einem Maßband die Koordinaten bestimmen. Bei den Messungen ist darauf zu achten, dass das Maßband orthogonal zu den beiden Achsen am Boden bzw. bei der Höhe orthogonal zum Fußboden gehalten wird. Die Schüler/innen sollten bei den Messungen ihr Vorgehen beschreiben. Bei der Gelegenheit können die Begriffe Ursprung, Koordinaten-Achsen und Koordinaten-Ebene eingeführt werden.

214 **1.** **a)** A(6|4|−1); B(−2|0|1,5); C(2|5|1)

b) Die Koordinaten des Punktes D könnten beispielsweise D(4|5|0) lauten. Auch die Punkte R(2|4|−1) oder S(0|3|−2) erscheinen im Schrägbild an der Stelle D. An der Stelle E erscheinen im Schrägbild zum Beispiel die Punkte E(2|−2|3), T(0|−3|2), Q(−2|−4|1).

c) D(−6|0|−5); E(−4|−5|0)

215 **2.** **a)**

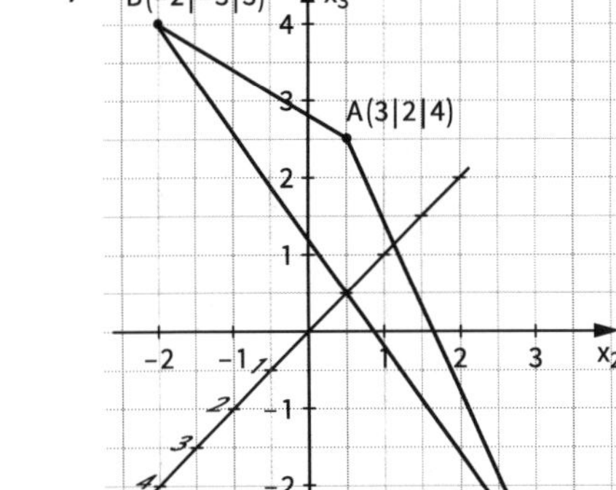

215 **b)**

c) Zeichnet man das Koordinatensystem wie üblich, so liegen die Punkte E und F übereinander und die Gerade lässt sich nicht einzeichnen.

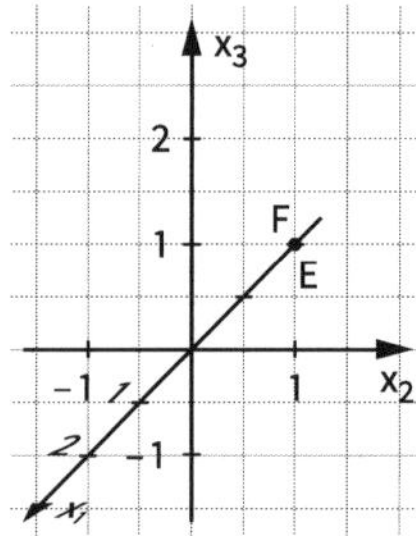

3. Lina hat das perspektivische Zeichnen beim Abtragen der x_2- und x_3-Koordinaten missachtet und dementsprechend diese zu lang gezeichnet.

4. *Beispiel*
Eckpunkte:
A(5 | 2,5 | 0); B(5 | 12,5 | 0); C(−5 | 2,5 | 0);
D(−5 | 12,5 | 0); S(0 | 7,5 | 8)

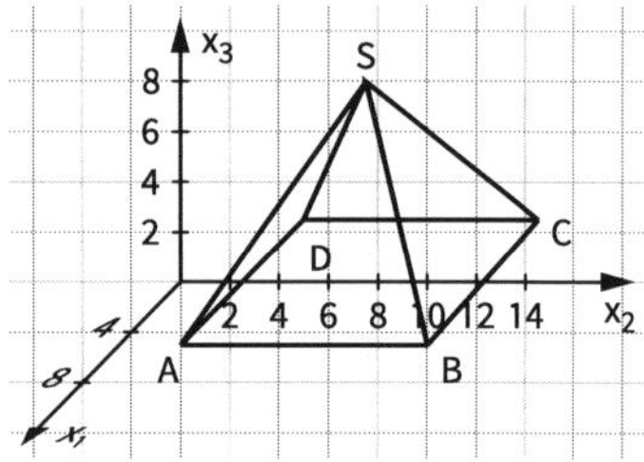

5. a) Schrägbild siehe Schülerbuch.
A(4 | 0 | 0); B(4 | 4 | 0); C(0 | 4 | 0); D(0 | 0 | 0); E(4 | 0 | 6); F(4 | 4 | 6);
G(0 | 4 | 6); H(0 | 0 | 6); S(2 | 2 | 9)

b) A(2 | −2 | 0); B(2 | 2 | 0); C(−2 | 2 | 0); D(−2 | −2 | 0); E(2 | −2 | 6);
F(2 | 2 | 6); G(−2 | 2 | 6); H(−2 | −2 | 6); S(0 | 0 | 9)

c) Die x_3-Koordinaten sind gleich. Jeweils die x_1- und x_2-Koordinate ist bei a) um 2 Einheiten größer als bei b).
Dies entspricht gerade der Verschiebung von D zu M.

215

6. a)

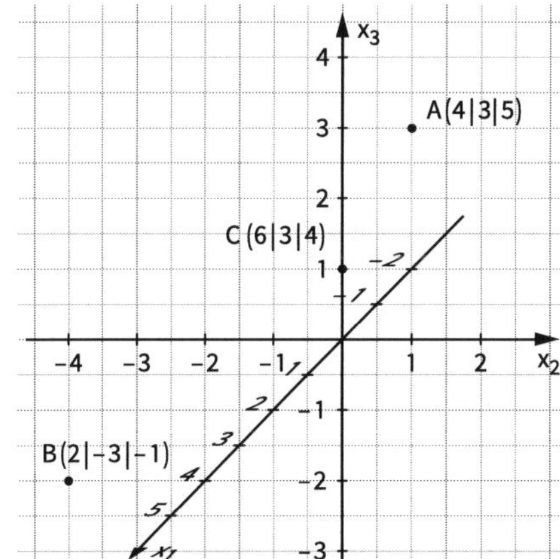

b) Punkte, die an derselben Stelle erscheinen wie Punkt

- A: z. B. (−2|0|2), (0|1|3)
- B: z. B. (4|−2|0), (−2|−5|−3)
- C: z. B. (0|0|1), (−2|−1|0)

216

7. A(6|0|0); B(6|6|0); C(0|6|0);
D(0|0|0); E(6|0|6); F(6|2|6);
G(6|6|2); H(4|6|6); I(0|6|6);
K(0|0|6)

8. a) Auf der x_2x_3-Ebene.
b) Auf der x_1x_3-Ebene.
c) Auf der x_1x_2-Ebene.
d) Auf der x_3-Achse.
e) Auf einer Ebene parallel zur x_1x_2-Ebene mit der x_3-Koordinate 3.
f) Auf einer Geraden parallel zur x_3-Achse durch den Punkt P(2|3|0).

9. a)

A(17|−15|0)	B(17|−15|8)	C(17|0|8)
D(0|0|8)	E(0|22|8)	F(−12|22|8)
G(−12|22|0)	H(0|22|0)	I(0|0|0)
J(17|0|0)		

216 **b)** x_1x_2-Ebene: A, G, H, I, J
x_2x_3-Ebene: D, E, H, I
x_1x_3-Ebene: C, D, I, J

c) A(37 | 17 | 0) B(37 | 17 | 8) C(22 | 17 | 8)
D(22 | 0 | 8) E(0 | 0 | 8) F(0 | −12 | 8)
G(0 | −12 | 0) H(0 | 0 | 0) I(22 | 0 | 0)
J(22 | 17 | 0)
x_1x_2-Ebene: A, G, H, I, J
x_2x_3-Ebene: E, F, G, H
x_1x_3-Ebene: D, E, H, I

10. Aus der Darstellung eines 3-dimensionalen Koordinatensystems auf einer 2-dimensionalen Zeichenfläche kann man nicht eindeutig die Koordinaten von Punkten ablesen, z. B. könnten die Punkte auch durch:
P(−2 | 2 | 1) und Q(1 | −2 | −1) beschrieben werden.
Erst durch weitere Informationen bzw. Lagebeziehungen kann Eindeutigkeit erreicht werden.

11. a) P′(2 | 0 | 4)
b) x_1x_2-Ebene: (2 | 3 | 0) x_2x_3-Ebene: (0 | 3 | 4)
c) Spiegelung an x_1x_3-Ebene: (2 | −3 | 4)

12. a) P′(−4 | 0 | 0); Q′(0 | 3 | 0); R′(3 | −2 | −4); S′(−8 | 5 | 3)
b) P″(−4 | 0 | 0); Q″(0 | −3 | 0); R″(3 | 2 | 4); S″(−8 | −5 | −3)
c) P‴(4 | 0 | 0); Q‴(0 | 3 | 0); R‴(−3 | −2 | 4); S‴(8 | 5 | −3)
d) P⁗(4 | 0 | 0); Q⁗(0 | −3 | 0); R⁗(−3 | 2 | −4); S⁗(8 | −5 | 3)

4.1.2 Vektoren

217 **Einstiegsaufgabe ohne Lösung**
Richtung x_1-Achse: 5 Einheiten
Richtung x_2-Achse: 7 Einheiten
Richtung x_3-Achse: 1,5 Einheiten
Die Verschiebung auf G angewandt, ergibt G′(−12 | 30,5 | 4).

219 **1.** Das Dreieck A′B′C′ muss mit dem Vektor $\begin{pmatrix} -4 \\ 2 \\ 0 \end{pmatrix}$ verschoben werden.

2. Man kann jeden Vektor im Raum durch einen Quader mit den Seitenlängen aus den Verschiebungskoordinaten darstellen.
Der Quader hat rechte Winkel, sodass die Länge des Vektors durch zweimalige Anwendung des Satzes des Pythagoras berechnet werden kann:
$d^2 = 5^2 + 7^2 = 74$
$|\vec{v}|^2 = d^2 + (1,5)^2 = 76,25$
$|\overline{AA'}| = |\vec{v}| = \sqrt{76,25} \approx 8,7$

220

3. **a)** A′(11 | 7 | 1)
b) A′(10,6 | 5,4 | −10,9)
c) A′(6 | 4 | −3)
d) A′(0 | 0 | 0)

4. **a)**

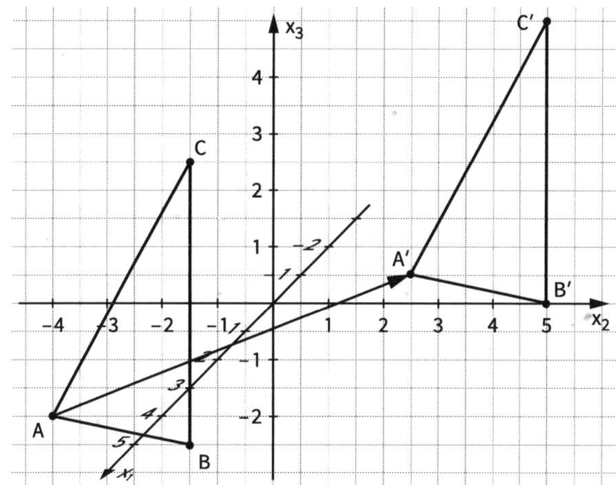

b) Das Dreieck wurde mit dem Vektor $\vec{v} = \begin{pmatrix} -3 \\ 5 \\ 1 \end{pmatrix}$ verschoben.
Der Gegenvektor ist $-\vec{v} = \begin{pmatrix} 3 \\ -5 \\ -1 \end{pmatrix}$.

5. (1) $-\vec{v} = \begin{pmatrix} -1 \\ 2 \\ -3 \end{pmatrix}$ (2) $-\vec{v} = \begin{pmatrix} 2 \\ 0 \\ -1 \end{pmatrix}$ (3) $-\vec{v} = \begin{pmatrix} -r \\ s \\ -t \end{pmatrix}$ (4) $-\vec{v} = \begin{pmatrix} 0 \\ 0 \\ 0 \end{pmatrix}$

6. **a)** Z. B.

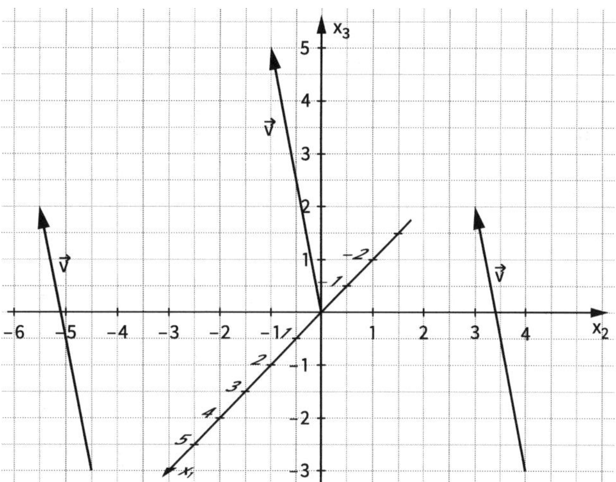

b) A′(−1 | 2 | 5); B(−4 | 20 | −26)
c) Q um $\vec{v}$ verschoben gibt Q′(8 | 11 | 4) ≠ P(8 | 11 | −4)
P ist kein Bildpunkt von Q unter $\vec{v}$.

7. **a)** Q(9 | −6 | 24)
b) P(−3 | 13 | 18)
c) Q(−4 | −1 | −8)
d) P(q + 3 | q − 7 | 3q + 3)

220

8. a) $\overrightarrow{OA} = \begin{pmatrix} 4 \\ 0 \\ 0 \end{pmatrix}$; $\overrightarrow{OB} = \begin{pmatrix} 4 \\ 6 \\ 0 \end{pmatrix}$; $\overrightarrow{OC} = \begin{pmatrix} 0 \\ 6 \\ 0 \end{pmatrix}$; $\overrightarrow{OD} = \begin{pmatrix} 0 \\ 0 \\ 0 \end{pmatrix}$; $\overrightarrow{OE} = \begin{pmatrix} 4 \\ 0 \\ 4 \end{pmatrix}$; $\overrightarrow{OF} = \begin{pmatrix} 4 \\ 6 \\ 4 \end{pmatrix}$; $\overrightarrow{OG} = \begin{pmatrix} 0 \\ 6 \\ 4 \end{pmatrix}$; $\overrightarrow{OH} = \begin{pmatrix} 0 \\ 0 \\ 4 \end{pmatrix}$

b) Zum selben Vektor gehören
- $\overrightarrow{DC}$; $\overrightarrow{AB}$ und $\overrightarrow{EF}$
- $\overrightarrow{HF}$ und $\overrightarrow{DB}$

221

9. a) Es gibt 5 verschiedene Vektoren.
$\overrightarrow{AB} = \overrightarrow{DE}$; $\overrightarrow{AC}$; $\overrightarrow{BC} = \overrightarrow{EF}$; $\overrightarrow{AD} = \overrightarrow{CF} = \overrightarrow{BE}$; $\overrightarrow{FD}$

b) $\overrightarrow{AC} = \overrightarrow{JL}$; $\overrightarrow{AB} = \overrightarrow{IL}$; $\overrightarrow{BC} = \overrightarrow{ED} = \overrightarrow{GH} = \overrightarrow{JI}$; $\overrightarrow{IJ} = \overrightarrow{HG} = \overrightarrow{DE} = \overrightarrow{CB}$; $\overrightarrow{CG} = \overrightarrow{DJ}$

10. a) $\vec{a} = \overrightarrow{AB} = \overrightarrow{ED} = \overrightarrow{FM} = \overrightarrow{MC}$ $\vec{b} = \overrightarrow{BM} = \overrightarrow{ME} = \overrightarrow{CD} = \overrightarrow{AF}$ $\vec{d} = \overrightarrow{DM} = \overrightarrow{MA} = \overrightarrow{EF} = \overrightarrow{CB}$

b) Da es sich bei ABCDEF um ein regelmäßiges Sechseck handelt, sind alle angegebenen Vektoren gleich lang, es gilt also $|\vec{a}| = |\vec{b}| = |\vec{d}|$.

11. a) $\vec{v} = \begin{pmatrix} 7 \\ -6 \\ -4 \end{pmatrix}$; $|\vec{v}| = \sqrt{101} \approx 10{,}05$

c) $\vec{v} = \begin{pmatrix} 19 \\ -9 \\ 11 \end{pmatrix}$; $|\vec{v}| = \sqrt{563} \approx 23{,}73$

b) $\vec{v} = \begin{pmatrix} 3 \\ -4 \\ 3 \end{pmatrix}$; $|\vec{v}| = \sqrt{34} \approx 5{,}83$

d) $\vec{v} = \begin{pmatrix} 8 \\ -8 \\ 8 \end{pmatrix}$; $|\vec{v}| = \sqrt{192} \approx 13{,}86$

12. Max hat die einzelnen Einträge des Vektors nicht quadriert.
Laura dagegen hat zwar den ersten und dritten Eintrag des Vektors quadriert, beim zweiten Eintrag allerdings das Minus nicht ins Quadrat gesetzt.
Die richtige Lösung lautet: $|\vec{v}| = \sqrt{4^2 + (-2)^2 + 3^2} = \sqrt{29} \approx 5{,}39$.

13. a) $b_3 = 7$ oder $b_3 = 3$

c) $b_1 = 6 + \sqrt{6}$; $b_1 = 6 - \sqrt{6}$

b) $a_2 = 0$ oder $a_2 = 6$

d) $b_2 = 23$ oder $b_2 = 19$

14. a) P wird auf den Bildpunkt P'(1 | −3 | −8) abgebildet. Es gilt:
$\overrightarrow{PP'} = \begin{pmatrix} 0 \\ 0 \\ -16 \end{pmatrix}$ und $|\overrightarrow{PP'}| = \sqrt{0^2 + 0^2 + (-16)^2} = 16$

b) A wird auf den Punkt A'(−4 | 5 | 0) abgebildet. Es gilt:
$\overrightarrow{AA'} = \begin{pmatrix} 0 \\ 0 \\ -9 \end{pmatrix}$ und $|\overrightarrow{AA'}| = \sqrt{0^2 + 0^2 + (-9)^2} = 9$

4.1.3 Addition und Subtraktion von Vektoren

222 **Einstiegsaufgabe ohne Lösung**

- Die erste Verschiebung lässt sich durch den Vektor $\vec{v} = \begin{pmatrix} 10 \\ -7 \\ -5 \end{pmatrix}$,
die zweite durch den Vektor $\vec{w} = \begin{pmatrix} -8 \\ -6 \\ 8 \end{pmatrix}$ beschreiben.
- Bei der Verschiebung mit dem Vektor $\vec{v}$ ändert sich die erste Koordinate von A um 10. Wird anschließend der Bildpunkt A′ mit dem Vektor $\vec{w}$ verschoben, dann wird die erste Koordinate von A′ um −8 verändert. Insgesamt ändert sich bei der Hintereinanderausführung der beiden Verschiebungen die erste Koordinate von A um $10 + (-8)$, also um 2. Entsprechend ändert sich die zweite Koordinate von A um $-7 + (-6) = -13$ und die dritte um $-5 + 8 = 3$. Dies gilt für jeden Punkt des Containers.

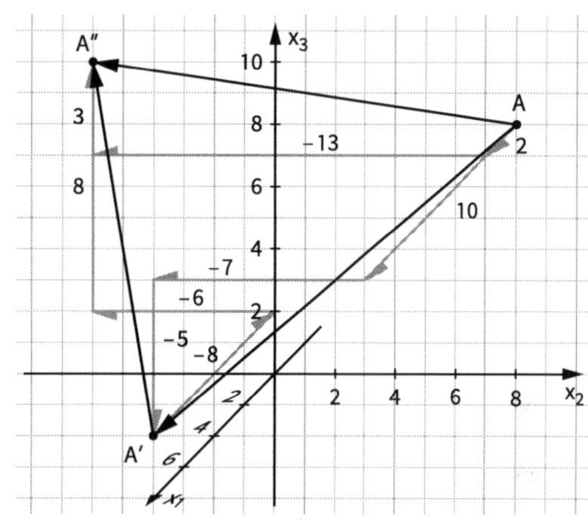

Die Hintereinanderausführung zweier Verschiebungen ist wieder eine Verschiebung.
Der Vektor $\vec{z}$ der Hintereinanderausführung hat somit die Koordinaten $\begin{pmatrix} 2 \\ -13 \\ 3 \end{pmatrix}$.
Offensichtlich erhält man die Koordinaten des Vektors $\vec{z}$, indem man die Koordinaten von $\vec{w}$ zu den Koordinaten des Vektors $\vec{v}$ addiert, also $\vec{z} = \begin{pmatrix} 10+(-8) \\ -7+(-6) \\ -5+8 \end{pmatrix} = \begin{pmatrix} 2 \\ -13 \\ 3 \end{pmatrix}$.

224 **1.** $\overrightarrow{AB} = \begin{pmatrix} 1-4 \\ 5-2 \\ -1-(-1) \end{pmatrix}$, also $\overline{AB} = |\overrightarrow{AB}| = \sqrt{(1-4)^2 + (5-2)^2 + (-1-(-1))^2} = \sqrt{18} \approx 4{,}24$

$\overrightarrow{AC} = \begin{pmatrix} 1-4 \\ 2-2 \\ 2-(-1) \end{pmatrix}$, also $\overline{AC} = |\overrightarrow{AC}| = \sqrt{(1-4)^2 + (2-2)^2 + (2-(-1))^2} = \sqrt{18} \approx 4{,}24$

$\overrightarrow{BC} = \begin{pmatrix} 1-1 \\ 2-5 \\ 2-(-1) \end{pmatrix}$, also $\overline{BC} = |\overrightarrow{BC}| = \sqrt{(1-1)^2 + (2-5)^2 + (2-(-1))^2} = \sqrt{18} \approx 4{,}24$

Es handelt sich also um ein gleichseitiges Dreieck.

224 **2.** **a)** $\begin{pmatrix}2\\3\\5\end{pmatrix}+\begin{pmatrix}1\\4\\-4\end{pmatrix}=\begin{pmatrix}3\\7\\1\end{pmatrix}$

b) $\begin{pmatrix}6\\9\\3\end{pmatrix}+\begin{pmatrix}-9\\-5\\4\end{pmatrix}=\begin{pmatrix}-3\\4\\7\end{pmatrix}$

c) $\begin{pmatrix}8\\-5\\3\end{pmatrix}+\begin{pmatrix}-6\\-1\\-3\end{pmatrix}=\begin{pmatrix}2\\-6\\0\end{pmatrix}$

d) $\begin{pmatrix}-3\\2\\-4\end{pmatrix}+\begin{pmatrix}-1\\-4\\6\end{pmatrix}+\begin{pmatrix}2\\5\\-3\end{pmatrix}=\begin{pmatrix}-2\\3\\-1\end{pmatrix}$

e) $\begin{pmatrix}1\\2\\4\end{pmatrix}-\begin{pmatrix}3\\-1\\-1\end{pmatrix}=\begin{pmatrix}-2\\3\\5\end{pmatrix}$

f) $\begin{pmatrix}-3\\2\\1\end{pmatrix}-\begin{pmatrix}6\\-8\\-9\end{pmatrix}=\begin{pmatrix}-9\\10\\10\end{pmatrix}$

g) $\begin{pmatrix}1\\-2\\3\end{pmatrix}-\begin{pmatrix}5\\4\\-2\end{pmatrix}=\begin{pmatrix}-4\\-6\\5\end{pmatrix}$

h) $\begin{pmatrix}-3\\5\\-2\end{pmatrix}-\begin{pmatrix}-7\\-1\\3\end{pmatrix}-\begin{pmatrix}3\\-2\\-4\end{pmatrix}=\begin{pmatrix}1\\8\\-1\end{pmatrix}$

i) $\begin{pmatrix}7\\-3\\-10\end{pmatrix}-\begin{pmatrix}-4\\1\\0\end{pmatrix}+\begin{pmatrix}5\\8\\1\end{pmatrix}=\begin{pmatrix}16\\4\\-9\end{pmatrix}$

225 **3.**

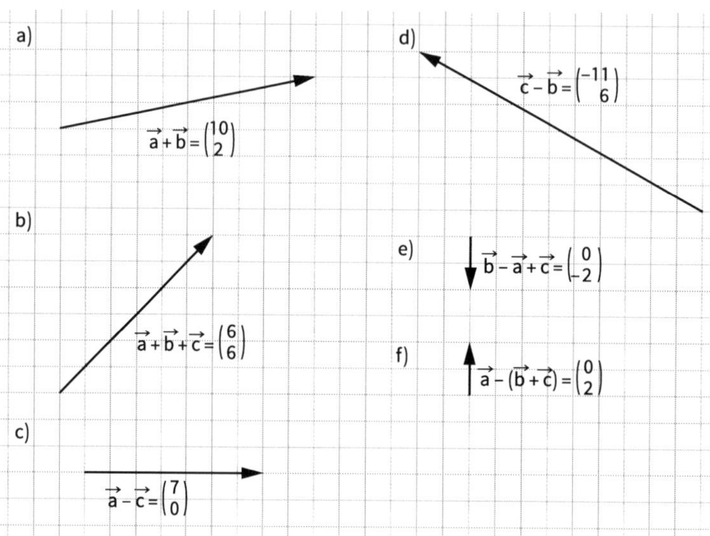

4. **a)** $\vec a+\vec b=\overrightarrow{AC}=\overrightarrow{EG}$

b) $\vec a-\vec b=\overrightarrow{DB}=\overrightarrow{HF}$

c) $\vec b-\vec a=\overrightarrow{BD}=\overrightarrow{FH}$

d) $\vec a-\vec c=\overrightarrow{EB}=\overrightarrow{HC}$

e) $\vec b+\vec c=\overrightarrow{AH}=\overrightarrow{BG}$

f) $\vec b-\vec c=\overrightarrow{ED}=\overrightarrow{FC}$

g) $\vec a+\vec b+\vec c=\overrightarrow{AG}$

h) $\vec a-\left(\vec b+\vec c\right)=\overrightarrow{AB}-\overrightarrow{AH}=\overrightarrow{HB}$

5. $\overrightarrow{AC}=-\vec u$, $\overrightarrow{AD}=-\vec u+\vec s$, $\overrightarrow{AE}=\vec r+\vec t$, $\overrightarrow{BA}=-\vec r$, $\overrightarrow{BC}=-\vec r-\vec u$, $\overrightarrow{BD}=-\vec r-\vec u+\vec s$, $\overrightarrow{CB}=\vec u+\vec r$, $\overrightarrow{CE}=\vec u+\vec r+\vec t$, $\overrightarrow{DA}=-\vec s+\vec u$, $\overrightarrow{DB}=-\vec s+\vec u+\vec r$, $\overrightarrow{DE}=-\vec s+\vec u+\vec r+\vec t$

6. **a)** $\left|\overrightarrow{AB}\right|=\sqrt{(8-(-3))^2+(-3-5)^2+(0-2)^2}=\sqrt{189}\approx 13{,}75$

b) $\left|\overrightarrow{AB}\right|=\sqrt{(3-6)^2+(0-6)^2+(-2-6)^2}=\sqrt{109}\approx 10{,}44$

c) $\left|\overrightarrow{AB}\right|=\sqrt{(-4-0)^2+(3-0)^2+(-5-0)^2}=\sqrt{50}\approx 7{,}07$

d) $\left|\overrightarrow{AB}\right|=\sqrt{(3-(-2))^2+(-5-(-1))^2+(2-(-5))^2}=\sqrt{90}\approx 9{,}49$

225 **7.** **a)** $|\overrightarrow{AB}| = \sqrt{(2-0)^2 + (-2-0)^2 + (7-3)^2}$

$= \sqrt{24} \approx 4{,}9$

$|\overrightarrow{BC}| = \sqrt{(0-2)^2 + (-4-(-2))^2 + (4-7)^2}$

$= \sqrt{17} \approx 4{,}1$

$|\overrightarrow{AC}| = \sqrt{(2-2)^2 + (-2-2)^2 + (4-3)^2}$

$= \sqrt{17} \approx 4{,}12$

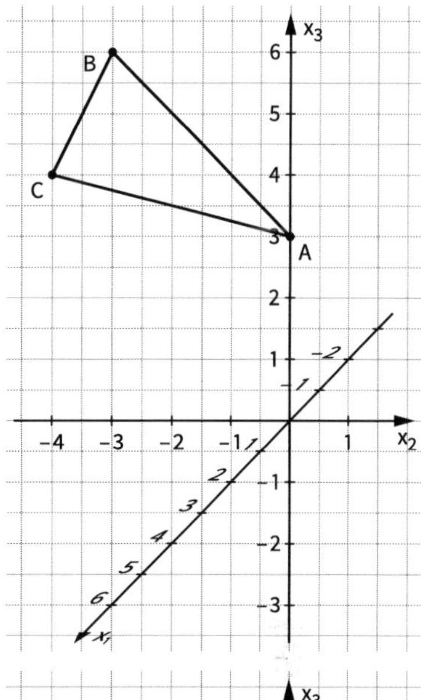

b) $|\overrightarrow{AB}| = \sqrt{(0-4)^2 + (-3-1)^2 + (1-0)^2}$

$= \sqrt{33} \approx 5{,}74$

$|\overrightarrow{BC}| = \sqrt{(6-0)^2 + (-1-(-3))^2 + (2-1)^2}$

$= \sqrt{41} \approx 6{,}4$

$|\overrightarrow{AC}| = |\overrightarrow{AB} + \overrightarrow{BC}|$

$= \sqrt{(-4+6)^2 + (-4+2)^2 + (1+1)^2}$

$= \sqrt{12} \approx 3{,}46$

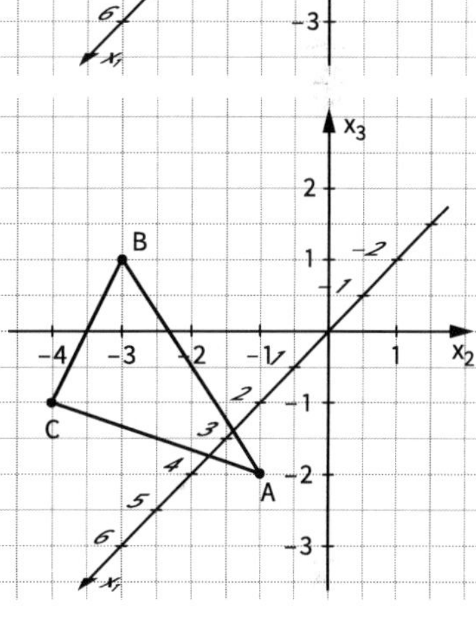

8. Die Überlegung ist falsch. Nach der Dreiecksregel kann man nur einen inneren gemeinsamen Punkt streichen.

225 **9. a)** $\overrightarrow{AB} + \overrightarrow{BC} + \overrightarrow{CD} = \overrightarrow{AC} + \overrightarrow{CD} = \overrightarrow{AD}$

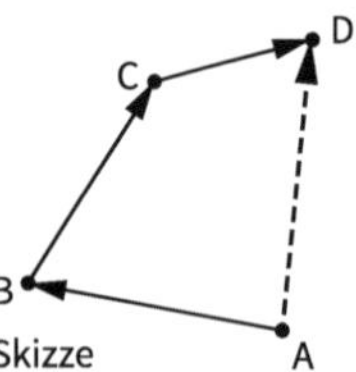

Skizze

b) $\overrightarrow{AB} - \overrightarrow{CB} + \overrightarrow{CA} = \overrightarrow{AB} + \overrightarrow{BC} + \overrightarrow{CA} = \overrightarrow{AC} + \overrightarrow{CA} = \vec{o}$

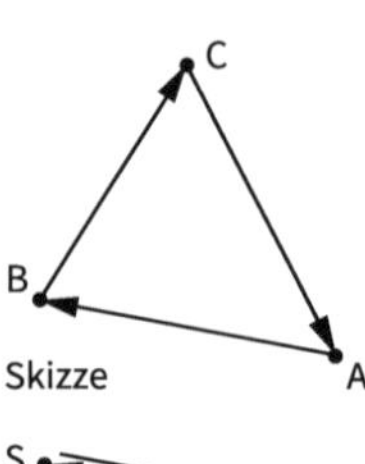

Skizze

c) $\overrightarrow{RS} + \overrightarrow{SR} = \overrightarrow{RR} = \vec{o}$

S

R

Skizze

d) $\overrightarrow{RP} - (\overrightarrow{RP} - \overrightarrow{PQ}) + \overrightarrow{QS} = \overrightarrow{RP} - \overrightarrow{RP} + \overrightarrow{PQ} + \overrightarrow{QS} = \vec{o} + \overrightarrow{PS} = \overrightarrow{PS}$

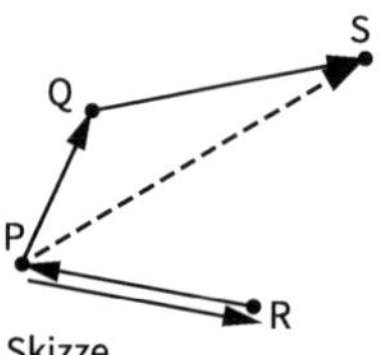

Skizze

e) $\overrightarrow{FG} + \overrightarrow{GH} - \overrightarrow{FI} = \overrightarrow{FH} - \overrightarrow{FI} = \overrightarrow{IH}$

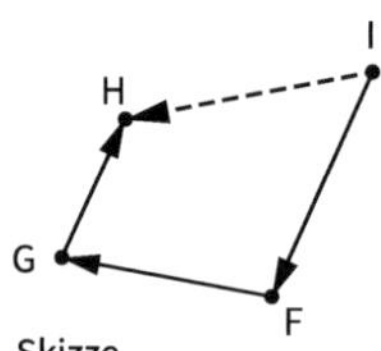

Skizze

f) $\overrightarrow{PQ} - (\overrightarrow{SR} - \overrightarrow{QR}) + \overrightarrow{SP}$

$= \overrightarrow{PQ} - \overrightarrow{SR} + \overrightarrow{QR} + \overrightarrow{SP}$

$= \overrightarrow{PQ} + \overrightarrow{QR} - \overrightarrow{SR} + \overrightarrow{SP}$

$= \overrightarrow{PR} + \overrightarrow{RS} + \overrightarrow{SP} = \overrightarrow{PS} + \overrightarrow{SP} = \vec{o}$

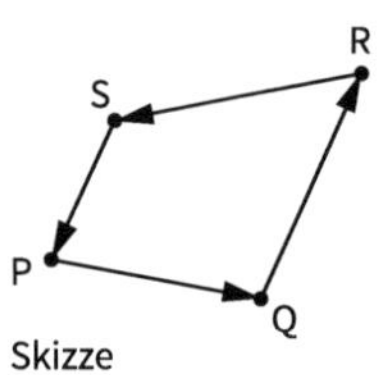

Skizze

10. a) $C(0|2|7)$; $D(3|-1|2)$

b) Seiten als Vektoren dargestellt:

$\overrightarrow{AB} = \begin{pmatrix} -5 \\ 4 \\ 5 \end{pmatrix}$ $\quad |\overrightarrow{AB}| = \sqrt{66} \approx 8{,}12$ $\qquad \overrightarrow{DC} = \begin{pmatrix} -3 \\ 3 \\ 5 \end{pmatrix}$ $\quad |\overrightarrow{DC}| = \sqrt{43} \approx 6{,}56$

$\overrightarrow{BC} = \begin{pmatrix} 2 \\ -3 \\ 4 \end{pmatrix}$ $\quad |\overrightarrow{BC}| = \sqrt{29} \approx 5{,}39$ $\qquad \overrightarrow{AD} = \begin{pmatrix} 0 \\ -2 \\ 4 \end{pmatrix}$ $\quad |\overrightarrow{AD}| = \sqrt{20} \approx 4{,}47$

Das Viereck ABCD ist kein Parallelogramm!

Gründe: 1) $\overrightarrow{AB} \neq \overrightarrow{CD}$ 2) $\overrightarrow{BC} \neq \overrightarrow{AD}$

226

11. a) $\overrightarrow{TB} = \begin{pmatrix} 1725 \\ 1649 \\ 2116 \end{pmatrix}$

b) $\overrightarrow{Z_{neu}B} = \begin{pmatrix} 1237 \\ 1115 \\ 1471 \end{pmatrix}$

c) Es gilt:

$|\overrightarrow{TZ}| + |\overrightarrow{ZB}|$
$\approx 1\,113{,}13 + 2\,086{,}46$
$= 3\,199{,}59$

$|\overrightarrow{TZ_{neu}}| + |\overrightarrow{Z_{neu}B}|$
$\approx 969{,}19 + 2\,222$
$= 3\,191{,}19$

Vor der Verlegung der Zwischenstation war der Weg von der Tal- zur Bergstation 3 199,59 m lang. Nach der Verlegung ist der Weg mit 3 191,19 m Länge etwas kürzer.

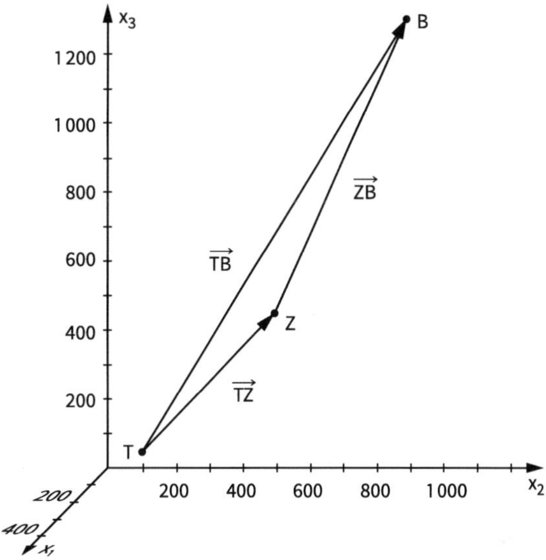

12. a) T(375 | 251 | 1 314)

b) $|\vec{v}| = \sqrt{150^2 + 600^2 + 1\,200^2} = 1\,350$,

In den ersten 5 Minuten erreicht der Ballon eine Durchschnittsgeschwindigkeit von $\frac{1350\,\text{m}}{5\,\text{min}} = 270\,\frac{\text{m}}{\text{min}} = 16{,}2\,\frac{\text{km}}{\text{h}}$.

13. a) in Richtung x_1: −4 Einheiten
in Richtung x_2: 14 Einheiten
in Richtung x_3: −12 Einheiten
$\begin{pmatrix} -4 \\ 14 \\ -12 \end{pmatrix}$

b) H′(74 | 42 | 91)

c) $\sqrt{356} \approx 18{,}87$

227

14. a) D(0 | 2 | 9), $|\overrightarrow{AB}| = |\overrightarrow{DC}| = \sqrt{41} \approx 6{,}4$,
$|\overrightarrow{AD}| = |\overrightarrow{BC}| = \sqrt{50} \approx 7{,}07$

b) D(9 | 7 | 14), $|\overrightarrow{AB}| = |\overrightarrow{DC}| = \sqrt{77} \approx 8{,}77$,
$|\overrightarrow{AD}| = |\overrightarrow{BC}| = \sqrt{35} \approx 5{,}92$

c) D(6 | 8 | −4),
$|\overrightarrow{AB}| = |\overrightarrow{DC}| = \sqrt{116} \approx 10{,}77$, $|\overrightarrow{AD}| = |\overrightarrow{BC}| = \sqrt{29} \approx 5{,}39$

227

15. a) $\overrightarrow{DC} = \begin{pmatrix} -2 \\ 1 \\ -4 \end{pmatrix}$; $\overrightarrow{AB} = \overrightarrow{DC}$

ABCD ist ein Parallelogramm.

b) $\overrightarrow{DC} = \begin{pmatrix} 5 \\ 4 \\ 1 \end{pmatrix}$, $\overrightarrow{AB} \neq \overrightarrow{DC}$

ABCD ist kein Parallelogramm. Allerdings ist das Viereck ABDC ein Parallelogramm.

c) $\overrightarrow{DC} = \begin{pmatrix} 3 \\ 1 \\ 3 \end{pmatrix}$; $\overrightarrow{AB} = \overrightarrow{DC}$

ABCD ist ein Parallelogramm.

16.

Dreieck	Eigenschaften
Gleichseitiges Dreieck	Alle drei Seiten sind gleich lang. Alle drei Winkel haben 60°.
Gleichschenkliges Dreieck	Zwei Winkel sind gleich groß. Die anliegenden Schenkel sind gleich lang.
Rechtwinkliges Dreieck	Ein Winkel hat 90°. Ein Dreieck ist genau dann rechtwinklig, wenn der Satz des Pythagoras gilt.

17. a) $|\overrightarrow{AB}| = \sqrt{41}$, $|\overrightarrow{AC}| = \sqrt{41}$, $|\overrightarrow{BC}| = \sqrt{122}$

$41 + 41 = 82 \neq 122$, das Dreieck ist gleichschenklig, aber nicht rechtwinklig.

b) $|\overrightarrow{AB}| = \sqrt{68}$, $|\overrightarrow{AC}| = \sqrt{85}$, $|\overrightarrow{BC}| = \sqrt{17}$

$68 + 17 = 85$, das Dreieck ist rechtwinklig.

c) $|\overrightarrow{AB}| = \sqrt{20}$, $|\overrightarrow{AC}| = \sqrt{16{,}25}$, $|\overrightarrow{BC}| = \sqrt{16{,}25}$

$16{,}25 + 16{,}25 = 32{,}5 \neq 20$, das Dreieck ist gleichschenklig, aber nicht rechtwinklig.

d) $|\overrightarrow{AB}| = \sqrt{36}$, $|\overrightarrow{AC}| = \sqrt{10}$, $|\overrightarrow{BC}| = \sqrt{26}$

$10 + 26 = 36$, das Dreieck ist rechtwinklig.

e) $|\overrightarrow{AB}| = \sqrt{36}$, $|\overrightarrow{AC}| = \sqrt{36}$, $|\overrightarrow{BC}| = \sqrt{72}$

$36 + 36 = 72$, das Dreieck ist gleichschenklig-rechtwinklig.

18. a) $u = |\overrightarrow{AB}| + |\overrightarrow{AC}| + |\overrightarrow{BC}| = \sqrt{30} + \sqrt{50} + \sqrt{148} \approx 24{,}71$

b) $|\overrightarrow{AB}| = |\overrightarrow{AC}|$, also $30 = k^2 + 6k + 10$; $k_1 = -3 + \sqrt{29} \approx 2{,}39$; $k_2 = -3 - \sqrt{29} \approx -8{,}39$

$|\overrightarrow{AB}| = |\overrightarrow{BC}|$, also $30 = k^2 - 4k + 8$; $k_3 = 2 + \sqrt{26} \approx 7{,}1$; $k_4 = 2 - \sqrt{26} \approx -3{,}1$

$|\overrightarrow{AC}| = |\overrightarrow{BC}|$, also $k^2 + 6k + 10 = k^2 - 4k + 8$; $k_5 = -\frac{1}{5}$

Für die Werte k_1 bis k_5 erhält man ein gleichschenkliges Dreieck.

Das Dreieck kann nicht gleichseitig sein, da es keinen Wert für k gibt, für den alle drei Seiten gleich lang sind.

19. a) Es gilt: $|\overrightarrow{AB}| = \sqrt{25}$, $|\overrightarrow{AC}| = \sqrt{50}$, $|\overrightarrow{BC}| = \sqrt{25}$,

also $|\overrightarrow{AB}| = |\overrightarrow{BC}|$. Außerdem gilt $|\overrightarrow{AB}|^2 + |\overrightarrow{BC}|^2 = |\overrightarrow{AC}|^2$.

Das Dreieck ist also gleichschenklig-rechtwinklig.

$\overrightarrow{OD} = \overrightarrow{OA} + \overrightarrow{BC} = \begin{pmatrix} 4 \\ 3 \\ 9 \end{pmatrix}$. Für D(4|3|9) ist das Viereck ABCD ein Quadrat.

227 **b)** Es gilt: $|\overrightarrow{AS}| = \sqrt{52}$, $|\overrightarrow{BS}| = \sqrt{17}$, $|\overrightarrow{CS}| = \sqrt{18}$, $|\overrightarrow{DS}| = \sqrt{53}$

Die Seiten der Pyramide haben alle eine unterschiedliche Länge.

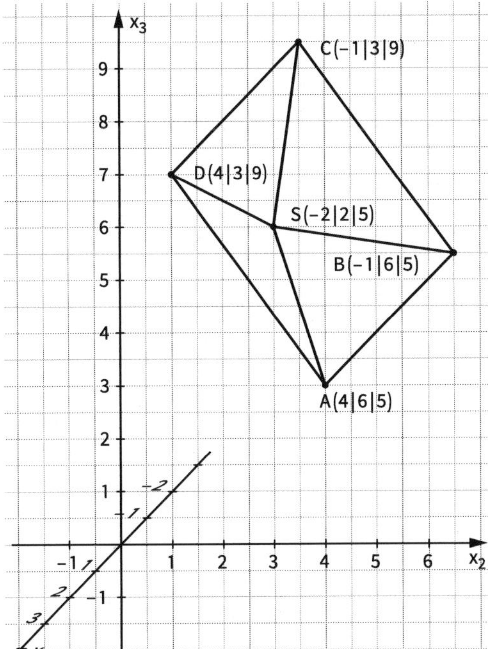

4.1.4 Vervielfachen von Vektoren

229 **1.** **a)** $\begin{pmatrix} -2 \\ 10 \\ 14 \end{pmatrix}$ **b)** $\begin{pmatrix} 3 \\ -6 \\ 4{,}5 \end{pmatrix}$ **c)** $\begin{pmatrix} -2 \\ 0 \\ -2{,}5 \end{pmatrix}$ **d)** $\begin{pmatrix} -6 \\ -3 \\ 15 \end{pmatrix}$ **e)** $\begin{pmatrix} 5 \\ -7{,}5 \\ 6{,}25 \end{pmatrix}$

2. Mehrere Lösungen immer möglich; einfache Beispiele:

a) $\vec{a} = \frac{1}{6} \cdot \begin{pmatrix} 4 \\ -6 \\ 3 \end{pmatrix}$

b) $\vec{a} = \frac{1}{12} \cdot \begin{pmatrix} -48 \\ -9 \\ 4 \end{pmatrix}$

c) $\vec{a} = 6 \cdot \begin{pmatrix} 3 \\ -2 \\ 4 \end{pmatrix}$; hier wäre die Aufgabenstellung ebenfalls eine Lösung.

d) $\vec{a} = \frac{1}{6} \cdot \begin{pmatrix} -3 \\ 120 \\ 4 \end{pmatrix}$

229 **3.** (1) Wegen der ersten Koordinate müsste der Faktor (– 1) sein.
Dies passt nicht zur dritten Koordinate.

(2) Wegen der ersten Koordinate müsste der Faktor $\frac{1}{2}$ sein.
Dies passt weder zur zweiten noch zur dritten Koordinate.

(3) Wegen der ersten Koordinate müsste der Faktor $\frac{1}{2}$ sein.
Dies passt nicht zur dritten Koordinate.

(4) Da $\vec{a}$ und $\vec{b}$ die gleiche x_3-Koordinate haben, aber unterschiedliche x_1- und x_2-Koordinaten, kann $\vec{b}$ kein Vielfaches von $\vec{a}$ sein.

230 **4. a)** $\vec{b} = \begin{pmatrix} \frac{2}{3} \\ \frac{-1}{3} \\ \frac{2}{3} \end{pmatrix}$ **b)** $\vec{b} = \frac{1}{5\sqrt{2}} \begin{pmatrix} 5 \\ 3 \\ -4 \end{pmatrix}$ **c)** $\vec{b} = \frac{1}{\sqrt{106}} \begin{pmatrix} 9 \\ 0 \\ 5 \end{pmatrix}$ **d)** $\vec{b} = \frac{1}{\sqrt{2}} \begin{pmatrix} 1 \\ 0 \\ 1 \end{pmatrix}$

Es gibt jeweils nur eine Lösung.

5. $\vec{b} = 2 \cdot \begin{pmatrix} -2 \\ 5 \\ 4 \end{pmatrix} = 2 \cdot \vec{d}$; $\vec{b}$ und $\vec{d}$ sind parallel zueinander.

$\vec{c} = -1{,}2 \cdot \begin{pmatrix} 2 \\ -5 \\ 4 \end{pmatrix} = -1{,}2 \cdot \vec{a}$; $\vec{e} = 150 \cdot \begin{pmatrix} 2 \\ -5 \\ 4 \end{pmatrix} = 150 \cdot \vec{a}$; $\vec{a}, \vec{c}$ und $\vec{e}$ sind parallel zueinander.

6.

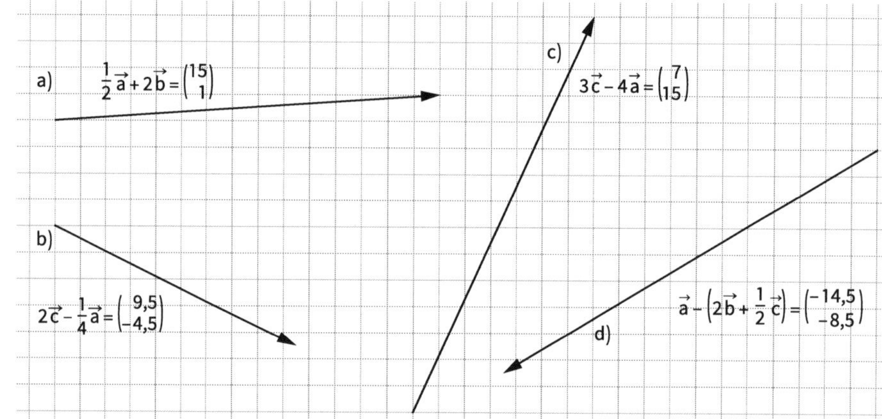

7. (1) $\frac{1}{2}\vec{a} + \frac{1}{2}\vec{b}$ (2) $-\vec{a} + \vec{b}$ (3) $\vec{a}$ (4) $\frac{1}{2}\vec{b}$

8. $\overrightarrow{AM_1} = \vec{a} + \frac{1}{2}\vec{b} + \frac{1}{2}\vec{c}$ $\overrightarrow{M_1M_2} = \frac{1}{2}\vec{b} - \frac{1}{2}\vec{a}$ $\overrightarrow{HM_3} = \frac{1}{2}\vec{a} - \vec{b} - \frac{1}{2}\vec{c}$ $\overrightarrow{M_2A} = -\frac{1}{2}\vec{c} - \frac{1}{2}\vec{a} - \vec{b}$

9. $\overrightarrow{MS} = -\frac{1}{2}\left(\vec{a} + \vec{b}\right) + \vec{c}$ $\overrightarrow{CS} = -\left(\vec{a} + \vec{b}\right) + \vec{c}$ $\overrightarrow{SB} = \vec{a} - \vec{c}$

10. $\overrightarrow{AB} = \begin{pmatrix} -12 \\ 12 \\ -4 \end{pmatrix}$ $\overrightarrow{OM} = \overrightarrow{OA} + \frac{1}{2}\overrightarrow{AB} = \begin{pmatrix} 3 \\ -4 \\ 7 \end{pmatrix} + \begin{pmatrix} -6 \\ 6 \\ -2 \end{pmatrix} = \begin{pmatrix} -3 \\ 2 \\ 5 \end{pmatrix}$

Der Mittelpunkt M der Strecke $\overline{AB}$ liegt bei M (–3 | 2 | 5).
Für den Mittelpunkt M einer Strecke $\overline{AB}$ gilt allgemein:

$\overrightarrow{OM} = \overrightarrow{OA} + \frac{1}{2}\overrightarrow{AB} = \overrightarrow{OA} + \frac{1}{2}\left(\overrightarrow{AO} + \overrightarrow{OB}\right) = \overrightarrow{OA} + \frac{1}{2}\left(-\overrightarrow{OA} + \overrightarrow{OB}\right) = \frac{1}{2}\overrightarrow{OA} + \frac{1}{2}\overrightarrow{OB} = \frac{1}{2}\left(\overrightarrow{OA} + \overrightarrow{OB}\right)$

230 **11.** $\overrightarrow{AB} = \begin{pmatrix} -6 \\ 4 \\ 2 \end{pmatrix}$; $\overrightarrow{AC} = \begin{pmatrix} 4 \\ -6 \\ -2 \end{pmatrix}$; $\overrightarrow{BC} = \begin{pmatrix} 10 \\ -10 \\ -4 \end{pmatrix}$ $M_a(1|0|4)$; $M_b(4|-2|3)$; $M_c(-1|3|5)$

$\overrightarrow{M_aM_b} = \begin{pmatrix} -3 \\ -2 \\ -1 \end{pmatrix} = -\frac{1}{2}\overrightarrow{AB}$ $\overrightarrow{M_aM_c} = \begin{pmatrix} -2 \\ 3 \\ 1 \end{pmatrix} = -\frac{1}{2}\overrightarrow{AC}$ $\overrightarrow{M_bM_c} = \begin{pmatrix} -5 \\ 5 \\ 2 \end{pmatrix} = -\frac{1}{2}\overrightarrow{BC}$

Jede Seite des Mittendreiecks $M_aM_bM_c$ ist parallel zur gegenüberliegenden Seite des Dreiecks ABC und halb so lang wie diese.
Die Dreiecke ABC und $M_aM_bM_A$ sind ähnlich zueinander.

Blickpunkt: Bewegungen auf dem Wasser

231 **1.** $|\vec{v}| = \sqrt{1{,}4^2 + (-2{,}1)^2} \approx 2{,}52$
Geschwindigkeit $v = 2{,}52\,\frac{m}{s} \approx 9{,}07\,\frac{km}{h} \approx 5{,}04$ kn

2. $|\overrightarrow{v_A}| = 6\,\text{kn} \approx 10{,}8\,\frac{km}{h} \approx 3\,\frac{m}{s}$;
$|\overrightarrow{v_B}| = 10\,\text{kn} \approx 18\,\frac{km}{h} \approx 5\,\frac{m}{s}$
Der Winkel zwischen den beiden Kursen beträgt 90°.
$x_A = 3 \cdot \sin(22{,}5°) \approx 2{,}30$;
$y_A = -3 \cdot \cos(22{,}5°) \approx -5{,}54$; $\overrightarrow{v_A} \approx \begin{pmatrix} 2{,}30 \\ -5{,}54 \end{pmatrix}$
$x_B = 5 \cdot \cos(22{,}5°) \approx 9{,}24$;
$y_B = 5 \cdot \sin(22{,}5°) \approx 3{,}83$; $\overrightarrow{v_B} \approx \begin{pmatrix} 9{,}24 \\ 3{,}83 \end{pmatrix}$

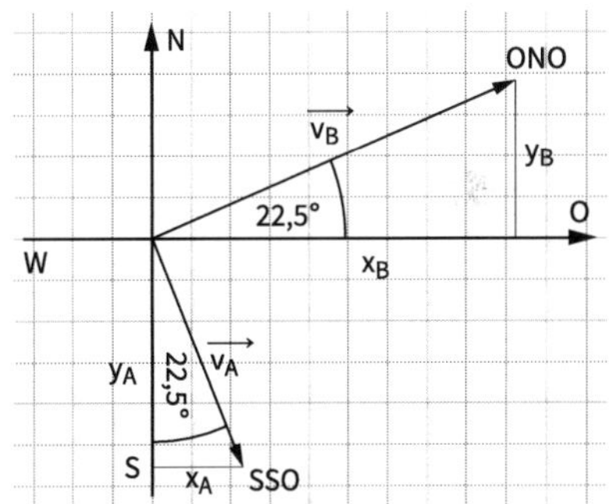

232 **3.** $\vec{v} = \overrightarrow{v_1} + \overrightarrow{v_2} = \begin{pmatrix} 2 \\ 5 \end{pmatrix} + \begin{pmatrix} 1 \\ -2 \end{pmatrix} = \begin{pmatrix} 3 \\ 3 \end{pmatrix}$
$|\vec{v}| = \sqrt{18}\,\frac{m}{s} \approx 4{,}24\,\frac{m}{s} \approx 15{,}27\,\frac{km}{h}$

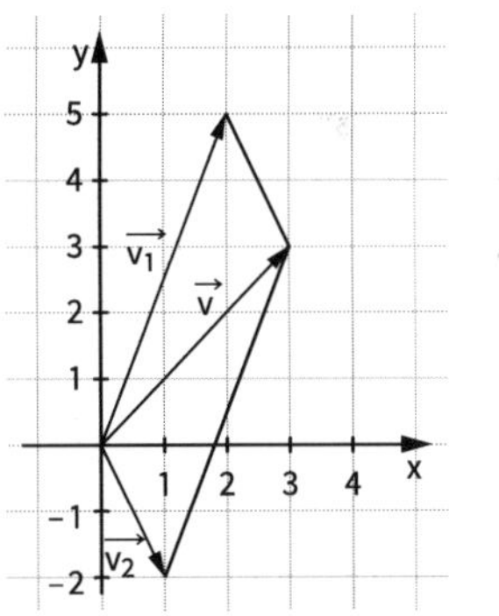

4. $x_1 = 4 \cdot \cos(75°) \approx 1{,}04$; $y_1 = 4 \cdot \sin(75°) \approx 3{,}86$
$\overrightarrow{v_1} \approx \begin{pmatrix} 1{,}04 \\ 3{,}86 \end{pmatrix}$; $\overrightarrow{v_2} = \begin{pmatrix} 3 \\ 0 \end{pmatrix}$
$\vec{v} = \overrightarrow{v_1} + \overrightarrow{v_2} \approx \begin{pmatrix} 4{,}04 \\ 3{,}86 \end{pmatrix}$
$|\vec{v}| \approx \sqrt{4{,}042 + 3{,}862} \approx 5{,}59$
Der Tanker bewegt sich mit einer Geschwindigkeit von ca. 5,6 kn.
Anmerkung: Die Geschwindigkeit kann auch durch Ablesen in einer maßstabsgetreuen Zeichnung bestimmt werden.

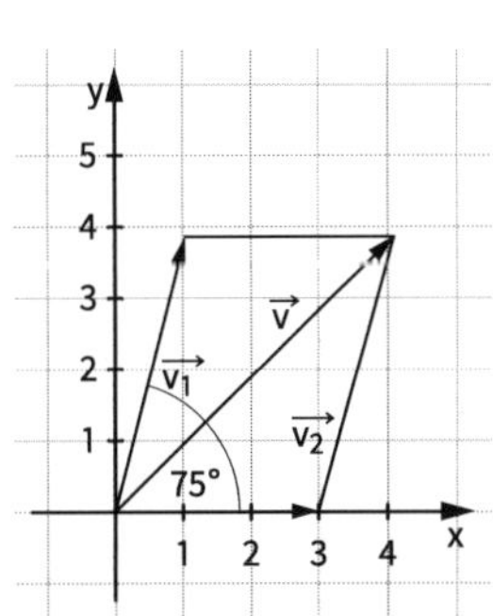

4.2 Geraden im Raum

4.2.1 Parameterdarstellung einer Geraden

233 **Einstiegsaufgabe ohne Lösung**

P_t sei der Punkt nach t Minuten.

- $P_1(5234 + 1 \cdot 74 \mid 805 + 1 \cdot 65 \mid -34 + 1 \cdot (-4))$
  $P_1(5308 \mid 870 \mid -38)$
  $P_2(5456 \mid 1000 \mid -46)$
  $P_5(5604 \mid 1130 \mid -54)$
- $\overrightarrow{OP_t} = \begin{pmatrix} 5234 \\ 805 \\ -34 \end{pmatrix} + t \cdot \begin{pmatrix} 74 \\ 65 \\ -4 \end{pmatrix}$
- $\overrightarrow{OQ} = \begin{pmatrix} 6196 \\ 1650 \\ -86 \end{pmatrix} = \begin{pmatrix} 5234 \\ 805 \\ -34 \end{pmatrix} + t \cdot \begin{pmatrix} 74 \\ 65 \\ -4 \end{pmatrix}$ für t = 13 Minuten.

235 **1. a)** Am einfachsten kann man die Lage der Geraden im Koordinatensystem mithilfe von Bens Darstellung beschreiben. Geht man in Richtung des Richtungsvektors, so schneidet g die x_2x_3-Koordinatenebene in Punkt $S_{23}(0 \mid -2 \mid 3)$ und anschließend die x_1x_3-Ebene im Punkt $S_{13}(1 \mid 0 \mid 2)$. Dabei verläuft sie die ganze Zeit oberhalb der x_1x_2-Ebene, bis sie diese im Punkt $S_{12}(3 \mid 4 \mid 0)$ schneidet.

b) Schnittpunkte von h mit den Koordinatenebenen:
mit der x_1x_2-Ebene: $x_3 = 3 + 3k = 0$, also $k = -1$; $S_{12}(-6 \mid 2 \mid 0)$
mit der x_1x_3-Ebene: $x_2 = 1 - k = 0$, also $k = 1$; $S_{13}(-2 \mid 0 \mid 6)$
mit der x_2x_3-Ebene: $x_1 = -4 + 2k = 0$, also $k = 2$; $S_{23}(0 \mid -1 \mid 9)$

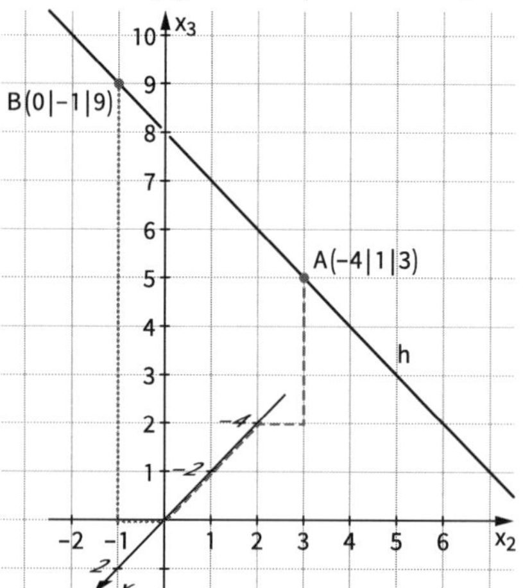

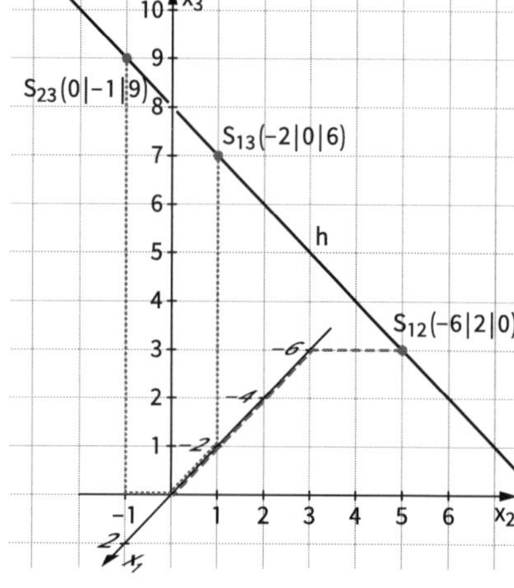

236

2. a) (1) $\vec{x} = \begin{pmatrix} -3 \\ 6 \\ 12 \end{pmatrix} + k \cdot \begin{pmatrix} 8 \\ -6 \\ -11 \end{pmatrix}$ (3) $\vec{x} = \begin{pmatrix} 9 \\ 0 \\ -5 \end{pmatrix} + k \cdot \begin{pmatrix} -9 \\ 0 \\ 5 \end{pmatrix}$

(2) $\vec{x} = \begin{pmatrix} -5 \\ 7 \\ 4 \end{pmatrix} + k \cdot \begin{pmatrix} 6 \\ -11 \\ 2 \end{pmatrix}$ (4) $\vec{x} = k \cdot \begin{pmatrix} 7 \\ 7 \\ 8 \end{pmatrix}$

b) Der Richtungsvektor $\begin{pmatrix} -8 \\ -6 \\ 8 \end{pmatrix}$ ist ein Vielfaches des Richtungsvektors der Geraden durch A und B.

Punktprobe: $\begin{pmatrix} 1 \\ 10 \\ -5 \end{pmatrix} = \begin{pmatrix} -7 \\ 4 \\ 3 \end{pmatrix} + k \cdot \begin{pmatrix} 8 \\ 6 \\ -8 \end{pmatrix}$

Die Vektorgleichung ist erfüllt für $k = 1$, somit liegt der Punkt P(1 | 10 | −5) auf der Geraden durch A und B.

Die Parameterdarstellung $\overrightarrow{OX} = \begin{pmatrix} 1 \\ 10 \\ -5 \end{pmatrix} + k \cdot \begin{pmatrix} -8 \\ -6 \\ 8 \end{pmatrix}$ beschreibt ebenfalls die Gerade durch A und B.

(1) $\vec{x} = \begin{pmatrix} 5 \\ 0 \\ 1 \end{pmatrix} + r \cdot \begin{pmatrix} -8 \\ 6 \\ 11 \end{pmatrix}$ (3) $\vec{x} = r \cdot \begin{pmatrix} 9 \\ 0 \\ -5 \end{pmatrix}$

(2) $\vec{x} = \begin{pmatrix} 1 \\ -4 \\ 6 \end{pmatrix} + r \cdot \begin{pmatrix} -6 \\ 11 \\ -2 \end{pmatrix}$ (4) $\vec{x} = \begin{pmatrix} 7 \\ 7 \\ 8 \end{pmatrix} + r \cdot \begin{pmatrix} -7 \\ -7 \\ -8 \end{pmatrix}$

c) (1) $\vec{x} = \begin{pmatrix} 13 \\ -6 \\ -10 \end{pmatrix} + s \cdot \begin{pmatrix} 8 \\ -6 \\ -11 \end{pmatrix}$ (3) $\vec{x} = \begin{pmatrix} -9 \\ 0 \\ 5 \end{pmatrix} + s \cdot \begin{pmatrix} -9 \\ 0 \\ 5 \end{pmatrix}$

(2) $\vec{x} = \begin{pmatrix} 7 \\ -15 \\ 8 \end{pmatrix} + s \cdot \begin{pmatrix} 6 \\ -11 \\ 2 \end{pmatrix}$ (4) $\vec{x} = \begin{pmatrix} 21 \\ 21 \\ 24 \end{pmatrix} + s \cdot \begin{pmatrix} 7 \\ 7 \\ 8 \end{pmatrix}$

3. a) Es gibt unendlich viele Lösungen. Beispiele:

$g: \vec{x} = \begin{pmatrix} 0 \\ 0 \\ 0 \end{pmatrix} + s \begin{pmatrix} 3 \\ -2 \\ 4 \end{pmatrix} = s \cdot \begin{pmatrix} 3 \\ -2 \\ 4 \end{pmatrix};\ s \in \mathbb{R}$

$g: \vec{x} = \begin{pmatrix} 3 \\ -2 \\ 4 \end{pmatrix} + r \cdot \begin{pmatrix} 3 \\ -2 \\ 4 \end{pmatrix};\ r \in \mathbb{R}$

$g: \vec{x} = \begin{pmatrix} -3 \\ 2 \\ -4 \end{pmatrix} + t \cdot \begin{pmatrix} 6 \\ -4 \\ 8 \end{pmatrix};\ t \in \mathbb{R}$

b) Man erkennt an der Parameterdarstellung einer Geraden eine Ursprungsgerade daran, dass der Ortsvektor ein Vielfaches des Richtungsvektors ist.

4. a) z. B. $\vec{x} = \begin{pmatrix} -3 \\ 4 \\ -3 \end{pmatrix} + r \cdot \begin{pmatrix} -2 \\ -1 \\ 4 \end{pmatrix}$

b) Es gilt: $\begin{pmatrix} -10 \\ -5 \\ 20 \end{pmatrix} = -5 \cdot \begin{pmatrix} 2 \\ 1 \\ -4 \end{pmatrix}$

Punktprobe: $\begin{pmatrix} 29 \\ 20 \\ -67 \end{pmatrix} = \begin{pmatrix} -5 \\ 3 \\ 1 \end{pmatrix} + k \cdot \begin{pmatrix} 2 \\ 1 \\ -4 \end{pmatrix}$ für $k = 17$

Also liegt P(29 | 20 | −67) auf g und die Richtungsvektoren sind Vielfache voneinander, somit ist diese Parameterdarstellung ebenfalls eine Parameterdarstellung von g.

237

5. Beim Stützvektor kommt es auf die Länge an. Nur beim Richtungsvektor ist die Länge irrelevant. Zu einem bekannten Stützvektor dürfen Vielfache eines Richtungsvektors addiert werden. Janniks alternative Darstellung der Geraden ist daher falsch.

6. Es gibt unendlich viele äquivalente Lösungen. Als Beispiel wird das übliche Koordinatensystem verwendet und der Ursprung immer in die untere, hintere, linke Ecke des Körpers gelegt. Alle Einheiten sind cm.

a) $g: \vec{x} = \begin{pmatrix} 4 \\ 0 \\ 0 \end{pmatrix} + k \cdot \begin{pmatrix} -4 \\ 6 \\ 3 \end{pmatrix};\ k \in \mathbb{R}$ $\quad h: \vec{x} = \begin{pmatrix} 2 \\ 0 \\ 3 \end{pmatrix} + r \cdot \begin{pmatrix} 0 \\ 6 \\ -3 \end{pmatrix};\ r \in \mathbb{R}$

$i: \vec{x} = \begin{pmatrix} 0 \\ 3 \\ 3 \end{pmatrix} + t \cdot \begin{pmatrix} 2 \\ 3 \\ -3 \end{pmatrix};\ t \in \mathbb{R}$ $\quad k: \vec{x} = \begin{pmatrix} 0 \\ 3 \\ 3 \end{pmatrix} + s \cdot \begin{pmatrix} 4 \\ 3 \\ -3 \end{pmatrix};\ s \in \mathbb{R}$

b) $g: \vec{x} = \begin{pmatrix} 4 \\ 6 \\ 0 \end{pmatrix} + k \cdot \begin{pmatrix} -4 \\ -3 \\ 3 \end{pmatrix};\ k \in \mathbb{R}$ $\quad h: \vec{x} = \begin{pmatrix} 0 \\ 3 \\ 3 \end{pmatrix} + r \cdot \begin{pmatrix} 2 \\ 3 \\ -3 \end{pmatrix};\ r \in \mathbb{R}$

$i: \vec{x} = \begin{pmatrix} 2 \\ 6 \\ 0 \end{pmatrix} + t \cdot \begin{pmatrix} -2 \\ -6 \\ 3 \end{pmatrix};\ t \in \mathbb{R}$ $\quad k: \vec{x} = \begin{pmatrix} 2 \\ 0 \\ 0 \end{pmatrix} + s \cdot \begin{pmatrix} -2 \\ 6 \\ 3 \end{pmatrix};\ s \in \mathbb{R}$

c) $g: \vec{x} = \begin{pmatrix} 0 \\ 0 \\ 0 \end{pmatrix} + t \cdot \begin{pmatrix} 3 \\ 3 \\ 2{,}5 \end{pmatrix};\ t \in \mathbb{R}$ $\quad i: \vec{x} = \begin{pmatrix} 4 \\ 0 \\ 0 \end{pmatrix} + s \cdot \begin{pmatrix} -2 \\ 4 \\ 0 \end{pmatrix};\ s \in \mathbb{R}$

$k: \vec{x} = \begin{pmatrix} 2 \\ 4 \\ 0 \end{pmatrix} + r \cdot \begin{pmatrix} 2 \\ 2 \\ 5 \end{pmatrix};\ r \in \mathbb{R}$

7. a) $|\vec{v}| = \sqrt{4^2 + 4^2 + (-2)^2} = 6$

Die Bohrmaschine schafft 6 m pro Tag.

b) $\overrightarrow{OP} = \begin{pmatrix} 250 \\ 780 \\ 1030 \end{pmatrix} + 10 \cdot \begin{pmatrix} 4 \\ 4 \\ -2 \end{pmatrix} = \begin{pmatrix} 290 \\ 820 \\ 1010 \end{pmatrix}$

Das Tunnelende liegt im Punkt P (290 | 820 | 1 010).

c) Pro Tag bewegt sich der Bohrkopf um den Vektor $\vec{v}$.

Nach 1 Tag: $\overrightarrow{OP_1} = \overrightarrow{OA} + 1 \cdot \vec{v}$

Nach 2 Tagen: $\overrightarrow{OP_2} = \overrightarrow{OP_1} + 1 \cdot \vec{v} = \overrightarrow{OA} + \vec{v} + \vec{v} = \overrightarrow{OA} + 2 \cdot \vec{v}$

Entsprechend nach k Tagen:

$$\overrightarrow{OP_k} = \overrightarrow{OP_{k-1}} + \vec{v} = \overrightarrow{OA} + \underbrace{\vec{v} + \vec{v} + \ldots + \vec{v}}_{k\ \text{Summanden}} = \overrightarrow{OA} + k \cdot \vec{v}$$

$0 \le k \le 10$

P_1 (254 | 784 | 1 028), P_2 (258 | 788 | 1 026)

P_3 (262 | 792 | 1 024)

d) Es muss ein k mit $0 \le k \le 10$ geben, sodass gilt: $\begin{pmatrix} 270 \\ 800 \\ 1020 \end{pmatrix} = \begin{pmatrix} 250 \\ 780 \\ 1030 \end{pmatrix} + k \cdot \begin{pmatrix} 4 \\ 4 \\ -2 \end{pmatrix}$

Dies ist der Fall für $k = 5$

Entsprechend:

$$\begin{pmatrix} 300 \\ 820 \\ 1010 \end{pmatrix} = \begin{pmatrix} 250 \\ 780 \\ 1030 \end{pmatrix} + k \cdot \begin{pmatrix} 4 \\ 4 \\ -2 \end{pmatrix}$$

Es gibt keinen Wert für k, der diese Gleichung erfüllt.

$$\begin{pmatrix} 310 \\ 840 \\ 1000 \end{pmatrix} = \begin{pmatrix} 250 \\ 780 \\ 1030 \end{pmatrix} + k \cdot \begin{pmatrix} 4 \\ 4 \\ -2 \end{pmatrix}$$

Dies ist der Fall für $k = 15$, die Lösung liegt aber nicht im Intervall [0; 10].

Somit gilt: E liegt auf der Tunnelstrecke, die Punkte F und G aber nicht.

237

8. a) Z. B.: $g\colon \vec{x} = \begin{pmatrix} -2 \\ 5 \\ 3 \end{pmatrix} + t \cdot \begin{pmatrix} 4 \\ -8 \\ -2 \end{pmatrix}$; $t \in \mathbb{R}$ oder $g\colon \vec{x} = \begin{pmatrix} 2 \\ -3 \\ 1 \end{pmatrix} + s \cdot \begin{pmatrix} -4 \\ 8 \\ 2 \end{pmatrix}$; $s \in \mathbb{R}$

P liegt auf g (im Beispiel: $t = -3$, $s = 4$). P liegt nicht zwischen A und B.

b) Z. B.: $g\colon \vec{x} = \begin{pmatrix} 5 \\ -3 \\ -1 \end{pmatrix} + t \begin{pmatrix} -3 \\ 2 \\ 3 \end{pmatrix}$; $t \in \mathbb{R}$ oder $g\colon \vec{x} = \begin{pmatrix} 2 \\ -1 \\ 2 \end{pmatrix} + s \begin{pmatrix} -6 \\ 4 \\ 6 \end{pmatrix}$; $s \in \mathbb{R}$

P liegt nicht auf g.

9. a) Alle Punkte der Strecke $\overline{AB}$ mit $A(-4|-6|3)$ und $B(1|9|3)$ inklusive der Punkte A und B.

b) Alle inneren Punkte der Strecke $\overline{CD}$ mit $C(4|0|-4)$ und $D(20|-8|0)$ (d. h. exklusive der Punkte C und D).

10. a) A liegt auf g für $k = -2$.
B liegt nicht auf g.
C liegt auf g für $k = 5$.

b) A liegt auf g für $t = -3$.
B liegt nicht auf g.
C liegt nicht auf g.

238

11. a) $\overrightarrow{PQ} = \begin{pmatrix} -2 \\ -4 \\ 4 \end{pmatrix}$, $\overrightarrow{PR} = \begin{pmatrix} 3 \\ 6 \\ -6 \end{pmatrix}$

Da $\overrightarrow{PR} = -\frac{3}{2} \cdot \overrightarrow{PQ}$, liegen P, Q, R auf einer Geraden und da der Vorfaktor negativ ist, liegt P zwischen Q und R.

b) $\overrightarrow{PQ} = \begin{pmatrix} 24 \\ -32 \\ 16 \end{pmatrix}$, $\overrightarrow{PR} = \begin{pmatrix} 15 \\ -20 \\ 10 \end{pmatrix}$, $\overrightarrow{PR} = \frac{5}{8} \overrightarrow{PQ}$

P, Q, R liegen auf einer Geraden. Da $\frac{5}{8} < 1$ liegt R näher an P als Q. Also liegt R zwischen P und Q.

12. a) $g\colon \vec{x} = \begin{pmatrix} 11 \\ 1 \\ 6 \end{pmatrix} + k \cdot \begin{pmatrix} -6 \\ -2 \\ -4 \end{pmatrix}$

Punkte der Geraden liegen zwischen A und B für $0 < k < 1$.

Also: $k = \frac{1}{2}$ $\quad P_1(8|0|4)$

$k = \frac{1}{4}$ $\quad P_2(9{,}5|0{,}5|5)$

b) $Q(a|a|a)$ ist ein Punkt mit drei gleichen Koordinaten.

Es muss gelten: $\begin{pmatrix} a \\ a \\ a \end{pmatrix} = \begin{pmatrix} 11 \\ 1 \\ 6 \end{pmatrix} + k \cdot \begin{pmatrix} -6 \\ -2 \\ -4 \end{pmatrix}$

Also $\begin{vmatrix} a = 11 - 6k \\ a = 1 - 2k \\ a = 6 - 4k \end{vmatrix}$, bzw. $\begin{vmatrix} k = \frac{11-a}{6} \\ k = \frac{1-a}{2} \\ k = \frac{6-a}{4} \end{vmatrix}$

Aus den beiden letzten Gleichungen erhalten wir $a = -4$; $k = \frac{5}{2}$

Diese Lösung erfüllt auch die erste Gleichung.

$Q(-4|-4|-4)$ liegt auf g.

13. a) $P(-4\,634|2\,035|-500)$

b) $\overrightarrow{PW} = \begin{pmatrix} 69 \\ 80 \\ -8 \end{pmatrix}$

Entfernung Tauchboot zum Wrack ist die Länge des Vektors $\overrightarrow{PW}$:

$|\overrightarrow{PW}| = \sqrt{11\,225} \approx 105{,}95 > 100$

Die Crew sieht das Wrack nicht.

238

14. a) $\begin{pmatrix} -14 \\ -11 \\ 9 \end{pmatrix} = \begin{pmatrix} -2 \\ 1 \\ 3 \end{pmatrix} + t \cdot \begin{pmatrix} -4 \\ -4 \\ 2 \end{pmatrix}$ für $t = 3$

$\begin{pmatrix} 18 \\ 21 \\ -7 \end{pmatrix} = \begin{pmatrix} -2 \\ 1 \\ 3 \end{pmatrix} + t \cdot \begin{pmatrix} -4 \\ -4 \\ 2 \end{pmatrix}$ für $t = -5$

Für die Punkte auf der Strecke $\overline{AB}$ gilt:

$\overrightarrow{OX} = \begin{pmatrix} -2 \\ 1 \\ 3 \end{pmatrix} + t \cdot \begin{pmatrix} -4 \\ -4 \\ 2 \end{pmatrix}$ für $-5 \le t \le 3$

b) $\begin{pmatrix} 30 \\ 101 \\ 115 \end{pmatrix} = \begin{pmatrix} 0 \\ 1 \\ -5 \end{pmatrix} + t \cdot \begin{pmatrix} 3 \\ 10 \\ 12 \end{pmatrix}$ für $t = 10$

$\begin{pmatrix} 300 \\ 1001 \\ 1195 \end{pmatrix} = \begin{pmatrix} 0 \\ 1 \\ -5 \end{pmatrix} + t \cdot \begin{pmatrix} 3 \\ 10 \\ 12 \end{pmatrix}$ für $t = 100$

Für die Punkte auf der Strecke $\overline{AB}$ gilt:

$\overrightarrow{OX} = \begin{pmatrix} 0 \\ 1 \\ -5 \end{pmatrix} + t \cdot \begin{pmatrix} 3 \\ 10 \\ 12 \end{pmatrix}$ für $10 \le t \le 100$

15. a) (1) $g: \vec{x} = \begin{pmatrix} 4 \\ 2 \\ 3 \end{pmatrix} + r \cdot \begin{pmatrix} -2 \\ 3 \\ -4 \end{pmatrix}$; $r \in \mathbb{R}$

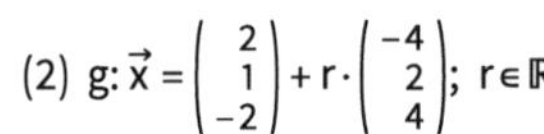

(2) $g: \vec{x} = \begin{pmatrix} 2 \\ 1 \\ -2 \end{pmatrix} + r \cdot \begin{pmatrix} -4 \\ 2 \\ 4 \end{pmatrix}$; $r \in \mathbb{R}$

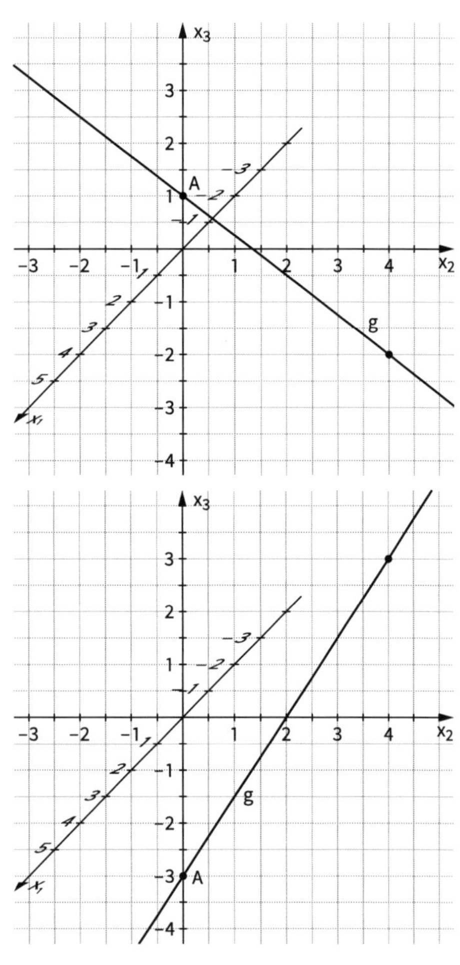

238 (3) $g: \vec{x} = \begin{pmatrix} -3 \\ -3 \\ 1 \end{pmatrix} + r \cdot \begin{pmatrix} 3 \\ 2 \\ -1 \end{pmatrix};\ r \in \mathbb{R}$

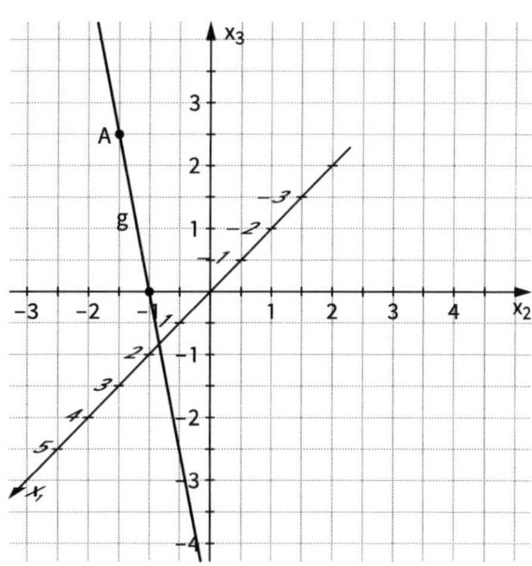

b) (1) $\left(2{,}5 \,\middle|\, \frac{17}{4} \,\middle|\, 0\right)$ (2) $(0\,|\,1\,|\,0)$ (3) $(0\,|\,-1\,|\,0)$

Dies sind jeweils die Schnittpunkte der Geraden g mit der x_1x_2-Ebene.

239 **16. a)** $S_{12}(2\,|\,-1\,|\,0)$; $S_{13}\left(\frac{4}{3}\,\middle|\,0\,\middle|\,1\right)$, $S_{23}(0\,|\,2\,|\,3)$

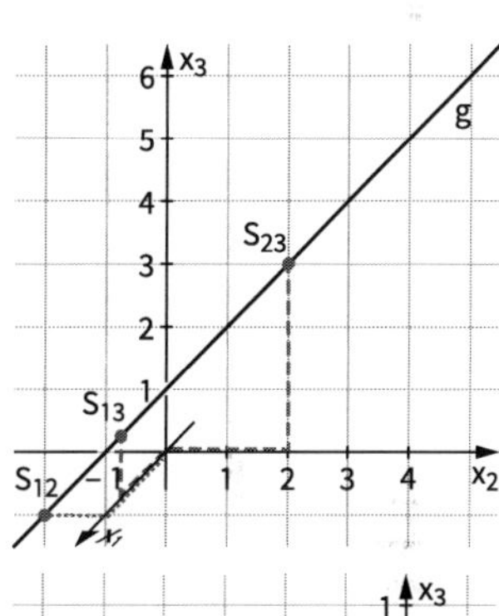

b) $S_{12}(10\,|\,2\,|\,0)$; $S_{13}(10\,|\,0\,|\,3)$;
S_{23} existiert nicht
g verläuft parallel zur x_2x_3-Ebene

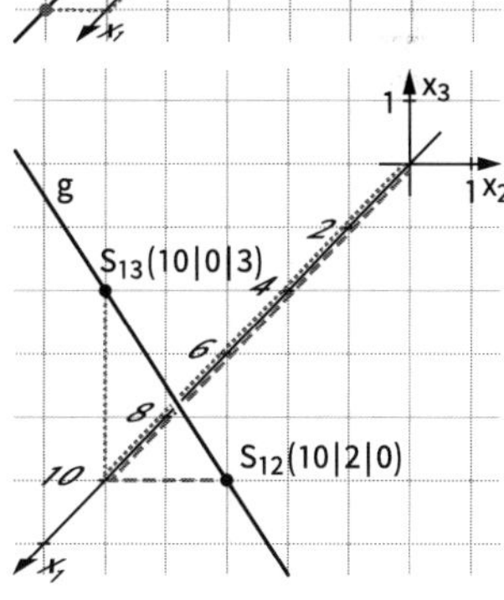

239 **c)** S_{12} und S_{13} existieren nicht.
$S_{23}(0|-2|4)$
g verläuft parallel zur x_1x_2-Ebene und zur x_1x_3-Ebene.

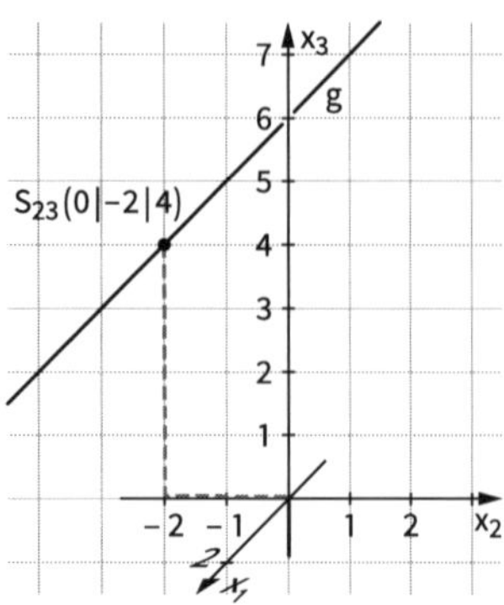

17. a) $S_{12}(6|0|0) = S_{13}$; $S_{23}(0|2|5)$
Zwei Spurpunkte fallen zusammen.
g schneidet die x_1x_2-Ebene und die x_1x_3-Ebene in einem Punkt der x_1-Achse.

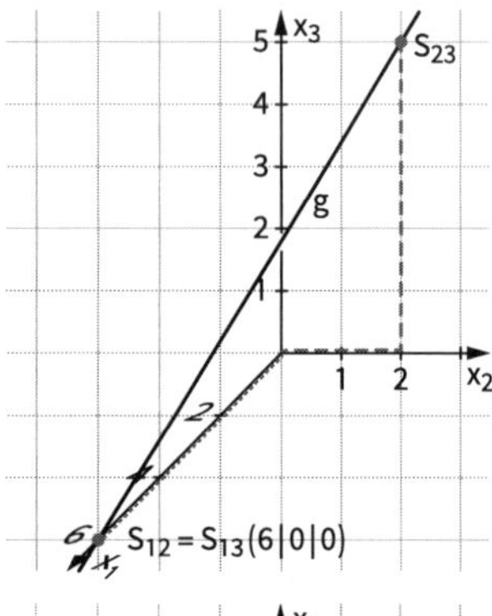

b) $S_{12}(0|0|0) = S_{13} = S_{23}$
g ist eine Ursprungsgerade.

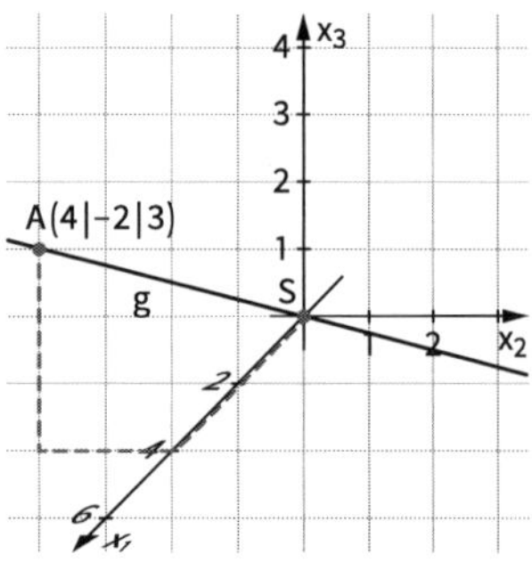

239

c) $S_{12}(0|8|0) = S_{23}$; $S_{13}(-16|0|-24)$
Zwei Spurpunkte fallen zusammen.
g schneidet die x_1x_2-Ebene und die x_2x_3-Ebene in einem Punkt der x_2-Achse.

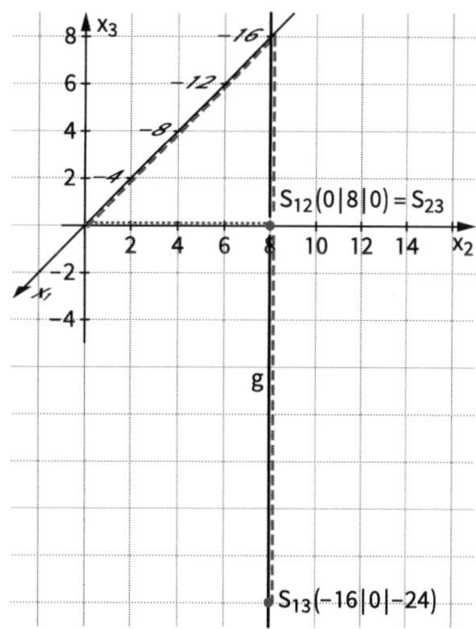

18. a) $S_{13}(4|0|3)$; $S_{23}(0|2|3)$; g: $\vec{x} = \begin{pmatrix} 4 \\ 0 \\ 3 \end{pmatrix} + k \cdot \begin{pmatrix} -4 \\ 2 \\ 0 \end{pmatrix}$

b) $S_{13}(2|0|3)$ g: $\vec{x} = \begin{pmatrix} 2 \\ 0 \\ 3 \end{pmatrix} + r \cdot \begin{pmatrix} 0 \\ 1 \\ 0 \end{pmatrix}$

239

19.

Anzahl der Spurpunkte	Beschreibung und Beipiel	Skizze
1 Spurpunkt	g verläuft paralell zu zwei Koordinatenebenen z. B. g: $\vec{x} = \begin{pmatrix} 2 \\ 3 \\ 2 \end{pmatrix} + k \cdot \begin{pmatrix} 1 \\ 0 \\ 0 \end{pmatrix}$ $S_{23}(0\|3\|2)$	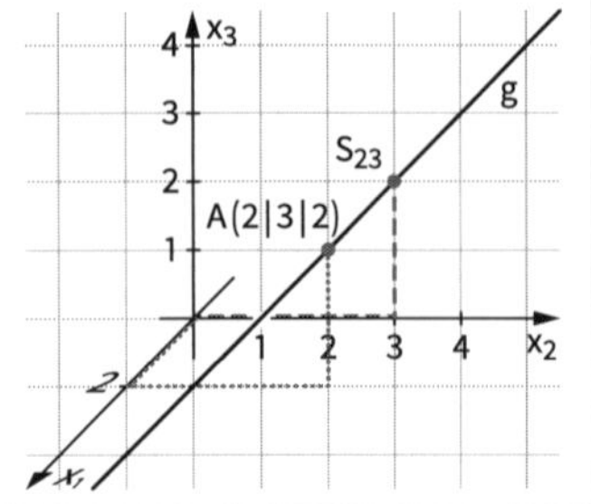
2 Spurpunkte	g verläuft parallel zu einer Koordinatenebene z. B. g: $\vec{x} = \begin{pmatrix} 4 \\ 0 \\ 3 \end{pmatrix} + k \cdot \begin{pmatrix} 2 \\ -1 \\ 0 \end{pmatrix}$ $S_{13}(4\|0\|3)$; $S_{23}(0\|2\|3)$	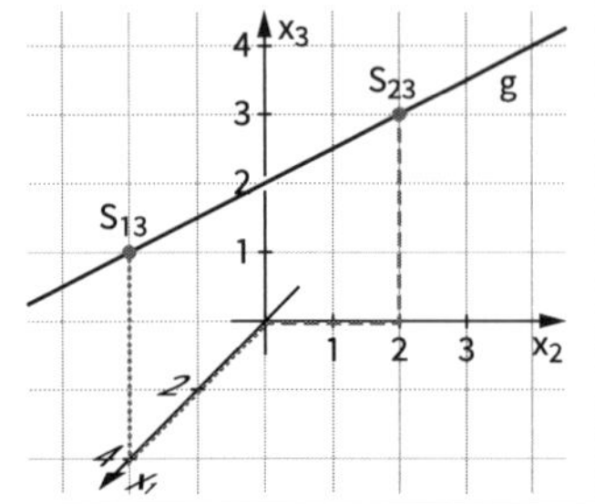
3 Spurpunkte	g schneidet alle drei Koordinatenebenen z. B. g: $\vec{x} = \begin{pmatrix} 4 \\ 6 \\ -1 \end{pmatrix} + k \cdot \begin{pmatrix} -1 \\ -2 \\ 1 \end{pmatrix}$ $S_{12}(3\|4\|0)$; $S_{13}(1\|0\|2)$; $S_{23}(0\|-2\|3)$	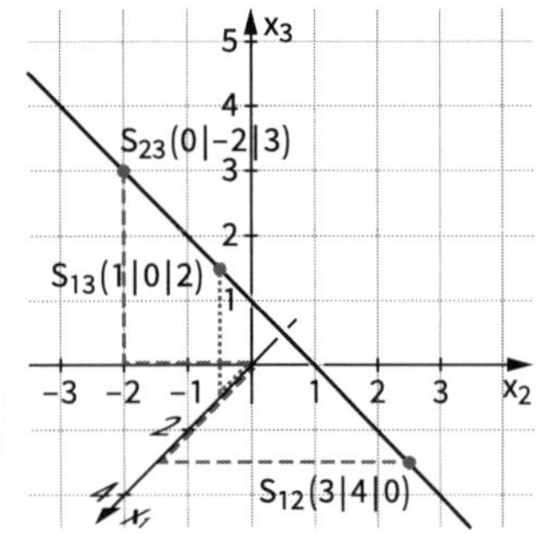

20. a) Ursprungsgerade in x_1x_2-Ebene z. B.: g: $\vec{x} = \begin{pmatrix} 1 \\ 1 \\ 0 \end{pmatrix} + t \cdot \begin{pmatrix} 1 \\ 1 \\ 0 \end{pmatrix}$; $t \in \mathbb{R}$

b) x_2-Achse z. B.: g: $\vec{x} = \begin{pmatrix} 0 \\ 1 \\ 0 \end{pmatrix} + t \cdot \begin{pmatrix} 0 \\ 1 \\ 0 \end{pmatrix}$; $t \in \mathbb{R}$

c) Ursprungsgerade in x_2x_3-Ebene z. B.: g: $\vec{x} = \begin{pmatrix} 0 \\ 1 \\ -1 \end{pmatrix} + t \cdot \begin{pmatrix} 0 \\ 1 \\ -1 \end{pmatrix}$; $t \in \mathbb{R}$

d) Gerade verläuft in x_2x_3-Ebene z. B.: g: $\vec{x} = \begin{pmatrix} 2 \\ 0 \\ 3 \end{pmatrix} + t \cdot \begin{pmatrix} 1 \\ 0 \\ 1 \end{pmatrix}$; $t \in \mathbb{R}$

239

21. Bei der Spiegelung eines Punktes an der x_1x_3-Ebene bleiben die x_1- und die x_3-Koordinate des Punktes erhalten, die x_2-Koordinate erhält das entgegengesetzte Vorzeichen.

a) Zwei Punkte, die auf g liegen: A(4|3|2), B(5|2|0)
Bildpunkte bei der Spiegelung:
A'(4|−3|2), B'(5|−2|0)
Die Bildgerade geht durch die Punkte A' und B', also $g': \vec{x} = \begin{pmatrix} 4 \\ -3 \\ 2 \end{pmatrix} + r \cdot \begin{pmatrix} 1 \\ 1 \\ -2 \end{pmatrix}$.
Beobachtung: Da sich A und A' sowie B und B' nur im Vorzeichen der x_2-Koordinate unterscheiden, gilt dies auch für die Vektoren $\overrightarrow{AB}$ und $\overrightarrow{A'B'}$.

b) $g': \vec{x} = \begin{pmatrix} -5 \\ -2 \\ -2 \end{pmatrix} + s \cdot \begin{pmatrix} 0 \\ -1 \\ -1 \end{pmatrix}$

c) $g': \vec{x} = \begin{pmatrix} 2 \\ -2 \\ 1 \end{pmatrix} + t \cdot \begin{pmatrix} -2 \\ 0 \\ 3 \end{pmatrix}$

22. a) $g: \vec{x} = k \cdot \begin{pmatrix} 0 \\ 1 \\ 0 \end{pmatrix}$ **c)** $g: \vec{x} = \begin{pmatrix} 1 \\ 0 \\ 1 \end{pmatrix} + k \cdot \begin{pmatrix} 0 \\ 1 \\ 0 \end{pmatrix}$ **e)** $g: \vec{x} = \begin{pmatrix} 3 \\ 3 \\ 3 \end{pmatrix} + k \cdot \begin{pmatrix} 1 \\ 1 \\ 0 \end{pmatrix}$

b) $g: \vec{x} = \begin{pmatrix} 7 \\ 4 \\ 6 \end{pmatrix} + k \cdot \begin{pmatrix} 0 \\ 0 \\ 1 \end{pmatrix}$ **d)** $g: \vec{x} = k \cdot \begin{pmatrix} 0 \\ 1 \\ 1 \end{pmatrix}$

4.2.2 Lagebeziehungen zwischen Geraden

240

Einstiegsaufgabe ohne Lösung

■

	Lagebeziehung	Rechnung
1. Fall:	Zwei Geraden schneiden sich in einem gemeinsamen Punkt. In der Abbildung schneiden sich g_1, und g_2 im Punkt C.	Parameterdarstellungen gleichsetzen. Lineares Gleichungssystem mit 3 Gleichungen und zwei Unbekannten (Parameter der beiden Geraden) aufstellen und lösen. Es gibt genau eine Lösung.
2. Fall	Die beiden Geraden sind parallel zueinander. In der Abbildung gilt: $g_1 \parallel g_3$	Das Gleichungssystem wie im Fall 1 hat keine Lösungen. Die Richtungsvektoren sind Vielfache voneinander.
3. Fall	Die beiden Geraden schneiden sich nicht und sind auch nicht parallel zueinander.	Das Gleichungssystem wie im Fall 1 hat keine Lösungen. Die Richtungsvektoren sind keine Vielfachen voneinander.

Wenn das Gleichungssystem wie im Fall 1 beliebig viele Lösungen hat, dann handelt es sich um ein und dieselbe Gerade.

■ $g_1: \vec{x} = \begin{pmatrix} 6 \\ 6 \\ 0 \end{pmatrix} + k \cdot \begin{pmatrix} 6 \\ 0 \\ 0 \end{pmatrix}$ $g_2: \vec{x} = \begin{pmatrix} 0 \\ 6 \\ 0 \end{pmatrix} + r \cdot \begin{pmatrix} 1 \\ -1 \\ 4 \end{pmatrix}$ $g_3: \vec{x} = \begin{pmatrix} 5 \\ 1 \\ 4 \end{pmatrix} + s \cdot \begin{pmatrix} -4 \\ 0 \\ 0 \end{pmatrix}$

1) Wir betrachten zuerst paarweise die Richtungsvektoren der Geraden:

- g_1 und g_2:
  Die beiden Richtungsvektoren sind keine Vielfachen voneinander, also sind g_1 und g_2 nicht parallel zueinander.
- g_1 und g_3:
  $\begin{pmatrix} 6 \\ 0 \\ 0 \end{pmatrix} = -\frac{3}{2} \begin{pmatrix} -4 \\ 0 \\ 0 \end{pmatrix}$, also sind g_1 und g_3 parallel zueinander.
- Somit sind auch g_2 und g_3 nicht parallel zueinander.

240

2) Untersuchung auf gemeinsame Punkte

- g_1 und g_2:
  Die Gleichung $\begin{pmatrix}6\\6\\0\end{pmatrix}+k\cdot\begin{pmatrix}6\\0\\0\end{pmatrix}=\begin{pmatrix}0\\6\\0\end{pmatrix}+r\cdot\begin{pmatrix}1\\-1\\4\end{pmatrix}$
  führt auf das lineare Gleichungssystem $\left|\begin{aligned}6k-r&=-6\\ r&=0\\ -4r&=0\end{aligned}\right|$ mit der Lösung $k=-1;\ r=0$
  Die beiden Geraden g_1 und g_2 schneiden sich im Punkt $C(0|6|0)$.
- g_1 und g_3:
  $E(5|1|4)$ liegt nicht auf g_1 (Punktprobe), also sind g_1 und g_3 parallel zueinander, aber nicht identisch.
- g_2 und g_3:
  Die Gleichung $\begin{pmatrix}0\\6\\0\end{pmatrix}+r\cdot\begin{pmatrix}1\\-1\\4\end{pmatrix}=\begin{pmatrix}5\\1\\4\end{pmatrix}+s\cdot\begin{pmatrix}-4\\0\\0\end{pmatrix}$
  führt auf das lineare Gleichungssystem $\left|\begin{aligned}r+4s&=5\\ -r&=-5\\ 4r&=4\end{aligned}\right|$, das keine Lösung hat.
  Also schneiden sich g_2 und g_3 nicht, sind aber auch nicht parallel zueinander.

243

1. **a)** g und h schneiden sich im Punkt $S(-5|1|4)$.
b) g und h sind zueinander parallel.
c) g und h sind identisch.
d) g und h schneiden sich im Punkt $S(3|-4|5)$
e) g und h sind windschief.
f) g und h schneiden sich im Punkt $S(3|-2|4)$

2. Lena hat aus den ersten beiden Gleichungen $t=1$ und $k=2$ richtig errechnet. Sie hat aber vergessen zu überprüfen, ob $t=1$ und $k=2$ auch die dritte Gleichung erfüllen. Dies ist nicht der Fall, deshalb sind die beiden Geraden windschief zueinander.

3. In der Aufgabenstellung benutzen beide Parameterdarstellungen den Parameter k. Fabian hat nicht beachtet, dass er einen der beiden Parameter umbenennen muss, wenn er den Schwerpunkt bestimmen möchte.

$$\begin{array}{l} (1)\\ (2)\\ (3)\end{array}\left|\begin{aligned}-2+3k&=7+s\\ 6-2k&=4-2s\\ -3+2k&=-4+3s\end{aligned}\right|$$

Aus (2) folgt $k=1+s$
eingesetzt in (1): $s=3$
eingesetzt in (3): $s=3$
Die Graphen g und h schneiden sich im Punkt $S(10|-2|5)$.

243 **4. a)** Spurpunkte von g:
$S_{12}(1|1|0)$; $S_{13}(0|0|-2) = S_{23}$
Spurpunkte von h:
$S_{12}(2|5|0)$; $S_{13}(2|0|5)$;
S_{23} existiert nicht.

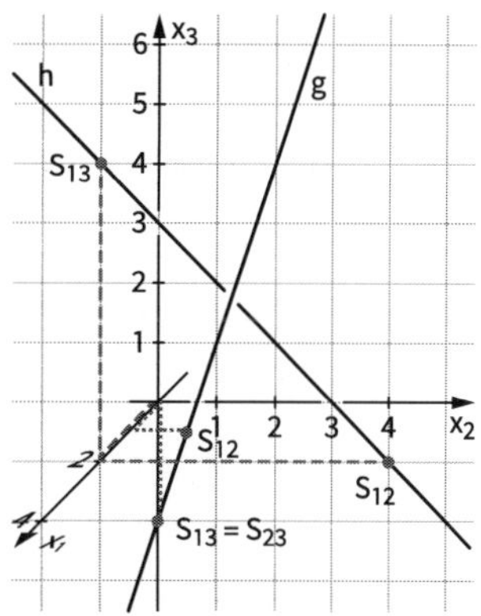

b) Die beiden Richtungsvektoren von g und h sind keine Vielfachen voneinander. Somit sind g und h nicht parallel zueinander.

Die Gleichung $\begin{pmatrix} 3 \\ 3 \\ 4 \end{pmatrix} + s \cdot \begin{pmatrix} 1 \\ 1 \\ 2 \end{pmatrix} = \begin{pmatrix} 2 \\ 2 \\ 3 \end{pmatrix} + t \cdot \begin{pmatrix} 0 \\ 1 \\ -1 \end{pmatrix}$

führt auf das lineare Gleichungssystem $\left| \begin{array}{l} s = -1 \\ s - t = -1 \\ 2s + t = -1 \end{array} \right|$, das keine Lösung hat.

g und h sind windschief zueinander.

5. a) Spurpunkte von g: $S_{12}(0|-1|0) = S_{23}$; $S_{13}(2|0|1)$
Spurpunkte von h: $S_{12}(2|1|0)$; $S_{23}(0|1|-2)$; S_{13} existiert nicht.
Die Spurpunkte und alle anderen Punkte von g liegen in der Zeichnung mit unserem üblichen Verkürzungsfaktor $k \approx 0{,}7$ und dem Winkel 45° alle auf einem Punkt.
Daher fertigen wir eine Zeichnung mit einem Winkel von ca. 56,3° und einem Verkürzungsfaktor von $k \approx 0{,}6$ an.

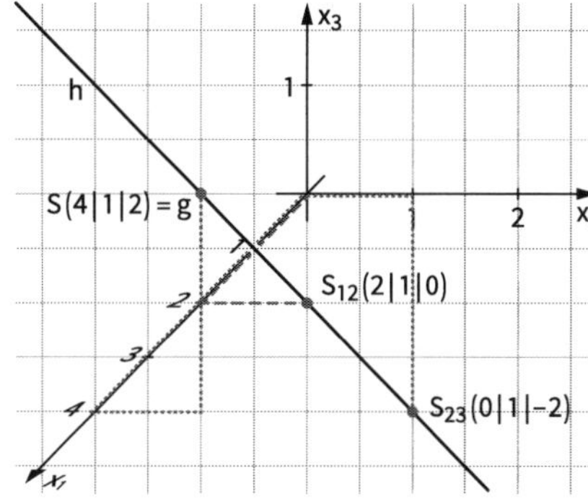

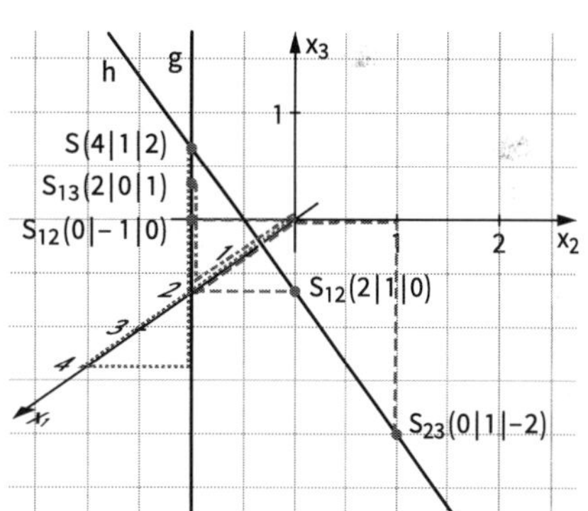

b) Die Gleichung $\begin{pmatrix} 0 \\ -1 \\ 0 \end{pmatrix} + s \cdot \begin{pmatrix} 2 \\ 1 \\ 1 \end{pmatrix} = \begin{pmatrix} 3 \\ 1 \\ 1 \end{pmatrix} + t \cdot \begin{pmatrix} 1 \\ 0 \\ 1 \end{pmatrix}$

führt auf das lineare Gleichungssystem $\left| \begin{array}{l} 2s - t = 3 \\ s = 2 \\ s - t = 1 \end{array} \right|$ mit der Lösung $s = 2$; $t = 1$

Schnittpunkt $S(4|1|2)$
Punkte, deren Schrägbild im Koordinatensystem an derselben Stelle liegen:
$P_1(0|-1|0)$, $P_2(-2|-2|-1)$, $P_3(6|2|3)$

244

6. **a)** P liegt nicht auf g. Wir wählen P als Aufpunkt der Geraden h und verwenden denselben Richtungsvektor.

Eine mögliche Lösung: $h: \vec{x} = \begin{pmatrix} 15 \\ 26 \\ 31 \end{pmatrix} + t \cdot \begin{pmatrix} -2 \\ -3 \\ 5 \end{pmatrix}$

b) P liegt nicht auf g. Wir wählen P als Aufpunkt der Geraden h und verwenden denselben Richtungsvektor.

Eine mögliche Lösung: $h: \vec{x} = \begin{pmatrix} 8 \\ 16 \\ 5 \end{pmatrix} + t \cdot \begin{pmatrix} 1 \\ -4 \\ 0 \end{pmatrix}$

7. **a)** $\vec{x} = \begin{pmatrix} 0 \\ 0 \\ 0 \end{pmatrix} + t \cdot \begin{pmatrix} 4 \\ 2 \\ 3 \end{pmatrix}$ **b)** $\vec{x} = \begin{pmatrix} 1 \\ 1 \\ 1 \end{pmatrix} + t \cdot \begin{pmatrix} 4 \\ 2 \\ 1 \end{pmatrix}$ **c)** $\vec{x} = \begin{pmatrix} 1 \\ 1 \\ 0 \end{pmatrix} + t \cdot \begin{pmatrix} 4 \\ 2 \\ 3 \end{pmatrix}$

8. $g \nparallel h$: Richtungsvektoren sind nicht kollinear zueinander.

$$\left| \begin{array}{rl} -p+2t = & 2+2s \\ 1-8t = & 6-2s \\ -2-4t = & 4p-4s \end{array} \right|; \quad \left| \begin{array}{rl} 2t-2s = & p+2 \\ -8t+2s = & 5 \\ -4t+4s = & 4p+2 \end{array} \right|$$

1. und 2. Gleichung addieren:

$$\left| \begin{array}{rl} -6t \quad = & p+7 \\ -8t+2s = & 5 \\ -4t+4s = & 4p+2 \end{array} \right|$$

Das Doppelte der 2. Gleichung von der 3. Gleichung subtrahieren:

$$\left| \begin{array}{rl} -6t \quad = & p+7 \\ -8t+2s = & 5 \\ 12t \quad = & 4p-8 \end{array} \right|$$

Das Doppelte der 1. Gleichung zur 3. Gleichung addieren:

$$\left| \begin{array}{rl} -6t \quad = & p+7 \\ -8t+2s \quad = & 5 \\ 0 = & 6p+6 \end{array} \right|; \quad \left| \begin{array}{rl} -6t \quad = & p+7 \\ -8t+2s = & 5 \\ p = & -1 \end{array} \right|; \quad \left| \begin{array}{l} t = -\frac{1}{6}p - \frac{7}{6} \\ s = 4t + 2{,}5 \\ p = -1 \end{array} \right|; \quad \left| \begin{array}{l} t = -1 \\ s = -1{,}5 \\ p = -1 \end{array} \right|$$

Für $p = -1$ schneiden sich die Geraden g und h im Punkt $S(-1\,|\,9\,|\,2)$.

9. **a)** Die Geraden a und b liegen windschief zueinander und bilden kein Dreieck.

b) $A(-8\,|\,-12\,|\,10)$; $B(6\,|\,9\,|\,24)$; $C(-4\,|\,-4\,|\,-2)$

$|\overline{AB}| = \sqrt{833} \approx 28{,}86$; $|\overline{AC}| = \sqrt{244} \approx 14{,}97$; $|\overline{BC}| = \sqrt{945} \approx 30{,}74$

244

10. a) Z. B.

h_{AB}: $\vec{x} = \begin{pmatrix} 3 \\ 1 \\ 4 \end{pmatrix} + s \begin{pmatrix} -5 \\ 3 \\ -3 \end{pmatrix}$; $s \in \mathbb{R}$

g und h_{AB} liegen windschief zueinander.

b) Da $\overrightarrow{AB} = \begin{pmatrix} -5 \\ 3 \\ -3 \end{pmatrix} = \overrightarrow{DC}$ und

$\overrightarrow{AD} = \begin{pmatrix} 0 \\ -3 \\ 2 \end{pmatrix} = \overrightarrow{BC}$,

liegt ein Parallelogramm vor.
Schnittpunkt der Diagonalen: (0,5 | 1 | 3,5).

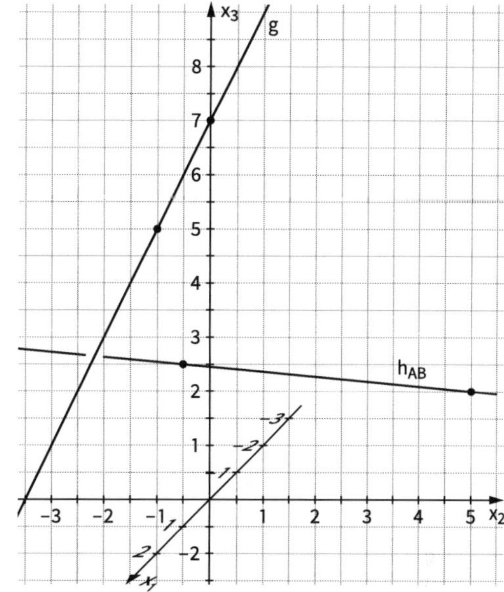

11. a) D(−1 | −1 | 2)

b) Z. B.

g_{M_1C}: $\vec{x} = \begin{pmatrix} 1 \\ -5 \\ 8 \end{pmatrix} + s \cdot \begin{pmatrix} -3 \\ -4 \\ 7 \end{pmatrix}$; $s \in \mathbb{R}$

Z. B.

h_{M_2D}: $\vec{x} = \begin{pmatrix} -1 \\ -1 \\ 2 \end{pmatrix} + r \cdot \begin{pmatrix} -4 \\ 3 \\ -4 \end{pmatrix}$; $r \in \mathbb{R}$

Schnittpunkt (2,2 | −3,4 | 5,2)

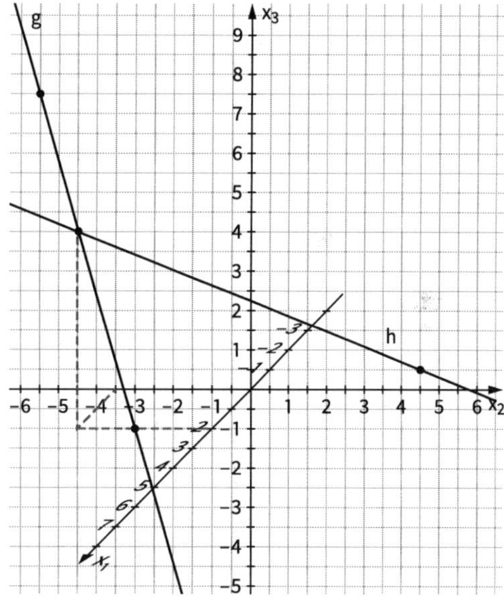

12. a) C(5 | 5 | 0); F(6 | 5 | 1); G(6 | 6 | 0); H(4 | 6 | 1)

b) Die Diagonalen AG und EC schneiden sich im Punkt (4,5 | 5 | 1).

13. a) G(2 | 4 | 5); H(2 | 2 | 5); Zeichnung siehe Schülerband.

b) Gerade AQ liegt zur Geraden BH windschief.
Gerade AQ schneidet Gerade EP im Punkt (3,75 | 3 | 3,75).
Gerade BH schneidet Gerade EP im Punkt (3,6 | 3,6 | 3).

c) S(3 | 3 | 7,5)

245

14. Das Flugzeug überfliegt das Windrad mit einer Flughöhe von 384 m, d. h. der vertikale Abstand vom höchsten Punkt des Windrades beträgt 214 m.

15. Ein Stollen verläuft entlang einer Geraden s

$$\vec{x} = \begin{pmatrix} 120 \\ 315 \\ -80 \end{pmatrix} + k \cdot \begin{pmatrix} -25 \\ -36 \\ -12 \end{pmatrix}$$

Der Stollen trifft das Wasser im Punkt P.

$x_3 = -90 \Rightarrow -90 = -80 + k\,(-12)$

$k = \frac{10}{12} = \frac{5}{6}$

$x_1 = 120 - \frac{25 \cdot 5}{6} = \frac{595}{6}$; $x_2 = 315 - \frac{36 \cdot 5}{6} = 285$

$P\left(\frac{595}{6} \middle| 285 \middle| -90\right)$

Die Bohrungen für den Stollen auf der Erdoberfläche befinden sich zwischen den Punkten $(120|315|0)$ und $\left(\frac{595}{6} \middle| 285 \middle| 0\right)$.

Der Bereich auf der Erdoberfläche ist $\vec{x} = \begin{pmatrix} 120 \\ 315 \\ 0 \end{pmatrix} + s \cdot \begin{pmatrix} -25 \\ -36 \\ 0 \end{pmatrix}$ für $0 \le s \le \frac{5}{6}$.

246

16. a) Flugbahn des Passagierflugzeugs: $g\colon \vec{x} = \begin{pmatrix} 8{,}5 \\ -28 \\ 7{,}5 \end{pmatrix} + k \cdot \begin{pmatrix} -0{,}12 \\ 0{,}175 \\ 0 \end{pmatrix}$

Flugbahn des zweiten Flugzeugs: $h\colon \vec{x} = \begin{pmatrix} 22 \\ 15{,}5 \\ 7{,}3 \end{pmatrix} + r \cdot \begin{pmatrix} 0{,}1 \\ -0{,}05 \\ 0{,}001 \end{pmatrix}$

Die beiden Geraden g und h sind nicht parallel zueinander, da ihre Richtungsvektoren keine Vielfachen voneinander sind.

Wir untersuchen, ob g und h sich schneiden:

$\begin{pmatrix} 8{,}5 \\ -28 \\ 7{,}5 \end{pmatrix} + k \cdot \begin{pmatrix} -0{,}12 \\ 0{,}175 \\ 0 \end{pmatrix} = \begin{pmatrix} 22 \\ 15{,}5 \\ 7{,}3 \end{pmatrix} + r \cdot \begin{pmatrix} 0{,}1 \\ -0{,}05 \\ 0{,}001 \end{pmatrix}$ führt auf das LGS $\left| \begin{aligned} -0{,}12k - 0{,}1r &= 13{,}5 \\ 0{,}175k + 0{,}05r &= 43{,}5 \\ -0{,}001r &= -0{,}2 \end{aligned} \right|$

Das LGS hat keine Lösung.

Die Geraden g und h sind windschief zueinander. Es kann zu keiner Kollision kommen.

b) Passagierflugzeug: $v_1 = \left\| \begin{pmatrix} -0{,}12 \\ 0{,}175 \\ 0 \end{pmatrix} \right\| \approx 0{,}2122$ (in km pro s); $v_1 \approx 0{,}2122 \frac{km}{s} \approx 764 \frac{km}{h}$

zweites Flugzeug: $v_2 = \left\| \begin{pmatrix} 0{,}1 \\ -0{,}05 \\ 0{,}001 \end{pmatrix} \right\| \approx 0{,}1118$ (in km pro s); $v_2 \approx 0{,}1118 \frac{km}{s} \approx 402 \frac{km}{h}$

17. Richtungsvektor der Geraden h: $\vec{u} = \begin{pmatrix} 1 \\ -1 \\ 3 \end{pmatrix}$

a) Richtungsvektor der Geraden g_k: $\vec{v_k} = \begin{pmatrix} k \\ 1 \\ -3 \end{pmatrix}$

g_k und h sind orthogonal zueinander, falls $\vec{u} * \vec{v_k} = k - 1 - 9 = 0$, also für $k = 10$.

Überprüfen, ob h und g_{10} sich schneiden:

Das LGS $\left| \begin{aligned} 2 + t &= 3 + 10s \\ 1 - t &= 1 + s \\ -1 + 3t &= 2 - 3s \end{aligned} \right|$ hat keine Lösung. h und g_{10} schneiden sich nicht, sie sind zueinander windschief.

246 **b)** Richtungsvektor der Geraden g_k: $\overrightarrow{v_k} = \begin{pmatrix} 2 \\ -1 \\ k \end{pmatrix}$

g_k und h sind orthogonal zueinander, falls $\vec{u} * \overrightarrow{v_k} = 2 + 1 + 3k = 0$, also für $k = -1$.
Überprüfen, ob h und g_{-1} sich schneiden:

Das LGS $\left| \begin{array}{l} 2 + t = 1 + 2s \\ 1 - t = 0 - s \\ -1 + 3t = 2 - s \end{array} \right|$ hat keine Lösung. h und g_{-1} schneiden sich nicht, sie sind zueinander windschief.

c) Richtungsvektor der Geraden g_k: $\overrightarrow{v_k} = \begin{pmatrix} -1 \\ 2k \\ -3 \end{pmatrix}$

g_k und h sind orthogonal zueinander, falls $\vec{u} * \overrightarrow{v_k} = -1 - 2k - 9 = 0$, also für $k = -5$.
Überprüfen, ob h und g_{-5} sich schneiden:

Das LGS $\left| \begin{array}{l} 2 + t = -3 - s \\ 1 - t = -1 - 10s \\ -1 + 3t = 0 - 3s \end{array} \right|$ hat keine Lösung. h und g_{-5} schneiden sich nicht, sie sind zueinander windschief.

d) Richtungsvektor der Geraden g_k: $\overrightarrow{v_k} = \begin{pmatrix} 2 \\ k \\ 3 \end{pmatrix}$

g_k und h sind orthogonal zueinander, falls $\vec{u} * \overrightarrow{v_k} = 2 - k + 9 = 0$, also für $k = 11$.
Überprüfen, ob h und g_{11} sich schneiden:

Das LGS $\left| \begin{array}{l} 2 + t = 0 + 2s \\ 1 - t = 0 + 11s \\ -1 + 3t = 0 + 3s \end{array} \right|$ hat keine Lösung. h und g_{11} schneiden sich nicht, sie sind zueinander windschief.

18. a) h: $\vec{x} = \begin{pmatrix} -1 \\ 1 \\ 2 \end{pmatrix} + r \cdot \begin{pmatrix} 6 \\ 3 \\ 5 \end{pmatrix}$

Richtungsvektor von h: $\vec{u} = \begin{pmatrix} 6 \\ 3 \\ 5 \end{pmatrix}$; Richtungsvektor von g_k: $\overrightarrow{v_k} = \begin{pmatrix} k \\ 2 \\ 2k \end{pmatrix}$

g_k und h sind orthogonal zueinander, falls $\vec{u} * \overrightarrow{v_k} = 6k + 6 + 10k = 0$, also für $k = -\frac{3}{8}$.

b) g_k verläuft parallel zur x_2-Achse, falls $\begin{pmatrix} k \\ 2 \\ 2k \end{pmatrix} = m \cdot \begin{pmatrix} 0 \\ 1 \\ 0 \end{pmatrix}$, also für $m = \frac{1}{2}$; $k = 0$.

Die Gerade g_0 verläuft parallel zur x_2-Achse.

g_k verläuft parallel zur x_1-Achse, falls $\begin{pmatrix} k \\ 2 \\ 2k \end{pmatrix} = m \cdot \begin{pmatrix} 1 \\ 0 \\ 0 \end{pmatrix}$.

Dieses Gleichungssystem hat keine Lösung.

g_k verläuft parallel zur x_3-Achse, falls $\begin{pmatrix} k \\ 2 \\ 2k \end{pmatrix} = m \cdot \begin{pmatrix} 0 \\ 0 \\ 1 \end{pmatrix}$.

Dieses Gleichungssystem hat keine Lösung.
Es gibt keine Gerade der Schar, die parallel zur x_1-Achse oder zur x_3-Achse ist.

c) Das LGS $\left| \begin{array}{l} -1 + 6r = 0 + k \cdot t \\ 1 + 3r = 0 + 2t \\ 2 + 5r = 2 + 2k \cdot t \end{array} \right|$ hat die Lösung $r = \frac{2}{7}$; $t = \frac{13}{14}$; $k = \frac{10}{13}$.

Die Gerade $g_{\frac{10}{13}}$ schneidet die Gerade h im Punkt $S\left(\frac{5}{7} \middle| \frac{13}{7} \middle| \frac{24}{7}\right)$.

d) Für den Spurpunkt S_1 der Geraden g_k mit der x_1x_2-Ebene gilt:

$x_3 = 2 + 2k \cdot t = 0$, also $t = -\frac{1}{k}$

$S_1\left(-1 \middle| -\frac{2}{k} \middle| 0\right)$

247

19. a) $g_2: \vec{x} = \begin{pmatrix} 2 \\ 1 \\ 4 \end{pmatrix} + t \cdot \begin{pmatrix} 1 \\ -1 \\ 2 \end{pmatrix}$

Das LGS $\left| \begin{matrix} 2+2s = 2+t \\ 4-4s = 1-t \\ 4+4s = 4+2t \end{matrix} \right|$ hat die Lösung $s = \frac{3}{2}$; $t = 3$.

Schnittpunkt $S(5|-2|10)$

b) Die Gerade j verläuft orthogonal zu g_2 und zu h, falls der Richtungsvektor

$\vec{u} = \begin{pmatrix} u_1 \\ u_2 \\ u_3 \end{pmatrix}$ orthogonal zu $\begin{pmatrix} 2 \\ -4 \\ 4 \end{pmatrix}$ und zu $\begin{pmatrix} 1 \\ -1 \\ 2 \end{pmatrix}$ ist.

Das LGS $\left| \begin{matrix} 2u_1 - 4u_2 + 4u_3 = 0 \\ u_1 - u_2 + 2u_3 = 0 \end{matrix} \right|$ hat z. B. die Lösung $u_1 = 2$; $u_2 = 0$; $u_3 = -1$.

$j: \vec{x} = \begin{pmatrix} 5 \\ -2 \\ 10 \end{pmatrix} + r \cdot \begin{pmatrix} 2 \\ 0 \\ -1 \end{pmatrix}$

c) g_k und h sind orthogonal zueinander, falls $\begin{pmatrix} 2 \\ -4 \\ 4 \end{pmatrix} * \begin{pmatrix} 1 \\ -1 \\ k \end{pmatrix} = 2 + 4 + 4k = 0$, also für $k = -\frac{3}{2}$.

Überprüfen, ob h und $g_{-\frac{3}{2}}$ sich schneiden:

Das LGS $\left| \begin{matrix} 2+2s = 2+t \\ 4-4s = 1-t \\ 4+4s = 4-\frac{3}{2}t \end{matrix} \right|$ hat keine Lösung.

h und $g_{-\frac{3}{2}}$ schneiden sich nicht, sind zueinander windschief.

d) Für den Spurpunkt S_2 von h mit der x_1x_3-Ebene gilt:

$x_2 = 4 - 4s = 0$, also $s = 1$; $S_2(4|0|8)$

Für den Spurpunkt T_2 von g_k mit der x_1x_3-Ebene gilt:

$x_2 = 1 - t = 0$, also $t = 1$; $T_2(3|0|4+k)$

20. Koordinaten der Eckpunkte des Quaders:

$A(2|-2|0)$, $B(2|2|0)$, $C(-2|2|0)$, $D(-2|-2|0)$

$E(2|-2|4)$, $F(2|2|4)$, $G(-2|2|4)$, $H(-2|-2|4)$

$M_1(0|-2|4)$, $M_2(2|2|2)$; $P_t(-2|2|t)$, $0 \leq t \leq 4$

$g: \vec{x} = \begin{pmatrix} 0 \\ -2 \\ 4 \end{pmatrix} + k \cdot \begin{pmatrix} 1 \\ 2 \\ -1 \end{pmatrix}$

$h_t: \vec{x} = \begin{pmatrix} 2 \\ -2 \\ 4 \end{pmatrix} + r \cdot \begin{pmatrix} -4 \\ 4 \\ t-4 \end{pmatrix}$

Gemeinsame Punkte von g und h_t:

Die Gleichung $\begin{pmatrix} 0 \\ -2 \\ 4 \end{pmatrix} + k \cdot \begin{pmatrix} 1 \\ 2 \\ 1 \end{pmatrix} = \begin{pmatrix} 2 \\ -2 \\ 4 \end{pmatrix} + r \cdot \begin{pmatrix} -4 \\ 4 \\ t-4 \end{pmatrix}$

führt auf das lineare Gleichungssystem $\left| \begin{matrix} k + 4r = 2 \\ 2k - 4r = 0 \\ -k - (t-4) \cdot r = 0 \end{matrix} \right|$,

das für $k = \frac{2}{3}$, $r = \frac{1}{3}$, $t = 2$ erfüllt ist.

Die Gerade $h_2: \vec{x} = \begin{pmatrix} 2 \\ -2 \\ 4 \end{pmatrix} + r \cdot \begin{pmatrix} -4 \\ 4 \\ -2 \end{pmatrix}$ schneidet die Gerade g.

247

21. $h: \vec{x} = \begin{pmatrix} 1 \\ 5 \\ -10 \end{pmatrix} + t \begin{pmatrix} 0 \\ 2 \\ -4 \end{pmatrix};\ t \in \mathbb{R}$

Die Geraden g und h sind parallel zueinander, aber nicht identisch.

22. a) Die Geraden sind parallel zueinander.
b) A liegt auf g_5.
2 Möglichkeiten für Punkt B: $B(-18|-11|60)$ oder $B(-2|-19|76)$.

23. a) Das durch das Gleichsetzen von g und h_t entstehende Gleichungssystem besitzt für jedes t genau eine Lösung.
Der Schnittpunkt in Abhängigkeit von t ist $S_t(2-t|1+2t|-1+t)$.
b) $t = 15$

24. a) Z. B.: $h_t = \begin{pmatrix} 4 \\ 2 \\ 0 \end{pmatrix} + r \cdot \begin{pmatrix} -4 \\ t-2 \\ 3 \end{pmatrix};\ r \in \mathbb{R}$
b) $Q_t^* = (0|0|3)$ $\quad \left|\overrightarrow{OQ_t^*}\right| = 3$ $\quad \left|\overrightarrow{OP}\right| = \sqrt{20}$
$A_{OPQ_t^*} = \frac{1}{2}\left|\overrightarrow{OQ_t^*}\right| \cdot \left|\overrightarrow{OP}\right| \approx 3\sqrt{5} \approx 6{,}71$

Blickpunkt: Licht und Schatten

249

1. Eckpunkte des Daches:
$A(5{,}0|-2{,}4|2{,}4)$; $B(5{,}0|0|2{,}4)$; $C(0|-2{,}4|2{,}4)$; $D(0|0|2{,}4)$
Schattenpunkte durch $\vec{v}$: z. B. $\overrightarrow{OA'} = \overrightarrow{OA} + \frac{6}{5}\vec{v}$
$A'(7{,}4|1{,}2|0)$; $B'(7{,}4|3{,}6|0)$; $C'(2{,}4|1{,}2|0)$; $D'(2{,}4|3{,}6|0)$
Schattenpunkte durch $\vec{u}$:
$A''(5{,}8|-0{,}8|0)$; $B''(5{,}8|1{,}6|0)$; $C''(0{,}8|-0{,}8|0)$; $D''(0{,}8|1{,}6|0)$
Grundstücksgrenze:
$g: \vec{x} = r \cdot \begin{pmatrix} 1 \\ 0 \\ 0 \end{pmatrix};\ r \in \mathbb{R}$

- Bei $\vec{v}$ liegt der Schatten ganz im Nachbargarten
$A = 2{,}4\ \text{m} \cdot 5\ \text{m} = 12\ \text{m}^2$.
- Bei $\vec{u}$ liegt der Schatten auf beiden Grundstücken.
Er ist begrenzt durch B″, D″, $E(5{,}8|0|0)$; $F(0{,}8|0|0)$.
$A = 1{,}6\ \text{m} \cdot 5\ \text{m} = 8\ \text{m}^2$

249

2. a) Koordinaten der Spitze: S(3|3|5)

Lichtstrahl durch S:

$g: \vec{x} = \begin{pmatrix} 3 \\ 3 \\ 5 \end{pmatrix} + k \cdot \begin{pmatrix} 2 \\ 3 \\ -2 \end{pmatrix}$

In der x_1x_2-Ebene gilt $x_3 = 0$

$\Rightarrow k = 2{,}5$

$\Rightarrow S'(8\,|\,10{,}5\,|\,0)$.

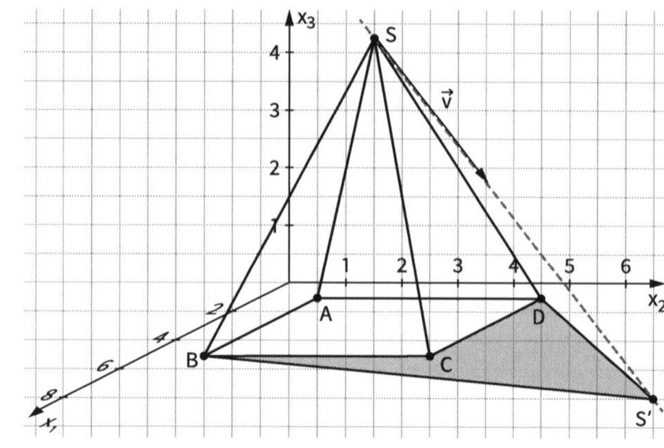

b) Schatten an der Wand (x_1x_3-Ebene)

Berechnung von S′ in der x_1x_2-Ebene:

$g: \vec{x} = \begin{pmatrix} 3 \\ 3 \\ 5 \end{pmatrix} + k \cdot \begin{pmatrix} 0{,}5 \\ -2 \\ -1 \end{pmatrix}$, $x_3 = 0 \Rightarrow k = 5$

$S'(5{,}5\,|\,-7\,|\,0)$

S′ liegt „hinter" der x_1x_3-Ebene. Die „Knickstelle" des Schattens erhält man durch Schnitt der Geraden S′B mit der x_1-Achse.

$\begin{pmatrix} 5 \\ 1 \\ 0 \end{pmatrix} + k \cdot \begin{pmatrix} -0{,}5 \\ 8 \\ 0 \end{pmatrix} = r \cdot \begin{pmatrix} 1 \\ 0 \\ 0 \end{pmatrix} \Rightarrow x_1 = 5{,}0625$

Schattenpunkt am Boden: (5,5 | −7 | 0)

Schattenpunkt an der Wand: (3,75 | 0 | 3,5)

Knickstellen: (1,5625 | 0 | 0); (5,0625 | 0 | 0)

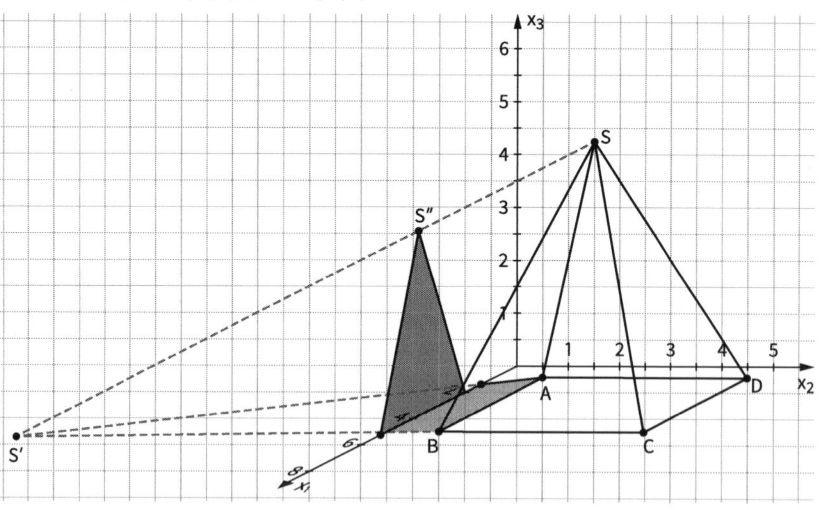

249 **c)** Schattenpunkt am Boden:
(6|4|0)

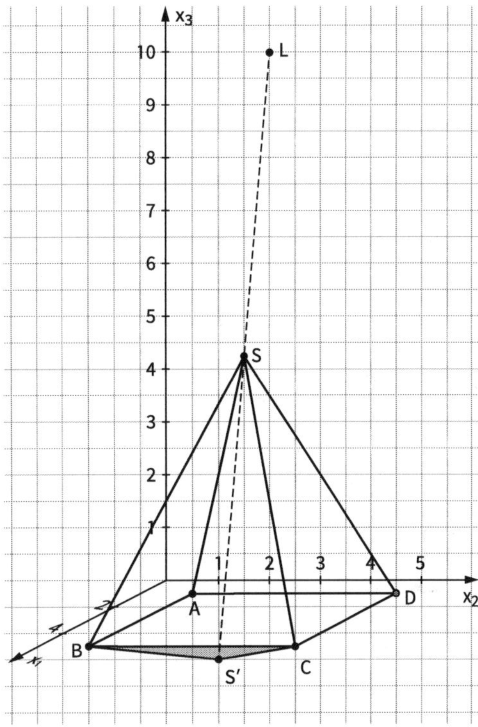

3. a) A(6|4|0); B(6|6|0); C(4|6|0); D(4|4|0); E(6|4|3); F(6|6|3); G(4|6|3); H(4|4|3); S(5|5|6)

b)

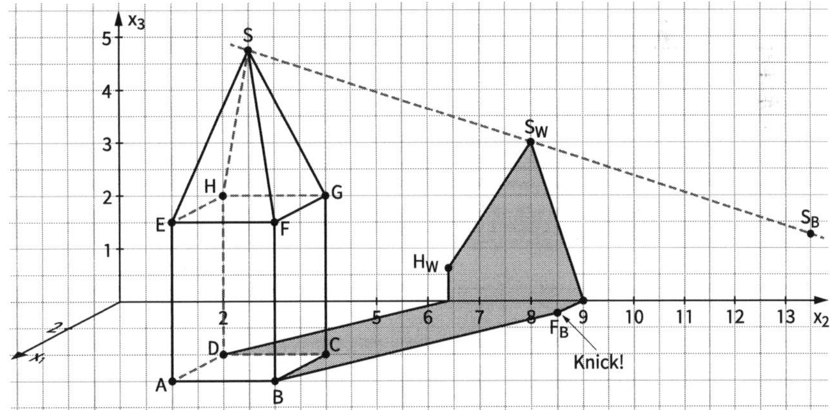

249

S: Schattenpunkt am Boden: (−5 | 11 | 0)
Schattenpunkt an der x_2x_3-Ebene: (0 | 8 | 3)

E: Schattenpunkt am Boden: (1 | 7 | 0)
Schattenpunkt an der Wand (0 | 7,6 | −0,6)
(er wirft also keinen „direkten“ Schatten)

F: Schattenpunkt am Boden: (1 | 9 | 0)
„Schattenpunkt“ an der Wand: (0 | 9,6 | −0,6)
(existiert aber eigentlich nicht)

G: Schattenpunkt am Boden: (−1 | 9 | 0)
Schattenpunkt an der Wand: (0 | 8,4 | 0,6)

H: Schattenpunkt am Boden: (−1 | 7 | 0)
Schattenpunkt an der Wand: (0 | 6,4 | 0,6)

Knickstellen: (0 | 7 | 0) und (0 | 9 | 0).

Der Schatten wird also durch die Punkte (1 | 7 | 0); (0 | 7 | 0); (0 | 6,4 | 0,6); (0 | 8 | 3); (0 | 8,4 | 0,6); (0 | 9 | 0) und (1 | 9 | 0) beschrieben.

c) Schattenpunkte:
E′(7,7 | 5,7 | 0);
F′(7,7 | 8,6 | 0);
G′(4,9 | 8,6 | 0);
H′(4,9 | 5,7 | 0);
S′(9,5 | 12,5 | 0)

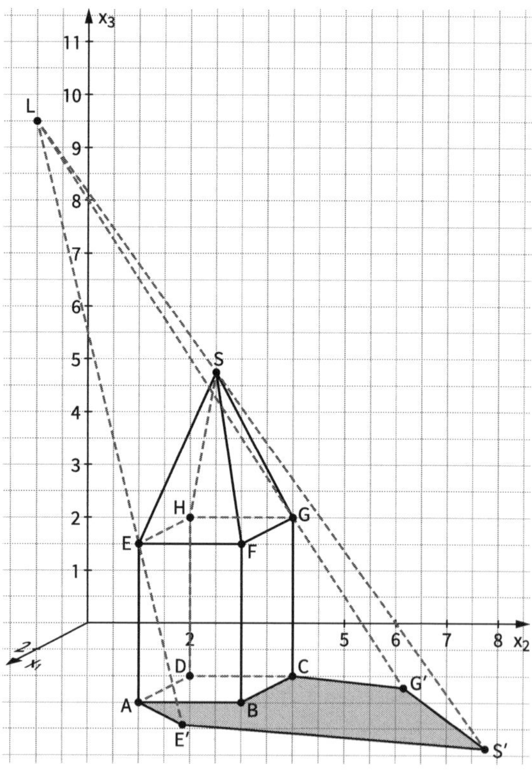

249

4. Wir legen ein Koordinatensystem so fest, dass das betrachtete Windrad auf der x_3-Achse liegt, mit seinem Fußpunkt im Koordinatenursprung und der Längeneinheit 1 m.
Spitze des Windrades: S(0 | 0 | 200)

- $g_1\colon \vec{x} = \begin{pmatrix} 0 \\ 0 \\ 200 \end{pmatrix} + k \cdot \begin{pmatrix} 1 \\ 4 \\ -1 \end{pmatrix}$

  Der Schattenpunkt der Spitze ist der Spurpunkt S_{12} der Geraden g_1, also $S_{12}(200 \,|\, 800 \,|\, 0)$.

  Länge des Schattens: $\left|\overrightarrow{OS}_{12}\right| = \sqrt{680\,000} \approx 824{,}6$

- $g_2\colon \vec{x} = \begin{pmatrix} 0 \\ 0 \\ 200 \end{pmatrix} + r \cdot \begin{pmatrix} 2 \\ -6 \\ -1 \end{pmatrix}$; $S_{12}^{*}(400 \,|\, -1\,200 \,|\, 0)$

  $\left|\overrightarrow{OS}_{12}^{*}\right| = \sqrt{1\,600\,000} \approx 1\,264{,}9$

  Im ersten Fall ist der Schatten ca. 825 m lang, im zweiten Fall ca. 1 265 m.

4.3 Winkel im Raum

4.3.1 Orthogonalität zweier Vektoren – Skalarprodukt

250

Einstiegsaufgabe ohne Lösung

- $\vec{a} = \overrightarrow{CB} = \begin{pmatrix} 0 \\ 0 \\ 8 \end{pmatrix}$, $|\vec{a}| = 8$; $\vec{b} = \overrightarrow{CA} = \begin{pmatrix} 0 \\ 3 \\ 0 \end{pmatrix}$, $|\vec{b}| = 3$; $\vec{c} = \overrightarrow{AB} = \begin{pmatrix} 0 \\ -3 \\ 8 \end{pmatrix}$, $|\vec{c}| = \sqrt{0^2 + (-3)^2 + 8^2} = \sqrt{73}$

  Es gilt: $|\vec{a}|^2 + |\vec{b}|^2 = |\vec{c}|^2$

  Nach dem Satz des Pythagoras ist das Dreieck ABC rechtwinklig mit einem rechten Winkel im Punkt C.

- Kriterium: $|\vec{a}|^2 + |\vec{b}|^2 = |\vec{b} - \vec{a}|^2$

  $a_1^2 + a_2^2 + a_3^2 + b_1^2 + b_2^2 + b_3^2 = (b_1 - a_1)^2 + (b_2 - a_2)^2 + (b_3 - a_3)^2$

  Ausmultiplizieren und Zusammenfassen ergibt:

  $0 = -2\,b_1 a_1 - 2\,b_2 a_2 - 2\,b_3 a_3$ und somit $a_1 b_1 + a_2 b_2 + a_3 b_3 = 0$

252

1. $\vec{u} * \vec{u} = u_1 \cdot u_1 + u_2 \cdot u_2 + u_3 \cdot u_3 = u_1^2 + u_2^2 + u_3^2$

   Nach Seite 220 (Schülerband) ist $|\vec{u}| = \sqrt{u_1^2 + u_2^2 + u_3^2}$.

   Einsetzen der ersten Gleichung liefert $|\vec{u}| = \sqrt{\vec{u} * \vec{u}}$.

2. $\vec{u} * (\vec{v} + \vec{w}) = \begin{pmatrix} 2 \\ -4 \\ 3 \end{pmatrix} * \left(\begin{pmatrix} 8 \\ 1 \\ -4 \end{pmatrix} + \begin{pmatrix} -1 \\ 5 \\ 7 \end{pmatrix} \right) = \begin{pmatrix} 2 \\ -4 \\ 3 \end{pmatrix} * \begin{pmatrix} 7 \\ 6 \\ 3 \end{pmatrix} = 14 - 24 + 9 = -1$

   $\vec{u} * \vec{v} + \vec{u} * \vec{w} = \begin{pmatrix} 2 \\ -4 \\ 3 \end{pmatrix} * \begin{pmatrix} 8 \\ 1 \\ -4 \end{pmatrix} + \begin{pmatrix} 2 \\ -4 \\ 3 \end{pmatrix} * \begin{pmatrix} -1 \\ 5 \\ 7 \end{pmatrix} = 16 - 4 - 12 + (-2) - 20 + 21 = -1$

   Vermutung: Das Distributivgesetz gilt auch für das Skalarprodukt.

252 Beweis: Für $\vec{u} = \begin{pmatrix} u_1 \\ u_2 \\ u_3 \end{pmatrix}$, $\vec{v} = \begin{pmatrix} v_1 \\ v_2 \\ v_3 \end{pmatrix}$, $\vec{w} = \begin{pmatrix} w_1 \\ w_2 \\ w_3 \end{pmatrix}$ gilt:

$$\begin{aligned} \vec{u} * (\vec{v} + \vec{w}) &= \begin{pmatrix} u_1 \\ u_2 \\ u_3 \end{pmatrix} * \begin{pmatrix} v_1 + w_1 \\ v_2 + w_2 \\ v_3 + w_3 \end{pmatrix} \\ &= u_1 (v_1 + w_1) + u_2 (v_2 + w_2) + u_3 (v_3 + w_3) \\ &= u_1 v_1 + u_1 w_1 + u_2 v_2 + u_2 w_2 + u_3 v_3 + u_3 w_3 \\ &= (u_1 v_1 + u_2 v_2 + u_3 v_3) + (u_1 w_1 + u_2 w_2 + u_3 w_3) \\ &= \vec{u} * \vec{v} + \vec{u} * \vec{w} \end{aligned}$$

253

3. **a)** $\vec{u} * \vec{v} = 0 + 0 + 0 = 0$ $\Rightarrow$ orthogonal
b) $\vec{u} * \vec{v} = 2 + 1 - 3 = 0$ $\Rightarrow$ orthogonal
c) $\vec{u} * \vec{v} = 2 - 4 + 15 = 13$ $\Rightarrow$ nicht orthogonal
d) $\vec{u} * \vec{v} = 6 + 0 - 6 = 0$ $\Rightarrow$ orthogonal
e) $\vec{u} * \vec{v} = 5 - 8 + 3 = 0$ $\Rightarrow$ orthogonal
f) $\vec{u} * \vec{v} = 0$, aber wegen $\vec{u} = \vec{0}$ spricht man nicht von Orthogonalität.

4. **a)** Skalarprodukt der Richtungsvektoren:
$\begin{pmatrix} -1 \\ 3 \\ 5 \end{pmatrix} * \begin{pmatrix} 7 \\ -1 \\ 2 \end{pmatrix} = 0 \Rightarrow$ Geraden orthogonal
Gleichsetzen der Parameterdarstellungen liefert für $r = -1$ bzw. $s = 1$ den Schnittpunkt $S(2|1|1)$.

b) Skalarprodukt der Richtungsvektoren:
$\begin{pmatrix} 4 \\ 2 \\ -1 \end{pmatrix} * \begin{pmatrix} 5 \\ -7 \\ 5 \end{pmatrix} = 1 \Rightarrow$ nicht orthogonal
Gleichsetzen der Parameterdarstellungen ergibt keine Lösung für r, s
$\Rightarrow$ kein Schnittpunkt

c) Skalarprodukt der Richtungsvektoren:
$\begin{pmatrix} 1 \\ -1 \\ 2 \end{pmatrix} * \begin{pmatrix} 2 \\ 2 \\ 0 \end{pmatrix} = 0 \Rightarrow$ Geraden orthogonal
Gleichsetzen der Parameterdarstellungen ergibt keine Lösung für r, s
$\Rightarrow$ kein Schnittpunkt

5. Diagonale durch die Punkte A und C: $g: \vec{x} = \begin{pmatrix} 3 \\ 1 \\ 2 \end{pmatrix} + k \cdot \begin{pmatrix} 4 \\ 2 \\ -6 \end{pmatrix}$

Diagonale durch die Punkte B und D: $h: \vec{x} = \begin{pmatrix} 3 \\ 0 \\ -3 \end{pmatrix} + r \cdot \begin{pmatrix} 3 \\ 3 \\ 3 \end{pmatrix}$

$\begin{pmatrix} 4 \\ 2 \\ -6 \end{pmatrix} * \begin{pmatrix} 3 \\ 3 \\ 3 \end{pmatrix} = 12 + 6 - 18 = 0$
Die beiden Diagonalen sind orthogonal zueinander. Das Viereck ist ein Drachenviereck.

6. Vektor Balken 1: $\vec{a} = \begin{pmatrix} 0{,}2 \\ 6 \\ -5 \end{pmatrix} - \begin{pmatrix} 0 \\ 0 \\ -2 \end{pmatrix} = \begin{pmatrix} 0{,}2 \\ 6 \\ -3 \end{pmatrix}$

Vektor Balken 2: $\vec{b} = \begin{pmatrix} -0{,}1 \\ -3 \\ -6 \end{pmatrix} - \begin{pmatrix} 0 \\ 0 \\ -2 \end{pmatrix} = \begin{pmatrix} -0{,}1 \\ -3 \\ -4 \end{pmatrix}$

$\vec{a} * \vec{b} = -0{,}02 - 18 + 12 = -6{,}02 \neq 0$
Die Balken sind nicht orthogonal.

253

7. a) (1) $\vec{a} = \overrightarrow{CB} = \begin{pmatrix} 0 \\ -2 \\ 2 \end{pmatrix}$; $\vec{b} = \overrightarrow{CA} = \begin{pmatrix} 2 \\ 0 \\ -2 \end{pmatrix}$; $\vec{c} = \overrightarrow{AB} = \begin{pmatrix} -2 \\ 2 \\ 0 \end{pmatrix}$

$|\vec{a}| = |\vec{b}| = |\vec{c}| = \sqrt{8} \Rightarrow$ gleichseitig

(2) $\vec{a} = \overrightarrow{CB} = \begin{pmatrix} -5 \\ 1 \\ -3 \end{pmatrix}$; $\vec{b} = \overrightarrow{CA} = \begin{pmatrix} -1 \\ 4 \\ -6 \end{pmatrix}$; $\vec{c} = \overrightarrow{AB} = \begin{pmatrix} -4 \\ -3 \\ 3 \end{pmatrix}$

alle Skalarprodukte ungleich 0 und

$|\vec{a}| = \sqrt{35}$; $|\vec{b}| = \sqrt{53}$; $|\vec{c}| = \sqrt{34}$; keine Besonderheiten

(3) $\vec{a} = \overrightarrow{CB} = \begin{pmatrix} 0 \\ -3 \\ 0 \end{pmatrix}$; $\vec{b} = \overrightarrow{CA} = \begin{pmatrix} 0 \\ 0 \\ 3 \end{pmatrix}$; $\vec{c} = \overrightarrow{AB} = \begin{pmatrix} 0 \\ -3 \\ -3 \end{pmatrix}$

$\vec{a} * \vec{b} = 0 \Rightarrow$ rechter Winkel bei C;

$|\vec{a}| = |\vec{b}| = 3$; $|\vec{c}| = 3\sqrt{2} \Rightarrow$ gleichschenklig

b) (1) Eines der Skalarprodukte $\overrightarrow{AB} * \overrightarrow{BC}$, $\overrightarrow{AB} * \overrightarrow{CA}$ oder $\overrightarrow{BC} * \overrightarrow{CA}$ muss null ergeben, dann ist das Dreieck rechtwinklig.

(2) Das Dreieck ist gleichschenklig, falls von $|\overrightarrow{AB}| = |\overrightarrow{BC}|$ oder $|\overrightarrow{AB}| = |\overrightarrow{CA}|$ oder $|\overrightarrow{BC}| = |\overrightarrow{CA}|$ genau eine Gleichung erfüllt ist.

(3) Das Dreieck ist gleichseitig, falls $|\overrightarrow{AB}| = |\overrightarrow{BC}| = |\overrightarrow{CA}|$ gilt.

8. $\overrightarrow{AB} = \begin{pmatrix} 4 \\ -3 \\ -1{,}5 \end{pmatrix}$ $\qquad$ $\overrightarrow{AC} = \begin{pmatrix} 4 \\ 3 \\ -1{,}5 \end{pmatrix}$

$\overrightarrow{AB} * \overrightarrow{AC} = 16 - 9 + 2{,}25 = 9{,}25 \neq 0$

Die Vektoren sind nicht orthogonal zueinander, es wird kein rechter Winkel eingeschlossen.

254

9. a) $\vec{u} * \vec{v} = 2a + 8 - (3 + b) = 2a - b + 5 = 0$, also $b = 2a + 5$

Drei Möglichkeiten

(1) $a = 1$; $b = 7$ $\qquad$ (2) $a = -1$; $b = 3$ $\qquad$ (3) $a = 0$; $b = 5$

b) $\vec{u} * \vec{v} = 2a + b - 2 = 0$, also $b = 2 - 2a$

(1) $a = 0$; $b = 2$ $\qquad$ (2) $a = 1$; $b = 0$ $\qquad$ (3) $a = -1$; $b = 4$

c) $\vec{u} * \vec{v} = a + b = 0$, also $b = -a$

(1) $a = 1$; $b = -1$ $\qquad$ (2) $a = b = 0$ $\qquad$ (3) $a = 2$; $b = -2$

10. $\vec{a} = \overrightarrow{CB} = \begin{pmatrix} 4 \\ 3 \\ 1 - c_3 \end{pmatrix}$ $\qquad$ $\vec{b} = \overrightarrow{CA} = \begin{pmatrix} 8 \\ 0 \\ -c_3 \end{pmatrix}$ $\qquad$ $\vec{c} = \overrightarrow{AB} = \begin{pmatrix} -4 \\ 3 \\ 1 \end{pmatrix}$

Rechter Winkel bei C $\Rightarrow \vec{a} * \vec{b} = 0 \Leftrightarrow c_3^2 - c_3 + 32 = 0$; keine Lösung

Rechter Winkel bei B $\Rightarrow \vec{a} * \vec{c} = 0 \Leftrightarrow c_3 = -6$

Rechter Winkel bei A $\Rightarrow \vec{b} * \vec{c} = 0 \Leftrightarrow c_3 = -32$

254

11. Wähle D so, dass alle 4 Skalarprodukte null sind.

$\overrightarrow{AB} = \begin{pmatrix} 0 \\ 5 \\ 0 \end{pmatrix}$; $\overrightarrow{CB} = \begin{pmatrix} -3 \\ 0 \\ -4 \end{pmatrix}$; $\overrightarrow{CA} = \begin{pmatrix} -3 \\ -5 \\ -4 \end{pmatrix}$

Rechter Winkel bei B, da $\overrightarrow{AB} * \overrightarrow{CB} = 0$.

$|\overrightarrow{AB}| = |\overrightarrow{CB}| = 5$

Das Dreieck ABC ist ein gleichschenklig-rechtwinkliges Dreieck und kann zu einem Quadrat ergänzt werden.

$\overrightarrow{OD} = \overrightarrow{OA} + \overrightarrow{BC} = \begin{pmatrix} 1 \\ 1 \\ 2 \end{pmatrix} + \begin{pmatrix} 3 \\ 0 \\ 4 \end{pmatrix} = \begin{pmatrix} 4 \\ 1 \\ 6 \end{pmatrix}$ D(4|1|6)

12. $\overrightarrow{CB} = \begin{pmatrix} -1{,}85 \\ 1{,}4 \\ -0{,}19 \end{pmatrix}$; $\overrightarrow{CA} = \begin{pmatrix} -1{,}3 \\ -1{,}75 \\ -0{,}32 \end{pmatrix}$; $\overrightarrow{AB} = \begin{pmatrix} -0{,}55 \\ 3{,}15 \\ 0{,}13 \end{pmatrix}$

$\overrightarrow{AB} * \overrightarrow{CB} = 5{,}4028$ $\overrightarrow{CB} * \overrightarrow{CA} = 0{,}0158$ $\overrightarrow{CA} * \overrightarrow{AB} = -4{,}84$

Bei Punkt C liegt „annähernd“ ein rechter Winkel vor.

13. $(r \cdot \vec{a}) * (s \cdot \vec{b}) = r \cdot a_1 \cdot s \cdot b_1 + r \cdot a_2 \cdot s \cdot b_2 + r \cdot a_3 \cdot s \cdot b_3 = r \cdot s \cdot (a_1 b_1 + a_2 b_2 + a_3 b_3) = r \cdot s \cdot 0 = 0$

Somit sind auch die Vektoren $r \cdot \vec{a}$ und $s \cdot \vec{b}$ orthogonal zueinander.

14. a) $\begin{pmatrix} 1 \\ 2 \\ 3 \end{pmatrix} * \begin{pmatrix} -4 \\ 2 \\ 0 \end{pmatrix} = -4 + 4 = 0$; $\begin{pmatrix} 1 \\ 2 \\ 3 \end{pmatrix} * \begin{pmatrix} 3 \\ 0 \\ -1 \end{pmatrix} = 3 - 3 = 0$

Beide Vektoren sind orthogonal zum Vektor $\vec{v}$.

b) Es gibt unendlich viele Vektoren, die zu $\vec{v}$ orthogonal sind.

15. a) Es wurden lediglich die Komponenten multipliziert, aber die Ergebnisse nicht addiert. Das Skalarprodukt ergibt eine Zahl.

b) Hier wurde falsch addiert.

16. Bei der Verwendung des $*$ als Skalarproduktzeichen hat Jenny Recht.
(Bei der auch üblichen Verwendung eines „normalen“ Malpunktes für das Skalarprodukt wäre Tims Aussage korrekt und Jennys Argumentation falsch.)

4.3.2 Winkel zwischen Vektoren und Geraden

255

Einstiegsaufgabe ohne Lösung

- Die lange Rechteckseite hat die Länge $|\vec{a}|$. Die kurze hat die Länge $|\vec{b}| \cdot \cos(\alpha)$.
  Somit gilt für den Flächeninhalt A die angegebene Formel.
- Es gilt: $|\overrightarrow{AB}| = |\overrightarrow{AC}| = |\overrightarrow{BC}| = \sqrt{32}$;
  alle Seiten sind gleich lang. $A = \sqrt{32} \cdot \sqrt{32} \cdot \cos(60°) = 16$; $\overrightarrow{AB} * \overrightarrow{AC} = 16$
  Hier gilt: $\overrightarrow{AB} * \overrightarrow{AC} = |\overrightarrow{AB}| \cdot |\overrightarrow{AC}| \cdot \cos(\alpha)$
- Es gilt auch hier $\overrightarrow{CA} * \overrightarrow{CB} = |\overrightarrow{CA}| \cdot |\overrightarrow{CB}| \cdot \cos(\gamma)$
  Allgemein kann man vermuten, dass für zwei Vektoren $\vec{a}$ und $\vec{b}$ mit dem eingeschlossenen Winkel α gilt: $\vec{a} * \vec{b} = |\vec{a}| \cdot |\vec{b}| \cdot \cos(\alpha)$
- Weitere Beispiele bestätigen diese Vermutung. Zum Beweis siehe Information (2) auf Seite 256 im Schülerband.

257

1. Man kann den Schnittwinkel als Winkel zwischen den Richtungsvektoren der beiden Geraden bestimmen. Siehe dazu Schülerband Seite 256 f.

$$\cos(\varrho) = \frac{\begin{pmatrix} -2 \\ 2 \\ 1 \end{pmatrix} * \begin{pmatrix} 2 \\ 10 \\ 11 \end{pmatrix}}{\left|\begin{pmatrix} -2 \\ 2 \\ 1 \end{pmatrix}\right| \cdot \left|\begin{pmatrix} 2 \\ 10 \\ 11 \end{pmatrix}\right|} = \frac{-4+20+11}{\sqrt{(-2)^2+2^2+1^2} \cdot \sqrt{2^2+10^2+11^2}} = \frac{27}{3 \cdot 15} = 0{,}6$$

$\varrho \approx 53°$

2. $\alpha = \cos^{-1}\left(\frac{\vec{u} * \vec{v}}{|\vec{u}| \cdot |\vec{v}|}\right)$

a) $\alpha = 82{,}388°$ **b)** $\alpha = 107{,}024°$ **c)** $\alpha = 149{,}163°$

3. Die gesuchte Winkelgröße ist gleich der Größe des Winkels zwischen den Vektoren $\vec{u} = \overrightarrow{CA}$ und $\vec{v} = \overrightarrow{CB}$, welche die Richtungen der Dachkanten beschreiben.
Für das Skalarprodukt $\vec{u} * \vec{v}$ gilt: $\vec{u} * \vec{v} = |\vec{u}| \cdot |\vec{v}| \cdot \cos(\varphi)$.
Der Kosinus des Winkels φ kann daraus wie folgt bestimmt werden: $\cos(\varphi) = \frac{\vec{u} * \vec{v}}{|\vec{u}| \cdot |\vec{v}|}$
Aus dieser Gleichung lässt sich der Winkel φ berechnen.
Wir berechnen zunächst die Verbindungsvektoren $\vec{u} = \overrightarrow{CA}$ und $\vec{v} = \overrightarrow{CB}$:

$$\vec{u} = \overrightarrow{CA} = \begin{pmatrix} 4 \\ 3 \\ 2 \end{pmatrix} - \begin{pmatrix} 0 \\ 0 \\ 3 \end{pmatrix} = \begin{pmatrix} 4 \\ 3 \\ -1 \end{pmatrix} \text{ und } \vec{v} = \overrightarrow{CB} = \begin{pmatrix} -5 \\ 3 \\ 2 \end{pmatrix} - \begin{pmatrix} 0 \\ 0 \\ 3 \end{pmatrix} = \begin{pmatrix} -5 \\ 3 \\ -1 \end{pmatrix}$$

Für die Längen der Vektoren erhalten wir:

$$|\vec{u}| = \sqrt{\vec{u} * \vec{u}} = \sqrt{4^2+3^2+(-1)^2} = \sqrt{26} \text{ und } |\vec{v}| = \sqrt{\vec{v} * \vec{v}} = \sqrt{(-5)^2+3^2+(-1)^2} = \sqrt{35}$$

Wir berechnen das Skalarprodukt $\vec{u} * \vec{v} = \begin{pmatrix} 4 \\ 3 \\ -1 \end{pmatrix} * \begin{pmatrix} -5 \\ 3 \\ -1 \end{pmatrix} = -10$.

Diese Werte setzen wir in die Gleichung $\cos(\varphi) = \frac{\vec{u} * \vec{v}}{|\vec{u}| \cdot |\vec{v}|}$ ein:

$\cos(\varphi) = \frac{-10}{\sqrt{26} \cdot \sqrt{35}} \approx -0{,}33$

Die Gleichung $\cos\varphi = -0{,}33$ hat zwischen 0° und 360° zwei Lösungen: $\varphi_1 \approx 109°$ und $\varphi_2 \approx 360° - \varphi_1 = 251°$.
Beide Winkel φ_1 und φ_2 ergänzen sich zu 360°. Es kommt am Dachvorsprung nur der kleinere Winkel, also $\varphi_1 = 109°$, infrage.

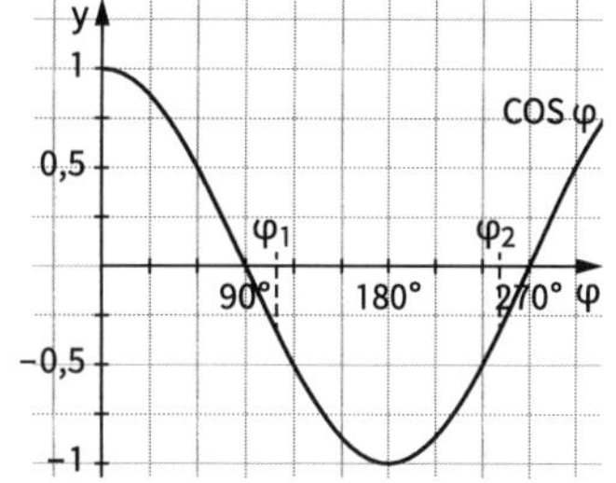

4. Der Winkel berechnet sich aus $\cos(\alpha) = \frac{\vec{u} * \vec{v}}{|\vec{u}| \cdot |\vec{v}|}$.
Das Vorzeichen von cos (α) hängt nur vom Skalarprodukt ab. Da $\cos(\alpha) > 0$ für $0° \le \alpha < 90°$ und $\cos(\alpha) < 0$ für $90° < \alpha \le 180°$ ist, ist die Aussage korrekt.

258

5. **a)** $\overrightarrow{AB} = \begin{pmatrix} -3 \\ 4 \\ 0 \end{pmatrix}$; $\overrightarrow{AC} = \begin{pmatrix} -3 \\ 0 \\ 5 \end{pmatrix}$; $\overrightarrow{BC} = \begin{pmatrix} 0 \\ -4 \\ 5 \end{pmatrix}$

Längen: $|\overrightarrow{AB}| = \sqrt{25} = 5$; $|\overrightarrow{AC}| = \sqrt{34} \approx 5{,}831$; $|\overrightarrow{BC}| = \sqrt{41} = 6{,}403$
Winkel bei A: $\alpha = 72{,}02°$; Winkel bei B: $\beta = 60{,}02°$; Winkel bei C: $\gamma = 47{,}96°$

258 **b)** $\overrightarrow{AB}=\begin{pmatrix}1\\-2\\4\end{pmatrix}$; $\overrightarrow{AC}=\begin{pmatrix}3\\4\\9\end{pmatrix}$; $\overrightarrow{BC}=\begin{pmatrix}2\\6\\5\end{pmatrix}$

Längen: $|\overrightarrow{AB}|=\sqrt{21}\approx 4{,}583$; $|\overrightarrow{AC}|=\sqrt{106}\approx 10{,}296$; $|\overrightarrow{BC}|=\sqrt{65}\approx 8{,}062$

Winkel bei A: $\alpha=48{,}925°$; Winkel bei B: $\beta=105{,}704°$; Winkel bei C: $\gamma=25{,}371°$

c) $\overrightarrow{AB}=\begin{pmatrix}1\\1\\0\end{pmatrix}$; $\overrightarrow{AC}=\begin{pmatrix}-3\\3\\-2\end{pmatrix}$; $\overrightarrow{BC}=\begin{pmatrix}-4\\2\\-2\end{pmatrix}$

Längen: $|\overrightarrow{AB}|=\sqrt{2}\approx 1{,}414$; $|\overrightarrow{AC}|=\sqrt{22}\approx 4{,}690$; $|\overrightarrow{BC}|=\sqrt{24}\approx 4{,}90$

Winkel bei A: $\alpha=90°$; Winkel bei B: $\beta=73{,}22°$, Winkel bei C: $\gamma=16{,}78°$

6. Berechne den Winkel zwischen den Vektoren $\vec{u}=\overrightarrow{AB}$ und $\vec{v}=\overrightarrow{AC}$ mit

$\vec{u}=\begin{pmatrix}8\\-8\\-4\end{pmatrix}$; $\vec{v}=\begin{pmatrix}2\\10\\11\end{pmatrix}$.

$|\vec{u}|=\sqrt{\vec{u}*\vec{u}}=\sqrt{144}=12$; $|\vec{v}|=\sqrt{\vec{v}*\vec{v}}=\sqrt{225}=15$

$\vec{u}*\vec{v}=-108$

Winkel berechnen: $\cos(\varphi)=\frac{-108}{12\cdot 15}=-0{,}6 \Rightarrow \varphi=126{,}9°$

7. Koordinatenursprung z. B. links unten hinten, Achsen x_1 nach vorn, x_2 nach rechts, x_3 nach oben. Dann: $P(12|2|12)$; $Q(12|12|4)$; $R(10|12|12)$

$\overrightarrow{PQ}=\begin{pmatrix}0\\10\\-8\end{pmatrix}$; $\overrightarrow{PR}=\begin{pmatrix}-2\\10\\0\end{pmatrix}$; $\overrightarrow{QR}=\begin{pmatrix}-2\\0\\8\end{pmatrix}$

Innenwinkel: Bei P: $\alpha=40{,}03°$; bei Q: $\beta=52{,}70°$; bei R: $\gamma=87{,}27°$

8. **a)** $\overrightarrow{AB}=\overrightarrow{DC}=\begin{pmatrix}7\\-4\\-4\end{pmatrix}$, $\overrightarrow{BC}=\overrightarrow{AD}=\begin{pmatrix}1\\8\\7\end{pmatrix}$

b) $|\overrightarrow{AB}|=|\overrightarrow{DC}|=\sqrt{7^2+(-4)^2+(-4)^2}=9$

$|\overrightarrow{BC}|=|\overrightarrow{AD}|=\sqrt{1^2+8^2+7^2}=\sqrt{114}\approx 10{,}68$

$\cos(\alpha)=\frac{\overrightarrow{AB}*\overrightarrow{AD}}{|\overrightarrow{AB}|\cdot|\overrightarrow{AD}|}=\frac{-53}{9\cdot\sqrt{114}}\approx -0{,}55154$; $\alpha\approx 123°$

Somit gilt $\alpha=\gamma\approx 123°$ und $\beta=\delta\approx 57°$

9. Es gilt:

$|\overrightarrow{AC}|^2=h^2+|\overrightarrow{AS}|^2$ und $|\overrightarrow{AS}|=|\overrightarrow{AC}|\cdot\cos(\alpha)$

Daraus ergibt sich:

$|\overrightarrow{AC}|^2=h^2+|\overrightarrow{AC}|^2\cdot(\cos(\alpha))^2$ und

somit $h^2=|\overrightarrow{AC}|^2-|\overrightarrow{AC}|^2\cdot(\cos(\alpha))^2$

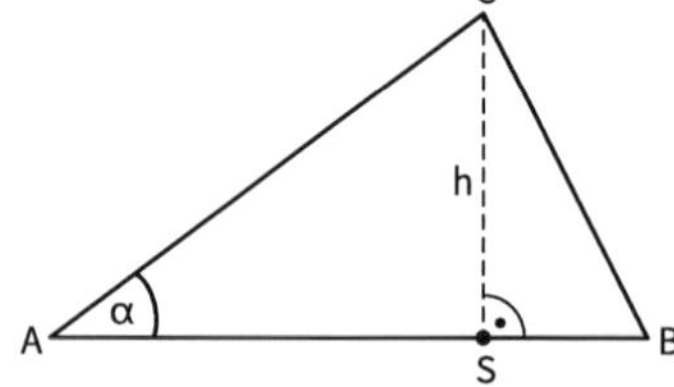

258 **10.** Ein Würfel hat vier Raumdiagonalen.

Aufgrund der Symmetrieeigenschaften eines Würfels schneiden sich jeweils zwei Raumdiagonalen unter dem gleichen Winkel. Es genügt deshalb, einen dieser Schnittwinkel zu bestimmen.

Die Diagonale AG (s. Skizze) hat z. B. $\vec{u} = \begin{pmatrix} -4 \\ 4 \\ 4 \end{pmatrix}$,

die Diagonale BH hat z. B. $\vec{v} = \begin{pmatrix} -4 \\ -4 \\ 4 \end{pmatrix}$ als Richtungsvektor.

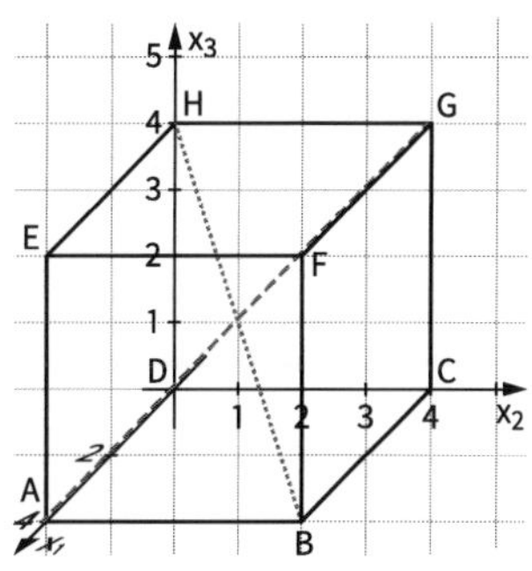

Schnittwinkel: $\cos(\alpha) = \dfrac{\begin{pmatrix} -4 \\ 4 \\ 4 \end{pmatrix} * \begin{pmatrix} -4 \\ -4 \\ 4 \end{pmatrix}}{\left|\begin{pmatrix} -4 \\ 4 \\ 4 \end{pmatrix}\right| \cdot \left|\begin{pmatrix} -4 \\ -4 \\ 4 \end{pmatrix}\right|} = \dfrac{16}{48} = \dfrac{1}{3}$, also $\alpha \approx 70{,}5°$

259 **11. a)** $\cos(\alpha) = \dfrac{\begin{pmatrix} -2 \\ 3 \\ 1 \end{pmatrix} * \begin{pmatrix} 1 \\ 0 \\ 4 \end{pmatrix}}{\left|\begin{pmatrix} -2 \\ 3 \\ 1 \end{pmatrix}\right| \cdot \left|\begin{pmatrix} 1 \\ 0 \\ 4 \end{pmatrix}\right|} = \dfrac{2}{\sqrt{14} \cdot \sqrt{17}} \approx 0{,}1296$, also $\alpha \approx 82{,}6°$

b) $\cos(\alpha) = \dfrac{\begin{pmatrix} 1 \\ -4 \\ 6 \end{pmatrix} * \begin{pmatrix} -5 \\ 1 \\ 7 \end{pmatrix}}{\left|\begin{pmatrix} 1 \\ -4 \\ 6 \end{pmatrix}\right| \cdot \left|\begin{pmatrix} -5 \\ 1 \\ 7 \end{pmatrix}\right|} = \dfrac{33}{\sqrt{53} \cdot \sqrt{75}} \approx 0{,}5234$, also $\alpha \approx 58{,}4°$

c) $\cos(\alpha) = \dfrac{\begin{pmatrix} -6 \\ 1 \\ -2 \end{pmatrix} * \begin{pmatrix} -1 \\ 2 \\ -3 \end{pmatrix}}{\left|\begin{pmatrix} -6 \\ 1 \\ -2 \end{pmatrix}\right| \cdot \left|\begin{pmatrix} -1 \\ 2 \\ -3 \end{pmatrix}\right|} = \dfrac{14}{\sqrt{41} \cdot \sqrt{14}} \approx 0{,}5843$, also $\alpha \approx 54{,}2°$

12. a) $|\vec{u}| = 3$ und $|\vec{v}| = 3$

$\Rightarrow$ Alle Seiten des Vierecks sind gleich lang $\Rightarrow$ Raute.

b) A(1 | 1 | 2)

$\overrightarrow{OB} = \overrightarrow{OA} + \vec{u} = \begin{pmatrix} 3 \\ 0 \\ 4 \end{pmatrix} \Rightarrow B(3\,|\,0\,|\,4)$

$\overrightarrow{OC} = \overrightarrow{OA} + \vec{v} = \begin{pmatrix} 2 \\ 3 \\ 0 \end{pmatrix} \Rightarrow C(2\,|\,3\,|\,0)$

$\overrightarrow{OD} = \overrightarrow{OA} + \vec{u} + \vec{v} = \begin{pmatrix} 4 \\ 2 \\ 2 \end{pmatrix} \Rightarrow D(4\,|\,2\,|\,2)$

$\cos(\varphi) = \dfrac{\overrightarrow{AD} * \overrightarrow{BC}}{|\overrightarrow{AD}| \cdot |\overrightarrow{BC}|} = \dfrac{\begin{pmatrix} 3 \\ 1 \\ 0 \end{pmatrix} * \begin{pmatrix} -1 \\ 3 \\ -4 \end{pmatrix}}{\sqrt{10} \cdot \sqrt{26}} = 0 \Rightarrow \varphi = 90°$ 252

259

13. Die Gleichung $\begin{pmatrix} 6 \\ -10 \\ -3 \end{pmatrix} + r \cdot \begin{pmatrix} 2 \\ -1 \\ 3 \end{pmatrix} = \begin{pmatrix} 4 \\ -2 \\ 1 \end{pmatrix} + s \cdot \begin{pmatrix} 1 \\ 3 \\ a \end{pmatrix}$

führt auf das lineare Gleichungssystem $\left| \begin{array}{l} 2r - s = -2 \\ -r - 3s = 8 \\ 3r - a \cdot s = 4 \end{array} \right|$,

das für $r = -2$, $s = -2$, $a = 5$ erfüllt ist.

Schnittpunkt $S(2|-8|-9)$

Schnittwinkel: $\cos(\alpha) = \frac{\begin{pmatrix} 2 \\ -1 \\ 3 \end{pmatrix} * \begin{pmatrix} 1 \\ 3 \\ 5 \end{pmatrix}}{\left|\begin{pmatrix} 2 \\ -1 \\ 3 \end{pmatrix}\right| \cdot \left|\begin{pmatrix} 1 \\ 3 \\ 5 \end{pmatrix}\right|} = \frac{14}{\sqrt{14} \cdot \sqrt{35}} \approx 0{,}6325$, also $\alpha \approx 50{,}8°$

14. Kraft in Wegrichtung $\overrightarrow{F_S} = \vec{F} \cdot \cos(\alpha)$

$\left|\overrightarrow{F_S}\right| = 120\,\text{N} \cdot \cos(35°) = 98{,}3\,\text{N}$

physikalische Arbeit: $W = \vec{F} * \vec{s} = \left|\overrightarrow{F_S}\right| \cdot |\vec{s}|$

$W = 98{,}3\,\text{N} \cdot 300\,\text{m} = 29\,489{,}5\,\text{Nm}$

15. Die Tastatur liegt in der x_1x_2-Ebene.
Die obere linke Ecke $P(-6{,}1\,|\,0\,|\,16{,}7)$ liegt in der x_1x_3-Ebene.

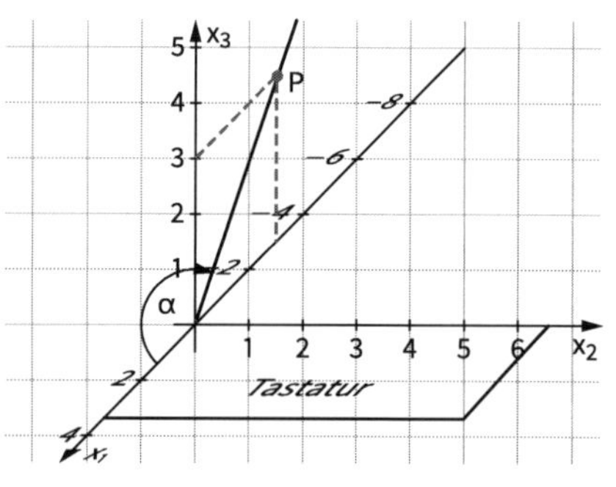

$\overrightarrow{OP} = \begin{pmatrix} -6{,}1 \\ 0 \\ 16{,}7 \end{pmatrix}$

Der Winkel, in dem das Kontrollfeld aufgeklappt wurde, entspricht dem Winkel zwischen der x_1-Achse und dem Ortsvektor $\overrightarrow{OP}$, wenn man davon ausgeht, dass die x_2-Achse zwischen der Tastatur und dem Kontrollfeld liegt.

Somit ist der Winkel zwischen den Vektoren $\vec{v} = \begin{pmatrix} 1 \\ 0 \\ 0 \end{pmatrix}$ und $\overrightarrow{OP}$ zu bestimmen.

$\cos(\alpha) = \frac{\begin{pmatrix} -6{,}1 \\ 0 \\ 16{,}7 \end{pmatrix} * \begin{pmatrix} 1 \\ 0 \\ 0 \end{pmatrix}}{\left|\overrightarrow{OP}\right| \cdot \left|\begin{pmatrix} 1 \\ 0 \\ 0 \end{pmatrix}\right|}$

$\left|\overrightarrow{OP}\right| = \sqrt{(-6{,}1)^2 + 0^2 + 16{,}7^2} \approx 17{,}78$

$|\vec{v}| = 1$

$\cos(\alpha) = -\frac{6{,}1}{17{,}78}$

$\cos(\alpha) \approx -0{,}34\,308$

$\alpha \approx 110°$

Das Kontrollfeld ist unter einem Winkel von 110° aufgeklappt.

5 Analytische Geometrie mit Ebenen

5.1 Ebenen im Raum

5.1.1 Parameterdarstellung einer Ebene

266 **Einstiegsaufgabe ohne Lösung**

- Grafik siehe rechts
- $\overrightarrow{OB} = \overrightarrow{OA} + 6 \cdot \vec{u} + \vec{v}$

  $= \begin{pmatrix} 0 \\ 0 \\ 4 \end{pmatrix} + 6 \cdot \begin{pmatrix} 0 \\ 0{,}5 \\ 0 \end{pmatrix} + \begin{pmatrix} -0{,}8 \\ 0 \\ 0{,}6 \end{pmatrix} = \begin{pmatrix} -0{,}8 \\ 3 \\ 4{,}6 \end{pmatrix}$

  B(−0,8 | 3 | 4,6)

  z. B. $\overrightarrow{OC} = \overrightarrow{OA} + 4 \cdot \vec{u} + 2 \cdot \vec{v}$

  $= \begin{pmatrix} 0 \\ 0 \\ 4 \end{pmatrix} + 4 \cdot \begin{pmatrix} 0 \\ 0{,}5 \\ 0 \end{pmatrix} + 2 \cdot \begin{pmatrix} -0{,}8 \\ 0 \\ 0{,}6 \end{pmatrix}$

  $= \begin{pmatrix} -1{,}6 \\ 2 \\ 5{,}2 \end{pmatrix}$;

  C(−1,6 | 2 | 5,2)

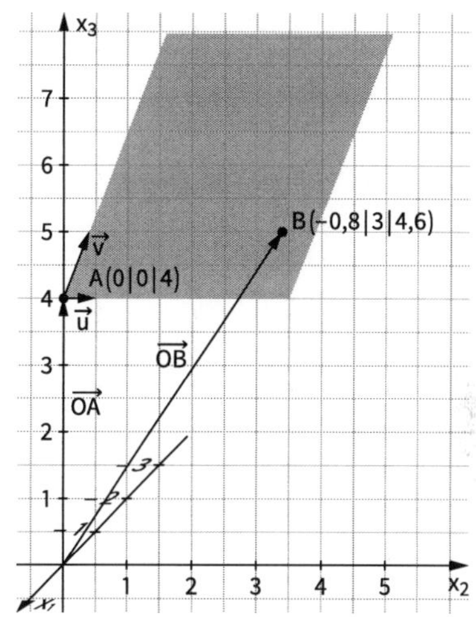

- $g: \vec{x} = \begin{pmatrix} 0 \\ 0 \\ 4 \end{pmatrix} + r \cdot \begin{pmatrix} 0 \\ 0{,}5 \\ 0 \end{pmatrix}$; $h: \vec{x} = \begin{pmatrix} 0 \\ 0 \\ 4 \end{pmatrix} + s \cdot \begin{pmatrix} -0{,}8 \\ 0 \\ 0{,}6 \end{pmatrix}$
- Wir können einen beliebigen Punkt X der Solaranlage erreichen, indem wir vom Punkt A aus zuerst ein Vielfaches des Vektors $\vec{u}$, also $r \cdot \vec{u}$, zurücklegen und anschließend ein Vielfaches des Vektors $\vec{v}$, also $s \cdot \vec{v}$. Damit gilt $\overrightarrow{OX} = \overrightarrow{OA} + r \cdot \vec{u} + s \cdot \vec{v}$

268 **1.** Maren: Stützvektor: $\overrightarrow{OA}$; Richtungsvektoren: $\overrightarrow{AB}$ und $\overrightarrow{AC}$

Janik: Stützvektor: $\overrightarrow{OB}$; Richtungsvektoren: $-\frac{1}{2}\overrightarrow{AB}$ und $\overrightarrow{BC}$

weitere Beispiele: $E: \vec{x} = \begin{pmatrix} 7 \\ 0 \\ -7 \end{pmatrix} + s \begin{pmatrix} -5 \\ 3 \\ 5 \end{pmatrix} + t \begin{pmatrix} 2 \\ -1 \\ -4 \end{pmatrix}$; $E: \vec{x} = \begin{pmatrix} 2 \\ 3 \\ -2 \end{pmatrix} + s \begin{pmatrix} -9 \\ 5 \\ 13 \end{pmatrix} + t \begin{pmatrix} -8 \\ 4 \\ 16 \end{pmatrix}$

269 **2.** (1) E ist festgelegt durch zwei zueinander parallele Geraden.
$g: \vec{x} = \vec{a} + k \cdot \vec{u}$ und $h: \vec{x} = \vec{b} + r \cdot \vec{v}$; mit $\vec{u} = s \cdot \vec{v}$; $s \in \mathbb{R}$; $E: \vec{x} = \vec{a} + k \cdot \vec{u} + l \cdot (\vec{b} - \vec{a})$

(2) E ist festgelegt durch zwei sich in einem Punkt S schneidende Geraden: $g: \vec{x} = \vec{a} + k \cdot \vec{u}$ und $h: \vec{x} = \vec{b} + r \cdot \vec{v}$
$E: \vec{x} = \overrightarrow{OS} + k \cdot \vec{u} + r \cdot \vec{v}$

(3) E ist festgelegt durch eine Gerade g und einen Punkt P, der nicht auf g liegt:
$g: \vec{x} = \vec{a} + k \cdot \vec{u}$; $E: \vec{x} = \vec{a} + k \cdot \vec{u} + l \cdot (\vec{p} - \vec{a})$

(4) E ist festgelegt durch drei Punkte P, Q und R, die nicht auf einer Geraden liegen.
$E: \vec{x} = \vec{p} + k \cdot (\vec{q} - \vec{p}) + l \cdot (\vec{r} - \vec{p})$

269

3. a) (1) $\begin{pmatrix} 10 \\ 5{,}5 \\ 50 \end{pmatrix}$ (2) $\begin{pmatrix} 43 \\ -35 \\ 146 \end{pmatrix}$ (3) $\begin{pmatrix} -4{,}8 \\ -0{,}2 \\ 17{,}6 \end{pmatrix}$ (4) $\begin{pmatrix} 1{,}675 \\ -3{,}6125 \\ 5{,}9 \end{pmatrix}$

b) (1) $\begin{pmatrix} 2 \\ 1 \\ 12 \end{pmatrix} = \begin{pmatrix} 3 \\ -5 \\ 10 \end{pmatrix} + r \cdot \begin{pmatrix} -1 \\ 6 \\ 2 \end{pmatrix} + s \cdot \begin{pmatrix} 3 \\ -0{,}5 \\ 12 \end{pmatrix}$ führt auf das LGS $\begin{vmatrix} -r + 3s = -1 \\ 6r - 0{,}5s = 6 \\ 2r + 12s = 2 \end{vmatrix}$,

das die Lösung $r = 1;\ s = 0$ hat. A liegt in der Ebene.

(2) $\begin{pmatrix} -3 \\ 5 \\ -10 \end{pmatrix} = \begin{pmatrix} 3 \\ -5 \\ 10 \end{pmatrix} + r \cdot \begin{pmatrix} -1 \\ 6 \\ 2 \end{pmatrix} + s \cdot \begin{pmatrix} 3 \\ -0{,}5 \\ 12 \end{pmatrix}$

führt auf das Gleichungssystem $\begin{vmatrix} -r + 3s = -6 \\ 6r - 0{,}5s = 10 \\ 2r + 12s = -20 \end{vmatrix}$, das keine Lösung hat.

B liegt nicht in E.

(3) $\begin{pmatrix} 8 \\ 0 \\ 35 \end{pmatrix} = \begin{pmatrix} 3 \\ -5 \\ 10 \end{pmatrix} + r \cdot \begin{pmatrix} -1 \\ 6 \\ 2 \end{pmatrix} + s \cdot \begin{pmatrix} 3 \\ -0{,}5 \\ 12 \end{pmatrix}$

führt auf das Gleichungssystem $\begin{vmatrix} -r + 3s = 5 \\ 6r - 0{,}5s = 5 \\ 2r + 12s = 25 \end{vmatrix}$,

das keine Lösung hat. C liegt nicht in E.

(4) $\begin{pmatrix} -4 \\ 2 \\ -12 \end{pmatrix} = \begin{pmatrix} 3 \\ -5 \\ 10 \end{pmatrix} + r \cdot \begin{pmatrix} -1 \\ 6 \\ 2 \end{pmatrix} + s \cdot \begin{pmatrix} 3 \\ -0{,}5 \\ 12 \end{pmatrix}$

führt auf das Gleichungssystem $\begin{vmatrix} -r + 3s = -7 \\ 6r - 0{,}5s = 7 \\ 2r + 12s = -22 \end{vmatrix}$,

mit der Lösung $r = 1;\ s = -2$. D liegt in E.

4. Er hat nicht überprüft, ob Lösungen für s und t, die er aus den ersten beiden Gleichungen erhalten hat, auch die dritte Gleichung erfüllen. Dies ist nämlich nicht der Fall. Das Gleichungssystem hat keine Lösung, also liegt P nicht in der Ebene.

5. Beispiele:

a) $E: \vec{x} = \overrightarrow{OP} + s \cdot \overrightarrow{PQ} + t \cdot \overrightarrow{PR} = \begin{pmatrix} 0 \\ 1 \\ 2 \end{pmatrix} + s \cdot \begin{pmatrix} 2 \\ -1 \\ 2 \end{pmatrix} + t \cdot \begin{pmatrix} 4 \\ 7 \\ -2 \end{pmatrix};\ s, t \in \mathbb{R}$

b) $E: \vec{x} = \begin{pmatrix} 1 \\ 1 \\ 1 \end{pmatrix} + s \cdot \begin{pmatrix} 1 \\ 1 \\ 2 \end{pmatrix} + t \cdot \begin{pmatrix} 9 \\ 3 \\ 5 \end{pmatrix};\ s, t \in \mathbb{R}$

c) $E: \vec{x} = \begin{pmatrix} 1 \\ -2 \\ 3 \end{pmatrix} + s \cdot \begin{pmatrix} 2 \\ 6 \\ -5 \end{pmatrix} + t \cdot \begin{pmatrix} 2 \\ 6 \\ 2 \end{pmatrix};\ s, t \in \mathbb{R}$

d) $E: \vec{x} = \begin{pmatrix} 0 \\ 7 \\ 2 \end{pmatrix} + s \cdot \begin{pmatrix} -10 \\ -7 \\ -8 \end{pmatrix} + t \cdot \begin{pmatrix} -4 \\ -11 \\ -2 \end{pmatrix};\ s, t \in \mathbb{R}$

6. Sie hat nicht überprüft, ob die 3 Punkte auf einer Geraden liegen. Da A, B, C auf einer Geraden liegen, sind die Richtungsvektoren $\begin{pmatrix} 3 \\ 3 \\ -2 \end{pmatrix}$ und $\begin{pmatrix} 9 \\ 9 \\ -6 \end{pmatrix}$ linear abhängig und es wird keine Ebene, sondern eine Gerade beschrieben.

269

7. Geprüft wird, ob P_4 in der Ebene E liegt, die von P_1, P_2, P_3 bestimmt ist.

a) $\begin{pmatrix}3\\2\\1\end{pmatrix}=\begin{pmatrix}7\\2\\-1\end{pmatrix}+s\cdot\begin{pmatrix}-8\\0\\4\end{pmatrix}+t\cdot\begin{pmatrix}-7\\-4\\3\end{pmatrix}\Leftrightarrow\left|\begin{array}{l}s=\frac{1}{2}\\t=0\\s=\frac{1}{2}\end{array}\right|$, d.h. $P_4\in E$

b) $\begin{pmatrix}-2\\-1\\5\end{pmatrix}=\begin{pmatrix}2\\1\\3\end{pmatrix}+s\cdot\begin{pmatrix}-4\\1\\2\end{pmatrix}+t\cdot\begin{pmatrix}-2\\-1\\1\end{pmatrix}\Leftrightarrow\left|\begin{array}{l}s=0\\t=2\\s=0\end{array}\right|$, d.h. $P_4\in E$

c) $\begin{pmatrix}7\\0\\-1\end{pmatrix}=\begin{pmatrix}5\\-1\\5\end{pmatrix}+s\cdot\begin{pmatrix}-4\\2\\-6\end{pmatrix}+t\cdot\begin{pmatrix}-2\\3\\-10\end{pmatrix}\Leftrightarrow\left|\begin{array}{r}s=-1\\t=\ \ 1\\-1=\ \ 1\end{array}\right|$, d.h. $P_4\notin E$

270

8. Zum Beispiel:
P_1: $s=0$, $t=0$: $P_1(-2|0|1)$;
P_2: $s=1$, $t=2$: $P_2(-3|5|2)$;
P_3: $s=-1$, $t=1$: $P_3(-4|1|0)$

$E: \vec{x}=\begin{pmatrix}-2\\0\\1\end{pmatrix}+s\cdot\begin{pmatrix}-1\\5\\1\end{pmatrix}+t\cdot\begin{pmatrix}-2\\1\\-1\end{pmatrix};\ s,t\in\mathbb{R}$

9. $E: \vec{x}=\begin{pmatrix}4\\3\\1\end{pmatrix}+r\cdot\begin{pmatrix}-1\\-1\\1\end{pmatrix}+s\cdot\begin{pmatrix}1\\-2\\3\end{pmatrix}$

10. Mögliche Richtungsvektoren:

$\overrightarrow{AB}=\begin{pmatrix}-4\\2\\8\end{pmatrix};\ \overrightarrow{BC}=\begin{pmatrix}9\\-5\\-13\end{pmatrix};\ \overrightarrow{AC}=\begin{pmatrix}5\\-3\\-5\end{pmatrix}$ oder: $\overrightarrow{BA}=\begin{pmatrix}4\\-2\\-8\end{pmatrix};\ \overrightarrow{CB}=\begin{pmatrix}-9\\5\\13\end{pmatrix};\ \overrightarrow{CA}=\begin{pmatrix}-5\\3\\5\end{pmatrix}$

oder: $3\overrightarrow{CA}=\begin{pmatrix}-15\\9\\15\end{pmatrix};\ \overrightarrow{AB}+\overrightarrow{AC}=\begin{pmatrix}1\\-1\\3\end{pmatrix};\ 2\overrightarrow{BA}-\overrightarrow{AC}=\begin{pmatrix}8-5\\-4+3\\-16+5\end{pmatrix}=\begin{pmatrix}3\\-1\\-11\end{pmatrix}$

Mögliche Parameterdarstellung:

$E: \vec{x}=\begin{pmatrix}2\\3\\-2\end{pmatrix}+r\cdot\begin{pmatrix}-4\\2\\8\end{pmatrix}+s\cdot\begin{pmatrix}5\\-3\\-5\end{pmatrix}$ $\quad$ $E: \vec{x}=\begin{pmatrix}-2\\5\\6\end{pmatrix}+k\cdot\begin{pmatrix}4\\-2\\-8\end{pmatrix}+l\cdot\begin{pmatrix}9\\-5\\-13\end{pmatrix}$

$E: \vec{x}=\begin{pmatrix}7\\0\\-7\end{pmatrix}+m\cdot\begin{pmatrix}-15\\9\\15\end{pmatrix}+n\cdot\begin{pmatrix}-9\\5\\13\end{pmatrix}$ $\quad$ $E: \vec{x}=\begin{pmatrix}2\\3\\-2\end{pmatrix}+u\cdot\begin{pmatrix}1\\-1\\3\end{pmatrix}+v\cdot\begin{pmatrix}3\\-1\\-11\end{pmatrix}$

11. Zunächst Probe, dass P nicht auf g liegt (Punktprobe).

a) $E: \vec{x}=\begin{pmatrix}4\\0\\2\end{pmatrix}+s\cdot\begin{pmatrix}3\\-1\\-3\end{pmatrix}+t\cdot\begin{pmatrix}1-4\\4-0\\-1-2\end{pmatrix}=\begin{pmatrix}4\\0\\2\end{pmatrix}+s\cdot\begin{pmatrix}3\\-1\\-3\end{pmatrix}+t\cdot\begin{pmatrix}-3\\4\\-3\end{pmatrix};\ s,t\in\mathbb{R}$

b) $E: \vec{x}=\begin{pmatrix}1\\0\\0\end{pmatrix}+s\cdot\begin{pmatrix}5\\2\\-3\end{pmatrix}+t\cdot\begin{pmatrix}1\\4\\-3\end{pmatrix};\ s,t\in\mathbb{R}$

c) $E: \vec{x}=\begin{pmatrix}-200\\150\\30\end{pmatrix}+t\cdot\begin{pmatrix}10\\-10\\5\end{pmatrix}+s\cdot\begin{pmatrix}200\\-150\\-30\end{pmatrix};\ s,t\in\mathbb{R}$

12. Gleichsetzen ergibt das Gleichungssystem $\left|\begin{array}{r}-s-2t=\ \ 1\\2s-\ \ t=-2\\s+\ \ t=-1\end{array}\right|$,
welches die eindeutige Lösung $s=-1$; $t=0$ besitzt.
Schnittpunkt: $S(-2|0|-2)$

$E: \vec{x}=\begin{pmatrix}-2\\0\\-2\end{pmatrix}+s\cdot\begin{pmatrix}-1\\2\\1\end{pmatrix}+t\cdot\begin{pmatrix}2\\1\\-1\end{pmatrix};\ s,t\in\mathbb{R}$

270

13. a) Die Gleichung $\begin{pmatrix}0\\-1\\-1\end{pmatrix}=\begin{pmatrix}5\\0\\2\end{pmatrix}+s\cdot\begin{pmatrix}3\\-1\\4\end{pmatrix}$ hat keine Lösung und die Richtungsvektoren der beiden Geraden sind Vielfache voneinander.

Die beiden Geraden sind parallel zueinander, aber nicht identisch.

$E{:}\ \vec{x}=\begin{pmatrix}5\\0\\2\end{pmatrix}+s\cdot\begin{pmatrix}3\\-1\\4\end{pmatrix}+t\cdot\left[\begin{pmatrix}5\\0\\2\end{pmatrix}-\begin{pmatrix}0\\-1\\-1\end{pmatrix}\right]$

$\vec{x}=\begin{pmatrix}5\\0\\2\end{pmatrix}+s\cdot\begin{pmatrix}3\\-1\\4\end{pmatrix}+t\cdot\begin{pmatrix}5\\1\\3\end{pmatrix}$

b) Es gilt: $\begin{pmatrix}-3\\-3\\6\end{pmatrix}=-3\cdot\begin{pmatrix}1\\1\\-2\end{pmatrix}$

Die beiden Richtungsvektoren sind Vielfache voneinander, die beiden Geraden somit parallel zueinander.

$\begin{pmatrix}3\\-4\\1\end{pmatrix}-\begin{pmatrix}2\\1\\3\end{pmatrix}=\begin{pmatrix}1\\-5\\-2\end{pmatrix}$; kein Vielfaches zu $\begin{pmatrix}1\\1\\-2\end{pmatrix}$

Die beiden Geraden sind nicht identisch.

$E{:}\ \vec{x}=\begin{pmatrix}2\\1\\3\end{pmatrix}+s\cdot\begin{pmatrix}1\\1\\-2\end{pmatrix}+t\cdot\begin{pmatrix}1\\-5\\-2\end{pmatrix}$

c) $\begin{pmatrix}-0{,}5\\2{,}5\\-3\end{pmatrix}=-\frac{1}{2}\cdot\begin{pmatrix}1\\-5\\6\end{pmatrix}$

Die beiden Richtungsvektoren sind Vielfache voneinander, die beiden Geraden sind somit parallel zueinander.

$\begin{pmatrix}3\\-1\\2\end{pmatrix}-\begin{pmatrix}0\\4\\0\end{pmatrix}=\begin{pmatrix}3\\-5\\2\end{pmatrix}$; kein Vielfaches zu $\begin{pmatrix}1\\-5\\6\end{pmatrix}$

Die beiden Geraden sind nicht identisch.

$E{:}\ \vec{x}=\begin{pmatrix}0\\4\\0\end{pmatrix}+s\cdot\begin{pmatrix}1\\-5\\6\end{pmatrix}+t\cdot\begin{pmatrix}3\\-5\\2\end{pmatrix}$

271

14. $g{:}\ \vec{x}=\begin{pmatrix}2\\1\\3\end{pmatrix}+r\cdot\begin{pmatrix}1\\0\\2\end{pmatrix}$ und $h{:}\ \vec{x}=\begin{pmatrix}2\\2\\1\end{pmatrix}+s\cdot\begin{pmatrix}1\\1\\2\end{pmatrix}$ sind windschief zueinander.

Ist E eine Ebene, die die Gerade g enthält, so gibt es zwei Möglichkeiten:

(1) h ist parallel zu E und liegt nicht in E.

(2) h schneidet E und hat mit E nur einen Punkt gemeinsam.

Es gibt also keine Ebene, die beide Geraden enthält.

15. a) Überprüfe, ob P, Q und R *nicht* auf einer Geraden liegen.

(1) $\overrightarrow{PQ}=\overrightarrow{QR}$ (d.h. die Punkte liegen auf einer Geraden)

(2) $\overrightarrow{PR}=2\cdot\overrightarrow{PQ}$ (d.h. die Punkte liegen auf einer Geraden)

b) Überprüfe, ob P *nicht* auf g liegt.

(1) Ja, denn P liegt nicht auf g.

(2) Für $s=10$ ergibt sich $\vec{x}=\overrightarrow{OP}$. P liegt auf g.

271 **c)** Überprüfe, ob die Geraden **nicht** windschief zueinander oder identisch sind.

(1) $\begin{pmatrix}2\\1\\4\end{pmatrix}+s\cdot\begin{pmatrix}3\\0\\1\end{pmatrix}=\begin{pmatrix}1\\2\\3\end{pmatrix}+t\cdot\begin{pmatrix}-1\\2\\1\end{pmatrix} \Leftrightarrow \left|\begin{matrix}3s+\ \ t=-1\\ -2t=+1\\ s-\ \ t=-1\end{matrix}\right| \Leftrightarrow \left|\begin{matrix}s=-\frac{1}{6}\\ t=-0{,}5\\ s=-0{,}5\end{matrix}\right|$

Die Geraden sind windschief zueinander.

(2) $\begin{pmatrix}1\\1\\0\end{pmatrix}+s\cdot\begin{pmatrix}-1\\1\\2\end{pmatrix}=\begin{pmatrix}2\\1\\1\end{pmatrix}+t\cdot\begin{pmatrix}0\\1\\1\end{pmatrix} \Leftrightarrow \left|\begin{matrix}-s\ \ =1\\ s-t=0\\ 2s-t=1\end{matrix}\right| \Leftrightarrow \left|\begin{matrix}s=-1\\ t=-1\\ t=-3\end{matrix}\right|$

Die Geraden sind windschief zueinander.

(3) $\begin{pmatrix}5\\0\\2\end{pmatrix}+s\cdot\begin{pmatrix}3\\-1\\4\end{pmatrix}=\begin{pmatrix}-1\\2\\-6\end{pmatrix}+t\cdot\begin{pmatrix}6\\-2\\8\end{pmatrix} \Leftrightarrow \left|\begin{matrix}3s-6t=-6\\ s+2t=\ 2\\ 4s-8t=-8\end{matrix}\right| \Leftrightarrow$ t beliebig und $s=2t-2$

Die beiden Geraden sind identisch.

(4) Da $\begin{pmatrix}2\\-1\\3\end{pmatrix}\cdot 2=\begin{pmatrix}4\\-2\\0\end{pmatrix}$ und $(2|3|1)\notin g_1$ sind die Geraden parallel und nicht identisch.

(5) $\begin{pmatrix}7\\-14\\0\end{pmatrix}=-7\cdot\begin{pmatrix}-1\\2\\0\end{pmatrix};\ \begin{pmatrix}1\\3\\1\end{pmatrix}-\begin{pmatrix}2\\1\\1\end{pmatrix}=\begin{pmatrix}-1\\2\\0\end{pmatrix}$, also sind die beiden Geraden identisch.

16. a) (1) Eine Ebene kann festgelegt werden durch drei Punkte, die nicht auf einer Geraden liegen.

z. B.: $A(2|-1|3)$, $B(3|-1|1)$, $C(-4|4|12)$; $E:\vec{x}=\begin{pmatrix}2\\-1\\3\end{pmatrix}+r\cdot\begin{pmatrix}1\\0\\-2\end{pmatrix}+s\cdot\begin{pmatrix}-6\\5\\9\end{pmatrix}$

(2) Eine Ebene kann festgelegt werden durch eine Gerade und einen Punkt, der nicht auf der Geraden liegt.

z. B.: $g:\vec{x}=\begin{pmatrix}2\\-3\\1\end{pmatrix}+r\cdot\begin{pmatrix}1\\4\\0\end{pmatrix}$; $P(5|-2|2)$; $E:\vec{x}=\begin{pmatrix}2\\-3\\1\end{pmatrix}+r\cdot\begin{pmatrix}1\\4\\0\end{pmatrix}+s\cdot\begin{pmatrix}3\\1\\1\end{pmatrix}$

(3) Eine Ebene kann festgelegt werden durch zwei Geraden, die parallel zueinander, aber nicht identisch sind.

z. B.: $g:\vec{x}=\begin{pmatrix}2\\1\\3\end{pmatrix}+r\cdot\begin{pmatrix}1\\-1\\1\end{pmatrix}$; $h:\vec{x}=\begin{pmatrix}4\\3\\-1\end{pmatrix}+s\cdot\begin{pmatrix}-2\\2\\-2\end{pmatrix}$; $E:\vec{x}=\begin{pmatrix}2\\1\\3\end{pmatrix}+r\cdot\begin{pmatrix}1\\-1\\1\end{pmatrix}+s\cdot\begin{pmatrix}2\\2\\-4\end{pmatrix}$

(4) Eine Ebene kann festgelegt werden durch zwei Geraden, die sich schneiden.

z. B.: $g:\vec{x}=\begin{pmatrix}3\\1\\0\end{pmatrix}+r\cdot\begin{pmatrix}5\\1\\1\end{pmatrix}$; $h:\vec{x}=\begin{pmatrix}-7\\-1\\-2\end{pmatrix}+s\cdot\begin{pmatrix}-2\\1\\3\end{pmatrix}$; $S(-7|-1|-2)$;

$E:\vec{x}=\begin{pmatrix}-7\\-1\\-2\end{pmatrix}+r\cdot\begin{pmatrix}5\\1\\1\end{pmatrix}+t\cdot\begin{pmatrix}-2\\1\\3\end{pmatrix}$

b) $E:\vec{x}=\begin{pmatrix}-1\\2\\1\end{pmatrix}+r\cdot\begin{pmatrix}3\\-1\\1\end{pmatrix}+s\cdot\begin{pmatrix}-2\\0\\3\end{pmatrix}$

(1) Punkte bestimmen, die in der Ebene liegen:

Man wählt für die Parameter r und s jeweils einen Wert und erhält den Ortsvektor zu einem Punkt, der in E liegt.

z. B.: $r=1,\ s=0$ $\quad P_1(2|1|2)$

$r=1,\ s=-1$ $\quad P_2(4|1|-1)$

$r=5,\ s=-7$ $\quad P_3(28|-3|-15)$

(2) Sucht man einen Punkt, der nicht in E liegt, kann man vorgehen wie unter (1).

Man bestimmt einen Punkt, der in E liegt und ändert z. B. eine Koordinate ab.

z. B. $Q_1(2|-1|2)$, $Q_2(0|1|-1)$ und $Q_3(17|-3|-15)$ liegen nicht in E.

17. a) $E:\vec{x}=\begin{pmatrix}6\\5\\0\end{pmatrix}+s\cdot\begin{pmatrix}0\\-5\\2\end{pmatrix}+t\cdot\begin{pmatrix}-6\\-4\\3\end{pmatrix}$

b) $E:\vec{x}=\begin{pmatrix}0\\3\\3\end{pmatrix}+s\cdot\begin{pmatrix}6\\-1\\-1\end{pmatrix}+t\cdot\begin{pmatrix}1\\3\\-2\end{pmatrix}$

271

18. Aufgrund der selbstständigen Wahl des Koordinatensystems gibt es unendlich viele Lösungsmöglichkeiten. Beispiel: Wahl des Ursprungs in dem Mittelpunkt der Grundfläche.
Koordinatensystem: Standard-Rechtssystem

Grundfläche: $E_G: \vec{x} = \begin{pmatrix} 0 \\ 0 \\ 0 \end{pmatrix} + s \cdot \begin{pmatrix} 1 \\ 0 \\ 0 \end{pmatrix} + t \cdot \begin{pmatrix} 0 \\ 1 \\ 0 \end{pmatrix};\ s, t \in \mathbb{R}$

Seitenflächen: $E_{S_1}: \vec{x} = \begin{pmatrix} 0 \\ 0 \\ 12 \end{pmatrix} + s \cdot \begin{pmatrix} 1 \\ 0 \\ 0 \end{pmatrix} + t \cdot \begin{pmatrix} 0 \\ 2{,}5 \\ 12 \end{pmatrix};\ s, t \in \mathbb{R}$

$E_{S_2}: \vec{x} = \begin{pmatrix} 0 \\ 0 \\ 12 \end{pmatrix} + s \cdot \begin{pmatrix} 0 \\ 1 \\ 0 \end{pmatrix} + t \cdot \begin{pmatrix} 2{,}5 \\ 0 \\ 12 \end{pmatrix};\ s, t \in \mathbb{R}$

$E_{S_3}: \vec{x} = \begin{pmatrix} 0 \\ 0 \\ 12 \end{pmatrix} + s \cdot \begin{pmatrix} -1 \\ 0 \\ 0 \end{pmatrix} + t \cdot \begin{pmatrix} 0 \\ -2{,}5 \\ 12 \end{pmatrix};\ s, t \in \mathbb{R}$

$E_{S_4}: \vec{x} = \begin{pmatrix} 0 \\ 0 \\ 12 \end{pmatrix} + s \cdot \begin{pmatrix} 0 \\ -1 \\ 0 \end{pmatrix} + t \cdot \begin{pmatrix} -2{,}5 \\ 0 \\ 12 \end{pmatrix};\ s, t \in \mathbb{R}$

272

19. a) $E: \vec{x} = \begin{pmatrix} 4 \\ 4 \\ 2 \end{pmatrix} + r \cdot \begin{pmatrix} 0 \\ -2 \\ 2 \end{pmatrix} + s \cdot \begin{pmatrix} -4 \\ 0 \\ 2 \end{pmatrix}$

b) Es muss gelten: $r, s \geq 0$ und $r + s \leq 1$.

20. a) $E: \vec{x} = \begin{pmatrix} 0 \\ 9 \\ 4 \end{pmatrix} + r \cdot \begin{pmatrix} 0 \\ -2 \\ 0 \end{pmatrix} + s \cdot \begin{pmatrix} -2 \\ 0 \\ 2 \end{pmatrix}$

b) $\left|\begin{pmatrix} 0 \\ -2 \\ 0 \end{pmatrix}\right| = 2;\ \left|\begin{pmatrix} -2 \\ 0 \\ 2 \end{pmatrix}\right| = \sqrt{8}$

Für die Parameter gilt: $0 \leq r \leq 4{,}5$

$0 \leq s \leq \frac{7}{\sqrt{8}} \approx 2{,}47$

Die Punkte der Dachfläche können beschrieben werden durch die Parameterdarstellung $\vec{x} = \begin{pmatrix} 0 \\ 9 \\ 4 \end{pmatrix} + r \cdot \begin{pmatrix} 0 \\ -2 \\ 0 \end{pmatrix} + s \cdot \begin{pmatrix} -2 \\ 0 \\ 2 \end{pmatrix};\ 0 \leq r \leq 4{,}5;\ 0 \leq s \leq \frac{7}{\sqrt{8}}$.

c) $\overrightarrow{OB} = \begin{pmatrix} 0 \\ 9 \\ 4 \end{pmatrix} + 0 \cdot \begin{pmatrix} 0 \\ -2 \\ 0 \end{pmatrix} + \frac{7}{\sqrt{8}} \cdot \begin{pmatrix} -2 \\ 0 \\ 2 \end{pmatrix} \approx \begin{pmatrix} -4{,}95 \\ 9 \\ 8{,}95 \end{pmatrix}$ also $B(-4{,}95\,|\,9\,|\,8{,}95)$

$\overrightarrow{OC} = \begin{pmatrix} 0 \\ 9 \\ 4 \end{pmatrix} + 4{,}5 \cdot \begin{pmatrix} 0 \\ -2 \\ 0 \end{pmatrix} + \frac{7}{\sqrt{8}} \cdot \begin{pmatrix} -2 \\ 0 \\ 2 \end{pmatrix} \approx \begin{pmatrix} -4{,}95 \\ 0 \\ 8{,}95 \end{pmatrix}$ also $C(-4{,}95\,|\,0\,|\,8{,}95)$

$\overrightarrow{OD} = \begin{pmatrix} 0 \\ 9 \\ 4 \end{pmatrix} + 4{,}5 \cdot \begin{pmatrix} 0 \\ -2 \\ 0 \end{pmatrix} + 0 \cdot \begin{pmatrix} -2 \\ 0 \\ 2 \end{pmatrix} = \begin{pmatrix} 0 \\ 0 \\ 4 \end{pmatrix}$ also $D(0\,|\,0\,|\,4)$

Punkte, die außerhalb der Dachfläche liegen:

z. B.: $r = 5,\ s = 4$ $P_1(-8\,|-1\,|\,12)$

$r = -1,\ s = -1$ $P_2(2\,|\,11\,|\,2)$

$r = -1,\ s = 0$ $P_3(0\,|\,11\,|\,4)$

21. a) $\vec{x} = s \cdot \begin{pmatrix} 1 \\ 0 \\ 0 \end{pmatrix} + t \cdot \begin{pmatrix} 0 \\ 1 \\ 0 \end{pmatrix}$

b) $\vec{x} = s \cdot \begin{pmatrix} 0 \\ 1 \\ 0 \end{pmatrix} + t \cdot \begin{pmatrix} 0 \\ 1 \\ 0 \end{pmatrix}$

c) $\vec{x} = \begin{pmatrix} 3 \\ 1 \\ -2 \end{pmatrix} + s \cdot \begin{pmatrix} 1 \\ 0 \\ 0 \end{pmatrix} + t \cdot \begin{pmatrix} 0 \\ 0 \\ 1 \end{pmatrix}$

d) $\vec{x} = \begin{pmatrix} 0 \\ 0 \\ 2 \end{pmatrix} + s \cdot \begin{pmatrix} 1 \\ 0 \\ 0 \end{pmatrix} + t \cdot \begin{pmatrix} 0 \\ 1 \\ 0 \end{pmatrix}$

e) $\vec{x} = \begin{pmatrix} 3 \\ 0 \\ 0 \end{pmatrix} + s \cdot \begin{pmatrix} -3 \\ 1 \\ 0 \end{pmatrix} + t \cdot \begin{pmatrix} -3 \\ 0 \\ -1 \end{pmatrix}$

f) $\vec{x} = \begin{pmatrix} 0 \\ 0 \\ 4 \end{pmatrix} + s \cdot \begin{pmatrix} 3 \\ 0 \\ -4 \end{pmatrix} + t \cdot \begin{pmatrix} 0 \\ -2 \\ -4 \end{pmatrix}$

g) $\vec{x} = s \cdot \begin{pmatrix} 1 \\ 2 \\ 0 \end{pmatrix} + t \cdot \begin{pmatrix} 0 \\ 0 \\ 1 \end{pmatrix}$

272 **22. a)** Die Ebene E und die beiden Geraden g_1 und g_2 haben den Punkt $A(3|1|4)$ gemeinsam. Die Richtungsvektoren der beiden Geraden sind auch die Richtungsvektoren der Ebene.
Somit liegen g_1 und g_2 in E.

b) Die Ebene und die vier Geraden haben den Punkt A gemeinsam.
(1); (2) Der Richtungsvektor von g ist ein Richtungsvektor von E.
(3) Der Vektor $\vec{a}+\vec{u}$ ist der Ortsvektor eines Punktes, der in E liegt.
Der Richtungsvektor von g ist auch Richtungsvektor von E.
(4) Der Vektor $\vec{a}+3\cdot\vec{v}$ ist der Ortsvektor eines Punktes, der in E liegt.
Der Richtungsvektor von g ist auch Richtungsvektor von E.

c) $E: \vec{x} = \begin{pmatrix} 0 \\ 0 \\ 5 \end{pmatrix} + r\cdot\begin{pmatrix} 1 \\ 0 \\ 0 \end{pmatrix} + s\cdot\begin{pmatrix} 0 \\ 1 \\ 0 \end{pmatrix}$

$g_1: \vec{x} = \begin{pmatrix} 0 \\ 0 \\ 5 \end{pmatrix} + k\cdot\begin{pmatrix} 1 \\ 0 \\ 0 \end{pmatrix}$ $\quad g_2: \vec{x} = \begin{pmatrix} 1 \\ 2 \\ 5 \end{pmatrix} + r\cdot\begin{pmatrix} 1 \\ 1 \\ 0 \end{pmatrix}$ $\quad g_3: \vec{x} = \begin{pmatrix} -2 \\ 7 \\ 5 \end{pmatrix} + s\cdot\begin{pmatrix} -2 \\ 1 \\ 0 \end{pmatrix}$

5.1.2 Lagebeziehungen zwischen Gerade und Ebene

273 **Einstiegsaufgabe ohne Lösung**

- Geraden, auf denen die beiden Laserstrahlen verlaufen.
  $g: \vec{x} = \begin{pmatrix} 5 \\ 6 \\ 1 \end{pmatrix} + k\cdot\begin{pmatrix} -1 \\ -2 \\ 3 \end{pmatrix}$; $h: \vec{x} = \begin{pmatrix} 0 \\ 7 \\ 10 \end{pmatrix} + t\cdot\begin{pmatrix} 0 \\ 0 \\ 1 \end{pmatrix}$
- Überprüfen, ob eine Gerade mit der Ebene gemeinsame Punkte hat.
  (1) Für einen gemeinsamen Punkt von g und E gilt
  S liegt auf g: $\overrightarrow{OS} = \begin{pmatrix} 5 \\ 6 \\ 1 \end{pmatrix} + k\cdot\begin{pmatrix} -1 \\ -2 \\ 3 \end{pmatrix}$
  S liegt auf E: $\overrightarrow{OS} = \begin{pmatrix} 1 \\ 0 \\ 0 \end{pmatrix} + r\cdot\begin{pmatrix} -1 \\ 6 \\ 0 \end{pmatrix} + s\cdot\begin{pmatrix} 0 \\ 0 \\ 20 \end{pmatrix}$
  Wir erhalten die Vektorgleichung $\begin{pmatrix} 5 \\ 6 \\ 1 \end{pmatrix} + k\cdot\begin{pmatrix} -1 \\ -2 \\ 3 \end{pmatrix} = \begin{pmatrix} 1 \\ 0 \\ 0 \end{pmatrix} + r\cdot\begin{pmatrix} -1 \\ 6 \\ 0 \end{pmatrix} + s\cdot\begin{pmatrix} 0 \\ 0 \\ 20 \end{pmatrix}$,
  die auf das lineare Gleichungssystem $\left|\begin{array}{l} r - k = -4 \\ -6r - 2k = -6 \\ -20s + 3k = -1 \end{array}\right|$
  mit der Lösung $r = -\frac{1}{4}$; $s = \frac{49}{80}$; $k = \frac{15}{4}$ führt.
  Die Gerade g und die Ebene E haben den Punkt $S\left(\frac{5}{4}\middle|-\frac{3}{2}\middle|\frac{49}{4}\right)$ als gemeinsamen Punkt.
  Sie schneiden sich also im Punkt S.
  (2) Entsprechend geht man bei der Untersuchung eines gemeinsamen Punktes von h und E vor. Wir erhalten das Gleichungssystem $\left|\begin{array}{l} -r = -1 \\ 6r = 7 \\ 20s - t = 10 \end{array}\right|$, das keine Lösung besitzt.
  h und E haben keinen gemeinsamen Punkt. h verläuft parallel zu E.

274

1. a) Siehe hierzu die Information auf Seite 274 im Schülerband.

b) Wir prüfen, ob die Gerade g und die Ebene E gemeinsame Punkte haben. Wenn die Gerade und die Ebene gemeinsame Punkte haben, so gibt es Werte r, s und t, die die Vektorgleichung $\begin{pmatrix}1\\-1\\4\end{pmatrix}+t\cdot\begin{pmatrix}2\\1\\-6\end{pmatrix}=\begin{pmatrix}1\\2\\1\end{pmatrix}+r\cdot\begin{pmatrix}1\\2\\-4\end{pmatrix}+s\cdot\begin{pmatrix}0\\-3\\2\end{pmatrix}$ erfüllen, andernfalls nicht.

Durch Umformen ergibt sich $r\cdot\begin{pmatrix}1\\2\\-4\end{pmatrix}+s\cdot\begin{pmatrix}0\\-3\\2\end{pmatrix}-t\cdot\begin{pmatrix}2\\1\\-6\end{pmatrix}=\begin{pmatrix}1\\-1\\4\end{pmatrix}-\begin{pmatrix}1\\2\\1\end{pmatrix}=\begin{pmatrix}0\\-3\\3\end{pmatrix}$.

Umgeschrieben erhält man ein Gleichungssystem für r, s und t

$$\left|\begin{array}{rcl} r-\;2t &=& 0\\ 2r-3s-\;t &=& -3\\ -4r+2s+6t &=& 3\end{array}\right| \Rightarrow \left|\begin{array}{rcl} r-\;2t &=& 0\\ s-\;t &=& 1\\ 0 &=& 1\end{array}\right|$$

Das Gleichungssystem besitzt keine Lösung, da die letzte Zeile eine falsche Aussage ist. Die Gerade und die Ebene haben also keinen Punkt gemeinsam. Die Gerade und die Ebene sind parallel zueinander.

c) (1) Gleichsetzen führt auf Gleichungssystem:

$$\left|\begin{array}{rcl} r-t &=& 1\\ 2r-3s+4t &=& -1\\ -4r+2s &=& -2\end{array}\right| \Rightarrow \left|\begin{array}{rcl} r+\;t &=& 1\\ 6t-3s &=& -3\\ 0 &=& 0\end{array}\right|$$

Das Gleichungssystem hat einen freien Parameter und somit unendlich viele Lösungen ⇒ g liegt in E.

(2) Richtungsvektor von g liegt in E

(Linearkombination der Richtungsvektoren von E): $\begin{pmatrix}1\\-4\\0\end{pmatrix}=\begin{pmatrix}1\\2\\-4\end{pmatrix}+2\cdot\begin{pmatrix}0\\-3\\2\end{pmatrix}$.

Punkt $A(2|1|-1)$ des Stützvektors $\overrightarrow{OA}$ von g liegt in E für $r=1;\ s=1$.

d) Beispiele:

$g_1: \vec{x}=\begin{pmatrix}1\\2\\1\end{pmatrix}+t\cdot\begin{pmatrix}1\\2\\-4\end{pmatrix}$ mit $t\in\mathbb{R}$

$g_2: \vec{x}=\begin{pmatrix}1\\2\\1\end{pmatrix}+t\cdot\begin{pmatrix}0\\-3\\2\end{pmatrix}$ mit $t\in\mathbb{R}$

$g_3: \vec{x}=\begin{pmatrix}2\\4\\-3\end{pmatrix}+t\cdot\begin{pmatrix}1\\-1\\-2\end{pmatrix}$ mit $t\in\mathbb{R}$

275

2. a) (1) $S(-3|8|1)$
(2) keine Lösung, g ∥ E
(3) keine Lösung, g ∥ E
(4) g liegt in E

b) g und E haben den gleichen Stützvektor.
Richtungsvektor von g ist auch Richtungsvektor von E.

3. Ebene $P_1P_2P_3$: $\overrightarrow{OX}=\overrightarrow{OP_1}+r\cdot\overrightarrow{P_1P_2}+s\cdot\overrightarrow{P_1P_3}$

Gerade AB: $\overrightarrow{OX}=\overrightarrow{OA}+t\cdot\overrightarrow{AB}$

$r\cdot\overrightarrow{P_1P_2}+s\cdot\overrightarrow{P_1P_3}-t\cdot\overrightarrow{AB}=\overrightarrow{OA}-\overrightarrow{OP_1}$

Für einen Schnittpunkt müssen wir Parameter r, s und t finden.

$r\cdot\begin{pmatrix}-7\\5\\-3\end{pmatrix}+s\cdot\begin{pmatrix}14\\-10\\-2\end{pmatrix}-t\cdot\begin{pmatrix}-3\\3\\15\end{pmatrix}=\begin{pmatrix}2\\-2\\-14\end{pmatrix}$

$r=1,\ t=\frac{2}{3}$ und $s=\frac{1}{2}$.

$S(-1|3|1)$

275

4. Das Tauchboot taucht auf im Punkt (13|0|0).

5. Der Parameter in der Gleichung der Geraden muss mit einem anderen Buchstaben benannt werden, da bereits ein Parameter in der Ebenengleichung mit dem Buchstaben r benannt ist.

z. B. g: $\vec{x} = \begin{pmatrix} -1 \\ -1 \\ 4 \end{pmatrix} + t \cdot \begin{pmatrix} 2 \\ 3 \\ -3 \end{pmatrix}$

Die führt auf das Gleichungssystem $\begin{vmatrix} -r + 2s - 2t = -1 \\ r - s - 3t = -17 \\ -2r + 3t = 5 \end{vmatrix}$ mit der Lösung $r = 5;\ s = 7;\ t = 5$.

Es ergibt sich als Schnittpunkt S(9|14|−11), der zufälligerweise auch im falschen Ansatz als Lösung gefunden wurde.

6. Für $a = -1$ sind die 3 Richtungsvektoren linear abhängig und somit Ebene und Gerade parallel. Der Stützvektor der Geraden liegt nicht in der Ebene.

276

7. **a)** Z.B.: g: $\vec{x} = \begin{pmatrix} -1 \\ 2 \\ 3 \end{pmatrix} + t \cdot \begin{pmatrix} 12 \\ 13 \\ 2 \end{pmatrix};\ t \in \mathbb{R}$

b) Z.B.: g: $\vec{x} = \begin{pmatrix} -1 \\ 2 \\ 3 \end{pmatrix} + t \cdot \begin{pmatrix} 3 \\ -2 \\ 1 \end{pmatrix};\ t \in \mathbb{R}$ oder g: $\vec{x} = \begin{pmatrix} -1 \\ 2 \\ 3 \end{pmatrix} + t \cdot \begin{pmatrix} 2 \\ -2 \\ 5 \end{pmatrix};\ t \in \mathbb{R}$

c) Z.B.: g: $\vec{x} = \begin{pmatrix} 3 \\ -2 \\ 5 \end{pmatrix} + t \cdot \begin{pmatrix} 2 \\ -2 \\ 5 \end{pmatrix};\ t \in \mathbb{R}$ oder g: $\vec{x} = \begin{pmatrix} 3 \\ -2 \\ 5 \end{pmatrix} + t \cdot \begin{pmatrix} 3 \\ -2 \\ 1 \end{pmatrix};\ t \in \mathbb{R}$

8. **a)** Die Ebene und die beiden Geraden haben den Punkt A(3|1|2) gemeinsam.
Der Richtungsvektor von g_1 stimmt mit dem ersten Richtungsvektor von E überein.
Der Richtungsvektor von g_2 ist ein Vielfaches des zweiten Richtungsvektors von E.

b) z. B. P(5|1|−6)
Wir wählen als Richtungsvektoren der neuen Ebene die Richtungsvektoren von E.

E_1^*: $\vec{x} = \begin{pmatrix} 5 \\ 1 \\ -6 \end{pmatrix} + k \cdot \begin{pmatrix} 1 \\ -1 \\ 2 \end{pmatrix} + l \cdot \begin{pmatrix} 2 \\ 1 \\ 4 \end{pmatrix}$

c) Als Aufpunkt der Ebene E_2 wählen wir den Punkt A(3|1|2), als ersten Richtungsvektor den Richtungsvektor von g_1. Der zweite Richtungsvektor ist der Vektor $\overrightarrow{AP} = \begin{pmatrix} 2 \\ 0 \\ -8 \end{pmatrix}$

E_2: $\vec{x} = \begin{pmatrix} 3 \\ 1 \\ 2 \end{pmatrix} + r \cdot \begin{pmatrix} 1 \\ -1 \\ 2 \end{pmatrix} + s \cdot \begin{pmatrix} 2 \\ 0 \\ -8 \end{pmatrix}$

Skizze

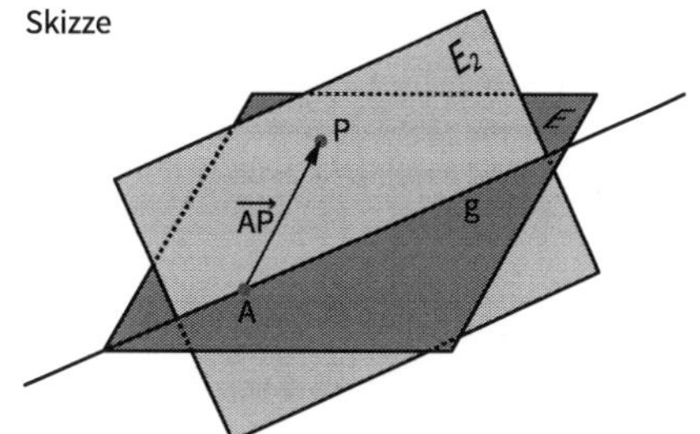

9. **a)** Z.B.: E: $\vec{x} = \begin{pmatrix} 0 \\ 2 \\ 0 \end{pmatrix} + r \cdot \begin{pmatrix} 0 \\ 0 \\ 1 \end{pmatrix} + s \cdot \begin{pmatrix} 1 \\ 0 \\ 0 \end{pmatrix}$

b) Z.B.: E: $\vec{x} = \begin{pmatrix} 1 \\ 0 \\ 0 \end{pmatrix} + r \cdot \begin{pmatrix} 0 \\ 1 \\ 0 \end{pmatrix} + s \cdot \begin{pmatrix} 0 \\ 0 \\ 1 \end{pmatrix}$

276

10. Punkt C erhalten wir aus $\overrightarrow{OC} = \overrightarrow{OA} + \overrightarrow{AB} + \overrightarrow{AD} = \begin{pmatrix} 1 \\ 2 \\ 0 \end{pmatrix} + \begin{pmatrix} 2 \\ 3 \\ 0 \end{pmatrix} + \begin{pmatrix} 0 \\ 2 \\ 6 \end{pmatrix} = \begin{pmatrix} 3 \\ 7 \\ 6 \end{pmatrix}$, also C(3|7|6) oder

$\overrightarrow{OC} = \overrightarrow{OD} + \overrightarrow{AB} = \begin{pmatrix} 1 \\ 4 \\ 6 \end{pmatrix} + \begin{pmatrix} 2 \\ 3 \\ 0 \end{pmatrix} = \begin{pmatrix} 3 \\ 7 \\ 6 \end{pmatrix}$, also C(3|7|6).

Ebene, in der das Parallelogramm liegt: E: $\vec{x} = \begin{pmatrix} 1 \\ 2 \\ 0 \end{pmatrix} + r \cdot \begin{pmatrix} 2 \\ 3 \\ 0 \end{pmatrix} + s \cdot \begin{pmatrix} 0 \\ 2 \\ 6 \end{pmatrix}$

Für die Punkte des Parallelogramms gilt die Einschränkung $0 \le r \le 1$ und $0 \le s \le 1$.

Schnittpunkt von g und E:

Das Gleichungssystem $\begin{vmatrix} 2r - \quad\quad 4t = 1 \\ 3r + 2s - \quad t = -5 \\ 6s + 3t = 5 \end{vmatrix}$ hat die Lösung $r = -\frac{20}{9}$; $s = \frac{109}{72}$; $t = -\frac{49}{36}$

Der Schnittpunkt $S\left(-\frac{31}{9} \middle| -\frac{59}{36} \middle| \frac{109}{12}\right)$ von g und E liegt nicht innerhalb des Parallelogramms.

11. Beispiel:

$E_1: \vec{x} = \begin{pmatrix} 3 \\ 1 \\ -2 \end{pmatrix} + s \cdot \begin{pmatrix} -1 \\ 1 \\ 2 \end{pmatrix} + t \cdot \begin{pmatrix} 1 \\ 0 \\ 0 \end{pmatrix}$ $E_2: \vec{x} = \begin{pmatrix} 1 \\ 1 \\ 3 \end{pmatrix} + s \cdot \begin{pmatrix} 1 \\ 0 \\ 0 \end{pmatrix} + t \cdot \begin{pmatrix} -1 \\ 1 \\ 2 \end{pmatrix}$ $E_3: \vec{x} = \begin{pmatrix} 1 \\ 1 \\ 3 \end{pmatrix} + s \cdot \begin{pmatrix} -1 \\ 1 \\ 2 \end{pmatrix} + t \cdot \begin{pmatrix} 2 \\ 0 \\ -5 \end{pmatrix}$

12. $E_1: \vec{x} = \begin{pmatrix} 0 \\ 4 \\ 7 \end{pmatrix} + r \cdot \begin{pmatrix} 0 \\ 4 \\ -3 \end{pmatrix} + s \cdot \begin{pmatrix} -9 \\ 0 \\ 0 \end{pmatrix}$ $E_2: \vec{x} = \begin{pmatrix} -3 \\ 11 \\ 4 \end{pmatrix} + r \cdot \begin{pmatrix} -3 \\ 0 \\ 2 \end{pmatrix} + s \cdot \begin{pmatrix} 0 \\ -3 \\ 0 \end{pmatrix}$

$E_1: \begin{pmatrix} 0 \\ 3 \\ 4 \end{pmatrix} * \vec{x} = 40$ $E_2: \begin{pmatrix} 2 \\ 0 \\ 3 \end{pmatrix} * \vec{x} = 6$

Ermitteln Durchstoßpunkt S:

$E_1: 3x_2 + 4x_3 = 40$

Einsetzen von $x_1 = -2$; $x_2 = 6 \Rightarrow x_3 = 5{,}5$

$S = (-2|6|5{,}5)$

13. a) B(4|4|0); C(−4|4|0); D(−4|−4|0); E(0|0|16); P(2|−2|8)

b) S(−0,857|−0,857|12,571)

c) Man benötigt lediglich Richtungsvektoren

$\overrightarrow{BE} = \begin{pmatrix} -4 \\ -4 \\ 16 \end{pmatrix}$; $\overrightarrow{QR} = \begin{pmatrix} 4 \\ 2 \\ -8 \end{pmatrix}$

$\cos(\varphi) = \frac{\overrightarrow{BE} * \overrightarrow{QR}}{|\overrightarrow{BE}| \cdot |\overrightarrow{QR}|} = \frac{-152}{24\sqrt{42}} \Rightarrow \varphi \approx 167{,}76°$

Blickpunkt: Die Entstehung der Analytischen Geometrie – Fermat und Descartes

278 **1.** **a)** $\sin(60°) = \frac{2}{y} \Rightarrow y = \frac{2}{\sin(60°)} \approx 2{,}31$

$\tan(60°) = \frac{2}{x^*} \Rightarrow x^* = \frac{2}{\tan(60°)} \approx 1{,}15$

$x = 3 - x^* \approx 1{,}85$

Q hat die Koordinaten $Q(1{,}85\,|\,2{,}31)$.

b) $\sin(\alpha) = \frac{y}{y'} \Rightarrow y' = \frac{y}{\sin(\alpha)}$

$\tan(\alpha) = \frac{y}{x^*} \Rightarrow x^* = \frac{y}{\tan(\alpha)}$

$x' = x - x^* = x - \frac{y}{\tan(\alpha)}$

Der Punkt P hat im Koordinatensystem, das einen spitzen Winkel α einschließt, die Koordinaten $P\left(x - \frac{y}{\tan(\alpha)}\,\middle|\,\frac{y}{\sin(\alpha)}\right)$.

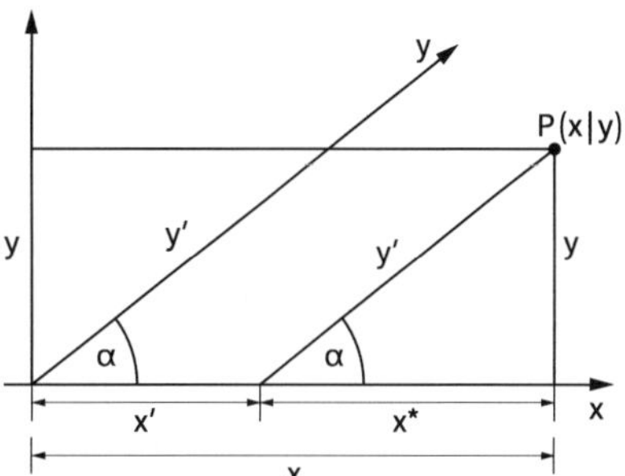

2.
- $4\,472^{12}$ endet auf die Ziffern 4416, $3\,987^{12} + 4\,365^{12}$ endet auf die Ziffern 7106.
- Die Potenz einer geraden Zahl ist immer eine gerade Zahl, die einer ungeraden Zahl wieder eine ungerade Zahl. Deshalb ist $1\,782^{12} + 1\,841^{12}$ ungerade, $1\,922^{12}$ aber gerade.

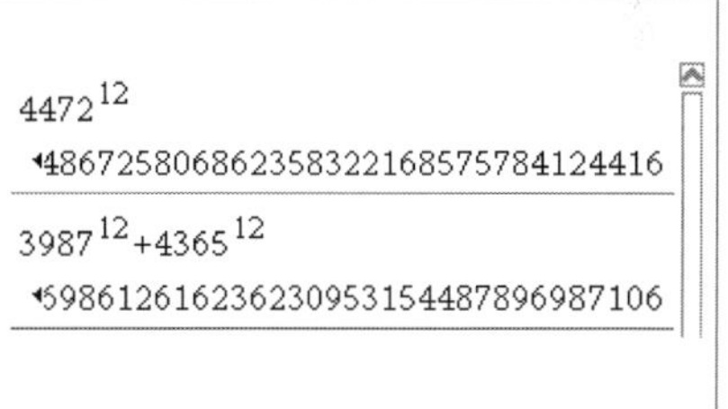

5.2 Normalenvektor einer Ebene

5.2.1 Normalenform und Koordinatenform einer Ebenengleichung

279 **Einstiegsaufgabe ohne Lösung**

- Der Schattenstab liegt auf einer Geraden. Diese ist orthogonal zu allen Geraden der Ebene E.
  Der Richtungsvektor $\vec{n} = \begin{pmatrix} 1 \\ 1 \\ 1 \end{pmatrix}$ ist also orthogonal zu den Richtungsvektoren aller Geraden, die in E liegen.
  Da A und B in E liegen, muss der Vektor $\vec{n}$ orthogonal zum Vektor $\overrightarrow{AB} = \begin{pmatrix} 1 \\ 4 \\ -5 \end{pmatrix}$ sein.
  Wir überprüfen dies:
  $\vec{n} * \overrightarrow{AB} = 1 \cdot 1 + 1 \cdot 4 + 1 \cdot (-5) = 0$
  Entsprechend kann man dies auch für die Punkte C und D untersuchen:
  $\vec{n} * \overrightarrow{AC} = \begin{pmatrix} 1 \\ 1 \\ 1 \end{pmatrix} * \begin{pmatrix} 6 \\ 3 \\ -9 \end{pmatrix} = 1 \cdot 6 + 1 \cdot 3 + 1 \cdot (-9) = 0$
  $\vec{n} * \overrightarrow{AD} = \begin{pmatrix} 1 \\ 1 \\ 1 \end{pmatrix} * \begin{pmatrix} -1 \\ 6 \\ 1 \end{pmatrix} = 1 \cdot (-1) + 1 \cdot 6 + 1 \cdot 1 = 6 \neq 0$
  C liegt in der Ebene E, aber nicht der Punkt D.

279 ■ Ein Punkt $X \neq A$ liegt in der Ebene E, falls $\vec{n} \perp \overrightarrow{AX}$, also falls $\vec{n} * \overrightarrow{AX} = 0$ gilt.
Ist $\vec{n} * \overrightarrow{AX} \neq 0$, liegt X nicht in E.
Beispiele für Punkte, die in E liegen: $P_1(0|0|3)$, $P_2(1|2|0)$, $P_3(-2|8|-3)$

281 **1. a)** ■ Die Ebenen E_1 und E_4 sind parallel zueinander, aber verschieden.
Der Normalenvektor $\overrightarrow{n_4} = \begin{pmatrix} 6 \\ 15 \\ -3 \end{pmatrix}$ ist ein Vielfaches des Normalenvektors $\overrightarrow{n_1}$.
Dividiert man die Gleichung $6x_1 + 15x_2 - 3x_3 = 27$ durch 3, erhält man die Gleichung $2x_1 + 5x_2 - x_3 = 9$, die verschieden von der Koordinatenform von E_1 ist.

■ Die Ebenen E_1 und E_2 sind identisch. Der Normalenvektor $\overrightarrow{n_3}$ ist ein Vielfaches von $\overrightarrow{n_1}$. Dividiert man die Normalenform von E_3 durch (-4), erhält man die Normalenform von E_1.

■ Die Ebenen E_1 und E_2 sind nicht parallel zueinander, da ihre Normalenvektoren keine Vielfache voneinander sind.

b) Zwei Ebenen sind parallel zueinander, wenn ihre Normalenvektoren Vielfache voneinander sind. Geht in diesem Fall die Koordinatenform der einen Ebene durch die Multiplikation mit einer Zahl ungleich null aus der Koordinatenform der anderen Ebene hervor, so sind die Ebenen identisch. Sind die Normalenvektoren keine Vielfachen voneinander, so sind die beiden Ebenen nicht parallel zueinander.
Sie schneiden sich in einer Schnittgeraden.

282 **2. a)** E: $\begin{pmatrix} 3 \\ -1 \\ 2 \end{pmatrix} * \left(\vec{x} - \begin{pmatrix} 3 \\ -5 \\ 2 \end{pmatrix}\right) = 0$, also $3x_1 - x_2 + 2x_3 = 18$
$3 \cdot (-3) - (-27) + 2 \cdot 0 = 18$, Q liegt in E.

b) E: $\begin{pmatrix} 2 \\ 0 \\ -1 \end{pmatrix} * \left(\vec{x} - \begin{pmatrix} -1 \\ -1 \\ 4 \end{pmatrix}\right) = 0$, also $2x_1 - x_3 = -6$
$2 \cdot (-3) - 0 = -6$, Q liegt in E.

c) E: $\begin{pmatrix} 2 \\ 1 \\ -2 \end{pmatrix} * \left(\vec{x} - \begin{pmatrix} 0 \\ 0 \\ 0 \end{pmatrix}\right) = 0$, also $2x_1 + x_2 - 2x_3 = 0$
$2 \cdot (-3) + (-27) - 2 \cdot 0 = -33 \neq 0$, Q liegt nicht in E.

d) E: $\begin{pmatrix} 1 \\ -1 \\ -1 \end{pmatrix} * \left(\vec{x} - \begin{pmatrix} 7 \\ -20 \\ -3 \end{pmatrix}\right) = 0$, also $x_1 - x_2 - x_3 = 30$
$-3 - (-27) - 0 = 24 \neq 30$, Q liegt nicht in E.

e) E: $\begin{pmatrix} 2 \\ 1 \\ 1 \end{pmatrix} * \left(\vec{x} - \begin{pmatrix} 1 \\ 1 \\ -3 \end{pmatrix}\right) = 0$, also $2x_1 + x_2 + x_3 = 0$
$2 \cdot (-3) + (-27) + 0 = -33 \neq 0$, Q liegt nicht in E.

f) E: $\begin{pmatrix} 0 \\ 0 \\ 1 \end{pmatrix} * \left(\vec{x} - \begin{pmatrix} 1 \\ 1 \\ 0 \end{pmatrix}\right) = 0$, also $x_3 = 0$
Q liegt in E.

3. a) E: $2x_1 - 3x_2 + x_3 = 3$ $P_1(1|1|4)$, $P_2(5|-1|-10)$
b) E: $2x_1 - x_2 + x_3 = 5$ $P_1(0|1|6)$, $P_2(-1|4|11)$
c) E: $3x_1 - x_2 + 2x_3 = -15$ $P_1(1|20|1)$, $P_2(0|19|2)$

282

4. a) E: $x_1 - 2x_2 - 3x_3 = 3$

b) E: $x_1 + 3x_2 + 8x_3 = -20$

c) E: $3x_1 - 4x_2 + 5x_3 = 29$

d) E: $x_1 = 7$

e) E: $\vec{x} = \begin{pmatrix} 0 \\ 1 \\ 2 \end{pmatrix} + r \cdot \begin{pmatrix} 2 \\ -1 \\ 2 \end{pmatrix} + s \cdot \begin{pmatrix} 4 \\ 7 \\ -2 \end{pmatrix}$ E: $2x_1 - 2x_2 - 3x_3 = -8$

f) E: $\vec{x} = \begin{pmatrix} 1 \\ -2 \\ 3 \end{pmatrix} + r \cdot \begin{pmatrix} 2 \\ 6 \\ -5 \end{pmatrix} + s \cdot \begin{pmatrix} 2 \\ 6 \\ 2 \end{pmatrix}$ E: $3x_1 - x_2 = 5$

g) E: $\vec{x} = \begin{pmatrix} 4 \\ 0 \\ 2 \end{pmatrix} + r \cdot \begin{pmatrix} 3 \\ -1 \\ -3 \end{pmatrix} + s \cdot \begin{pmatrix} -3 \\ 4 \\ -3 \end{pmatrix}$ E: $5x_1 + 6x_2 + 3x_3 = 26$

h) E: $\vec{x} = \begin{pmatrix} 5 \\ 0 \\ 2 \end{pmatrix} + r \cdot \begin{pmatrix} 3 \\ -1 \\ 4 \end{pmatrix} + s \cdot \begin{pmatrix} -5 \\ -1 \\ -3 \end{pmatrix}$ E: $7x_1 - 11x_2 - 8x_3 = 19$

5. a) E: $\vec{x} = \begin{pmatrix} 0 \\ 1 \\ 2 \end{pmatrix} + r \cdot \begin{pmatrix} 2 \\ -1 \\ 2 \end{pmatrix} + s \cdot \begin{pmatrix} 4 \\ 7 \\ -2 \end{pmatrix}$ E: $2x_1 - 2x_2 - 3x_3 = -8$

F: $\begin{pmatrix} 2 \\ -2 \\ -3 \end{pmatrix} * \left(\vec{x} - \begin{pmatrix} 3 \\ -4 \\ 1 \end{pmatrix}\right) = 0$ F: $2x_1 - 2x_2 - 3x_3 = 11$

b) E: $\vec{x} = \begin{pmatrix} 3 \\ 1 \\ -1 \end{pmatrix} + r \cdot \begin{pmatrix} 1 \\ 0 \\ 2 \end{pmatrix} + s \cdot \begin{pmatrix} -5 \\ -3 \\ 4 \end{pmatrix}$ E: $6x_1 - 14x_2 - 3x_3 = 7$

F: $\begin{pmatrix} 6 \\ -14 \\ -3 \end{pmatrix} * \left(\vec{x} - \begin{pmatrix} 5 \\ -2 \\ 2 \end{pmatrix}\right) = 0$ F: $6x_1 - 14x_2 - 3x_3 = 52$

6. a) $\vec{n_1} = \begin{pmatrix} 6 \\ 3 \\ -9 \end{pmatrix}$, $\vec{n_2} = \begin{pmatrix} -2 \\ -1 \\ 3 \end{pmatrix}$

Es gilt: $\vec{n_1} = -3 \cdot \vec{n_2}$, E_1 und E_2 sind parallel zueinander.

$-2x_1 - x_2 + 3x_3 = -5 \quad | \cdot (-3)$

$6x_1 + 3x_2 - 9x_3 = 15$

E_1 und E_2 sind identisch.

b) $\vec{n_1} = \begin{pmatrix} 3 \\ -12 \\ 6 \end{pmatrix}$, $\vec{n_2} = \begin{pmatrix} -2 \\ 8 \\ -4 \end{pmatrix}$

Es gilt: $\vec{n_1} = -1{,}5 \cdot \vec{n_2}$, E_1 und E_2 sind parallel zueinander.

$-2x_1 + 8x_2 - 4x_3 = -12 \quad | \cdot (-1{,}5)$

$3x_1 - 12x_2 + 6x_3 = 18$

E_1 und E_2 sind parallel zueinander und verschieden.

c) $\vec{n_1} = \begin{pmatrix} 4 \\ 2 \\ 1 \end{pmatrix}$, $\vec{n_2} = \begin{pmatrix} -1 \\ -3 \\ 4 \end{pmatrix}$

Die beiden Normalenvektoren sind keine Vielfachen voneinander. E_1 und E_2 schneiden sich.

d) E_1: $2x_1 + 2x_2 - x_3 = 0$

E_2: $2x_1 + 2x_2 - x_3 = 4$

E_1 und E_2 sind parallel zueinander und verschieden.

283

7. a) Löse $\begin{vmatrix} x_1 + x_2 - x_3 = 1 \\ 4x_1 - x_2 - x_3 = 3 \end{vmatrix} \Rightarrow \begin{vmatrix} x_1 + x_2 - x_3 = 1 \\ -5x_2 + 3x_3 = -1 \end{vmatrix}$

Setze $x_3 = t \Rightarrow x_2 = \frac{1+3t}{5} \Rightarrow x_1 = \frac{4+2t}{5} \Rightarrow \vec{x} = \begin{pmatrix} \frac{4}{5} \\ \frac{1}{5} \\ 0 \end{pmatrix} + t \cdot \begin{pmatrix} \frac{2}{5} \\ \frac{3}{5} \end{pmatrix}$

b) $g: \vec{x} = \begin{pmatrix} -\frac{48}{5} \\ -\frac{12}{5} \\ 0 \end{pmatrix} + t \cdot \begin{pmatrix} 7 \\ -2 \\ -5 \end{pmatrix}$

c) $\begin{vmatrix} 3x_1 - 2x_2 + x_3 = 4 \\ x_1 - 2x_3 = -1 \end{vmatrix}$

Wir setzen $x_3 = t$, also $\begin{vmatrix} 3x_1 - 2x_2 = 4 - t \\ x_1 = -1 + 2t \end{vmatrix}$ mit der Lösung

$x_1 = -1 + 2t;\ x_2 = -\frac{7}{2} + \frac{7}{2}t;\ x_3 = t$

Parameterdarstellung der Schnittgeraden:

$g: \vec{x} = \begin{pmatrix} -1 \\ -\frac{7}{2} \\ 0 \end{pmatrix} + t \cdot \begin{pmatrix} 2 \\ \frac{7}{2} \\ 1 \end{pmatrix}$ bzw. $\vec{x} = \begin{pmatrix} -1 \\ -\frac{7}{2} \\ 0 \end{pmatrix} + r \cdot \begin{pmatrix} 4 \\ 7 \\ 2 \end{pmatrix}$

8. a) $E_1 = E_2;\ E_1 \nparallel E_3;\ E_2 \nparallel E_3$

Schnittgerade s_1 von E_1 bzw. E_2 mit E_3:

Mit $x_1 = t$ erhält man das LGS $\begin{vmatrix} 3x_2 - 9x_3 = 15 - 6t \\ 2x_2 + 6x_3 = 5 - 4t \end{vmatrix}$ mit der Lösung

$x_1 = t;\ x_2 = \frac{15}{4} - 2t;\ x_3 = -\frac{5}{12}$

$s_1: \vec{x} = \begin{pmatrix} 0 \\ \frac{15}{4} \\ -\frac{5}{12} \end{pmatrix} + t \cdot \begin{pmatrix} 1 \\ -2 \\ 0 \end{pmatrix}$

b) $E_1 \nparallel E_2;\ E_1 \parallel E_3;\ E_2 \nparallel E_3$

Schnittgerade s_1 von E_1 mit E_2:

Mit $x_1 = t$ erhält man das LGS $\begin{vmatrix} x_2 = 5 - 2t \\ 2x_2 + x_3 = 10 - 4t \end{vmatrix}$ mit der Lösung

$x_1 = t;\ x_2 = 5 - 2t;\ x_3 = 0$

$s_1: \vec{x} = \begin{pmatrix} 0 \\ 5 \\ 0 \end{pmatrix} + t \cdot \begin{pmatrix} 1 \\ -2 \\ 0 \end{pmatrix}$

Schnittgerade s_2 von E_2 mit E_3:

Mit $x_1 = t$ erhält man das LGS $\begin{vmatrix} 2x_2 = 3 - 4t \\ 2x_2 + x_3 = 10 - 4t \end{vmatrix}$ mit der Lösung

$x_1 = t;\ x_2 = \frac{3}{2} - 2t;\ x_3 = 7$

$s_2: \vec{x} = \begin{pmatrix} 0 \\ \frac{3}{2} \\ 7 \end{pmatrix} + t \cdot \begin{pmatrix} 1 \\ -2 \\ 0 \end{pmatrix}$

c) $E_1 \parallel E_2;\ E_1 \parallel E_3;\ E_2 \parallel E_3$

283

9. a) E(2|1|6), F(5|3|6), G(3|6|6), H(0|4|6)

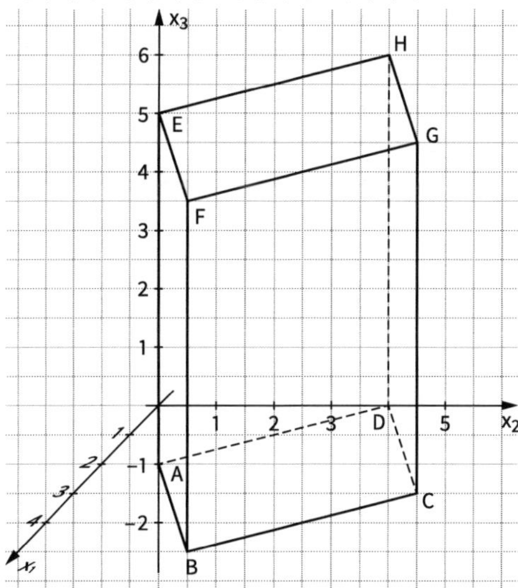

b) Grundfläche: $x_3 = 0$

Deckfläche: $x_3 = 6$

E_{ABFE}: $\vec{x} = \begin{pmatrix} 2 \\ 1 \\ 0 \end{pmatrix} + r \cdot \begin{pmatrix} 3 \\ 2 \\ 0 \end{pmatrix} + s \cdot \begin{pmatrix} 0 \\ 0 \\ 1 \end{pmatrix}$ $\quad 2x_1 - 3x_2 = 1$

$E_{DCGH} \parallel E_{ABFE}$

E_{DCGH}: $\begin{pmatrix} 2 \\ -3 \\ 0 \end{pmatrix} * \left(\vec{x} - \begin{pmatrix} 3 \\ 6 \\ 0 \end{pmatrix}\right) = 0$ $\quad 2x_1 - 3x_2 = -12$

E_{BCGF}: $\vec{x} = \begin{pmatrix} 5 \\ 3 \\ 0 \end{pmatrix} + r \cdot \begin{pmatrix} -2 \\ 3 \\ 0 \end{pmatrix} + s \cdot \begin{pmatrix} 0 \\ 0 \\ 1 \end{pmatrix}$ $\quad 3x_1 + 2x_2 = 21$

$E_{ADHE} \parallel E_{BCGF}$

E_{ADHE}: $\begin{pmatrix} 3 \\ 2 \\ 0 \end{pmatrix} * \left(\vec{x} - \begin{pmatrix} 2 \\ 1 \\ 0 \end{pmatrix}\right) = 0$ $\quad 3x_1 + 2x_2 = 8$

10. a) Beispiel

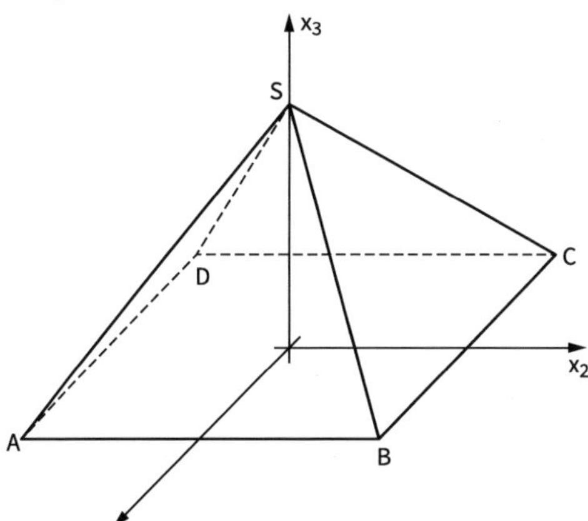

283 **b)** Eckpunkte der Pyramide

A(3|−3|0), B(3|3|0), C(−3|3|0), D(−3|−3|0), S(0|0|4)

E_{ABS}: $\vec{x} = \begin{pmatrix} 3 \\ -3 \\ 0 \end{pmatrix} + r \cdot \begin{pmatrix} 0 \\ 1 \\ 0 \end{pmatrix} + s \cdot \begin{pmatrix} -3 \\ 3 \\ 4 \end{pmatrix}$ $\qquad 4x_1 + 3x_3 = 12$

E_{BCS}: $\vec{x} = \begin{pmatrix} 3 \\ 3 \\ 0 \end{pmatrix} + r \cdot \begin{pmatrix} 1 \\ 0 \\ 0 \end{pmatrix} + s \cdot \begin{pmatrix} -3 \\ -3 \\ 4 \end{pmatrix}$ $\qquad 4x_2 + 3x_3 = 12$

E_{DCS}: $\vec{x} = \begin{pmatrix} -3 \\ 3 \\ 0 \end{pmatrix} + r \cdot \begin{pmatrix} 0 \\ 1 \\ 0 \end{pmatrix} + s \cdot \begin{pmatrix} 3 \\ -3 \\ 4 \end{pmatrix}$ $\qquad -4x_1 + 3x_3 = 12$

E_{DAS}: $\vec{x} = \begin{pmatrix} 3 \\ -3 \\ 0 \end{pmatrix} + r \cdot \begin{pmatrix} 1 \\ 0 \\ 0 \end{pmatrix} + s \cdot \begin{pmatrix} -3 \\ 3 \\ 4 \end{pmatrix}$ $\qquad 4x_2 - 3x_3 = -12$

11. E: $\vec{x} = \begin{pmatrix} -5 \\ -1 \\ 2 \end{pmatrix} + r \cdot \begin{pmatrix} 4 \\ 1 \\ -1 \end{pmatrix} + s \cdot \begin{pmatrix} 6 \\ 18 \\ 6 \end{pmatrix}$

$4x_1 - 5x_2 + 11x_3 = 7$

F: $\vec{x} = \begin{pmatrix} -5 \\ -1 \\ 2 \end{pmatrix} + r \cdot \begin{pmatrix} 4 \\ 1 \\ -1 \end{pmatrix} + s \cdot \begin{pmatrix} 4 \\ -5 \\ 11 \end{pmatrix}$

$x_1 - 8x_2 - 4x_3 = -5$

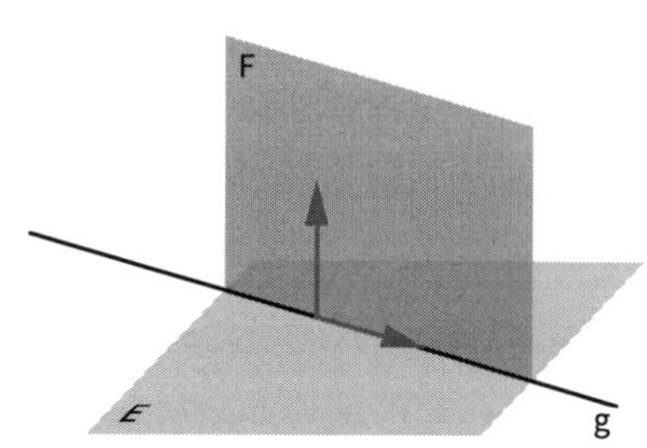

12. a) Beispiel

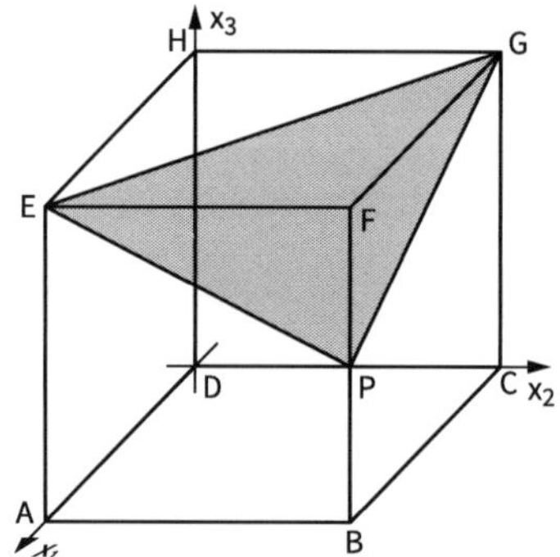

b) E(6|0|6), G(0|6|6), P(6|6|3)

Ebene E: $\vec{x} = \begin{pmatrix} 6 \\ 0 \\ 6 \end{pmatrix} + r \cdot \begin{pmatrix} -6 \\ 6 \\ 0 \end{pmatrix} + s \cdot \begin{pmatrix} 0 \\ 6 \\ -3 \end{pmatrix}$

$x_1 + x_2 + 2x_3 = 18$

283 **c)** $P(6|6|x_3)$

Ebene E: $\vec{x} = \begin{pmatrix} 6 \\ 0 \\ 6 \end{pmatrix} + r \cdot \begin{pmatrix} -6 \\ 6 \\ 0 \end{pmatrix} + s \cdot \begin{pmatrix} 0 \\ 6 \\ x_3 - 6 \end{pmatrix}$

Normalenvektor von E: $\vec{n} = \begin{pmatrix} x_3 - 6 \\ x_3 - 6 \\ -6 \end{pmatrix}$

Gesucht k, sodass $\begin{pmatrix} x_3 - 6 \\ x_3 - 6 \\ -6 \end{pmatrix} = k \cdot \begin{pmatrix} 3 \\ 3 \\ 4 \end{pmatrix}$ also $k = -\frac{3}{2}$ und $x_3 = \frac{3}{2}$

$P\left(6 \middle| 6 \middle| \frac{3}{2}\right)$

$|EG| = \left|\overrightarrow{EG}\right| = \left|\begin{pmatrix} -6 \\ 6 \\ 0 \end{pmatrix}\right| = \sqrt{72}$

Das Dreieck EPG ist gleichschenklig, also $|EP| = |PG| = \left|\overrightarrow{EP}\right| = \left|\begin{pmatrix} 0 \\ 6 \\ -4{,}5 \end{pmatrix}\right| = \frac{15}{2}$

Umfang des Dreiecks EPG:

$u = \sqrt{72} + 2 \cdot \frac{15}{2} = 15 + \sqrt{72} \approx 23{,}5$

5.2.2 Spurpunkte – Lage einer Ebene im Koordinatensystem erkennen

286 **1. a)** $S_1(12|0|0), S_2(0|4|0), S_3(0|0|6)$

g_{12}: $\vec{x} = \begin{pmatrix} 12 \\ 0 \\ 0 \end{pmatrix} + k \cdot \begin{pmatrix} -3 \\ 1 \\ 0 \end{pmatrix}$

g_{13}: $\vec{x} = \begin{pmatrix} 12 \\ 0 \\ 0 \end{pmatrix} + r \cdot \begin{pmatrix} -2 \\ 0 \\ 1 \end{pmatrix}$

g_{23}: $\vec{x} = \begin{pmatrix} 0 \\ 4 \\ 0 \end{pmatrix} + s \cdot \begin{pmatrix} 0 \\ -2 \\ 3 \end{pmatrix}$

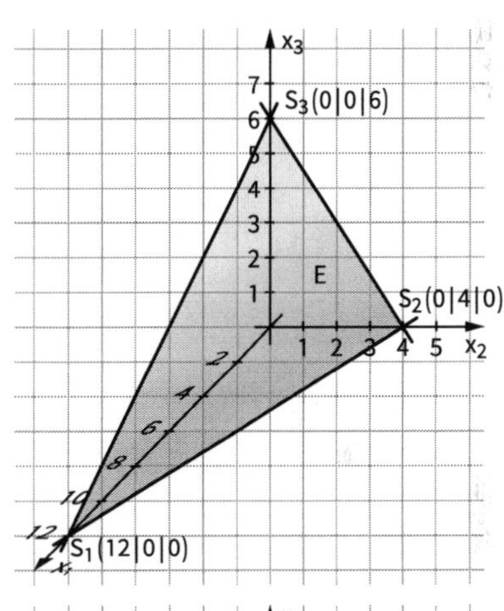

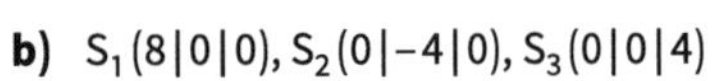

b) $S_1(8|0|0), S_2(0|-4|0), S_3(0|0|4)$

g_{12}: $\vec{x} = \begin{pmatrix} 8 \\ 0 \\ 0 \end{pmatrix} + k \cdot \begin{pmatrix} 2 \\ 1 \\ 0 \end{pmatrix}$

g_{13}: $\vec{x} = \begin{pmatrix} 8 \\ 0 \\ 0 \end{pmatrix} + r \cdot \begin{pmatrix} -2 \\ 0 \\ 1 \end{pmatrix}$

g_{23}: $\vec{x} = \begin{pmatrix} 0 \\ -4 \\ 0 \end{pmatrix} + s \cdot \begin{pmatrix} 0 \\ 1 \\ 1 \end{pmatrix}$

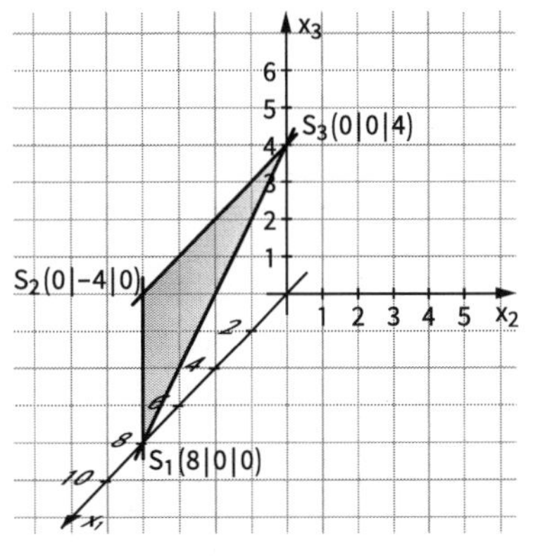

286 **c)** E: $x_1 + 4x_2 - 2x_3 = 8$

$S_1(8|0|0)$, $S_2(0|2|0)$, $S_3(0|0|-4)$

g_{12}: $\vec{x} = \begin{pmatrix} 8 \\ 0 \\ 0 \end{pmatrix} + k \cdot \begin{pmatrix} 4 \\ -1 \\ 0 \end{pmatrix}$

g_{13}: $\vec{x} = \begin{pmatrix} 8 \\ 0 \\ 0 \end{pmatrix} + r \cdot \begin{pmatrix} 2 \\ 0 \\ 1 \end{pmatrix}$

g_{23}: $\vec{x} = \begin{pmatrix} 0 \\ 2 \\ 0 \end{pmatrix} + s \cdot \begin{pmatrix} 0 \\ 1 \\ 2 \end{pmatrix}$

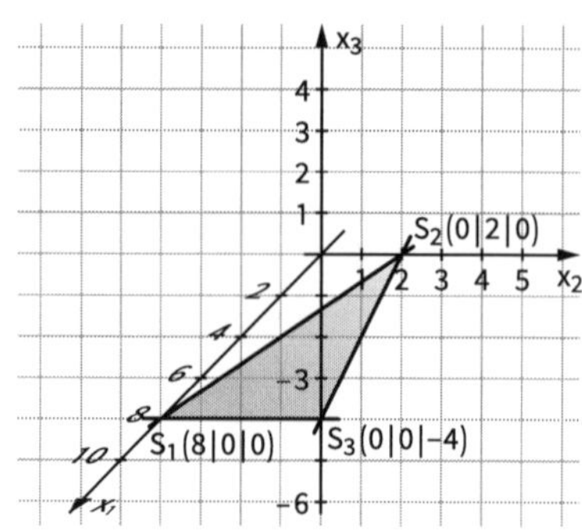

2. a) E: $\frac{x_1}{2} + \frac{x_2}{3} + \frac{x_3}{4} = 1 \Leftrightarrow$ E: $6x_1 + 4x_2 + 3x_3 = 12$

b) E: $x_1 + \frac{x_2}{3} - \frac{x_3}{4} = 1 \Leftrightarrow$ E: $12x_1 + 4x_2 - 3x_3 = 12$

c) E: $-\frac{x_1}{2} + \frac{x_2}{5} + \frac{x_3}{2} = 1 \Leftrightarrow$ E: $-5x_1 + 2x_2 + 5x_3 = 10$

287 **3. a)** S_1: $x_2 = 0$ und $x_3 = 0$ für $r = 0$; $t = 3$,
also $S_1(6|0|0)$;
$S_2(0|3|0)$
S_3: $x_1 = 0$ und $x_2 = 0$ für $r = -1$; $t = 0$,
also $S_3(0|0|-4)$

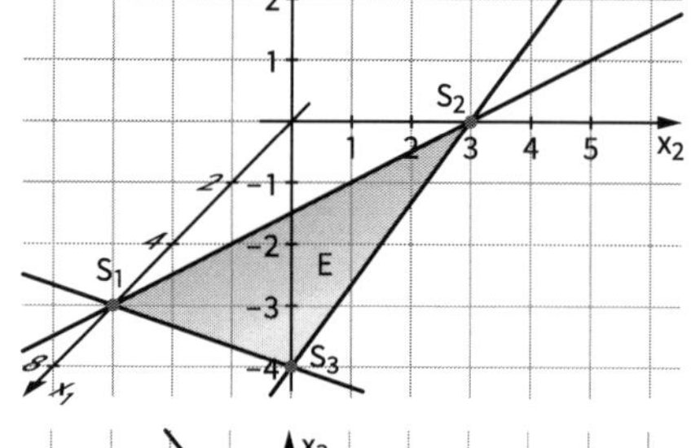

b) $S_1(4|0|0)$; $S_2(0|5|0)$; $S_3(0|0|6)$

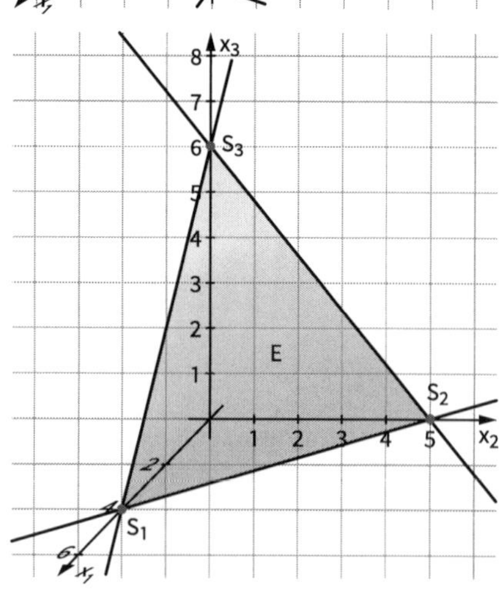

287

4. a)
- $E: \frac{x_1}{12} + \frac{3x_2}{12} + \frac{2x_3}{12} = 1$ bzw. $E: \frac{x_1}{12} + \frac{x_2}{4} + \frac{x_3}{6} = 1$
  $S_1(12|0|0), S_2(0|4|0), S_3(0|0|6)$ Abbildung siehe Aufgabe 1. a)
- $E: \frac{x_1}{8} - \frac{2x_2}{8} + \frac{2x_3}{8} = 1$ bzw. $E: \frac{x_1}{8} - \frac{x_2}{4} + \frac{x_3}{4} = 1$
  $S_1(8|0|0), S_2(0|-4|0), S_3(0|0|4)$ Abbildung siehe Aufgabe 1. b)
- $E: \frac{1}{4}x_1 + x_2 - \frac{1}{2}x_3 = 2$ bzw. $E: \frac{x_1}{8} + \frac{x_2}{2} - \frac{x_3}{4} = 1$
  $S_1(8|0|0), S_2(0|2|0), S_3(0|0|-4)$ Abbildung siehe Aufgabe 1. c)

b) $E: \frac{x_1}{a_1} + \frac{x_2}{a_2} + \frac{x_3}{a_3} = 1$
Spurpunkt mit der x_1-Achse: $x_2 = x_3 = 0$, also $\frac{x_1}{a_1} = 1$ bzw. $x_1 = a_1$, $S_1(a_1|0|0)$
Spurpunkt mit der x_2-Achse: $\frac{x_2}{a_2} = 1$, also $x_2 = a_2$, $S_2(0|a_2|0)$
Spurpunkt mit der x_3-Achse: $\frac{x_3}{a_3} = 1$, also $x_3 = a_3$, $S_3(0|0|a_3)$

c) Achsenabschnittsformen gibt es auch in diesen Fällen.
- Die Ebene $E_1: \frac{x_1}{8} + \frac{x_3}{4} = 1$ hat die Spurpunkte $S_1(8|0|0)$ und $S_3(0|0|4)$, aber keinen Spurpunkt mit der x_2-Achse.
- Die Ebene $E_2: \frac{x_2}{6} = 1$ hat den Spurpunkt $S_2(0|6|0)$, aber keinen Spurpunkt mit der x_1-Achse und mit der x_3-Achse.

5. a) Ebene E_1: $S_1(6|0|0), S_3(0|0|5)$
E_1 ist parallel zur x_2-Achse.

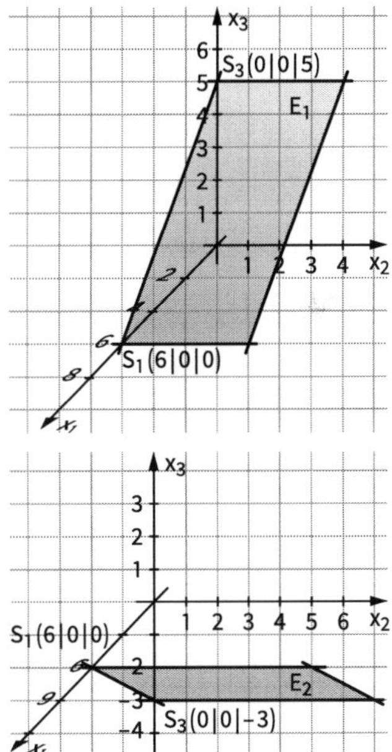

Ebene E_2: $S_1(6|0|0), S_3(0|0|-3)$
E_2 ist parallel zur x_2-Achse.
Um die Ebene E_2 so darstellen zu können, dass man ihre Lage im Koordinatensystem erkennen kann, muss man für das Koordinatensystem eine andere Darstellung als üblich wählen. Im Schrägbild rechts wurde als Einheit auf der x_1-Achse $\sqrt{3} \approx 1{,}7$ gewählt.

287 Ebene E_3: $S_3(0|0|5)$
E_3 ist parallel zur x_1-Achse und zur x_2-Achse und damit auch zur x_1x_2-Ebene.

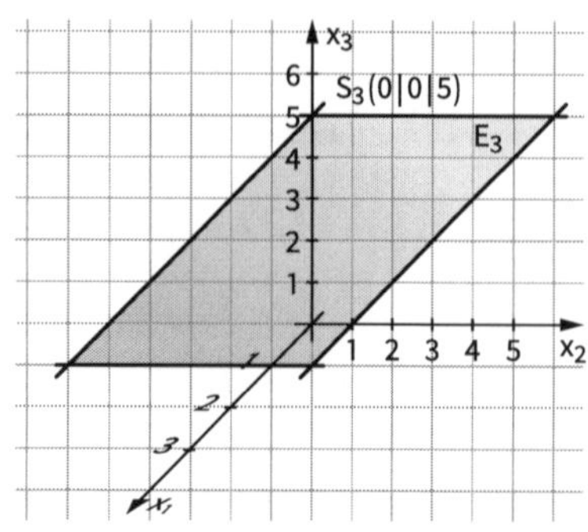

b) Ebene E_1: $g_{13}: \vec{x} = \begin{pmatrix} 6 \\ 0 \\ 0 \end{pmatrix} + k \cdot \begin{pmatrix} -6 \\ 0 \\ 5 \end{pmatrix}$ $\quad g_{12}: \vec{x} = \begin{pmatrix} 6 \\ 0 \\ 0 \end{pmatrix} + r \cdot \begin{pmatrix} 0 \\ 1 \\ 0 \end{pmatrix}$ $\quad g_{23}: \vec{x} = \begin{pmatrix} 0 \\ 0 \\ 5 \end{pmatrix} + s \cdot \begin{pmatrix} 0 \\ 1 \\ 0 \end{pmatrix}$

Ebene E_2: $g_{13}: \vec{x} = \begin{pmatrix} 6 \\ 0 \\ 0 \end{pmatrix} + k \cdot \begin{pmatrix} 2 \\ 0 \\ 1 \end{pmatrix}$ $\quad g_{12}: \vec{x} = \begin{pmatrix} 6 \\ 0 \\ 0 \end{pmatrix} + r \cdot \begin{pmatrix} 0 \\ 1 \\ 0 \end{pmatrix}$ $\quad g_{23}: \vec{x} = \begin{pmatrix} 0 \\ 0 \\ -3 \end{pmatrix} + s \cdot \begin{pmatrix} 0 \\ 1 \\ 0 \end{pmatrix}$

Ebene E_3: $g_{13}: \vec{x} = \begin{pmatrix} 0 \\ 0 \\ 5 \end{pmatrix} + r \cdot \begin{pmatrix} 1 \\ 0 \\ 0 \end{pmatrix}$ $\quad g_{23}: \vec{x} = \begin{pmatrix} 0 \\ 0 \\ 5 \end{pmatrix} + s \cdot \begin{pmatrix} 0 \\ 1 \\ 0 \end{pmatrix}$
Keine Spurgerade mit der x_1x_2-Ebene

6. a) $E: \frac{x_2}{3} + \frac{x_3}{4} = 1 \Leftrightarrow E: 4x_2 + 3x_2 = 12$
b) $E: \frac{x_1}{3} = 1 \Leftrightarrow x_1 = 3$
c) $E: x_1 + \frac{x_2}{3} = 1 \Leftrightarrow 3x_1 + x_2 = 3$
d) $E: \frac{x_1}{2} + \frac{x_3}{4} = 1 \Leftrightarrow 2x_1 + x_3 = 4$

5.2.3 Lagebeziehungen zwischen Gerade und Ebene mithilfe von Normalenvektoren untersuchen

288 **Einstiegsaufgabe ohne Lösung**

- Die Gerade schneidet die Ebene in einem Punkt. Beispiel: $g: \vec{x} = \begin{pmatrix} 1 \\ -2 \\ 2 \end{pmatrix} + k \cdot \begin{pmatrix} 1 \\ 0 \\ 1 \end{pmatrix}$
- Die Gerade verläuft parallel zur Ebene, liegt aber nicht in ihr. Beispiel: $h: \vec{x} = \begin{pmatrix} 1 \\ 4 \\ 2 \end{pmatrix} + r \cdot \begin{pmatrix} 1 \\ 0 \\ -1 \end{pmatrix}$
- Die Gerade liegt in der Ebene. Beispiel: $i: \vec{x} = \begin{pmatrix} 1 \\ -2 \\ 2 \end{pmatrix} + s \cdot \begin{pmatrix} 1 \\ 0 \\ -1 \end{pmatrix}$
- Sind der Normalenvektor der Ebene und der Richtungsvektor der Gerade orthogonal zueinander, ist die Gerade parallel zur Ebene. Andernfalls schneidet die Gerade die Ebene. Sind Gerade und Ebene parallel zu einander, so muss man prüfen, ob ein Punkt der Geraden in der Ebene liegt. Ist dies der Fall, so liegt die Gerade in der Ebene.

289 **1. a)** g ist parallel zu E.
b) g schneidet E in $S(-3|8|1)$.
c) g liegt ganz in E.
d) g schneidet E in $S\left(4\left|-\frac{7}{2}\right|-\frac{1}{2}\right)$

289

1. e) g: $\vec{x} = \begin{pmatrix} 3 \\ -2 \\ -1 \end{pmatrix} + k \cdot \begin{pmatrix} 1 \\ 1 \\ -2 \end{pmatrix}$; $\vec{n} * \vec{u} = \begin{pmatrix} 1 \\ -1 \\ 1 \end{pmatrix} * \begin{pmatrix} 1 \\ 1 \\ -2 \end{pmatrix} = -2 \neq 0$; g schneidet E.

f) E: $x_1 - 3x_2 - x_3 = 4$; $\vec{n} * \vec{u} = \begin{pmatrix} 1 \\ -3 \\ -1 \end{pmatrix} * \begin{pmatrix} 1 \\ 0 \\ 1 \end{pmatrix} = 0$; g und E sind parallel zueinander.

Punktprobe: liegt P(−1|−2|4) in E?

$-1 - 3 \cdot (-2) - 4 = 4$

$1 = 4$ falsch

g ist parallel zu E, liegt aber nicht in E.

290

2. a) S(4|8|−6) **b)** $S\left(-\frac{13}{8}\middle|-\frac{1}{4}\middle|-\frac{23}{8}\right)$ **c)** S(5|−10|−2) **d)** S(4|−1|−3)

3. (1) **a)** Normalenvektor von E: $\vec{n} = \begin{pmatrix} 1 \\ 2 \\ 3 \end{pmatrix}$; Richtungsvektor von g: $\vec{u} = \begin{pmatrix} 1 \\ 2 \\ 3 \end{pmatrix}$

$\Rightarrow \vec{n} = \vec{u}$

Die Ebene steht senkrecht auf der Geraden.

b) Neuer Richtungsvektor z. B. $\vec{u_2} = \begin{pmatrix} -2 \\ 1 \\ 0 \end{pmatrix}$, sodass $\vec{u_2} * \vec{n} = 0$

$\Rightarrow g_2: \vec{x} = \begin{pmatrix} 2 \\ 9 \\ -4 \end{pmatrix} + s \begin{pmatrix} -2 \\ 1 \\ 0 \end{pmatrix}$

(2) **a)** Normalenvektor von E: $\vec{n} = \begin{pmatrix} 0 \\ 2 \\ -3 \end{pmatrix}$

Richtungsvektor von g: $\vec{u} = \begin{pmatrix} 1 \\ 3 \\ 2 \end{pmatrix}$

$\Rightarrow \vec{n} * \vec{u} = 0$

Prüfe, ob der Punkt (3|5|2) in E liegt: $10 - 6 = 4 \Rightarrow$ g liegt in E

b) g liegt bereits in E.

4. a) Z. B. g: $\vec{x} = \begin{pmatrix} 1 \\ -2 \\ 4 \end{pmatrix} + t \cdot \begin{pmatrix} 1 \\ 1 \\ 1 \end{pmatrix}$

Für den Richtungsvektor $\vec{u}$ muss gelten: $\vec{u} * \begin{pmatrix} -2 \\ 5 \\ -1 \end{pmatrix} \neq 0$.

b) Z. B. g: $\vec{x} = \begin{pmatrix} 1 \\ 1 \\ 1 \end{pmatrix} + t \cdot \begin{pmatrix} 5 \\ 2 \\ 0 \end{pmatrix}$

Für den Richtungsvektor $\vec{u}$ muss gelten: $\vec{u} * \begin{pmatrix} -2 \\ 5 \\ -1 \end{pmatrix} = 0$ und der Punkt A darf nicht in der Ebene liegen.

c) Z. B. g: $\vec{x} = \begin{pmatrix} 0 \\ 2 \\ 0 \end{pmatrix} + t \cdot \begin{pmatrix} 0 \\ 1 \\ 5 \end{pmatrix}$

Für den Richtungsvektor $\vec{u}$ muss gelten: $\vec{u} * \begin{pmatrix} -2 \\ 5 \\ -1 \end{pmatrix} = 0$ und der Punkt A muss in der Ebene liegen.

5. a)
- Hat die Gleichung genau eine Lösung für k, so haben g und E einen Punkt gemeinsam. g schneidet E.
- Hat die Gleichung unendlich viele Lösungen, so liegt g in E.
- Hat die Gleichung keine Lösung, so haben g und E keinen gemeinsamen Punkt. g ist parallel zu E, liegt aber nicht in E.

$2 \cdot (3 + k) - 4 \cdot (1 - k) - 1 + 2k = 9$

$8k + 1 = 9$

$k = 1$

S(4|0|1)

g schneidet E im Punkt S(4|0|1).

290

b) $2\cdot(-5+3r)-4\cdot(-2+2r)+11+2r=9$

$0\cdot r+9=9$

Die Gleichung hat unendlich viele Lösungen. g liegt in E.

6. S(4|2|3)

7. **a)** $\vec{n}=\begin{pmatrix}2\\0\\-1\end{pmatrix}$; P liegt nicht in E.

(1) Beispiel: $g:\vec{x}=\begin{pmatrix}4\\2\\-1\end{pmatrix}+k\cdot\begin{pmatrix}1\\0\\2\end{pmatrix}$, da $\vec{n}*\vec{u}=\begin{pmatrix}2\\0\\-1\end{pmatrix}*\begin{pmatrix}1\\0\\2\end{pmatrix}=0$

(2) $h:\vec{x}=\begin{pmatrix}4\\2\\-1\end{pmatrix}+r\cdot\begin{pmatrix}2\\0\\-1\end{pmatrix}$

b) Diese Geraden liegen in einer Ebene, die parallel zu E ist und die den Punkt P enthält.

291

8. **a)** $\begin{pmatrix}-1\\3\\2\end{pmatrix}$ und $\begin{pmatrix}4\\2\\-1\end{pmatrix}$ sind keine Vielfachen voneinander.

Somit sind g und h nicht parallel zueinander.

Überprüfen, ob g und h einen gemeinsamen Punkt besitzen.

$\left|\begin{array}{rl}2-r= & 6+4s\\ -4+3r= & 4+2s\\ 5+2r= & -2-s\end{array}\right|$, also $\left|\begin{array}{rl}-r-4s= & 4\\ 3r-2s= & 8\\ 2r+s= & -7\end{array}\right|$

Dieses Gleichungssystem hat keine Lösung. g und h sind windschief zueinander.

b) $E:\vec{x}=\begin{pmatrix}2\\-4\\5\end{pmatrix}+r\cdot\begin{pmatrix}-1\\3\\2\end{pmatrix}+s\cdot\begin{pmatrix}4\\2\\-1\end{pmatrix}$ $\quad$ $E: x_1-x_2+2x_3=16$

9. **a)** A(6|0|0), C(0|6|0), P(3|0|6), Q(0|3|6)

$E:\vec{x}=\begin{pmatrix}6\\0\\0\end{pmatrix}+r\cdot\begin{pmatrix}-1\\1\\0\end{pmatrix}+s\cdot\begin{pmatrix}-1\\0\\2\end{pmatrix}$ $\quad$ $E: 2x_1+2x_2+x_3=12$

b) M(3|3|6), B(6|6|0)

$g:\vec{x}=\begin{pmatrix}3\\3\\6\end{pmatrix}+k\cdot\begin{pmatrix}1\\1\\-2\end{pmatrix}$ $\quad$ $\vec{n}*\vec{u}=\begin{pmatrix}2\\2\\1\end{pmatrix}*\begin{pmatrix}1\\1\\-2\end{pmatrix}=2\neq 0$

g ist nicht parallel zu E.

$2\cdot(3+k)+2\cdot(3+k)+6-2k=12$

$18+2k=12$, also $k=-3$

S(0|0|12)

291

10. A(4|0|0), B(4|4|0), C(0|4|0), T(2|2|8)

Gerade durch A und T: $g_1: \vec{x} = \begin{pmatrix} 4 \\ 0 \\ 0 \end{pmatrix} + k \cdot \begin{pmatrix} -1 \\ 1 \\ 4 \end{pmatrix}$; $x_3 = 4k = 2$, also $k = \frac{1}{2}$; P(3,5|0,5|2)

Gerade durch B und T: $g_2: \vec{x} = \begin{pmatrix} 4 \\ 4 \\ 0 \end{pmatrix} + r \cdot \begin{pmatrix} -1 \\ -1 \\ 4 \end{pmatrix}$; $x_3 = 4r = 4$, also $r = 1$; Q(3|3|4)

Gerade durch C und T: $g_3: \vec{x} = \begin{pmatrix} 0 \\ 4 \\ 0 \end{pmatrix} + s \cdot \begin{pmatrix} 1 \\ -1 \\ 4 \end{pmatrix}$; $x_3 = 4s = 4$, also $s = 1$; R(1|3|4)

$E: \vec{x} = \begin{pmatrix} 3 \\ 3 \\ 4 \end{pmatrix} + r \cdot \begin{pmatrix} 1 \\ -5 \\ -4 \end{pmatrix} + s \cdot \begin{pmatrix} -1 \\ 0 \\ 0 \end{pmatrix}$

$E: 4x_2 - 5x_3 = -8$

Gerade durch D und T: $g_4: \vec{x} = k \cdot \begin{pmatrix} 1 \\ 1 \\ 4 \end{pmatrix}$

Schnitt von g_4 mit E:

$4 \cdot k - 5 \cdot 4k = -8$

$-16k = -8$, also $k = \frac{1}{2}$

S(0,5|0,5|2)

11. a) $\vec{n} * \vec{u_t} = \begin{pmatrix} 2 \\ 0 \\ 1 \end{pmatrix} * \begin{pmatrix} 1+t \\ 1-t \\ 2t \end{pmatrix} = 2(1+t) + 2t = 4t + 2$;

g_t ist parallel zu E, falls $\vec{n} * \vec{u_t} = 0$, also für $t = -\frac{1}{2}$

Punktprobe: liegt P(2|1|1) in E?

$2 \cdot 2 + 1 - 3 = 0$

$2 = 0$

$g_{-\frac{1}{2}}$ liegt nicht in E, ist aber parallel zu E.

b) g_t ist orthogonal zu E_1 falls es einen Wert k und einen Wert t gibt, sodass gilt:

$\begin{pmatrix} 1+t \\ 1-t \\ 2t \end{pmatrix} = k \cdot \begin{pmatrix} 2 \\ 0 \\ 1 \end{pmatrix}$

Das LGS $\left| \begin{array}{l} t - 2k = -1 \\ -t \quad = -1 \\ 2t - k = 0 \end{array} \right|$ hat keine Lösung.

Keine Gerade der Schar ist orthogonal zu E.

12. Normalenvektor von E: $\vec{n} = \begin{pmatrix} 1 \\ 1 \\ -3 \end{pmatrix}$; Richtungsvektor von g: $\vec{u} = \begin{pmatrix} 0 \\ -3 \\ a \end{pmatrix}$

Es muss gelten: $\vec{n} * \vec{u} = -3 - 3a = 0 \Leftrightarrow a = -1$

13. a) $\vec{n} * \vec{u_t} = \begin{pmatrix} 1 \\ 1 \\ 1 \end{pmatrix} * \begin{pmatrix} 3t \\ -3t \\ 8 \end{pmatrix} = 3t - 3t + 8 \neq 0$ für alle $t \in \mathbb{R}$.

Es gibt keine Geraden der Schar, die parallel zu E ist.

$\begin{pmatrix} 3t \\ -3t \\ 8 \end{pmatrix} = k \cdot \begin{pmatrix} 1 \\ 1 \\ 1 \end{pmatrix}$

Diese Gleichung hat keine Lösung. Es gibt keine Gerade der Schar, die orthogonal zu E ist.

291 **b)** Schnittpunkt von g_t und E:

$$1+3\cdot k\cdot t-3\cdot k\cdot t-1+8k-8=0$$
$$8k-8=0$$
$$k=1$$

$S_t(1+3t\,|-3t\,|\,7)$

Abstand von S_t zum Ursprung:

$d(t)=\left|\overrightarrow{OS_t}\right|=\sqrt{(1+3t)^2+(-3t)^2+7^2}=\sqrt{18t^2+6t+50}$

Die Funktion hat ein Minimum an der Stelle, an der die Funktion D mit $D(t)=18t^2+6t+50$ ein Minimum hat. Dies ist die Stelle $t=-\frac{1}{6}$.

Der Punkt $S_{-\frac{1}{6}}\left(\frac{1}{2}\middle|\frac{1}{2}\middle|7\right)$ hat die geringste Entfernung vom Ursprung.

5.3 Winkel zwischen Geraden und Ebenen

5.3.1 Winkel zwischen einer Geraden und einer Ebene

292 **Einstiegsaufgabe ohne Lösung**

- Man kann sich dies an einem konkreten Beispiel klar machen, indem man die Parameterdarstellung einer Geraden und einer Ebene vorgibt und die Winkel bestimmt:
  Beispiel: $E: \vec{x}=\begin{pmatrix}3\\2\\1\end{pmatrix}+r\cdot\begin{pmatrix}3\\4\\0\end{pmatrix}+t\cdot\begin{pmatrix}0\\0\\1\end{pmatrix};\ g: \vec{x}=\begin{pmatrix}3\\2\\1\end{pmatrix}+k\cdot\begin{pmatrix}1\\0\\0\end{pmatrix}$
  Richtungsvektoren der Ebene: $\vec{u}=\begin{pmatrix}3\\4\\0\end{pmatrix},\ \vec{v}=\begin{pmatrix}0\\0\\1\end{pmatrix};\ |\vec{u}|=5,\ |\vec{v}|=1$
  Richtungsvektor der Geraden: $\vec{w}=\begin{pmatrix}1\\0\\0\end{pmatrix},\ |\vec{w}|=1$
  Winkel zwischen $\vec{w}$ und $\vec{u}$ berechnen: $\cos\varphi=\frac{\vec{u}*\vec{w}}{|\vec{u}|\cdot|\vec{w}|}=\frac{3}{5};\ \varphi\approx 53°$
  Winkel zwischen $\vec{w}$ und $\vec{v}$ berechnen:
  $\cos\varphi=0;\ \varphi=90°$. Die Winkel sind verschieden.
- Wenn man ein Buch auf den Tisch legt und auf das Buch einen Stift in schräger Position stellt und dann versucht, den Winkel zwischen dem Buch und dem Stift mit einem Geodreieck zu messen, wird man das Geodreieck so halten, dass es orthogonal zum Buch steht und dass der Stift dabei so auf der Dreiecksfläche liegt, als ob er in der Ebene des Geodreiecks liegt. Legt man das Dreieck anders an, z. B. mit der unteren Kante auf dem Buch an einen anderen Richtungsvektor, sodass der Stift in der Ebene des Dreiecks bleibt, steht das Dreieck nicht mehr orthogonal auf dem Buch und der gemessene Winkel wird größer.
- Siehe dazu Lösung b) im Schülerband auf Seite 293.

293 **1. a)** $\vec{n}*\vec{u}=\begin{pmatrix}1\\0\\2\end{pmatrix}*\begin{pmatrix}-2\\5\\8\end{pmatrix}=14\neq 0$ g und E schneiden sich.

$$\sin(\varphi)=\frac{\left|\begin{pmatrix}1\\0\\2\end{pmatrix}*\begin{pmatrix}-2\\5\\8\end{pmatrix}\right|}{\left|\begin{pmatrix}1\\0\\2\end{pmatrix}\right|\cdot\left|\begin{pmatrix}-2\\5\\8\end{pmatrix}\right|}=\frac{14}{\sqrt{5}\cdot\sqrt{93}}$$ also: $\varphi\approx 40{,}5°$

293

b) $\vec{n} * \vec{u} = \begin{pmatrix} 5 \\ 1 \\ 3 \end{pmatrix} * \begin{pmatrix} 0 \\ -2 \\ 1 \end{pmatrix} = 1 \neq 0$ g und E schneiden sich.

$\sin(\varphi) = \frac{\left|\begin{pmatrix} 5 \\ 1 \\ 3 \end{pmatrix} * \begin{pmatrix} 0 \\ -2 \\ 1 \end{pmatrix}\right|}{\left|\begin{pmatrix} 5 \\ 1 \\ 3 \end{pmatrix}\right| \cdot \left|\begin{pmatrix} 0 \\ -2 \\ 1 \end{pmatrix}\right|} = \frac{1}{\sqrt{35} \cdot \sqrt{5}}$ also: $\varphi \approx 4{,}3°$

c) $\vec{n} * \vec{u} = \begin{pmatrix} 3 \\ 2 \\ 1 \end{pmatrix} * \begin{pmatrix} 0 \\ -1 \\ 0 \end{pmatrix} = -2 \neq 0$ g und E schneiden sich.

$\sin(\varphi) = \frac{\left|\begin{pmatrix} 3 \\ 2 \\ 1 \end{pmatrix} * \begin{pmatrix} 0 \\ -1 \\ 0 \end{pmatrix}\right|}{\left|\begin{pmatrix} 3 \\ 2 \\ 1 \end{pmatrix}\right| \cdot \left|\begin{pmatrix} 0 \\ -1 \\ 0 \end{pmatrix}\right|} = \frac{2}{\sqrt{14}}$ also: $\varphi \approx 32{,}3°$

294

2. a) g liegt auf E

b) g liegt auf E

c) E: $x_1 + 2x_2 - 3x_3 = -28$ $S\left(-\frac{4}{7}\middle|-\frac{36}{7}\middle|\frac{40}{7}\right)$, $\varphi \approx 90°$

Projektion besteht nur aus S.

d) E: $\vec{x} = \begin{pmatrix} 1 \\ -1 \\ 3 \end{pmatrix} + r \cdot \begin{pmatrix} 1 \\ 2 \\ 1 \end{pmatrix} + s \cdot \begin{pmatrix} 2 \\ 1 \\ 3 \end{pmatrix}$

$5x_1 - x_2 - 3x_3 = -3$

Schnittpunkt S(2|1|4)

Projektion des Punktes A(−1|0|6) auf E:

Lotgerade durch A zu E: l: $\vec{x} = \begin{pmatrix} -1 \\ 0 \\ 6 \end{pmatrix} + k \cdot \begin{pmatrix} 5 \\ -1 \\ -3 \end{pmatrix}$

Schnittpunkt von l mit E: $A'\left(\frac{13}{7}\middle|-\frac{4}{7}\middle|\frac{30}{7}\right)$

Projektionsgerade g': g': $\vec{x} = \begin{pmatrix} 2 \\ 1 \\ 4 \end{pmatrix} + r \cdot \begin{pmatrix} -1 \\ -11 \\ 2 \end{pmatrix}$

3. a) Spurpunkte: $S_1\left(\frac{2}{3}\middle|0\middle|0\right)$, $S_2(0|-1|0)$, $S_3(0|0|2)$

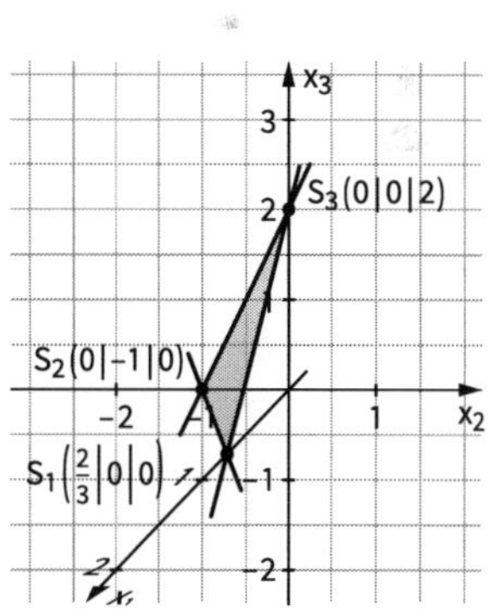

Winkel zwischen E und der x_1-Achse:

$\sin(\alpha) = \frac{\left|\begin{pmatrix} 1 \\ 0 \\ 0 \end{pmatrix} * \begin{pmatrix} 3 \\ -2 \\ 1 \end{pmatrix}\right|}{\left|\begin{pmatrix} 1 \\ 0 \\ 0 \end{pmatrix}\right| \cdot \left|\begin{pmatrix} 3 \\ -2 \\ 1 \end{pmatrix}\right|} = \frac{3}{\sqrt{14}}$, $\alpha \approx 53{,}3°$

Winkel zwischen E und der x_2-Achse:

$\sin(\beta) = \frac{\left|\begin{pmatrix} 0 \\ 1 \\ 0 \end{pmatrix} * \begin{pmatrix} 3 \\ -2 \\ 1 \end{pmatrix}\right|}{\left|\begin{pmatrix} 0 \\ 1 \\ 0 \end{pmatrix}\right| \cdot \left|\begin{pmatrix} 3 \\ -2 \\ 1 \end{pmatrix}\right|} = \frac{2}{\sqrt{14}}$, $\beta \approx 32{,}3°$

Winkel zwischen E und der x_3-Achse:

$\sin(\gamma) = \frac{\left|\begin{pmatrix} 0 \\ 0 \\ 1 \end{pmatrix} * \begin{pmatrix} 3 \\ -2 \\ 1 \end{pmatrix}\right|}{\left|\begin{pmatrix} 0 \\ 0 \\ 1 \end{pmatrix}\right| \cdot \left|\begin{pmatrix} 3 \\ -2 \\ 1 \end{pmatrix}\right|} = \frac{1}{\sqrt{14}}$, $\gamma \approx 15{,}5°$

294

b) E enthält den Ursprung, also O(0|0|0) ist einziger Spurpunkt.

Winkel zwischen E und der x_1-Achse:

$$\sin(\alpha) = \frac{\left|\begin{pmatrix}1\\0\\0\end{pmatrix} * \begin{pmatrix}1\\-1\\2\end{pmatrix}\right|}{\left|\begin{pmatrix}1\\0\\0\end{pmatrix}\right| \cdot \left|\begin{pmatrix}1\\-1\\2\end{pmatrix}\right|} = \frac{1}{\sqrt{6}},\ \alpha \approx 24{,}1°$$

Winkel zwischen E und der x_2-Achse:

$$\sin(\beta) = \frac{\left|\begin{pmatrix}0\\1\\0\end{pmatrix} * \begin{pmatrix}1\\-1\\2\end{pmatrix}\right|}{\left|\begin{pmatrix}0\\1\\0\end{pmatrix}\right| \cdot \left|\begin{pmatrix}1\\-1\\2\end{pmatrix}\right|} = \frac{1}{\sqrt{6}},\ \beta \approx 24{,}1°$$

Winkel zwischen E und der x_3-Achse:

$$\sin(\gamma) = \frac{\left|\begin{pmatrix}0\\0\\1\end{pmatrix} * \begin{pmatrix}1\\-1\\2\end{pmatrix}\right|}{\left|\begin{pmatrix}0\\0\\1\end{pmatrix}\right| \cdot \left|\begin{pmatrix}1\\-1\\2\end{pmatrix}\right|} = \frac{2}{\sqrt{6}},\ \gamma \approx 54{,}7°$$

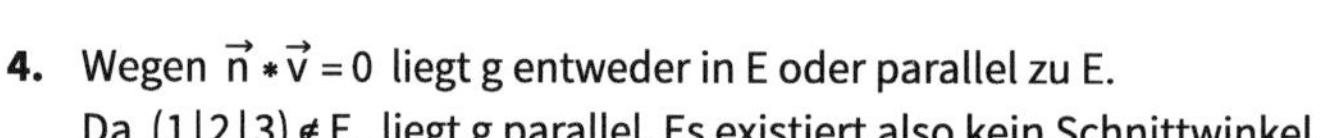

4. Wegen $\vec{n} * \vec{v} = 0$ liegt g entweder in E oder parallel zu E.
Da $(1|2|3) \notin E$, liegt g parallel. Es existiert also kein Schnittwinkel.

5. Z. B. $\overrightarrow{v_R} = \begin{pmatrix}4\\3\\-5\end{pmatrix}$; $\overrightarrow{v_G} = \begin{pmatrix}4\\-3\\-5\end{pmatrix}$

Ebene	Gerade	
	rot	grün
x_1x_2	45°	45°
x_1x_3	25,1°	25,1°
x_2x_3	34,45°	34,45°

6. a) F(6|6|6), H(0|0|6), P(6|0|z)

$$T: \vec{x} = \begin{pmatrix}6\\6\\6\end{pmatrix} + r \cdot \begin{pmatrix}1\\1\\0\end{pmatrix} + s \cdot \begin{pmatrix}0\\-6\\z-6\end{pmatrix}$$

Normalenvektor von T: $\vec{n} = \begin{pmatrix}z-6\\6-z\\-6\end{pmatrix}$; $0 \le z \le 6$

$$\sin(\alpha) = \frac{\left|\begin{pmatrix}0\\0\\1\end{pmatrix} * \begin{pmatrix}z-6\\6-z\\-6\end{pmatrix}\right|}{\left|\begin{pmatrix}0\\0\\1\end{pmatrix}\right| \cdot \left|\begin{pmatrix}z-6\\6-z\\-6\end{pmatrix}\right|} = \frac{6}{\sqrt{2z^2 - 24z + 108}}$$

P liegt auf A, also $z = 0$: $\sin(\alpha) = \frac{6}{\sqrt{108}}$, also $\alpha \approx 35{,}3°$

P liegt auf E, also $z = 6$: $\sin(\alpha) = \frac{6}{6} = 1$, also $\alpha = 90°$

Wenn P von A nach E wandert, wächst die Größe des Winkels von 35,3° auf 90° an.

294 **b)** $\overrightarrow{PF} = \begin{pmatrix} 0 \\ 6 \\ 6-z \end{pmatrix}$, $\overrightarrow{PH} = \begin{pmatrix} -6 \\ 0 \\ 6-z \end{pmatrix}$

$\cos(\beta) = \frac{|\overrightarrow{PF} * \overrightarrow{PH}|}{|\overrightarrow{PF}| \cdot |\overrightarrow{PH}|} = \frac{(6-z)^2}{z^2 - 12z + 72}$

P liegt auf A, also $z = 0$: $\cos(\beta) = \frac{36}{72}$, $\beta = 60°$

P liegt auf E, also $z = 6$: $\cos(\beta) = 0$, $\beta = 90°$

Wenn P von A nach E wandert, wächst die Größe des Innenwinkels von 60° auf 90°.

7. a) $\overrightarrow{OD} = \overrightarrow{OA} + \overrightarrow{BC} = \begin{pmatrix} -6 \\ 3 \\ 2 \end{pmatrix}$, $D(-6|3|2)$

Mittelpunkt der Grundfläche: $\overrightarrow{OM} = \frac{1}{2}(\overrightarrow{OA} + \overrightarrow{OC}) = \begin{pmatrix} -3 \\ 0 \\ 2 \end{pmatrix}$, $M(-3|0|2)$

Ebene E, in der die Grundfläche liegt: $E: 2x_1 + 2x_2 + x_3 = -4$, $\vec{n} = \begin{pmatrix} 2 \\ 2 \\ 1 \end{pmatrix}$

$|\overrightarrow{MS}| = k \cdot |\vec{n}| = 3 \cdot k = 9$, also $k = 3$

$\overrightarrow{OS} = \overrightarrow{OM} + k \cdot \vec{n} = \begin{pmatrix} -3 \\ 0 \\ 2 \end{pmatrix} + 3 \cdot \begin{pmatrix} 2 \\ 2 \\ 1 \end{pmatrix} = \begin{pmatrix} 3 \\ 6 \\ 5 \end{pmatrix}$

$S(3|6|5)$ ist die Spitze der Pyramide

b) $\overrightarrow{AS} = \begin{pmatrix} 7 \\ 7 \\ -1 \end{pmatrix}$, $\overrightarrow{BS} = \begin{pmatrix} 3 \\ 9 \\ 3 \end{pmatrix}$; $\cos(\alpha) = \frac{|\overrightarrow{AS} * \overrightarrow{BS}|}{|\overrightarrow{AS}| \cdot |\overrightarrow{BS}|} = \frac{81}{\sqrt{99} \cdot \sqrt{99}} = \frac{9}{11} \Rightarrow \alpha \approx 35{,}1°$

Aus Symmetriegründen ist der Winkel zwischen den anderen benachbarten Seitenkanten genau so groß.

c) $\overrightarrow{AS} = \begin{pmatrix} 7 \\ 7 \\ -1 \end{pmatrix}$, $\vec{n} = \begin{pmatrix} 2 \\ 2 \\ 1 \end{pmatrix}$; $\sin(\beta) = \frac{|\overrightarrow{AS} * \vec{n}|}{|\overrightarrow{AS}| \cdot |\vec{n}|} = \frac{27}{3 \cdot \sqrt{99}} = \frac{3}{\sqrt{11}} \Rightarrow \beta \approx 64{,}8°$

Aus Symmetriegründen schließen alle Seitenkanten mit der Grundfläche den Winkel 64,8° ein.

295 **8.** Ebene E, in der die Punkte A, B und C liegen: $E: \vec{x} = \begin{pmatrix} 6 \\ -1 \\ 1 \end{pmatrix} + r \cdot \begin{pmatrix} -2 \\ 9 \\ 2 \end{pmatrix} + s \cdot \begin{pmatrix} -5 \\ 4 \\ 5 \end{pmatrix}$

$E: x_1 + x_3 = 7$; $\overrightarrow{CD} = \begin{pmatrix} -1 \\ -2 \\ -3 \end{pmatrix}$

Winkel zwischen $\overrightarrow{CD}$ und E: $\sin(\alpha) = \frac{\left|\begin{pmatrix} 1 \\ 0 \\ 1 \end{pmatrix} * \begin{pmatrix} -1 \\ -2 \\ -3 \end{pmatrix}\right|}{\left|\begin{pmatrix} 1 \\ 0 \\ 1 \end{pmatrix}\right| \cdot \left|\begin{pmatrix} -1 \\ -2 \\ -3 \end{pmatrix}\right|} = \frac{|-4|}{\sqrt{2} \cdot \sqrt{14}} = \frac{4}{\sqrt{28}}$; also: $\alpha \approx 49{,}1°$

Der Winkel zwischen der Kante $\overrightarrow{CD}$ und der Seitenfläche ABC beträgt ca. 49,1°.

9. a) Mast: $\vec{u} = \begin{pmatrix} 0 \\ 0 \\ 1 \end{pmatrix}$, Hang: $\vec{n} = \begin{pmatrix} 3 \\ 4 \\ 6 \end{pmatrix}$

$\sin(\alpha) = \frac{\left|\begin{pmatrix} 0 \\ 0 \\ 1 \end{pmatrix} * \begin{pmatrix} 3 \\ 4 \\ 6 \end{pmatrix}\right|}{\left|\begin{pmatrix} 0 \\ 0 \\ 1 \end{pmatrix}\right| \cdot \left|\begin{pmatrix} 3 \\ 4 \\ 6 \end{pmatrix}\right|} = \frac{6}{\sqrt{61}}$; also: $\alpha \approx 50{,}2°$

Der Winkel zwischen Hang und Mast beträgt ca. 50,2°.

295

b) Gerade g, auf der der Sonnenstrahl durch die Mastspitze verläuft: g: $\vec{x} = \begin{pmatrix} 2 \\ -3 \\ 6 \end{pmatrix} + k \cdot \begin{pmatrix} -4 \\ 6 \\ -5 \end{pmatrix}$

Schnitt von g mit E:

$3 \cdot (2-4k) + 4 \cdot (-3+6k) + 6 \cdot (6-5k) = 12$

also: $k = 1$

Schattenende: $S'(-2|3|1)$

Länge des Schattens: $|\overrightarrow{FS'}| = \left|\begin{pmatrix} -4 \\ 6 \\ -2 \end{pmatrix}\right| = \sqrt{56} \approx 7{,}5$

Der Schatten ist ca. 7,5 m lang.

Winkel zwischen den Sonnenstrahlen und dem Hang: $\sin(\beta) = \dfrac{\left|\begin{pmatrix} -4 \\ 6 \\ -5 \end{pmatrix} * \begin{pmatrix} 3 \\ 4 \\ 6 \end{pmatrix}\right|}{\left|\begin{pmatrix} -4 \\ 6 \\ -5 \end{pmatrix}\right| \cdot \left|\begin{pmatrix} 3 \\ 4 \\ 6 \end{pmatrix}\right|} = \dfrac{|-18|}{\sqrt{77} \cdot \sqrt{61}}$

also: $\beta \approx 15{,}2°$

Die Sonnenstrahlen treffen unter einem Winkel von ca. 15,2° auf dem Hang auf.

c) Länge des Schattens: $|\overrightarrow{FR}| = \left|\begin{pmatrix} -3 \\ 3 \\ -\frac{1}{2} \end{pmatrix}\right| = \sqrt{\frac{73}{4}} \approx 4{,}3$

Der Schatten ist jetzt ca. 4,3 m lang.

Winkel zwischen $\overline{FS'}$ und $\overline{FR}$: $\sin(\gamma) = \dfrac{\left|\begin{pmatrix} -4 \\ 6 \\ -2 \end{pmatrix} * \begin{pmatrix} -3 \\ 3 \\ \frac{1}{2} \end{pmatrix}\right|}{\left|\begin{pmatrix} -4 \\ 6 \\ -2 \end{pmatrix}\right| \cdot \left|\begin{pmatrix} -3 \\ 3 \\ -\frac{1}{2} \end{pmatrix}\right|} = \dfrac{31}{\sqrt{56} \cdot \sqrt{\frac{73}{4}}}$; also: $\gamma \approx 14{,}1°$

Der Schatten ist um ca. 14,1° weitergewandert.

10. a) g: $\vec{x} = \begin{pmatrix} 5 \\ 2 \\ -3 \end{pmatrix} + t \cdot \begin{pmatrix} 2 \\ -1 \\ 1 \end{pmatrix}$

Schnittpunkt von g mit der x_1x_2-Ebene: $x_2 = 2 - t = 0$, also $t = 2$

$S(9|0|-1)$

Schnittwinkel: $\sin(\alpha) = \dfrac{\left|\begin{pmatrix} 2 \\ -1 \\ 1 \end{pmatrix} * \begin{pmatrix} 0 \\ 1 \\ 0 \end{pmatrix}\right|}{\left|\begin{pmatrix} 2 \\ -1 \\ 1 \end{pmatrix}\right| \cdot \left|\begin{pmatrix} 0 \\ 1 \\ 0 \end{pmatrix}\right|} = \dfrac{|-1|}{\sqrt{6}}$; also: $\alpha \approx 24{,}1°$

b) $d(t) = |\overrightarrow{QR_t}| = \left|\begin{pmatrix} 2t+2 \\ -t-6 \\ t-4 \end{pmatrix}\right| = \sqrt{6t^2 + 12t + 28}$

Hilfsfunktion

$D(t) = 6t^2 + 12t + 28$; $D'(t) = 12t + 12$; $D''(t) = 12 > 0$

$D'(t) = 0$, also $t = -1$, $R(3|3|-4)$

Der Punkt $R(3|3|-4)$ hat von Q den geringsten Abstand.

c) $\overrightarrow{PQ} = \begin{pmatrix} -2 \\ 4 \\ 7 \end{pmatrix}$; $\overrightarrow{PR_t} = \begin{pmatrix} 2t \\ -t-2 \\ t-3 \end{pmatrix}$; $\overrightarrow{QR_t} = \begin{pmatrix} 2t+2 \\ -t-6 \\ t-4 \end{pmatrix}$

Rechter Winkel bei P: $\overrightarrow{PQ} * \overrightarrow{PR_t} = 13 - t = 0$ für $t_1 = 13$

Rechter Winkel bei Q: $\overrightarrow{PQ} * \overrightarrow{QR} = -t - 56 = 0$ für $t_2 = -56$

Rechter Winkel bei R: $\overrightarrow{PR_t} * \overrightarrow{QR_t} = 6t^2 + 11t = 0$ für $t_3 = 0$; $t_4 = -\frac{11}{6}$

Das Dreieck PQR_t wird rechtwinklig für $t_1 = 13$, $t_2 = -56$, $t_3 = 0$, $t_4 = -\frac{11}{6}$.

295 **d)** Rechter Winkel bei P, also $t = 13$ und $R(31|-11|10)$

$|\overrightarrow{PR}| = \sqrt{1157}$; $|\overrightarrow{QR}| = \sqrt{1226}$; $|\overrightarrow{PQ}| = \sqrt{69}$

Winkel bei Q: $\cos(\beta) = \frac{|\overrightarrow{QR} * \overrightarrow{QP}|}{|\overrightarrow{QR}| \cdot |\overrightarrow{QP}|} = \frac{69}{\sqrt{1226} \cdot \sqrt{69}}$; also $\beta \approx 76{,}3°$

Somit $\gamma = 90° - \beta \approx 13{,}7°$

11. a) $\vec{n} = \begin{pmatrix} 2 \\ 3 \\ 1 \end{pmatrix}$; $|\vec{n}| = \sqrt{14}$; $\sin(30°) = \frac{1}{2}$

Der Richtungsvektor habe die Länge 1

$\Rightarrow \frac{1}{2} = \frac{2v_1 + 3v_2 + v_3}{\sqrt{15}}$; $v_1^2 + v_2^2 + v_3^2 = 1$

Beispiele für Richtungsvektoren: $\overrightarrow{v_1} = \begin{pmatrix} 0{,}864 \\ 0{,}503 \\ 0 \end{pmatrix}$; $\overrightarrow{v_2} = \begin{pmatrix} 0{,}778 \\ 0 \\ 0{,}628 \end{pmatrix}$

b) Beispiele für die Position des Lasers: $P_1 = (21{,}6|12{,}575|0)$; $P_2(19{,}45|0|15{,}7)$
(Alle möglichen Punkte bilden einen Kreis.)

5.3.2 Winkel zwischen zwei Ebenen

297 **1. a)** $\cos(\varphi) = \frac{1}{3}$; $\varphi \approx 70{,}53°$

b) $\cos(\varphi) = \frac{1}{2}$; $\varphi = 60°$

c) $\overrightarrow{n_2} = \begin{pmatrix} 9 \\ 4 \\ -7 \end{pmatrix} \Rightarrow \cos(\varphi) = \frac{4 \cdot \sqrt{292}}{73}$; $\varphi \approx 20{,}56°$

d) $\overrightarrow{n_1} = \begin{pmatrix} 1 \\ -2 \\ -1 \end{pmatrix}$, $\overrightarrow{n_2} = \begin{pmatrix} 7 \\ -5 \\ -4 \end{pmatrix} \Rightarrow \cos(\varphi) = \frac{7\sqrt{60}}{60}$; $\varphi \approx 25{,}35°$

e) $\overrightarrow{n_1} = \begin{pmatrix} 2 \\ 2 \\ 1 \end{pmatrix}$, $\overrightarrow{n_2} = \begin{pmatrix} -4 \\ 11 \\ 5 \end{pmatrix} \Rightarrow \cos(\varphi) = \frac{19}{27\sqrt{2}}$; $\varphi \approx 60{,}16°$

f) E_1: $\vec{x} = \begin{pmatrix} 2 \\ 2 \\ 1 \end{pmatrix} + r \cdot \begin{pmatrix} 1 \\ -1 \\ 1 \end{pmatrix} + s \cdot \begin{pmatrix} -2 \\ 1 \\ 3 \end{pmatrix}$; $\overrightarrow{n_1} = \begin{pmatrix} 4 \\ 5 \\ 1 \end{pmatrix}$; E_2: $x_2 = 2$, $\overrightarrow{n_2} = \begin{pmatrix} 0 \\ 1 \\ 0 \end{pmatrix}$

$$\cos(\alpha) = \frac{\left|\begin{pmatrix} 4 \\ 5 \\ 1 \end{pmatrix} * \begin{pmatrix} 0 \\ 1 \\ 0 \end{pmatrix}\right|}{\left|\begin{pmatrix} 4 \\ 5 \\ 1 \end{pmatrix}\right| \cdot \left|\begin{pmatrix} 0 \\ 1 \\ 0 \end{pmatrix}\right|} = \frac{5}{\sqrt{42}}, \text{ also } \alpha \approx 39{,}5°$$

2. Normalenvektoren der Koordinatenebenen

x_1x_2-Ebene $\overrightarrow{n_{12}} = \begin{pmatrix} 0 \\ 0 \\ 1 \end{pmatrix} \Rightarrow$ Winkel φ_1

x_1x_3-Ebene $\overrightarrow{n_{13}} = \begin{pmatrix} 0 \\ 1 \\ 0 \end{pmatrix} \Rightarrow$ Winkel φ_2

x_2x_3-Ebene $\overrightarrow{n_{23}} = \begin{pmatrix} 1 \\ 0 \\ 0 \end{pmatrix} \Rightarrow$ Winkel φ_3

297 **a)** $\vec{n} = \begin{pmatrix} 1 \\ -1 \\ -2 \end{pmatrix}$;

$\cos(\varphi_1) = \sqrt{\frac{2}{3}}$; $\varphi_1 \approx 35{,}26°$

$\cos(\varphi_2) = \frac{1}{\sqrt{6}}$; $\varphi_2 \approx 65{,}91°$

$\cos(\varphi_3) = \frac{1}{\sqrt{6}}$; $\varphi_3 \approx 65{,}91°$

Spurpunkte $S_1(6|0|0)$; $S_2(0|-6|0)$; $S_3(0|0|-3)$

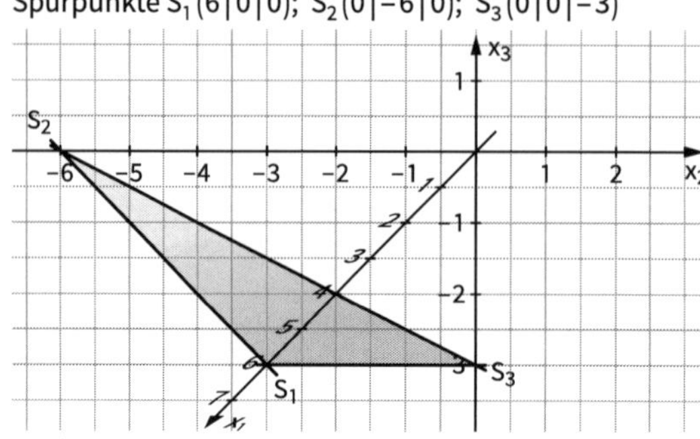

b) $\vec{n} = \begin{pmatrix} 1 \\ -3 \\ 5 \end{pmatrix}$;

$\cos(\varphi_1) = \sqrt{\frac{5}{7}}$; $\varphi_1 \approx 32{,}31°$

$\cos(\varphi_2) = \frac{3}{\sqrt{35}}$; $\varphi_2 \approx 59{,}53°$

$\cos(\varphi_3) = \frac{1}{\sqrt{35}}$; $\varphi_3 \approx 80{,}27°$

E: $x_1 - 3x_2 + 5x_3 = 4$

$S_1(4|0|0)$; $S_2\left(0\middle|-\frac{4}{3}\middle|0\right)$; $S_3\left(0\middle|0\middle|\frac{4}{5}\right)$

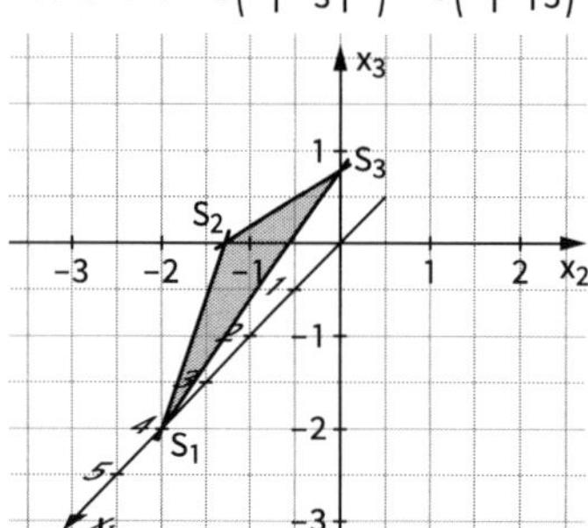

297 **c)** $\vec{n} = \begin{pmatrix} 1 \\ 3 \\ -4 \end{pmatrix}$;

$\cos(\varphi_1) = 2\sqrt{\frac{2}{13}}$; $\varphi_1 \approx 38{,}33°$

$\cos(\varphi_2) = \frac{3}{\sqrt{26}}$; $\varphi_2 \approx 53{,}96°$

$\cos(\varphi_3) = \frac{1}{\sqrt{26}}$; $\varphi_3 \approx 78{,}69°$

$S_1(12|0|0)$; $S_2(0|4|0)$; $S_3(0|0|-3)$

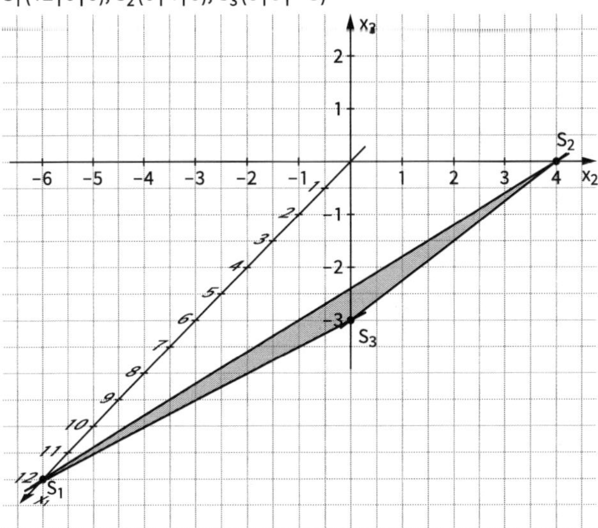

d) $\vec{n} = \begin{pmatrix} 1 \\ 3 \\ 0 \end{pmatrix}$;

$\cos(\varphi_1) = 0$; $\varphi_1 = 90°$

$\cos(\varphi_2) = \frac{3}{\sqrt{10}}$; $\varphi_2 \approx 18{,}43°$

$\cos(\varphi_3) = \frac{1}{\sqrt{10}}$; $\varphi_3 \approx 80{,}27°$

E: $x_1 + 3x_2 = 6$

$S_1(6|0|0)$; $S_2(0|2|0)$; S_3 existiert nicht

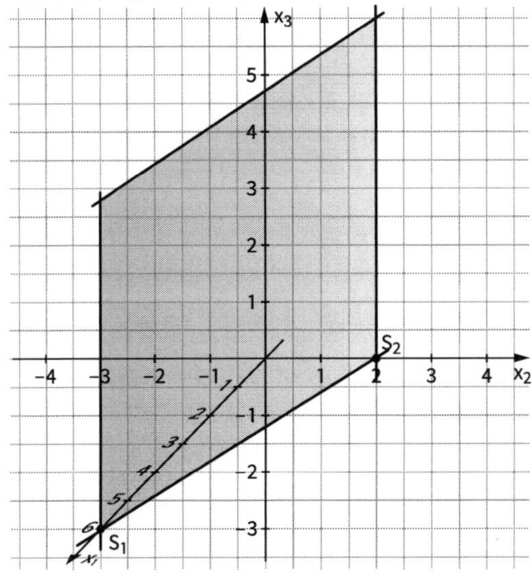

297 **3.** **a)** S(4|4|10); A(8|0|0); B(8|8|0); C(0|8|0)

Normalenvektor SAB: $\vec{n_1} = \begin{pmatrix} 3 \\ 2 \\ 2 \end{pmatrix}$;

Normalenvektor SBC: $\vec{n_2} = \begin{pmatrix} 6 \\ 4 \\ 1 \end{pmatrix}$; $\cos(\varphi) = \frac{28}{\sqrt{901}} \Rightarrow \varphi \approx 21{,}12°$

Da die Figur symmetrisch ist, gilt dies für alle Winkel zwischen Seitenflächen.

b) Schnittpunkte von E mit Kanten der Pyramide:

$S_1(6|2|5)$; $S_2\left(7|7|\frac{5}{2}\right)$; $S_3\left(3|5|\frac{15}{2}\right)$; $S_4\left(\frac{22}{7}|\frac{22}{7}|\frac{55}{7}\right)$

Schnittfläche ist Viereck mit $A = \frac{1}{2}d_1 \cdot d_2 \cdot \sin\alpha$.

Länge der Diagonalen $d_1 \approx 4{,}92$; $d_2 \approx 7{,}65$;

Schnittwinkel der Diagonalen $\alpha \approx 69{,}16° \Rightarrow A \approx 17{,}59$

c) $\overrightarrow{AS} = \begin{pmatrix} -4 \\ 4 \\ 10 \end{pmatrix}$; $\vec{n} = \begin{pmatrix} 20 \\ 5 \\ 18 \end{pmatrix} \Rightarrow \sin(\varphi) \approx 0{,}382 \Rightarrow \varphi \approx 22{,}44°$

4. **a)** $\overrightarrow{n_{PQR}} = \begin{pmatrix} 1 \\ 1 \\ 3 \end{pmatrix}$; $\overrightarrow{n_{BCG}} = \begin{pmatrix} 0 \\ 1 \\ 0 \end{pmatrix} \Rightarrow \cos(\varphi_{Seite}) = \frac{1}{\sqrt{11}} \Rightarrow \varphi_{Seite} \approx 72{,}45°$

$\overrightarrow{n_{EGH}} = \begin{pmatrix} 0 \\ 0 \\ 1 \end{pmatrix} \Rightarrow \cos(\varphi_{Deck}) = \frac{3}{\sqrt{11}} \Rightarrow \varphi_{Deck} = 25{,}24°$

b) Wir berechnen das Volumen des „abgeschnittenen Eckkörpers", einer Pyramide mit der rechtwinkligen Grundfläche QRF und der Spitze P.

$A_{QRF} = \frac{1}{2} \cdot |\overrightarrow{FQ}| \cdot |\overrightarrow{FR}| = \frac{1}{2} \cdot 1 \cdot 3 = \frac{3}{2}$

Pyramidenhöhe: $h_1 = |\overrightarrow{FB}| = 3$

$V_{Pyramide} = \frac{1}{3} \cdot A_{QRF} \cdot h_1 = \frac{1}{3} \cdot \frac{3}{2} \cdot 3 = \frac{3}{2}$

Volumen des abgebildeten Körpers: $V = V_{Würfel} - V_{Pyramide} = 4^3 - \frac{3}{2} = 62{,}5$

c) $|\overrightarrow{QP}| = |\overrightarrow{QR}| = \sqrt{10}$; $|\overrightarrow{PR}| = \sqrt{18}$

Das Dreieck PQR ist ein gleichschenkliges Dreieck mit der Schenkellänge $s = \sqrt{10}$ und der Länge der Basis $a = \sqrt{18}$.

Für die Höhe h_2 des gleichschenkligen Dreiecks gilt: $h_2 = \sqrt{s^2 - \frac{a^2}{4}} = \sqrt{10 - \frac{9}{2}} = \sqrt{\frac{11}{2}}$

Flächeninhalt des Dreiecks PQR: $A_{PQR} = \frac{1}{2} \cdot a \cdot h_2 = \frac{1}{2} \cdot \sqrt{18} \cdot \sqrt{\frac{11}{2}} = \frac{3}{2}\sqrt{11} \approx 5{,}0$

5. Normalenvektor der Ebene, die A, B, C enthält: $\vec{n_1} = \begin{pmatrix} 1 \\ 1 \\ -1 \end{pmatrix}$

Normalenvektor der Ebene, die B, C, D enthält: $\vec{n_2} = \begin{pmatrix} -1 \\ 1 \\ 1 \end{pmatrix}$

Winkel φ zwischen den Ebenen: $\cos\varphi = \frac{|\vec{n_1} * \vec{n_2}|}{|\vec{n_1}| \cdot |\vec{n_2}|} = \frac{1}{3} \Rightarrow \varphi \approx 70{,}5°$

Oberflächeninhalt

Die Oberfläche der Pyramide ABCD besteht aus vier gleichseitigen Dreiecken, alle mit der Seitenlänge $a = \sqrt{8}$.

$A_{Dreieck} = \frac{a^2}{4}\sqrt{3} = \frac{8}{4}\sqrt{3} = 2\sqrt{3}$ (Formel für den Flächeninhalt eines gleichseitigen Dreiecks)

Oberflächeninhalt der Pyramide: $O = 4 \cdot A_{Dreieck} = 8\sqrt{3}$

297

Volumen:

$V_{Tetraeder} = V_{Quader} - 4 \cdot V_{Pyramide}$

$|\overrightarrow{EA}| = 2, \; |\overrightarrow{EB}| = 2, \; |\overrightarrow{EC}| = 2$

$V_{Quader} = 2 \cdot 2 \cdot 2 = 8$

$V_{Pyramide} = \frac{1}{3} G \cdot h = \frac{1}{3} \cdot \left(\frac{1}{2} \cdot 2 \cdot 2\right) \cdot 2 = \frac{4}{3}$

Dann gilt:

$V_{Tetraeder} = 8 - 4 \cdot \frac{4}{3} = \frac{8}{3} \approx 3{,}33$

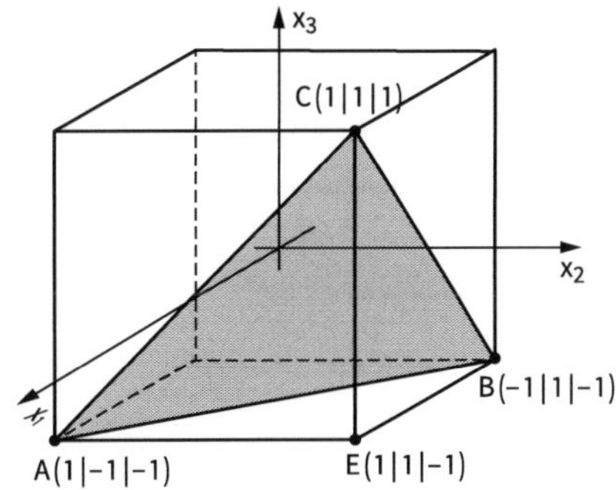

298

6. a) Dachneigung: $\tan\alpha = \frac{\text{Dachhhöhe}}{\text{Grundmaß bis First}} = \frac{3\,\text{m}}{4\,\text{m}} \Rightarrow \alpha \approx 36{,}87°$

$A_{ABQP} = \frac{1}{2}\left(|\overrightarrow{BQ}| + |\overrightarrow{AP}|\right) \cdot |\overrightarrow{AB}| = \frac{1}{2}(12 + 16) \cdot 5 = 70\,\text{m}^2$

$A_{PQCD} = \frac{1}{2}\left(|\overrightarrow{QC}| + |\overrightarrow{PD}|\right) \cdot |\overrightarrow{CD}| = 55\,\text{m}^2$

Normalenvektoren:

$\overrightarrow{n_{ABQP}} = \begin{pmatrix} 0 \\ 3 \\ 4 \end{pmatrix}; \; \overrightarrow{n_{PQCD}} = \begin{pmatrix} 3 \\ 0 \\ 4 \end{pmatrix}; \Rightarrow \cos\varphi = \frac{|\overrightarrow{n_{ABQP}} * \overrightarrow{n_{PQCD}}|}{|\overrightarrow{n_{ABQP}}| \cdot |\overrightarrow{n_{PQCD}}|} = \frac{16}{25} \Rightarrow \varphi \approx 50{,}2°$

b) $|\overrightarrow{PQ}| = \left|\begin{pmatrix} 4 \\ 4 \\ -3 \end{pmatrix}\right| = \sqrt{41} \approx 6{,}403\,\text{m}$

c) Ebene E durch P, Q und D: E: $\vec{x} = \overrightarrow{OP} + r \cdot \overrightarrow{PQ} + t \cdot \overrightarrow{PD}$

$\vec{x} = \begin{pmatrix} 0 \\ 0 \\ 8 \end{pmatrix} + r \cdot \begin{pmatrix} 4 \\ 4 \\ -3 \end{pmatrix} + t \cdot \begin{pmatrix} 0 \\ 14 \\ 0 \end{pmatrix}$

Normalenvektor: $\vec{n} = \begin{pmatrix} 3 \\ 0 \\ 4 \end{pmatrix}$

Koordinatengleichung: E: $3x_1 + 4x_3 = 32$

$K(3|10|k_3)$ liegt in E, also $3 \cdot 3 + 4 \cdot k_3 = 32$.

Damit ergibt sich $k_3 = \frac{23}{4} = 5{,}75$. Also $K(3|10|5{,}75)$

Die Schornsteinspitze liegt 2 m oberhalb des Punktes K, also:

$S\left(3\middle|10\middle|\frac{31}{4}\right)$, bzw. $S(3|10|7{,}75)$

Richtungsvektor des Schornsteins: $\vec{u} = \begin{pmatrix} 0 \\ 0 \\ 1 \end{pmatrix}$; Normalenvektor der Dachfläche: $\vec{n} = \begin{pmatrix} 3 \\ 0 \\ 4 \end{pmatrix}$

$\sin(\alpha) = \frac{|\vec{u} * \vec{n}|}{|\vec{u}| \cdot |\vec{n}|} = \frac{|4|}{1 \cdot 5} = \frac{4}{5}$, also $\alpha \approx 53{,}1°$

Schornstein und Dachfläche schließen einen Winkel von ca. 53° ein.

7. a) $C(-3|5|0); D(-3|-5|0); G(-2|3|3); H(-2|-3|3)$

Zeichnung siehe Schülerbuch

Neigungswinkel = Winkel zwischen Seitenfläche und x_1x_2-Ebene mit $\overrightarrow{n_1} = \begin{pmatrix} 0 \\ 0 \\ 1 \end{pmatrix}$

Normalenvektoren der Seitenflächen: $\overrightarrow{n_{ABFE}} = \begin{pmatrix} 3 \\ 0 \\ 1 \end{pmatrix}; \; \overrightarrow{n_{BCFG}} = \begin{pmatrix} 0 \\ 3 \\ 2 \end{pmatrix}$

Neigungswinkel zwischen ABFE und CDHG: $\cos(\varphi_1) = \frac{|\overrightarrow{n_{ABFE}} * \overrightarrow{n_1}|}{|\overrightarrow{n_{ABFE}}| \cdot |\overrightarrow{n_1}|} = \frac{1}{\sqrt{10}}; \; \varphi_1 \approx 71{,}6°$

Neigungswinkel zwischen BCGF und ADHE: $\cos(\varphi_2) = \frac{2}{\sqrt{13}}; \; \varphi_2 \approx 56{,}3°$

298

b) Der Mast ragt durch die Fläche BCGF, die in der Ebene $E: 3x_2 + 2x_3 - 15 = 0$ liegt.
Durchstoßpunkt: $D(0|4|1{,}5)$
$\Rightarrow$ Der Mast ragt 3,5 m heraus.

8. a) Böschungswinkel:

$$\tan\alpha = \frac{47{,}04\,\text{m}}{\frac{1}{2}(189{,}43\,\text{m} - 123{,}58\,\text{m})} = \frac{47{,}04}{32{,}925}$$

$\alpha \approx 55{,}01° \approx 55°0'36''$

Mit den Längenangaben ist der Böschungswinkel etwas größer als der im Internet angegebene.

Innenwinkel:

$\gamma \approx 168{,}014° \approx 168°0'50''$

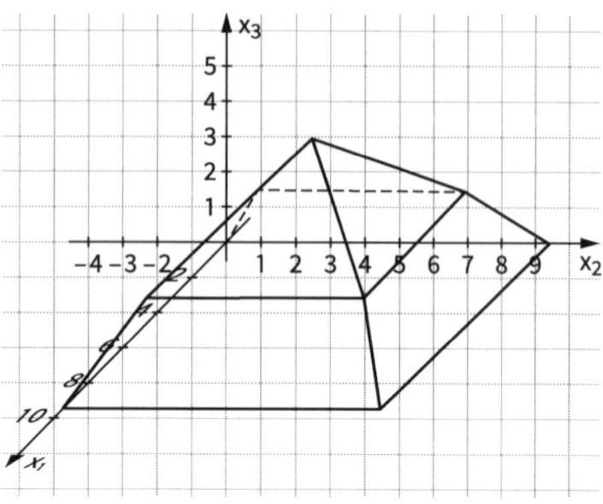

b) $h_P = \tan(\alpha) \cdot \frac{1}{2}(189{,}43\,\text{m}) \approx 135{,}32\,\text{m}$

9. a) 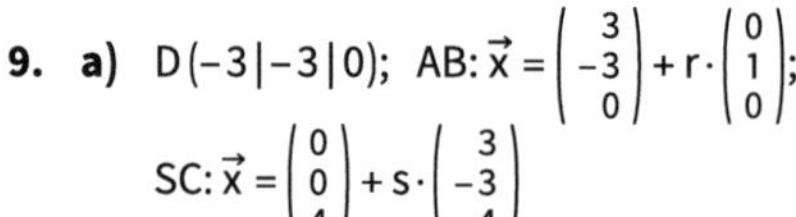

$D(-3|-3|0)$; $AB: \vec{x} = \begin{pmatrix} 3 \\ -3 \\ 0 \end{pmatrix} + r \cdot \begin{pmatrix} 0 \\ 1 \\ 0 \end{pmatrix}$;

$SC: \vec{x} = \begin{pmatrix} 0 \\ 0 \\ 4 \end{pmatrix} + s \cdot \begin{pmatrix} 3 \\ -3 \\ 4 \end{pmatrix}$

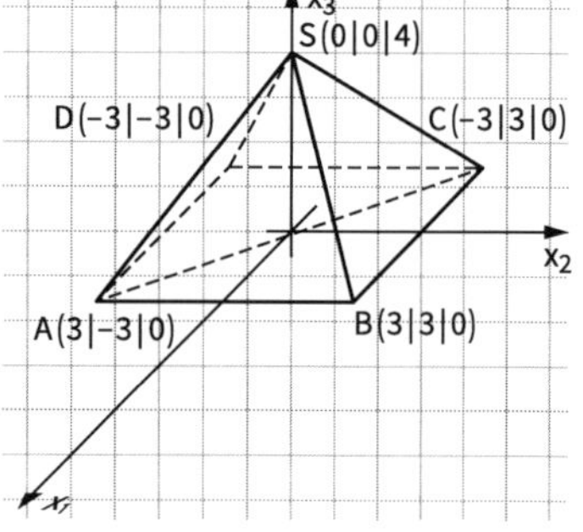

Die Richtungsvektoren $\begin{pmatrix} 0 \\ 1 \\ 0 \end{pmatrix}$ und $\begin{pmatrix} 3 \\ -3 \\ 4 \end{pmatrix}$ sind keine Vielfachen voneinander, deshalb sind die beiden Geraden nicht parallel zueinander.

Untersuchung auf gemeinsame Punkte:

$$\begin{pmatrix} 3 \\ -3 \\ 0 \end{pmatrix} + r \cdot \begin{pmatrix} 0 \\ 1 \\ 0 \end{pmatrix} = \begin{pmatrix} 0 \\ 0 \\ 4 \end{pmatrix} + s \cdot \begin{pmatrix} 3 \\ -3 \\ 4 \end{pmatrix}$$

Das LGS $\left| \begin{array}{rl} -3s = & -3 \\ r + 3s = & 3 \\ -4s = & 4 \end{array} \right|$ hat keine Lösung,

deshalb sind die beiden Geraden windschief zueinander.

b) 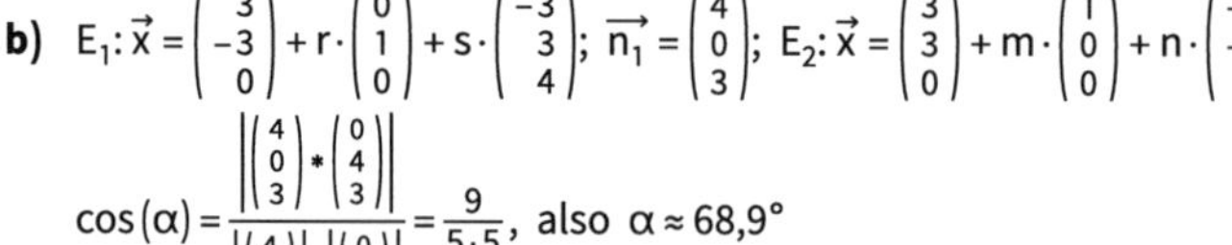

$E_1: \vec{x} = \begin{pmatrix} 3 \\ -3 \\ 0 \end{pmatrix} + r \cdot \begin{pmatrix} 0 \\ 1 \\ 0 \end{pmatrix} + s \cdot \begin{pmatrix} -3 \\ 3 \\ 4 \end{pmatrix}$; $\overrightarrow{n_1} = \begin{pmatrix} 4 \\ 0 \\ 3 \end{pmatrix}$; $E_2: \vec{x} = \begin{pmatrix} 3 \\ 3 \\ 0 \end{pmatrix} + m \cdot \begin{pmatrix} 1 \\ 0 \\ 0 \end{pmatrix} + n \cdot \begin{pmatrix} -3 \\ -3 \\ 4 \end{pmatrix}$; $\overrightarrow{n_2} = \begin{pmatrix} 0 \\ 4 \\ 3 \end{pmatrix}$

$$\cos(\alpha) = \frac{\left| \begin{pmatrix} 4 \\ 0 \\ 3 \end{pmatrix} * \begin{pmatrix} 0 \\ 4 \\ 3 \end{pmatrix} \right|}{\left| \begin{pmatrix} 4 \\ 0 \\ 3 \end{pmatrix} \right| \cdot \left| \begin{pmatrix} 0 \\ 4 \\ 3 \end{pmatrix} \right|} = \frac{9}{5 \cdot 5}, \text{ also } \alpha \approx 68{,}9°$$

c) $E^*: \vec{x} = r \cdot \begin{pmatrix} 4 \\ 0 \\ 3 \end{pmatrix} + s \cdot \begin{pmatrix} 0 \\ 4 \\ 3 \end{pmatrix}$; $\vec{n} = \begin{pmatrix} 3 \\ 3 \\ -4 \end{pmatrix}$; $E^*: 3x_1 + 3x_2 - 4x_3 = 0$

5.4 Abstandsberechnungen

5.4.1 Abstand eines Punktes von einer Ebene und von einer Geraden

299 **Einstiegsaufgabe ohne Lösung**

- Gerade durch S orthogonal zu E: g: $\vec{x} = \begin{pmatrix} 8 \\ 4 \\ 10 \end{pmatrix} + t \cdot \begin{pmatrix} 2 \\ 1 \\ 2 \end{pmatrix}$
  Schnittpunkt F von g mit E:
  $$2 \cdot (8 + 2t) + (4 + t) + 2 \cdot (10 + 2t) = 12$$
  $$16 + 4t + 4 + t + 20 + 4t = 12$$
  $$9t = -28$$
  $$t = -\frac{28}{9}$$
  $F\left(\frac{16}{9} \middle| \frac{8}{9} \middle| \frac{34}{9}\right)$
  $$\overrightarrow{SF} = \begin{pmatrix} -\frac{56}{9} \\ -\frac{28}{9} \\ -\frac{56}{9} \end{pmatrix}, \quad |\overrightarrow{SF}| = \frac{28}{3} \approx 9{,}33$$
  Das Seil muss im Punkt $F\left(\frac{16}{9} \middle| \frac{8}{9} \middle| \frac{34}{9}\right)$ verankert werden und mindestens 9,4 m lang sein.
- Siehe Information auf Seite 300 im Schülerband.

301 **1. a)** Normalenvektor von E: $\vec{n} = \begin{pmatrix} 3 \\ -1 \\ 2 \end{pmatrix}$; Richtungsvektor von g: $\vec{u} = \begin{pmatrix} 5 \\ 7 \\ -4 \end{pmatrix}$

$\vec{n} * \vec{u} = 0 \Rightarrow$ die Gerade steht senkrecht auf $\vec{n}$.
Wegen $(11 \mid -11 \mid 1) \notin E$ ist $g \parallel E$.

b) Man wählt einen beliebigen Punkt P der Geraden und berechnet wie in der Einstiegsaufgabe (Seite 299/300) den Abstand des Punktes zur Ebene:

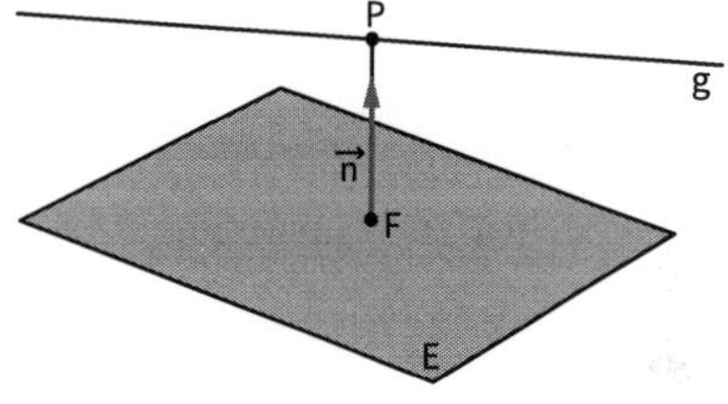

Z. B.: $P(11 \mid -11 \mid 1)$; $\vec{n} = \begin{pmatrix} 3 \\ -1 \\ 2 \end{pmatrix}$

$\Rightarrow$ h: $\vec{x} = \begin{pmatrix} 11 \\ -11 \\ 1 \end{pmatrix} + t \cdot \begin{pmatrix} 3 \\ -1 \\ 2 \end{pmatrix}$

Schnittpunkt von h mit E: $F(5 \mid -9 \mid -3)$

$|\overrightarrow{PF}| = \left| \begin{pmatrix} 6 \\ -2 \\ 4 \end{pmatrix} \right| = 2\sqrt{14} \approx 7{,}48$

2. a) Die Normalenvektoren sind Vielfache voneinander:

$\overrightarrow{n_1} = \begin{pmatrix} 10 \\ -2 \\ 11 \end{pmatrix}$; $\overrightarrow{n_2} = \begin{pmatrix} -20 \\ 4 \\ -22 \end{pmatrix}$

Jedoch ist z. B. $(3 \mid 0 \mid 0)$ ein Punkt von E_1, aber nicht von E_2.
Die Ebenen sind parallel, aber verschieden.

301 **b)** Man wählt beliebig einen Punkt P auf der Ebene E_1 und berechnet wie in der Einstiegsaufgabe (Seite 299/300) den Abstand des Punktes P zur Ebene E_2:

Z. B.: $P(3|0|0)$; $\vec{n} = \begin{pmatrix} 10 \\ -2 \\ 11 \end{pmatrix}$

$\Rightarrow g: \vec{x} = \begin{pmatrix} 3 \\ 0 \\ 0 \end{pmatrix} + t \cdot \begin{pmatrix} 10 \\ -2 \\ 11 \end{pmatrix}$

Schnittpunkt von g mit E_2:

$F\left(1 \middle| \frac{2}{5} \middle| -\frac{11}{5}\right)$; $|\overrightarrow{PF}| = \left|\begin{pmatrix} 2 \\ -\frac{2}{5} \\ \frac{11}{5} \end{pmatrix}\right| = 3$

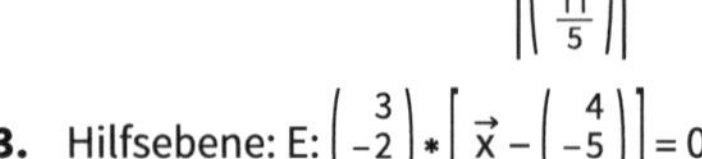

3. Hilfsebene: E: $\begin{pmatrix} 3 \\ -2 \\ 4 \end{pmatrix} * \left[\vec{x} - \begin{pmatrix} 4 \\ -5 \\ 8 \end{pmatrix}\right] = 0$

Schnittpunkt von E und g: $F\left(\frac{216}{29} \middle| \frac{1}{29} \middle| \frac{230}{29}\right)$ für $s = \frac{14}{29}$

$|\overrightarrow{FP}| = 6 \cdot \sqrt{\frac{30}{29}}$

4. **a)** $\frac{1}{3}$ **b)** $\frac{1}{3}$ **c)** 2 **d)** 7 **e)** $\frac{1}{\sqrt{11}}$ **f)** $\frac{1}{\sqrt{5}}$

5. **a)** Der Normalenvektor $\vec{n} = \begin{pmatrix} 1 \\ 1 \\ -2 \end{pmatrix}$ ist senkrecht zum Richtungsvektor: $\vec{n} * \begin{pmatrix} 2 \\ 1 \\ 3 \end{pmatrix} = 0$

Wähle z. B. $P(3|-1|2) \Rightarrow \text{Abst}(g; E) = \text{Abst}(P; E) = \frac{5}{3}\sqrt{3} \approx 2{,}887$

b) Der Richtungsvektor der Geraden ist eine Linearkombination der Richtungsvektoren der Ebene:

$\begin{pmatrix} 2 \\ -1 \\ 0 \end{pmatrix} = \begin{pmatrix} 1 \\ 3 \\ 2 \end{pmatrix} - \begin{pmatrix} -1 \\ 4 \\ 2 \end{pmatrix}$

Gerade und Ebene sind parallel.

Wähle z. B. $P(1|-2|1) \Rightarrow \text{Abst}(g; E) = \text{Abst}(P; E) = \frac{3}{23}\sqrt{69} \approx 1{,}083$

302 **6.** **a)** Die Normalenvektoren sind Vielfache voneinander:

$\overrightarrow{n_1} = \begin{pmatrix} 3 \\ -1 \\ 2 \end{pmatrix}$; $\overrightarrow{n_2} = \begin{pmatrix} -9 \\ 3 \\ -6 \end{pmatrix}$; $-3\overrightarrow{n_1} = \overrightarrow{n_2} \Rightarrow$ Ebenen parallel

$\text{Abst}(E_1; E_2) = \sqrt{14} \approx 3{,}742$

302 **b)** Normalenvektoren: $\overrightarrow{n_1} = \begin{pmatrix} -2 \\ -4 \\ 3 \end{pmatrix}$; $\overrightarrow{n_2} = \begin{pmatrix} 2 \\ 4 \\ -3 \end{pmatrix}$

Die beiden Normalenvektoren sind Vielfache voneinander, somit sind E_1 und E_2 parallel zueinander.

Der Abstand der beiden Ebenen ist gleich dem Abstand des Punktes P(– 2 | 3 | 4) von der Ebene E_2.

Lotgerade durch P zu E_2: g: $\vec{x} = \begin{pmatrix} -2 \\ 3 \\ 4 \end{pmatrix} + k \cdot \begin{pmatrix} 2 \\ 4 \\ -3 \end{pmatrix}$

Schnitt von g und E_2: $2 \cdot (-2 + 2k) + 4 \cdot (3 + 4k) - 3 \cdot (4 - 3k) = 9$, also $k = \frac{13}{29}$

Schnittpunkt $S\left(-\frac{32}{29} \middle| \frac{139}{29} \middle| \frac{77}{29}\right)$

$$\text{Abst}(E_1; E_2) = |\overrightarrow{PS}| = \left|\begin{pmatrix} \frac{26}{29} \\ \frac{52}{29} \\ -\frac{39}{29} \end{pmatrix}\right| = \frac{13}{29}\sqrt{29} \approx 2{,}41$$

c) Normalenvektoren: $n_1 = \begin{pmatrix} 2 \\ 1 \\ 3 \end{pmatrix}$; $n_2 = \begin{pmatrix} -2 \\ -1 \\ -3 \end{pmatrix}$; E_2: $2x_1 + x_2 + 3x_3 = 26$

Die beiden Normalenvektoren sind Vielfache voneinander, somit sind E_1 und E_2 parallel zueinander.

Der Abstand der beiden Ebenen ist gleich dem Abstand des Punktes P (– 1 | 1 | 3) von der Ebene E_2.

Lotgerade durch P zu E_2: g: $\vec{x} = \begin{pmatrix} -1 \\ 1 \\ 3 \end{pmatrix} + k \cdot \begin{pmatrix} 2 \\ 1 \\ 3 \end{pmatrix}$

Schnitt von g und E_2: $2 \cdot (-1 + 2k) + 1 + k + 3 \cdot (3 + 3k) = 26$, also $k = \frac{9}{7}$

Schnittpunkt $S\left(\frac{11}{7} \middle| \frac{16}{7} \middle| \frac{48}{7}\right)$

$$\text{Abst}(E_1; E_2) = |\overrightarrow{PS}| = \left|\begin{pmatrix} \frac{18}{7} \\ \frac{9}{7} \\ \frac{27}{7} \end{pmatrix}\right| = \frac{9}{7}\sqrt{14} \approx 4{,}81$$

7. **a)** Hilfsebene E: $\begin{pmatrix} 2 \\ 1 \\ 0 \end{pmatrix} * \left(\vec{x} - \begin{pmatrix} 4 \\ 1 \\ 4 \end{pmatrix}\right) = 0$; E: $2x_1 + x_2 = 9$

Schnitt von g und E: $2 \cdot (2t) + (-1 + t) = 9$, also $t = 2$; F(4 | 1 | 1)

Abstand $d = \left|\begin{pmatrix} 4 \\ 1 \\ 1 \end{pmatrix} - \begin{pmatrix} 4 \\ 1 \\ 4 \end{pmatrix}\right| = 3$

b) Hilfsebene E: $\begin{pmatrix} 4 \\ 1 \\ 2 \end{pmatrix} * \left(\vec{x} - \begin{pmatrix} 1 \\ 2 \\ 2 \end{pmatrix}\right) = 0$; E: $4x_1 + x_2 + 2x_3 = 10$

Schnitt von g und E: $4(3 + 4t) + 1 + t + 2(2t) = 10$, also $t = -\frac{1}{7}$; $F\left(\frac{17}{7} \middle| \frac{6}{7} \middle| -\frac{2}{7}\right)$

$$\text{Abstand } d = \left|\begin{pmatrix} \frac{17}{7} \\ \frac{6}{7} \\ -\frac{2}{7} \end{pmatrix} - \begin{pmatrix} 1 \\ 2 \\ 2 \end{pmatrix}\right| = \left|\begin{pmatrix} \frac{10}{7} \\ -\frac{8}{7} \\ -\frac{16}{7} \end{pmatrix}\right| = \frac{\sqrt{420}}{7} \approx 2{,}9$$

c) g: $\vec{x} = \begin{pmatrix} 1 \\ 1 \\ 0 \end{pmatrix} + k \cdot \begin{pmatrix} 0 \\ 1 \\ 0 \end{pmatrix}$; Hilfsebene E: $\begin{pmatrix} 0 \\ 1 \\ 1 \end{pmatrix} * \left(\vec{x} - \begin{pmatrix} 2 \\ 1 \\ 4 \end{pmatrix}\right) = 0$; E: $x_2 + x_3 = 5$

Schnitt von g und E: $1 + k + k = 5$, also $k = 2$

F(1 | 3 | 2)

Abstand $d = \left|\begin{pmatrix} 1 \\ 3 \\ 2 \end{pmatrix} - \begin{pmatrix} 2 \\ 1 \\ 4 \end{pmatrix}\right| = \left|\begin{pmatrix} -1 \\ 2 \\ -2 \end{pmatrix}\right| = 3$

302

d) g: $\vec{x} = \begin{pmatrix} 6 \\ 2 \\ 1 \end{pmatrix} + k \cdot \begin{pmatrix} 4 \\ 1 \\ -10 \end{pmatrix}$; Hilfsebene E: $\begin{pmatrix} 4 \\ 1 \\ -10 \end{pmatrix} * \left(\vec{x} - \begin{pmatrix} 1 \\ 1 \\ 14 \end{pmatrix}\right) = 0$; E: $4x_1 + x_2 - 10x_3 = -135$

Schnitt von g und E: $4 \cdot (6 + 4k) + 2 + k - 10 \cdot (1 - 10k) = -135$, also $k = -\frac{151}{117}$;

$F\left(\frac{98}{117} \middle| \frac{83}{117} \middle| \frac{1627}{117}\right)$

Abstand $d = \left|\begin{pmatrix} \frac{98}{117} \\ \frac{83}{117} \\ \frac{1627}{117} \end{pmatrix} - \begin{pmatrix} 1 \\ 1 \\ 14 \end{pmatrix}\right| = \left|\begin{pmatrix} -\frac{19}{117} \\ -\frac{34}{117} \\ -\frac{11}{117} \end{pmatrix}\right| = \frac{\sqrt{182}}{39} \approx 0{,}3$

8. a) $\begin{pmatrix} 4 \\ -2 \\ 4 \end{pmatrix} = 2 \cdot \begin{pmatrix} 2 \\ -1 \\ 2 \end{pmatrix}$, die Richtungsvektoren sind Vielfache voneinander. Somit sind die beiden Geraden parallel zueinander.

Abstand des Punktes $Q(-5|-3|4)$ von der Geraden g:

Hilfsebene E: $\begin{pmatrix} 2 \\ -1 \\ 2 \end{pmatrix} * \left(\vec{x} - \begin{pmatrix} -5 \\ -3 \\ 4 \end{pmatrix}\right) = 0$; E: $2x_1 - x_2 + 2x_3 = 1$

Schnitt von g und E: $2(4 + 2s) - (-s) + 2 \cdot (3 + 2s) = 1$, also $s = -\frac{13}{9}$

$F\left(\frac{10}{9} \middle| \frac{13}{9} \middle| \frac{1}{9}\right)$

$d = \left|\begin{pmatrix} \frac{10}{9} \\ \frac{13}{9} \\ \frac{1}{9} \end{pmatrix} - \begin{pmatrix} -5 \\ -3 \\ 4 \end{pmatrix}\right| = \left|\begin{pmatrix} \frac{55}{9} \\ \frac{40}{9} \\ -\frac{35}{9} \end{pmatrix}\right| = \frac{5}{3}\sqrt{26} \approx 8{,}5$

b) $\begin{pmatrix} -6 \\ 6 \\ -8 \end{pmatrix} = -2 \cdot \begin{pmatrix} 3 \\ -3 \\ 4 \end{pmatrix}$

g und h sind parallel zueinander, da ihre Richtungsvektoren Vielfache voneinander sind.

Abstand des Punktes $Q(-8|4|2)$ von der Geraden g:

Hilfsebene E: $\begin{pmatrix} 3 \\ -3 \\ 4 \end{pmatrix} * \left(\vec{x} - \begin{pmatrix} -8 \\ 4 \\ 2 \end{pmatrix}\right) = 0$; E: $3x_1 - 3x_2 + 4x_3 = -28$

Schnitt von g mit E: $3 \cdot (6 + 3s) - 3 \cdot (1 - 3s) + 4 \cdot (4 + 4s) = -28$

$s = -\frac{59}{34}$, also $F\left(\frac{27}{34} \middle| \frac{211}{34} \middle| -\frac{50}{17}\right)$

$d = |\overrightarrow{FQ}| = \left|\begin{pmatrix} -\frac{299}{34} \\ -\frac{75}{34} \\ \frac{84}{17} \end{pmatrix}\right| = \frac{5\sqrt{4930}}{34} \approx 10{,}3$

302

9. Für Punkte X von g ist die Entfernung $|SX|$ am kleinsten, wenn g und $\overrightarrow{SX}$ zueinander orthogonal sind, d. h. wenn X der Fußpunkt F des Lotes von S auf g ist.
$X(-2+5t\,|\,4-3t\,|\,0{,}5+0{,}3t)$ ist ein Punkt der Flugbahn.
Der Vektor $\overrightarrow{SX} = \begin{pmatrix} -1+5t \\ 1{,}5-3t \\ 0{,}3+0{,}3t \end{pmatrix}$ stellt die Verbindung des Punktes S zu einem

beliebigen Punkt X der Geraden dar, sein Betrag die Entfernung des Punktes S von diesem Punkt X.
Das Lot ist orthogonal zu g, somit müssen auch der Vektor $\overrightarrow{SF}$ und der Richtungsvektor $\vec{u} = \begin{pmatrix} 5 \\ -3 \\ 0{,}3 \end{pmatrix}$ der Geraden g zueinander orthogonal sein, d. h. es muss gelten: $\overrightarrow{SF} * \vec{u} = 0$.
Aus $\overrightarrow{SF} * \vec{u} = \begin{pmatrix} -1+5t \\ 1{,}5-3t \\ 0{,}3+0{,}3t \end{pmatrix} * \begin{pmatrix} 5 \\ -3 \\ 0{,}3 \end{pmatrix} = 34{,}09 \cdot t - 9{,}41 = 0$ folgt $t \approx 0{,}276$.
Mit diesem Parameterwert erhält man als Lotfußpunkt den Punkt $F(-0{,}620\,|\,3{,}172\,|\,0{,}583)$.
Der Abstand von S zu F ergibt sich als Betrag des Vektors $\overrightarrow{SF}$: $d = |\overrightarrow{SF}| \approx \left|\begin{pmatrix} 0{,}380 \\ 0{,}672 \\ 0{,}383 \end{pmatrix}\right| \approx 0{,}862$.
Der Abstand der Turmspitze vom Flugkurs beträgt ca. 862 m.

10. Individuelle Schülerlösungen

11. a) Der Abstand des Punktes P von der Geraden g ist bestimmt durch das Lot von P auf g. Luisa sucht also denjenigen Punkt F auf g, für den die Strecke FP orthogonal zur Geraden g ist.

b) Gesucht ist $t \in \mathbb{R}$, sodass $\overrightarrow{GP} \perp g$, also $\overrightarrow{GP} * \begin{pmatrix} 2 \\ 1 \\ 0 \end{pmatrix} = 0$.
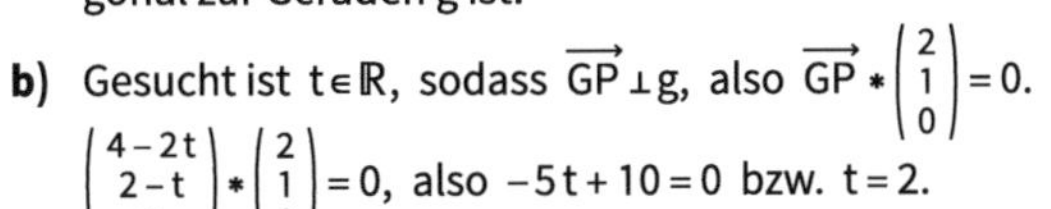
$\begin{pmatrix} 4-2t \\ 2-t \\ 3 \end{pmatrix} * \begin{pmatrix} 2 \\ 1 \\ 0 \end{pmatrix} = 0$, also $-5t+10=0$ bzw. $t=2$.
Der gesuchte Lotfußpunkt F hat die Koordinaten $F(4\,|\,1\,|\,1)$.
Abstand von P zu g: $d = |\overrightarrow{FP}| = \left|\begin{pmatrix} 0 \\ 0 \\ 3 \end{pmatrix}\right| = 3$

303

12. a) … da d ein Minimum an derselben Stelle hat wie die Funktion D mit
$D(t) = (-3-2t)^2 + (17+t)^2 + (-2-2t)^2 = 9t^2 + 54t + 302$
$D'(t) = 18t + 54$
$D''(t) = 18 > 0$
D' hat die Nullstelle $t = -3$.
$d(-3) = \sqrt{D(-3)} = \sqrt{221} \approx 14{,}9$

b) P liegt auf der Geraden g.

303 **13. a)** Orthogonale zu E durch P: g: $\vec{x} = \begin{pmatrix} -8 \\ 0 \\ 4 \end{pmatrix} + k \cdot \begin{pmatrix} 3 \\ -1 \\ 2 \end{pmatrix}$

Schnitt von g und E: $3 \cdot (-8+3k) - (-k) + 2 \cdot (4+2k) = 12$, also $k=2$; $F(-2|-2|8)$

$\overrightarrow{OP'} = \overrightarrow{OP} + 2 \cdot \overrightarrow{PF} = \begin{pmatrix} 4 \\ -4 \\ 12 \end{pmatrix}$; $P'(4|-4|12)$

b) E: $x_1 - 2x_2 - 3x_3 = 3$

Orthogonale zu E durch P: g: $\vec{x} = \begin{pmatrix} 1 \\ 11 \\ 6 \end{pmatrix} + k \cdot \begin{pmatrix} 1 \\ -2 \\ -3 \end{pmatrix}$

Schnitt von g und E: $1 + k - 2 \cdot (11 - 2k) - 3 \cdot (6 - 3k) = 3$, also $k=3$; $F(4|5|-3)$

Koordinaten des Bildpunktes: $\overrightarrow{OP'} = \overrightarrow{OP} + 2 \cdot \overrightarrow{PF} = \begin{pmatrix} 7 \\ -1 \\ -12 \end{pmatrix}$; $P'(7|-1|-12)$

c) E: $\vec{x} = \begin{pmatrix} 2 \\ 6 \\ -4 \end{pmatrix} + r \cdot \begin{pmatrix} 1 \\ 1 \\ -1 \end{pmatrix} + s \cdot \begin{pmatrix} -2 \\ 2 \\ 3 \end{pmatrix}$; E: $5x_1 - x_2 + 4x_3 = -12$

Orthogonale zu E durch P: g: $\vec{x} = \begin{pmatrix} 17 \\ 15 \\ 11 \end{pmatrix} + k \cdot \begin{pmatrix} 5 \\ -1 \\ 4 \end{pmatrix}$

Schnitt von g und E: $5 \cdot (17 + 5k) - (15 - k) + 4 \cdot (11 + 4k) = -12$, also $k = -3$; $F(2|18|-1)$

Koordinaten des Bildpunktes: $\overrightarrow{OP'} = \overrightarrow{OP} + 2 \cdot \overrightarrow{PF} = \begin{pmatrix} -13 \\ 21 \\ -13 \end{pmatrix}$; $P'(-13|21|-13)$

14. Gerade g, auf der der Lichtstrahl verläuft:

g: $\vec{x} = \begin{pmatrix} 6 \\ -4 \\ 6 \end{pmatrix} + r \cdot \begin{pmatrix} -4 \\ 0 \\ -5 \end{pmatrix}$

Koordinaten des Bildpunktes L′ von L bei einer Spiegelung an E:

Orthogonale zu E durch L: h: $\vec{x} = \begin{pmatrix} 6 \\ -4 \\ 6 \end{pmatrix} + k \cdot \begin{pmatrix} 2 \\ -1 \\ 2 \end{pmatrix}$

Schnitt von h mit E:

$2 \cdot (6 + 2k) - (-4 - k) + 2 \cdot (6 + 2k) = 10$, also

$k = -2$; $F(2|-2|2)$

Koordinaten des Bildpunktes L′: $\overrightarrow{OL'} = \overrightarrow{OL} + 2 \cdot \overrightarrow{LF} = \begin{pmatrix} -2 \\ 0 \\ -2 \end{pmatrix}$; $L'(-2|0|-2)$

Der reflektierte Strahl verläuft auf der Geraden durch die Punkte L′ und P

$g' = \vec{x} = \begin{pmatrix} 2 \\ -4 \\ 1 \end{pmatrix} + r \cdot \begin{pmatrix} 4 \\ -4 \\ 3 \end{pmatrix}$

15. a) ▪ g schneidet E:

(1) Berechnen der Koordinaten des Schnittpunktes S von g und E

(2) Berechnen der Koordinaten des Bildpunktes P* eines Punktes P der Geraden bei der Spiegelung an E

(3) Die Bildgerade g* ist die Gerade durch S und P*

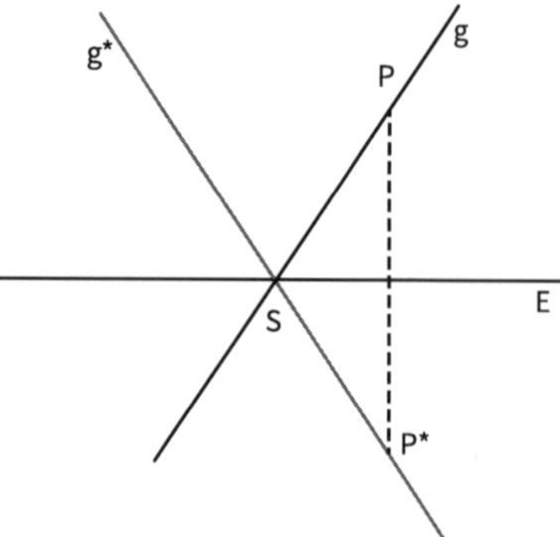

303 **15. a)** ▪ g ist parallel zu E (und liegt nicht in E):

(1) g und g* sind parallel zueinander

(2) Berechnen der Koordinaten des Bildpunktes P* eines Punktes P der Geraden bei der Spiegelung an E

(3) Die Bildgerade g* ist die Parallele zu g durch P*.

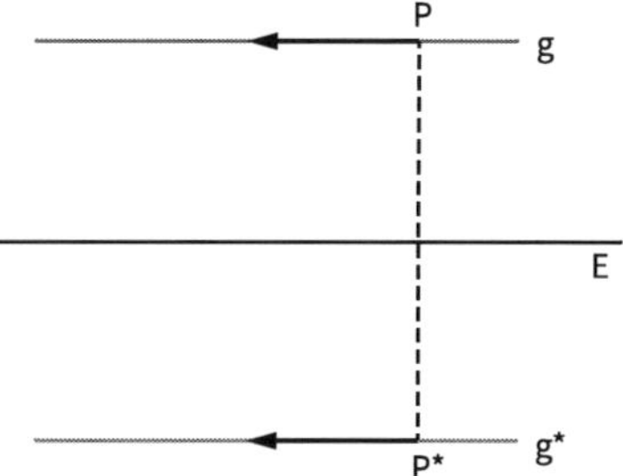

b) ▪ $\vec{n} = \begin{pmatrix} 2 \\ -1 \\ 2 \end{pmatrix}$; $\vec{u} = \begin{pmatrix} 3 \\ -2 \\ 1 \end{pmatrix}$; $\vec{n} * \vec{u} = 10 \neq 0$, also schneidet g die Ebene E.

▪ Schnittpunkt von g und E: $2\cdot(11+3k)-(16-2k)+2\cdot(8+k)+8=0$, also $k=-3$; $S(2\,|\,22\,|\,5)$

▪ Bildpunkt von $P(11\,|\,16\,|\,8)$:
Orthogonale durch P zu E: $h: \vec{x} = \begin{pmatrix} 11 \\ 16 \\ 8 \end{pmatrix} + k\cdot\begin{pmatrix} 2 \\ -1 \\ 2 \end{pmatrix}$

Schnitt von h und E: $2\cdot(11+k)-(16-k)+2\cdot(8+2k)+8=0$ also $k=-\frac{10}{3}$; $F\left(\frac{13}{3}\,\middle|\,\frac{58}{3}\,\middle|\,\frac{4}{3}\right)$

$\overrightarrow{OP^*} = \overrightarrow{OP} + 2\cdot\overrightarrow{PF} = \begin{pmatrix} -\frac{7}{3} \\ \frac{68}{3} \\ -\frac{16}{3} \end{pmatrix}$; $P^*\left(-\frac{7}{3}\,\middle|\,\frac{68}{3}\,\middle|\,-\frac{16}{3}\right)$

▪ Gerade durch P* und S: $g^*: \vec{x} = \begin{pmatrix} 2 \\ 22 \\ 5 \end{pmatrix} + r\cdot\begin{pmatrix} 13 \\ -2 \\ 31 \end{pmatrix}$

5.4.2 HESSE'sche Normalenform einer Ebene

305 **1. a)** HNF: $E: \frac{1}{3}(2x_1 + x_2 + 2x_3 - 6) = 0$
Einsetzen von P: $\frac{1}{3}(4-1+4-6) = \frac{1}{3} \Rightarrow \text{Abst}(P; E) = \frac{1}{3}$

b) HNF: $E: \frac{1}{9}(8x_1 + 4x_2 + x_3 - 27) = 0 \Rightarrow \text{Abst}(P; E) = \frac{1}{3}$

c) HNF: $E: \frac{1}{9}(8x_1 + 4x_2 + x_3 - 30) = 0 \Rightarrow \text{Abst}(P; E) = \frac{53}{9}$

d) HNF: $E: \frac{1}{3}(2x_1 + 2x_2 - x_3 - 18) = 0 \Rightarrow \text{Abst}(P; E) = 3$

e) HNF: $E: \frac{1}{\sqrt{42}}(4x_1 + 5x_2 + x_3 + 5) = 0 \Rightarrow \text{Abst}(P; E) = \frac{5}{21}\sqrt{42}$

f) HNF: $E: \frac{1}{\sqrt{5}}(x_1 + 2x_3) = 0 \Rightarrow \text{Abst}(P; E) = \frac{1}{\sqrt{5}}$

305 **2.** Grundfläche Dreieck ABC:

Seitenlängen: $|\overrightarrow{AB}| = \left|\begin{pmatrix} -4 \\ 4 \\ 0 \end{pmatrix}\right| = \sqrt{32}$; $|\overrightarrow{AC}| = \left|\begin{pmatrix} 0 \\ 4 \\ 5 \end{pmatrix}\right| = \sqrt{41}$; $|\overrightarrow{BC}| = \left|\begin{pmatrix} 4 \\ 0 \\ 5 \end{pmatrix}\right| = \sqrt{41}$

Das Dreieck ABC ist gleichschenklig. Die Länge der Schenkel beträgt $s = \sqrt{41}$, die Länge der Basis $a = \sqrt{32}$.

Höhe h_1 des Dreiecks: $h_1 = \sqrt{s_2 - \frac{a^2}{4}} = \sqrt{41 - \frac{32}{4}} = \sqrt{33}$

Inhalt der Grundfläche: $A_{Dreieck} = \frac{1}{2} \cdot a \cdot h_1 = \frac{1}{2} \cdot \sqrt{32} \cdot \sqrt{33} = 2 \cdot \sqrt{66}$

Pyramidenhöhe:

h_2 = Abstand des Punktes S von der Ebene E, in der die Grundfläche liegt.

E: $\vec{x} = \begin{pmatrix} 13 \\ -1 \\ 5 \end{pmatrix} + r \cdot \begin{pmatrix} -1 \\ 1 \\ 0 \end{pmatrix} + s \cdot \begin{pmatrix} 0 \\ 4 \\ 5 \end{pmatrix}$ bzw. $5x_1 + 5x_2 - 4x_3 - 40 = 0$

$$h_2 = \frac{|5 \cdot 3 + 5 \cdot (-3) - 4 \cdot 15 - 40|}{\sqrt{66}} = \frac{100}{\sqrt{66}}$$

Volumen der Pyramide: $V = \frac{1}{3} \cdot A_{Dreieck} \cdot h_2 = \frac{1}{3} \cdot 2\sqrt{66} \cdot \frac{100}{\sqrt{66}} = \frac{200}{3}$

3. Die Punkte liegen auf zwei zu E parallelen Ebenen, die zu E den Abstand 3 haben.

E: $2x_1 - 5x_2 + x_3 = 13$

Orthogonale zu E durch $P(2|-1|4)$: g: $\vec{x} = \begin{pmatrix} 2 \\ -1 \\ 4 \end{pmatrix} + k \cdot \begin{pmatrix} 2 \\ -5 \\ 1 \end{pmatrix}$

$G(2 + 2k|-1 - 5k|4 + k)$ ist ein Punkt der Geraden g

Gesucht ist k, so dass der Abstand von G zu E 3 beträgt.

$\text{Abst}(G; E) = \frac{|2 \cdot (2 + 2k) - 5(-1 - 5k) + 4 + k - 13|}{\sqrt{30}} = \frac{|30k|}{\sqrt{30}} = 3$, also $k_{1,2} = \pm\frac{3}{\sqrt{30}} = \pm\frac{\sqrt{30}}{10}$

Die gesuchten Punkte sind $G_1\left(2 + \frac{\sqrt{30}}{5} \middle| -1 - \frac{\sqrt{30}}{2} \middle| 4 + \frac{\sqrt{30}}{10}\right)$, $G_2\left(2 - \frac{\sqrt{30}}{5} \middle| -1 - \frac{\sqrt{30}}{2} \middle| 4 - \frac{\sqrt{30}}{10}\right)$

Die beiden gesuchten Ebenen sind die zu E parallelen Ebenen durch G_1 und G_2

F_1: $2x_1 - 5x_2 + x_3 = 13 + 3\sqrt{30}$; F_2: $2x_1 - 5x_2 + x_3 = 13 - 3\sqrt{30}$

4. **a)** $\vec{n} = \begin{pmatrix} 2 \\ 1 \\ 2 \end{pmatrix}$; $\vec{u} = \begin{pmatrix} 3 \\ -1 \\ 5 \end{pmatrix}$

Da $\vec{n} * \vec{u} = 15 \neq 0$ sind Gerade und Ebene nicht parallel.

Schnittpunkt $S(2|-4|-10)$

b) Sei P_k ein Punkt der Geraden: $P_k(11 + 3k|-7 - k|5 + 5k)$

HNF: E: $\frac{1}{3}(2x_1 + x_2 + 2x_3 + 20) = 0$

$\Rightarrow \text{Abst}(P_k; E) = |15 + 5k| = 5 \Leftrightarrow k = -2$ oder $k = -4$

$\Rightarrow P_{-2}(5|-5|-5)$ und $P_{-4}(-1|-3|-15)$ haben den Abstand 5 von E.

5.4.3 Abstand zueinander windschiefer Geraden

306 **Einstiegsaufgabe ohne Lösung**

- $\overrightarrow{OB} = \overrightarrow{OA} + \overrightarrow{DC} = \begin{pmatrix} 4 \\ 0 \\ 0 \end{pmatrix} + \begin{pmatrix} 0 \\ 4 \\ 0 \end{pmatrix} = \begin{pmatrix} 4 \\ 4 \\ 0 \end{pmatrix}$ B(4|4|0)

  $\overrightarrow{OF} = \overrightarrow{OE} + \overrightarrow{HG} = \begin{pmatrix} 4 \\ 2 \\ 6 \end{pmatrix} + \begin{pmatrix} 0 \\ 4 \\ 0 \end{pmatrix} = \begin{pmatrix} 4 \\ 6 \\ 6 \end{pmatrix}$ F(4|6|6)

- Beide Geraden liegen in den Ebenen der Grundfläche bzw. der Deckfläche, die parallel zueinander sind. Also können sich diese Geraden nicht schneiden. Außerdem sind die Richtungsvektoren $\overrightarrow{HF} = \begin{pmatrix} 4 \\ 4 \\ 0 \end{pmatrix}$ und $\overrightarrow{AC} = \begin{pmatrix} -4 \\ 4 \\ 0 \end{pmatrix}$ keine Vielfachen voneinander, also sind diese Geraden zueinander windschief.

  Gerade FH: $\vec{x} = \begin{pmatrix} 0 \\ 2 \\ 6 \end{pmatrix} + t \cdot \begin{pmatrix} 4 \\ 4 \\ 0 \end{pmatrix}$

  Gerade AC: $\vec{x} = \begin{pmatrix} 4 \\ 0 \\ 0 \end{pmatrix} + r \cdot \begin{pmatrix} -4 \\ 4 \\ 0 \end{pmatrix}$

  Der Abstand der beiden Geraden voneinander ist genau so groß wie die Höhe des Prismas, also 6 Längeneinheiten.

- Wie in der vorgegebenen Abbildung bestimmen wir eine Ebene E, in der die Gerade g liegt und die parallel zur Geraden h ist.
  Dann ist der Abstand der Geraden h zu E der Abstand der beiden windschiefen Geraden.

308 **1. a)**

- Die Richtungsvektoren $\begin{pmatrix} 2 \\ -2 \\ 3 \end{pmatrix}$ und $\begin{pmatrix} 0 \\ 2 \\ 1 \end{pmatrix}$ sind keine Vielfachen voneinander, somit sind g und h nicht parallel zueinander.

  Untersuchung auf gemeinsame Punkte: $\begin{pmatrix} 0 \\ 6 \\ 2 \end{pmatrix} + r \cdot \begin{pmatrix} 2 \\ -2 \\ 3 \end{pmatrix} = \begin{pmatrix} -7 \\ 1 \\ 6 \end{pmatrix} + s \cdot \begin{pmatrix} 0 \\ 2 \\ 1 \end{pmatrix}$,

  also $\left| \begin{array}{rl} 2r & = -7 \\ -2r - 2s & = -5 \\ 3r - s & = 4 \end{array} \right|$ hat keine Lösung.

  g und h sind zueinander windschief.

- Abstand von g und h

  $G(2r|6-2r|2+3r)$, $H(-7|1+2s|6+s)$

  $\overrightarrow{GH} = \begin{pmatrix} -2r-7 \\ 2r+2s-5 \\ -3r+s+4 \end{pmatrix}$

  Es gilt: (1) $\overrightarrow{GH} * \begin{pmatrix} 2 \\ -2 \\ 3 \end{pmatrix} = 0$, also $-17r - s = -8$

  (2) $\overrightarrow{GH} * \begin{pmatrix} 0 \\ 2 \\ 1 \end{pmatrix} = 0$, also $r + 5s = 6$

  Das LGS $\left| \begin{array}{rl} -17r - s & = -8 \\ r + 5s & = 6 \end{array} \right|$ hat die Lösung $r = \frac{17}{42}$; $s = \frac{47}{42}$.

  Also: $\overrightarrow{GH} = \begin{pmatrix} -\frac{164}{21} \\ -\frac{41}{21} \\ \frac{82}{21} \end{pmatrix}$; Abstand $d = |\overrightarrow{GH}| = \frac{41 \cdot \sqrt{21}}{21} \approx 8{,}9$

308

b) Die Richtungsvektoren sind keine Vielfachen voneinander.

$$\left|\begin{array}{l} 2r+s-9=0 \\ -2r-2s+\frac{7}{2}=0 \\ 3r-s-4=0 \end{array}\right| \Leftrightarrow \left|\begin{array}{r} 2r+s-9=0 \\ -2s-11=0 \\ -\frac{93}{2}=0 \end{array}\right|$$

Widerspruch; die Geraden sind windschief.

$$\overrightarrow{PQ} = \begin{pmatrix} 2r+s-9 \\ -2r-2s+\frac{7}{2} \\ 3r-s-4 \end{pmatrix}$$

Für $r=2$ und $s=1$ steht $\overrightarrow{PQ}$ senkrecht auf g und h.

Abst (g; h) $= \frac{\sqrt{93}}{2} \approx 4{,}822$

c) Z. B. h: $\vec{x} = \begin{pmatrix} 12 \\ -7 \\ 8 \end{pmatrix} + s\begin{pmatrix} -8 \\ 5 \\ 4 \end{pmatrix}$

Die Richtungsvektoren sind keine Vielfache voneinander.

$$\left|\begin{array}{r} 3r+8s-17=0 \\ r-5s+9=0 \\ -r-4s-1=0 \end{array}\right| \Leftrightarrow \left|\begin{array}{r} 3r+8s-17=0 \\ -23s+44=0 \\ 212=0 \end{array}\right|$$

Widerspruch; die Geraden sind also windschief.

$$\overrightarrow{PQ} = \begin{pmatrix} 3r+8s-17 \\ r-5s+9 \\ -r-4s-1 \end{pmatrix}$$

Für $r=\frac{117}{313}$ und $s=\frac{502}{313}$ steht $\overrightarrow{PQ}$ senkrecht auf g und h.

Abst (g; h) $= \frac{106}{313} \cdot \sqrt{626} \approx 8{,}473$

d) Z. B. g: $\vec{x} = \begin{pmatrix} -1 \\ -1 \\ 5 \end{pmatrix} + r \cdot \begin{pmatrix} 6 \\ 8 \\ 67 \end{pmatrix}$; h: $\vec{x} = \begin{pmatrix} -1 \\ 19 \\ -5 \end{pmatrix} + s \cdot \begin{pmatrix} 8 \\ 6 \\ -4 \end{pmatrix}$

Die Richtungsvektoren sind keine Vielfache voneinander.
Das Gleichungssystem zur Schnittpunktbestimmung führt auf einen Widerspruch, also sind g und h windschief zueinander.

Abst (g; h) $= \frac{164}{171}\sqrt{285} \approx 16{,}191$

2. a) Abst (g; x_1-Achse) = 0; Schnittpunkt (4 | 0 | 0)

Abst (g; x_2-Achse) $= \frac{8}{\sqrt{5}} \approx 3{,}578$

Abst (g; x_3-Achse) $= 2\sqrt{2} \approx 2{,}828$

b) Abst (g; x_1-Achse) $= \frac{\sqrt{10}}{2} \approx 1{,}581$

Abst (g; x_2-Achse) $= \frac{5}{\sqrt{13}} \approx 1{,}387$

Abst (g; x_3-Achse) $= \sqrt{5} \approx 2{,}236$

3. Die Richtungsvektoren $\begin{pmatrix} 4 \\ -3 \\ 1 \end{pmatrix}$ und $\begin{pmatrix} 4 \\ 3 \\ -2 \end{pmatrix}$ sind keine Vielfachen voneinander und die Geraden haben keinen Schnittpunkt, sie liegen windschief zueinander.
Der Vektor der kürzesten Verbindung der Geraden ist eindeutig und steht senkrecht auf den Geraden. Die Verlängerung dieses Vektors ist die gesuchte Gerade.
$\overrightarrow{PQ} = \begin{pmatrix} 4r-4s-\frac{33}{4} \\ -3r-3s \\ r+2s+9 \end{pmatrix}$ steht für $r = 0{,}605$ und $s \approx -1{,}654$ senkrecht auf beiden Geraden.
$\Rightarrow P(0{,}420\,|-1{,}815\,|\,4{,}605)$; $Q(-0{,}367\,|-4{,}963\,|-1{,}691)$

308

4. a) Verbindungsvektor $\overrightarrow{PQ} = \begin{pmatrix} 2r-2s \\ 3r+10 \\ s-13 \end{pmatrix}$; ($P \in h$; $Q \in g$)

Für $r = -2$ und $s = 1$ steht $\overrightarrow{PQ}^* = \begin{pmatrix} -6 \\ 4 \\ -12 \end{pmatrix}$ senkrecht auf g und h.
Abst (g; h) $= \left|\overrightarrow{PQ}^*\right| = 14$

b) Der Punkt $P(4\,|-3\,|\,6)$ ist Lotfußpunkt auf h $\Rightarrow g^*: \vec{x} = \begin{pmatrix} 4 \\ -3 \\ 6 \end{pmatrix} + r \cdot \begin{pmatrix} 2 \\ 3 \\ 0 \end{pmatrix}$ ist parallel zu g, schneidet h in $(4\,|-3\,|\,6)$ und hat den geringsten Abstand zu g.

5. Sie hat recht. Beide Geraden liegen jeweils in einer Ebene, die parallel zur x_1x_2-Ebene ist, da von beiden Richtungsvektoren die x_3-Komponente null ist.
Die Ebene, die g enthält, besitzt die x_3-Koordinate 6. Die Ebene, die h enthält, besitzt die x_3-Koordinate 14. Damit haben beide Ebenen und somit auch beide Geraden den Abstand 8.

6. a) Wir überprüfen Marias Behauptung, indem wir den Abstand der Geraden g und h aus Teil b) nach dem bisher bekannten Verfahren berechnen und mit dem Ergebnis aus b) vergleichen.

$G(2+2r\,|\,7+3r\,|-6)$; $H(2+2s\,|-3\,|\,7-s)$; $\overrightarrow{GH} = \begin{pmatrix} 2s-2r \\ -3r-10 \\ 13-s \end{pmatrix}$

(1) $\overrightarrow{GH} * \begin{pmatrix} 2 \\ 3 \\ 0 \end{pmatrix} = 0$, also $-13r + 4s - 30 = 0$

(2) $\overrightarrow{GH} * \begin{pmatrix} 2 \\ 0 \\ -1 \end{pmatrix} = 0$, also $-4r + 5s - 13 = 0$

Das LGS $\left| \begin{matrix} -13r+4s-30=0 \\ -\ \ 4r+5s-13=0 \end{matrix} \right|$ hat die Lösung $r = -2$; $s = 1$

$\left|\overrightarrow{GH}\right| = \left|\begin{pmatrix} 6 \\ -4 \\ 12 \end{pmatrix}\right| = 14$

b) $E: \vec{x} = \begin{pmatrix} 2 \\ 7 \\ -6 \end{pmatrix} + r \cdot \begin{pmatrix} 2 \\ 3 \\ 0 \end{pmatrix} + s \cdot \begin{pmatrix} 2 \\ 0 \\ -1 \end{pmatrix}$

HESSE'sche Normalenform: $E_{HNF}: \frac{1}{7}(-3x_1 + 2x_2 - 6x_3 - 44) = 0$

Abst (g; E) = 14 = Abst (g; h)

Beide Verfahren liefern das gleiche Ergebnis.

309

7. a) Z. B. h: $\vec{x} = \begin{pmatrix} -1 \\ 1 \\ -1 \end{pmatrix} + s \begin{pmatrix} 4 \\ 2 \\ -4 \end{pmatrix}$

Die Richtungsvektoren $\begin{pmatrix} 2 \\ -2 \\ 1 \end{pmatrix}$ und $\begin{pmatrix} 4 \\ 2 \\ -6 \end{pmatrix}$ sind keine Vielfachen voneinander, und das Gleichungssystem zur Schnittpunktbestimmung führt auf einen Widerspruch.

$$\left| \begin{array}{r} -2r+4s+2=0 \\ 2r+2s-5=0 \\ -r-4s-5=0 \end{array} \right| \Leftrightarrow \left| \begin{array}{r} -2r+4s+\quad 2=0 \\ 6s-\quad 3=0 \\ -108=0 \end{array} \right|$$

$\Rightarrow$ Die Geraden liegen windschief zueinander.

Verbindungsvektor von $P' \in g$ zu $Q \in h$

$\overrightarrow{P'Q} = \begin{pmatrix} -2r+4s-2 \\ 2r+2s-5 \\ -r-4s-5 \end{pmatrix}$ ist für $r = 1$; $s = -\frac{1}{2}$ senkrecht auf g und h.

Lotfußpunkte $P(-1|4|5)$; $Q(-3|0|1)$

Mittelpunkt: $\overrightarrow{OM} = \overrightarrow{OP'} + \frac{1}{2}\overrightarrow{P'Q} \Rightarrow M(-2|2|3)$

Radius: $\frac{|\overrightarrow{P'Q}|}{2} = \frac{\text{Abst}(g;h)}{2} = 3$

b) Gerade durch P und einen Punkt $G(-3+2r|6-2r|4+r)$ auf g:

g_P: $\vec{x} = \begin{pmatrix} 4 \\ 2 \\ 0 \end{pmatrix} + k \cdot \left(\begin{pmatrix} -3+2r \\ 6-2r \\ 4+r \end{pmatrix} - \begin{pmatrix} 4 \\ 2 \\ 0 \end{pmatrix} \right) = \begin{pmatrix} 4 \\ 2 \\ 0 \end{pmatrix} + k \cdot \begin{pmatrix} -7+2r \\ 4-2r \\ 4+r \end{pmatrix}$

Schnitt von g_P mit h liefert ein Gleichungssystem von 3 Gleichungen für die Unbekannten k, r, s mit Lösung $k = -1$; $r = 3$; $s = \frac{3}{2}$.

Die Gerade g_P schneidet g für $r = 3$ im Punkt $(3|0|7)$ und die Gerade h für $s = \frac{3}{2}$ im Punkt $(5|4|-7)$

Da $\text{Abst}(g_P; M) \approx 5{,}61 > r = 3$, liegt die Gerade außerhalb der Kugel.

8. a) Beispiel:

- Wähle eine Ebene in der g liegt. Z. B. E_1: $\vec{x} = \begin{pmatrix} -2 \\ 1 \\ 3 \end{pmatrix} + r \cdot \begin{pmatrix} 4 \\ -2 \\ 1 \end{pmatrix} + s \cdot \begin{pmatrix} 1 \\ 0 \\ 0 \end{pmatrix}$

  Der neue Richtungsvektor darf kein Vielfaches des Richtungsvektors der Geraden sein.
- Konstruiere eine Ebene, die Abstand 10 von E_1 hat, z. B. über HESSE'sche Normalenform: E_1: $\frac{1}{\sqrt{3}}(x_2 + 2x_3 - 5) = 0$

  E_2: $\frac{1}{\sqrt{3}}(x_2 + 2x_3 - 5) + 10 = 0$

309

- Wähle Gerade in E_2, die nicht parallel zu g ist.

  Z. B. $h: \vec{x} = \begin{pmatrix} 0 \\ 10 \cdot \sqrt{3} - 5 \\ 0 \end{pmatrix} + s \cdot \begin{pmatrix} 1 \\ 0 \\ 0 \end{pmatrix}$

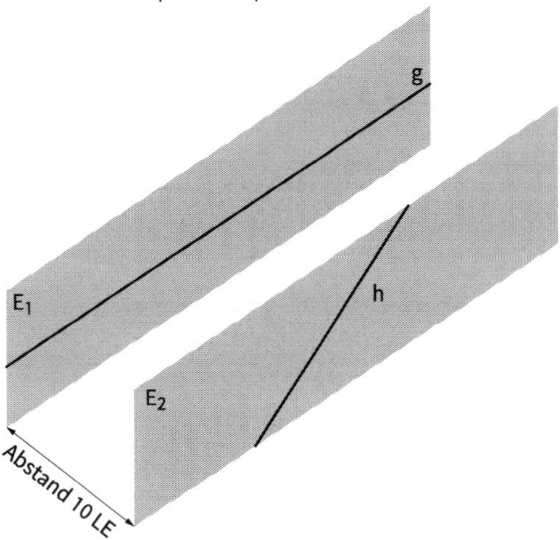

Alternative Lösung:

- Suche einen Vektor, der senkrecht auf dem Richtungsvektor steht und Länge 10 hat. Z. B. $\vec{n} = \begin{pmatrix} 0 \\ 1 \\ 2 \end{pmatrix} \cdot \frac{10}{\sqrt{5}}$
- Verschiebe Stützvektor von g um den Vektor $\vec{n}$, um den Stützvektor der neuen Geraden zu erhalten. Z. B. $\begin{pmatrix} -2 \\ 1 \\ 3 \end{pmatrix} + \begin{pmatrix} 0 \\ 1 \\ 2 \end{pmatrix} \cdot \frac{10}{\sqrt{5}}$
- Richtungsvektor der neuen Geraden ist ein Vektor, der senkrecht auf $\vec{n}$ steht, aber nicht der Richtungsvektor von g ist. Z. B. $\begin{pmatrix} 1 \\ 0 \\ 0 \end{pmatrix}$

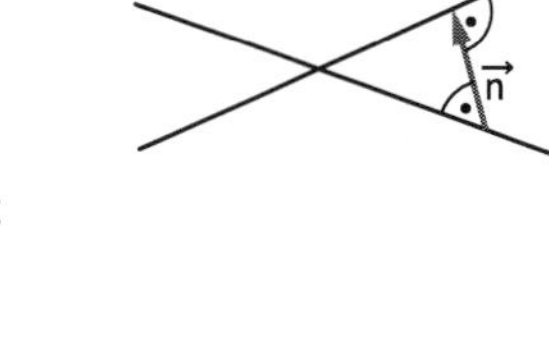

  $h: x = \begin{pmatrix} -2 \\ 1 \\ 3 \end{pmatrix} + \frac{10}{\sqrt{5}} \cdot \begin{pmatrix} 0 \\ 1 \\ 2 \end{pmatrix} + s \cdot \begin{pmatrix} 1 \\ 0 \\ 0 \end{pmatrix}$

9. Sei $P \in g$ und $Q \in h$, dann gilt für den Abstand von P zu Q:

$\text{Abst}(P; Q) = |\overrightarrow{PQ}| = \left|\begin{pmatrix} 3 - 2s - 3r \\ 1 - 2s + 5r \\ 1 - r \end{pmatrix}\right|$

Gesucht ist der kleinste Abstand von P und Q, dann ist $\overrightarrow{PQ} * \begin{pmatrix} 3 \\ -5 \\ 1 \end{pmatrix} = 0$ und $\overrightarrow{PQ} * \begin{pmatrix} -2 \\ -2 \\ 0 \end{pmatrix} = 0$

$\Rightarrow$ LGS $\left| \begin{matrix} 5 + 4s - 35r = 0 \\ -8 + 8s - 4r = 0 \end{matrix} \right| \Rightarrow s = \frac{25}{22};\ r = \frac{3}{11}$

$\Rightarrow \overrightarrow{PQ} = \begin{pmatrix} -\frac{1}{11} \\ \frac{1}{11} \\ \frac{8}{11} \end{pmatrix} \Rightarrow |\overrightarrow{PQ}| = \frac{1}{11}\sqrt{66} \approx 0{,}7385\,\text{km}$

Der geringste Abstand der beiden Routen beträgt 738,5 m und unterschreitet somit nicht den Mindestabstand.

309

10. a) Gerade des Flugzeugs mit Parameter t in min:

$g: \vec{x} = \begin{pmatrix} -225 \\ 317 \\ 1{,}1 \end{pmatrix} + t \cdot \begin{pmatrix} 5 \\ -12 \\ 0{,}1 \end{pmatrix}$

Höhe von 4 km nach $t = \frac{4{,}0 - 1{,}1}{0{,}1} = 29\,\text{min}$

29 min nachdem das Flugzeug an P_1 war, hat es 4 km Höhe erreicht.

Geschwindigkeit: $\left|\begin{pmatrix} 5 \\ -12 \\ 0{,}1 \end{pmatrix}\right| \approx 13\,\frac{\text{km}}{\text{min}} = 780\,\frac{\text{km}}{\text{h}}$

b) Gerade des Sportflugzeugs mit Parameter s in min:

$h: \vec{x} = \begin{pmatrix} -198 \\ 251 \\ 2{,}3 \end{pmatrix} + s \cdot \begin{pmatrix} -2 \\ -3 \\ -\frac{1}{6} \end{pmatrix}$

Die Richtungsvektoren von g und h sind keine Vielfachen voneinander und die Schnittpunktbestimmung führt auf einen Widerspruch ⇒ die Geraden liegen windschief zueinander und es gibt keine Kollision.

Abst (g, h) = 0,678 km

c) Zum Zeitpunkt t (in min, gemessen ab dem Zeitpunkt, in dem das Verkehrsflugzeug den Punkt P_2 passiert) befindet sich

- das Verkehrsflugzeug im Punkt $V(-200 + 5t \mid 257 - 12t \mid 1{,}6 + 0{,}1t)$;
- das Sportflugzeug im Punkt $S\left(-198 - 2t \mid 251 - 3t \mid 2{,}3 - \frac{1}{6}t\right)$.

Abstand der beiden Flugzeuge zum Zeitpunkt t:

$d(t) = |\overrightarrow{VS}| = \left|\begin{pmatrix} 2 - 7t \\ -6 + 9t \\ \frac{7}{10} - \frac{4}{15}t \end{pmatrix}\right| = \frac{1}{30}\sqrt{117\,064\,t^2 - 122\,736\,t + 36\,441}$

Wir bestimmen das Minimum der Funktion D mit $D(t) = 117\,064\,t^2 - 122\,736\,t + 36\,441$.

Es liegt bei $t \approx 0{,}52$.

Der minimale Abstand beträgt $d(0{,}52) \approx 2{,}18$. Die beiden Flugzeuge kommen sich also nach ungefähr $\frac{1}{2}$ Minute am nächsten, ihr Abstand beträgt dann ungefähr 2,18 km.

11. a) $E: \vec{x} = \begin{pmatrix} 3 \\ 2 \\ 6 \end{pmatrix} + r \cdot \begin{pmatrix} 8 \\ 4 \\ -1 \end{pmatrix} + s \cdot \begin{pmatrix} 4 \\ -4 \\ 7 \end{pmatrix}$; $E: 2x_1 - 5x_2 - 4x_3 = -28$; $\vec{n} = \begin{pmatrix} 2 \\ -5 \\ -4 \end{pmatrix}$

Radius $r = |\overrightarrow{MA}| = \left|\begin{pmatrix} 8 \\ 4 \\ -1 \end{pmatrix}\right| = 9$

Länge des Flugweges von A nach B

Winkel zwischen $\overrightarrow{MA}$ und $\overrightarrow{MB}$

$\cos(\alpha) = \frac{|\overrightarrow{MA} * \overrightarrow{MB}|}{|\overrightarrow{MA}| \cdot |\overrightarrow{MB}|} = \frac{9}{9 \cdot 9} = \frac{1}{9}$, also $\alpha \approx 83{,}6°$

$s = \frac{\alpha}{360°} \cdot 2\pi r \approx \frac{83{,}6°}{360°} \cdot 18\pi \approx 13{,}1$

b) Für den Richtungsvektor $\vec{u}$ der Tangente gilt:

(1) $\vec{u} * \overrightarrow{MB} = 0$, also $4u_2 - 4u_2 + 7u_3 = 0$

(2) $\vec{u} * \vec{n} = 0$, also $2u_1 - 5u_2 - 4u_3 = 0$

Eine mögliche Lösung ist $\vec{u} = \begin{pmatrix} 17 \\ 10 \\ -4 \end{pmatrix}$.

Kreistangente g: $\vec{x} = \begin{pmatrix} 7 \\ -2 \\ 13 \end{pmatrix} + r \cdot \begin{pmatrix} 17 \\ 10 \\ -4 \end{pmatrix}$

309 **c)** Die Richtungsvektoren von g und h sind keine Vielfachen voneinander, also sind g und h nicht parallel zueinander.

Untersuchung auf gemeinsame Punkt $\begin{pmatrix} 7 \\ -2 \\ 13 \end{pmatrix} + r \cdot \begin{pmatrix} 17 \\ 10 \\ -4 \end{pmatrix} = \begin{pmatrix} 47 \\ 28 \\ 1 \end{pmatrix} + k \cdot \begin{pmatrix} -3 \\ -5 \\ 2 \end{pmatrix}$,

$\begin{vmatrix} 17r + 3k = 40 \\ 10r + 5k = 30 \\ -4r - 2k = -12 \end{vmatrix}$ hat die Lösung $r = 2$; $k = 2$

Die beiden Flugbahnen schneiden sich im Punkt S(41 | 18 | 5).

Es könnte also zu einem Zusammenstoß kommen. Die Frage nach dem Abstand erübrigt sich damit.

5.5 Vermischte Aufgaben

310 **1.** Grundfläche: E_{ABCDE}: $x_3 = 0$

Deckfläche: E_{FGHIJ}: $x_3 = 5$

Vorderfläche: E_{BCHG}: $x_1 = 5$

Rückfläche: E_{EDIJ}: $x_1 = 0$

Seitenfläche: E_{ABGF}: $x_2 = 0$

E_{CDIH}: $x_2 = 5$

E_{AEJF}: $\vec{x} = \begin{pmatrix} 2 \\ 0 \\ 0 \end{pmatrix} + r \cdot \begin{pmatrix} 1 \\ -1 \\ 0 \end{pmatrix} + s \cdot \begin{pmatrix} 0 \\ 0 \\ 1 \end{pmatrix}$; $x_1 + x_2 = 2$

2. **a)** Skalarprodukt Normalenvektor mit Richtungsvektor:

$\begin{pmatrix} 2 \\ -1 \\ 2 \end{pmatrix} * \begin{pmatrix} -3 \\ 2 \\ 4 \end{pmatrix} = 0 \Rightarrow$ g parallel zu E

Lotgerade: l: $\vec{x} = \begin{pmatrix} 8 \\ -4 \\ 5 \end{pmatrix} + t \cdot \begin{pmatrix} 2 \\ -1 \\ 2 \end{pmatrix}$; Schnittpunkt S(4 | −2 | 1)

$\text{Abst}(g; E) = \left| 2 \cdot \begin{pmatrix} 2 \\ -1 \\ 2 \end{pmatrix} \right| = 6$

b) Aus a) ist bekannt, dass $\begin{pmatrix} 8 \\ -4 \\ 5 \end{pmatrix} - 2 \cdot \begin{pmatrix} 2 \\ -1 \\ 2 \end{pmatrix}$ auf E liegt, verdoppelt man die Verschiebung um den Normalenvektor, so erhält man den symmetrisch liegenden Stützvektor:

$\begin{pmatrix} 8 \\ -4 \\ 5 \end{pmatrix} - 4 \cdot \begin{pmatrix} 2 \\ -1 \\ 2 \end{pmatrix} \Rightarrow h: \vec{x} = \begin{pmatrix} 0 \\ 0 \\ -3 \end{pmatrix} + s \cdot \begin{pmatrix} -3 \\ 2 \\ 4 \end{pmatrix}$

3. **a)** Da $\overrightarrow{BA} * \overrightarrow{BC} = 0$ ist, liegt bei B ein rechter Winkel.

$\overrightarrow{OD} = \overrightarrow{OA} + \overrightarrow{BC} = \overrightarrow{OC} + \overrightarrow{BA} = \begin{pmatrix} 11 \\ -12 \\ 11 \end{pmatrix}$ D(11 | −12 | 11)

b) Ebene E, in der die Grundfläche liegt:

E: $\vec{x} = \begin{pmatrix} 13 \\ -8 \\ 7 \end{pmatrix} + r \cdot \begin{pmatrix} -2 \\ 2 \\ 1 \end{pmatrix} + s \cdot \begin{pmatrix} -1 \\ 0 \\ 1 \end{pmatrix}$ bzw. $2x_1 + x_2 + 2x_3 - 32 = 0$

Pyramidenhöhe h = Abstand des Punktes S von der Ebene E, in der die Grundfläche liegt.

$h = \frac{|2 \cdot 20 + 10 + 2 \cdot 20 - 32|}{3} = \frac{58}{3}$

Flächeninhalt der Grundfläche: $A_{Quadrat} = |\overrightarrow{AB}|^2 = 36$

Volumen der Pyramide: $V = \frac{1}{3} \cdot A_{Quadrat} \cdot h = \frac{1}{3} \cdot 36 \cdot \frac{58}{3} = 232$

310

c) Die Oberfläche der Pyramide besteht aus der Grundfläche und aus den Seitenflächen ABS, BCS, CDS und ADS.

Dreieck ABS: Grundseite $g_1 = |\overrightarrow{AB}| = 6$
Höhe h_1 = Abstand des Punktes S von der Geraden AB: $\vec{x} = \begin{pmatrix} 13 \\ -8 \\ 7 \end{pmatrix} + k \cdot \begin{pmatrix} -2 \\ 2 \\ 1 \end{pmatrix}$

Gesucht ist k so, dass $\begin{pmatrix} 13-2k-20 \\ -8+2k-10 \\ 7+k-20 \end{pmatrix} * \begin{pmatrix} -2 \\ 2 \\ 1 \end{pmatrix} = 0$, also $k = \frac{35}{9}$

Lotfußpunkt: $F_1\left(\frac{47}{9} \middle| -\frac{2}{9} \middle| \frac{98}{9}\right)$

$$h_1 = |\overrightarrow{F_1S}| = \left|\begin{pmatrix} \frac{133}{9} \\ \frac{92}{9} \\ \frac{82}{9} \end{pmatrix}\right| = \frac{\sqrt{3653}}{3}$$

Flächeninhalt: $A_{ABS} = \frac{1}{2} \cdot 6 \cdot \frac{\sqrt{3653}}{3} = \sqrt{3653} \approx 60{,}4$

Dreieck BCS: Grundseite $g_2 = |\overrightarrow{BC}| = 6$
Höhe h_2 = Abstand des Punktes S von der Geraden BC: $\vec{x} = \begin{pmatrix} 9 \\ -4 \\ 9 \end{pmatrix} + k \cdot \begin{pmatrix} -1 \\ -2 \\ 2 \end{pmatrix}$

Gesucht ist k so, dass $\begin{pmatrix} 9-k-20 \\ -4-2k-10 \\ 9+2k-20 \end{pmatrix} * \begin{pmatrix} -1 \\ -2 \\ 2 \end{pmatrix}$, also $k = -\frac{17}{9}$

Lotfußpunkt: $F_2\left(\frac{98}{9} \middle| -\frac{2}{9} \middle| \frac{47}{9}\right)$

$$h_2 = |\overrightarrow{F_2S}| = \left|\begin{pmatrix} \frac{82}{9} \\ \frac{92}{9} \\ \frac{133}{9} \end{pmatrix}\right| = \frac{\sqrt{3653}}{3}$$

Flächeninhalt: $A_{BCS} = \frac{1}{2} \cdot 6 \cdot \frac{\sqrt{3653}}{3} = \sqrt{3653} \approx 60{,}4$

Dreieck CDS: Grundseite $g_3 = |\overrightarrow{CD}| = 6$
Höhe h_3 = Abstand des Punktes S von der Geraden CD: $\vec{x} = \begin{pmatrix} 7 \\ -8 \\ 13 \end{pmatrix} + k \cdot \begin{pmatrix} 2 \\ -2 \\ -1 \end{pmatrix}$

Gesucht ist k so, dass $\begin{pmatrix} 7+2k-20 \\ -8-2k-10 \\ 13-k-20 \end{pmatrix} * \begin{pmatrix} 2 \\ -2 \\ -1 \end{pmatrix}$, also $k = -\frac{17}{9}$

Lotfußpunkt: $F_3\left(\frac{29}{9} \middle| -\frac{38}{9} \middle| \frac{134}{9}\right)$

$$h_3 = |\overrightarrow{F_3S}| = \left|\begin{pmatrix} \frac{151}{9} \\ \frac{128}{9} \\ \frac{46}{9} \end{pmatrix}\right| = \frac{\sqrt{4589}}{3}$$

Flächeninhalt: $A_{CDS} = \frac{1}{2} \cdot 6 \cdot \frac{\sqrt{4589}}{3} = \sqrt{4589} \approx 67{,}7$

310

Dreieck ADS: Grundseite $g_4 = |\overrightarrow{AD}| = 6$

Höhe h_4 = Abstand des Punktes S von der Geraden AD: $\vec{x} = \begin{pmatrix} 13 \\ -8 \\ 7 \end{pmatrix} + k \cdot \begin{pmatrix} -1 \\ -2 \\ 2 \end{pmatrix}$

Gesucht ist k so, dass $\begin{pmatrix} 13-k-20 \\ -8-2k-10 \\ 7+2k-20 \end{pmatrix} * \begin{pmatrix} -1 \\ -2 \\ 2 \end{pmatrix} = 0$, also $k = -\frac{17}{9}$

Lotfußpunkt: $F_4\left(\frac{134}{9} \middle| -\frac{38}{9} \middle| \frac{29}{9}\right)$

$$h_4 = |\overrightarrow{F_4S}| = \left|\begin{pmatrix} \frac{46}{9} \\ \frac{128}{9} \\ \frac{151}{9} \end{pmatrix}\right| = \frac{\sqrt{4589}}{3}$$

Flächeninhalt: $A_{ADS} = \frac{1}{2} \cdot 6 \cdot \frac{\sqrt{4589}}{3} = \sqrt{4589} \approx 67{,}7$

Oberfläche: $O = A_{Quadrat} + A_{ABS} + A_{BCS} + A_{CDS} + A_{ADS} = 36 + 2 \cdot (\sqrt{3653} + \sqrt{4589}) \approx 292{,}4$

4. $E_{FGS}: \vec{x} = \begin{pmatrix} 0 \\ 8 \\ 18 \end{pmatrix} + s \cdot \begin{pmatrix} 8 \\ 0 \\ 0 \end{pmatrix} + t \cdot \begin{pmatrix} 4 \\ -4 \\ 8 \end{pmatrix}$; $s, t \in \mathbb{R}$

Normalenvektor $\vec{n} = \begin{pmatrix} 0 \\ -64 \\ -32 \end{pmatrix}$

Fußpunkt des Mastes $P(4|0|18) \Rightarrow \text{Abst}(E_{FGS}; P) = \frac{16}{5}\sqrt{5} \approx 7{,}15$ m

Der Mast reicht 7,85 m ins Freie.

$g_{Mast}: \vec{x} = \begin{pmatrix} 4 \\ 0 \\ 18 \end{pmatrix} + r \cdot \begin{pmatrix} 0 \\ -64 \\ -32 \end{pmatrix}$; $r \in \mathbb{R}$

Schnittpunkt g_{Mast} und E_{FGS}: $S\left(4 \middle| 6\frac{2}{5} \middle| 21\frac{1}{5}\right)$

5.
- Ebene E, in der die Grundfläche liegt

  E: $\vec{x} = \begin{pmatrix} 3 \\ -1 \\ -2 \end{pmatrix} + r \cdot \begin{pmatrix} 2 \\ -1 \\ 4 \end{pmatrix} + s \cdot \begin{pmatrix} 2 \\ -3 \\ -1 \end{pmatrix}$

  E: $13x_1 + 10x_2 - 4x_3 = 37$
- Abstand von S zu E

  $\text{Abst}(S; E) = \frac{|13 \cdot (-23) + 10 \cdot (-19) - 4 \cdot 11 - 37|}{\sqrt{285}} = \frac{570}{\sqrt{285}} = 2 \cdot \sqrt{285} \approx 33{,}8$

  Die Pyramidenhöhe beträgt $2\sqrt{285} \approx 33{,}8$.

6. a) Da $\overrightarrow{BA} * \overrightarrow{BC} = \begin{pmatrix} -4 \\ 2 \\ 4 \end{pmatrix} * \begin{pmatrix} -2 \\ 4 \\ -4 \end{pmatrix} = 0$ ist, liegt bei B ein rechter Winkel.

$\Rightarrow \overrightarrow{OD} = \overrightarrow{OC} + \overrightarrow{BA} = \overrightarrow{OA} + \overrightarrow{BC} = \begin{pmatrix} 1 \\ 4 \\ 2 \end{pmatrix}$; $D(1|4|2)$

310 **b)** Stützvektor des Mittelpunkts des Quadrats: $\overrightarrow{OM} = \overrightarrow{OB} + \frac{1}{2}\overrightarrow{BD} = \begin{pmatrix} 4 \\ 1 \\ 2 \end{pmatrix}$

Normalenvektor der Quadratebene mit Länge 6: $\vec{n} = \begin{pmatrix} 4 \\ 4 \\ 2 \end{pmatrix}$

$\Rightarrow \overrightarrow{OS} = \overrightarrow{OM} \pm \begin{pmatrix} 4 \\ 4 \\ 2 \end{pmatrix} = \begin{pmatrix} 4 \\ 1 \\ 2 \end{pmatrix} \pm \begin{pmatrix} 4 \\ 4 \\ 2 \end{pmatrix} \Rightarrow S_1(8|5|4);\ S_2(0|-3|0)$

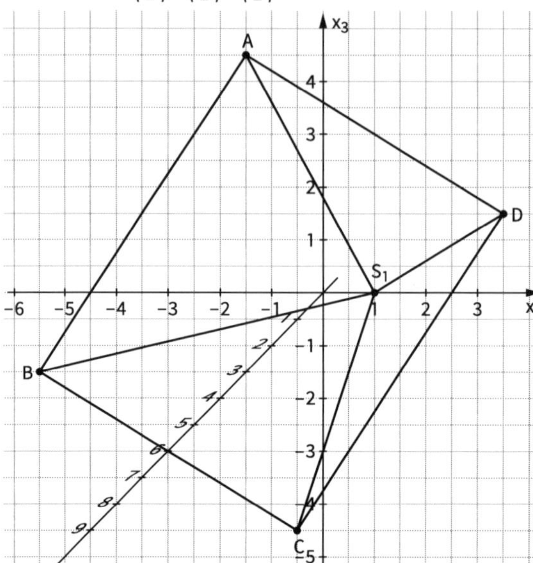

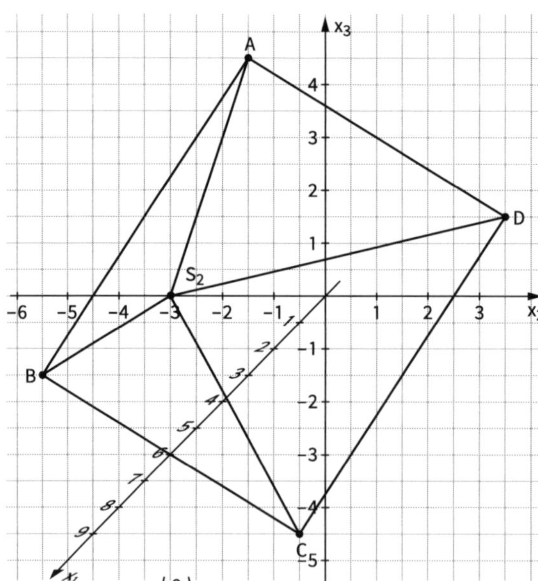

c) Für $k = 2$ ist $\vec{x} = \begin{pmatrix} 8 \\ 5 \\ 4 \end{pmatrix} = \overrightarrow{OS_1}$

Da $\begin{pmatrix} 1 \\ 1 \\ -4 \end{pmatrix} * \begin{pmatrix} 4 \\ 4 \\ 2 \end{pmatrix} = 0$, ist die Gerade zur Quadratebene parallel, die Höhe der Pyramide mit $S \in g$ ist immer 6 und somit ist $V = \frac{1}{3}G \cdot h$ konstant.

311 **7. a)** $S_1(12|0|0)$; $S_2(0|6|0)$; $S_3(0|0|6)$

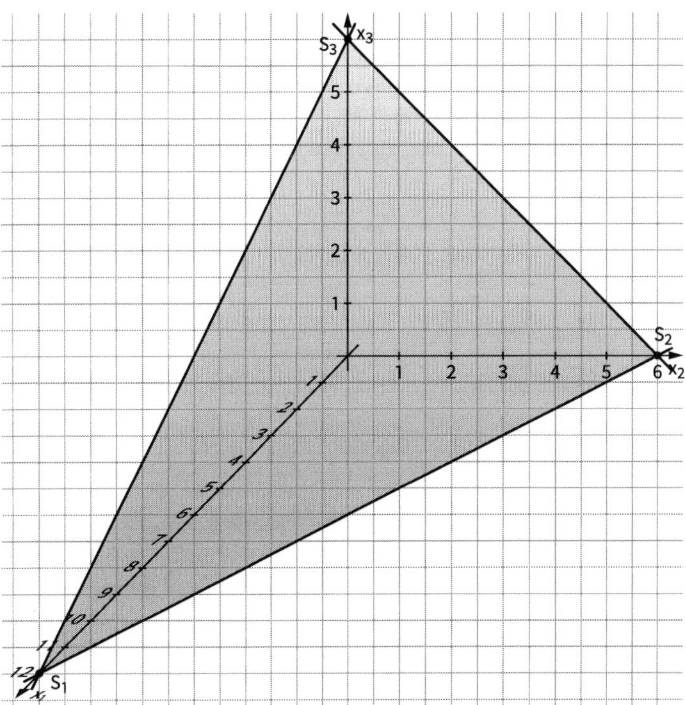

b) Wir betrachten das Dreieck OS_1S_2 als Grundfläche der Pyramide und den Punkt S_3 als Pyramidenspitze. Dann gilt:

Flächeninhalt der Grundfläche: $A_{OS_1S_2} = \frac{1}{2} \cdot 12 \cdot 6 = 36$

Pyramidenhöhe: $h = \left|\overrightarrow{OS_3}\right| = 6$

Volumen der Pyramide: $V = \frac{1}{3} \cdot A_{OS_1S_2} \cdot h = \frac{1}{3} \cdot 36 \cdot 6 = 72$

Die Oberfläche besteht aus den Dreiecken OS_1S_2, OS_1S_3, OS_2S_3 und $S_1S_2S_3$.

$A_{OS_1S_3} = \frac{1}{2} \cdot 12 \cdot 6 = 36$; $A_{OS_2S_3} = \frac{1}{2} \cdot 6 \cdot 6 = 18$

Das Dreieck $S_1S_2S_3$ ist ein gleichschenkliges Dreieck mit der Basis $\overline{S_2S_3}$.

$a = \left|\overrightarrow{S_2S_3}\right| = 6 \cdot \sqrt{2}$

Höhe des Dreiecks $S_1S_2S_3$: $h = \left|\overrightarrow{MS_1}\right| = \left|\begin{pmatrix} 12 \\ -3 \\ -3 \end{pmatrix}\right| = 9 \cdot \sqrt{2}$, wobei $M(0|3|3)$ der Mittelpunkt der Strecke $\overline{S_2S_3}$ ist.

$A_{S_1S_2S_3} = \frac{1}{2} \cdot 6\sqrt{2} \cdot 9\sqrt{2} = 54$

Oberfläche: $O = 36 + 36 + 18 + 54 = 144$

c) Z. B. über HNF an der Ebene

HNF: $E_1: x_1 = 0 \Rightarrow \text{Abst}(M; E_1) = |m_1|$

HNF: $E_2: x_2 = 0 \Rightarrow \text{Abst}(M; E_2) = |m_2|$

HNF: $E_3: x_3 = 0 \Rightarrow \text{Abst}(M; E_3) = |m_3|$

$\Rightarrow m_1 = m_2 = m_3 = m$, da M im 1. Quadranten

$\text{Abst}(M; E_G) = \frac{1}{3}(5m - 12) = m \Rightarrow M(6|6|6)$

311

8. a) $E_2: \frac{1}{\sqrt{50}}(5x_1 + 4x_2 + 3x_3 - 61) = 0$

E_1 und E_2 haben denselben Normalenvektor $\begin{pmatrix} 5 \\ 4 \\ 3 \end{pmatrix}$ und sind somit parallel.

Aus den HNF folgt: $\text{Abst}(E_1; E_2) = \frac{70}{\sqrt{50}} = 7\sqrt{2} \approx 9{,}9$

b) Schnittpunkt $S(3\,|-6\,|\,0)$

9. a) $B(4\,|\,4\,|\,0)$, $P(4\,|\,a\,|\,4)$ und $Q(a\,|\,4\,|\,4)$ mit jeweils $0 < a < 4$

Das Dreieck PBQ ist ein gleichschenkliges Dreieck mit der Basis $\overline{PQ}$.

$M\left(\frac{a+4}{2}\,\middle|\,\frac{a+4}{2}\,\middle|\,4\right)$ ist die Mitte der Basis.

Flächeninhalt des Dreiecks PBQ: $A_{PBQ} = \frac{1}{2} \cdot |\overrightarrow{PQ}| \cdot |\overrightarrow{MB}| = \frac{1}{2} \cdot |a-4| \cdot \sqrt{2} \cdot \frac{\sqrt{2 \cdot (a^2 - 8a + 48)}}{2}$

Bedingung: $A_{PBQ} = 6$,

also $\frac{1}{2} \cdot |a-4| \cdot \sqrt{2} \cdot \frac{\sqrt{2 \cdot (a^2 - 8a + 48)}}{2} = 6$ bzw. $|a-4| \cdot \sqrt{a^2 - 8a + 48} = 12$

Durch Quadrieren erhalten wir: $(a-4)^2 \cdot (a^2 - 8a + 48) - 144 = 0$ bzw.

$a^4 - 16a^3 + 128a^2 - 512a + 624 = 0$

Diese Gleichung hat die Lösungen $a_1 = 2$; $a_2 = 6$. (GTR)

Wegen $0 < a < 4$ kommt nur $a = 2$ infrage.

Also: $P(4\,|\,2\,|\,4)$ und $Q(2\,|\,4\,|\,4)$

b) Volumen der Pyramide mit der Grundfläche BQF und der Höhe $h = \overline{FP}$:

$V_{\text{Pyramide}} = \frac{1}{3} \cdot A_{BQF} \cdot |\overrightarrow{FP}| = \frac{1}{3} \cdot \left(\frac{1}{2} \cdot 2 \cdot 4\right) \cdot 2 = \frac{8}{3}$

$V_{\text{Restkörper}} = V_{\text{Würfel}} - V_{\text{Pyramide}} = 4^3 - \frac{8}{3} = 61\frac{1}{3}$

10. a) Aus Symmetriegründen sind alle Innenwinkel zwischen zwei benachbarten Seitenflächen gleich groß.

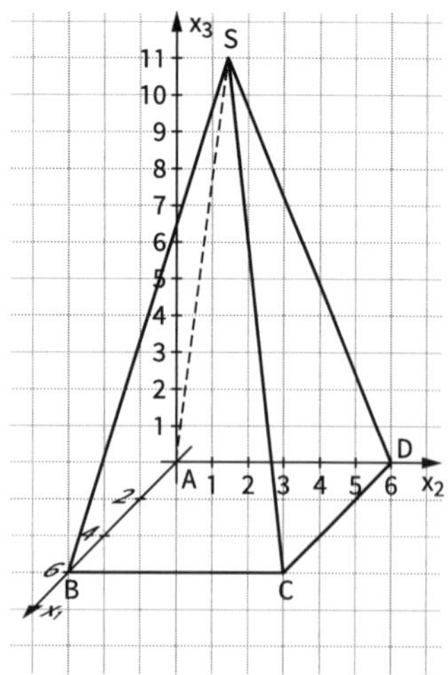

$E_{BCS}: \vec{x} = \begin{pmatrix} 6 \\ 0 \\ 0 \end{pmatrix} + r \cdot \begin{pmatrix} 0 \\ 1 \\ 0 \end{pmatrix} + s \cdot \begin{pmatrix} 1 \\ -1 \\ -4 \end{pmatrix}$

$\overrightarrow{n_1} = \begin{pmatrix} 4 \\ 0 \\ 1 \end{pmatrix}$

$E_{CDS}: \vec{x} = \begin{pmatrix} 6 \\ 6 \\ 0 \end{pmatrix} + m \cdot \begin{pmatrix} 1 \\ 0 \\ 0 \end{pmatrix} + n \cdot \begin{pmatrix} 1 \\ 1 \\ -4 \end{pmatrix}$

$\overrightarrow{n_2} = \begin{pmatrix} 0 \\ 4 \\ 1 \end{pmatrix}$

$\cos(\alpha) = \frac{|\overrightarrow{n_1} * \overrightarrow{n_2}|}{|\overrightarrow{n_1}| \cdot |\overrightarrow{n_2}|} = \frac{1}{\sqrt{17} \cdot \sqrt{17}} = \frac{1}{17}$

$\alpha \approx 86{,}6°$

Innenwinkel: $180° - 86{,}6° \approx 93{,}4°$

Winkel zwischen Seitenfläche und Grundfläche:

$\overrightarrow{n_1} = \begin{pmatrix} 4 \\ 0 \\ 1 \end{pmatrix}$, $\overrightarrow{n_3} = \begin{pmatrix} 0 \\ 0 \\ 1 \end{pmatrix}$

$\cos(\beta) = \frac{|\overrightarrow{n_1} * \overrightarrow{n_3}|}{|\overrightarrow{n_1}| \cdot |\overrightarrow{n_2}|} = \frac{1}{\sqrt{17}}$

$\beta \approx 76{,}0°$

Aus Symmetriegründen betragen alle Winkel zwischen einer Seiten- und der Grundfläche ca. 76,0°.

311

b) E: $\vec{x} = \begin{pmatrix} 6 \\ 0 \\ 0 \end{pmatrix} + r \cdot \begin{pmatrix} 0 \\ 1 \\ 0 \end{pmatrix} + s \cdot \begin{pmatrix} -5 \\ 5 \\ 4 \end{pmatrix}$

E: $4x_1 + 5x_3 = 24$

Kante $\overline{AS}$: $\vec{x} = k \cdot \begin{pmatrix} 1 \\ 1 \\ 4 \end{pmatrix}$

Schnitt von AS mit E: $4k + 20k = 24$, also $k = 1$; $Q(1\,|\,1\,|\,4)$

Das Viereck BCPQ ist ein gleichschenkliges Trapez.

Seitenlängen: $|\overrightarrow{BC}| = 6$, $|\overrightarrow{QP}| = 4$

$|\overrightarrow{BQ}| = \left|\begin{pmatrix} -5 \\ 1 \\ 4 \end{pmatrix}\right| = \sqrt{42} \approx 6{,}5$

$|\overrightarrow{CP}| = \left|\begin{pmatrix} -5 \\ -1 \\ 4 \end{pmatrix}\right| = \sqrt{42} \approx 6{,}5$

Innenwinkel:

Winkel bei B:

$\cos(\alpha) = \dfrac{\left|\begin{pmatrix} 5 \\ 1 \\ 4 \end{pmatrix} * \begin{pmatrix} 0 \\ 1 \\ 0 \end{pmatrix}\right|}{\sqrt{42}} = \dfrac{1}{\sqrt{42}}$, $\alpha \approx 81{,}1°$

Damit gilt für die übrigen drei Innenwinkel:

Winkel bei C: $\beta = \alpha \approx 81{,}1°$

Winkel bei P: $\gamma = 180° - \beta \approx 98{,}9°$

Winkel bei Q: $\delta = \gamma \approx 98{,}9°$

c) F_t: $4x_1 + 5x_3 = t$

F_t enthält den Punkt S, falls $12 + 60 = t$, also für $t = 72$

F_t enthält die Gerade durch A und D, also für $t = 0$

Die Ebenenschar F_t hat für $0 \leq t \leq 72$ gemeinsame Punkte mit der Pyramide.

11. Es reicht aufgrund der Symmetrie des Problems, eine Seitenfläche zu betrachten, z. B. ABS, die in der Ebene $E_{HNF}: \frac{1}{\sqrt{13}}(3x_1 + 2x_3 - 12) = 0$ liegt.

a) $\text{Abst}(P; E_{HNF}) = \frac{1}{\sqrt{13}}(-2a + 12)$, $a > 0$

b) $\frac{1}{\sqrt{13}}(-2a + 12) = 2$, also $a = 6 - \sqrt{13} \approx 2{,}394$

c) $\text{Abst}(O; E_{HNF})$; $E_{HNF} = \frac{12}{\sqrt{13}} = 3{,}328$

d) $\text{Abst}(P; E_{HNF}) = a \Rightarrow a = \frac{12}{\sqrt{13} + 2} \approx 2{,}141$

312

12. a) Festlegung eines Koordinatensystems
$A(8|0|0)$, $B(8|8|0)$, $P(0|8|p)$, $E(8|0|8)$
Wir betrachten das Dreieck ABE als Grundfläche und den Punkt P als Spitze der Pyramide.
Flächeninhalt der Grundfläche:
$\frac{1}{2}\cdot 8\cdot 8 = 32$
Höhe der Pyramide: Abstand des Punktes P von der Ebene E: $x_1 = 8$
Da die Gerade durch C und G parallel zur Ebene, in der die Grundfläche liegt, verläuft, haben alle Punkte P den Abstand 8 von E. Deshalb ist das Volumen $V = \frac{1}{3}\cdot 32\cdot 8$ von der Lage von P unabhängig.

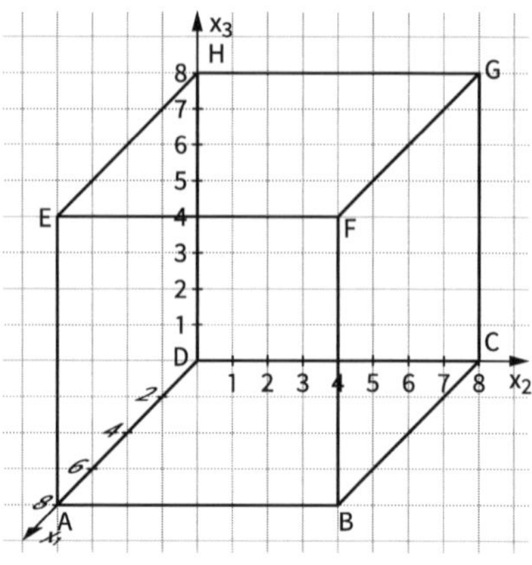

b) Raumdiagonale CE:
$\vec{x} = \begin{pmatrix} 0 \\ 8 \\ 0 \end{pmatrix} + k\cdot\begin{pmatrix} 1 \\ -1 \\ 1 \end{pmatrix}$

E_{ABP}: $\vec{x} = \begin{pmatrix} 8 \\ 0 \\ 0 \end{pmatrix} + r\cdot\begin{pmatrix} 0 \\ 1 \\ 0 \end{pmatrix} + s\cdot\begin{pmatrix} -8 \\ 8 \\ p \end{pmatrix}$

$p\cdot x_1 + 8x_3 = 8p$

Schnitt von CE und E_{ABP}

$p\cdot k + 8\cdot k = 8p$, also $k = \frac{8p}{p+8}$

$S\left(\frac{8p}{p+8}\middle|\frac{64}{p+8}\middle|\frac{8p}{p+8}\right)$

$|\overrightarrow{DS}| = \left|\begin{pmatrix} \frac{8p}{p+8} \\ \frac{64}{p+8} \\ \frac{8p}{p+8} \end{pmatrix}\right| = \frac{\sqrt{128(p^2+32)}}{p+8}$

$d(p) = \frac{8}{p+8}\sqrt{2p^2+64}$

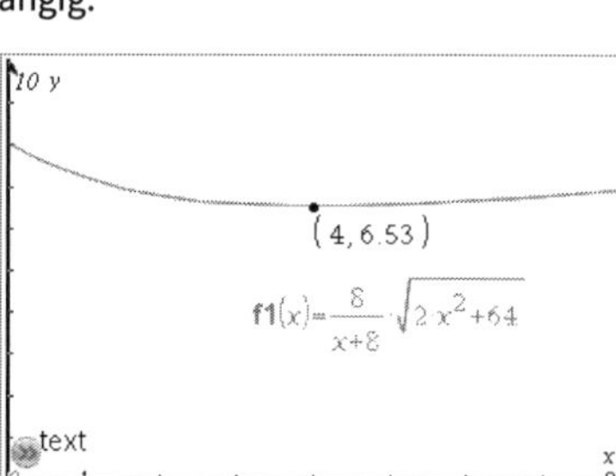

Die Funktion d hat für $p = 4$ ein Minimum.
Der Abstand von D und S ist minimal, wenn P der Mittelpunkt der Strecke $\overline{CG}$ ist.

13. a) Verkehrsflugzeug
$|\overrightarrow{A_1A_2}| = \left|\begin{pmatrix} 3 \\ 72 \\ 0,3 \end{pmatrix}\right| \approx 72{,}06$

Geschwindigkeit $v_1 = \frac{72{,}06\,\text{km}}{6\,\text{min}} \approx 12{,}0\,\frac{\text{km}}{\text{min}} \approx 720\,\frac{\text{km}}{\text{h}}$

Militärjet
$|\overrightarrow{B_1B_2}| = \left|\begin{pmatrix} 33 \\ -24 \\ 0 \end{pmatrix}\right| \approx 40{,}8$

Geschwindigkeit
$v_2 \approx \frac{40{,}8\,\text{km}}{3\,\text{min}} \approx 13{,}6\,\frac{\text{km}}{\text{min}} \approx 816\,\frac{\text{km}}{\text{h}}$

312

a) Abstand der beiden Flugbahnen:

Flugbahn des Verkehrsflugzeugs:

$$g\colon \vec{x} = \begin{pmatrix} 4 \\ -2 \\ -2{,}8 \end{pmatrix} + r \cdot \begin{pmatrix} 10 \\ 240 \\ 1 \end{pmatrix}$$

Flugbahn des Militärjets:

$$h\colon \vec{x} = \begin{pmatrix} -2 \\ 65 \\ 3{,}5 \end{pmatrix} + s \cdot \begin{pmatrix} 11 \\ -8 \\ 0 \end{pmatrix}$$

Die beiden Geraden g und h sind windschief zueinander.

Hilfsebene H, die g enthält und parallel zu h ist:

$$H\colon \vec{x} = \begin{pmatrix} 4 \\ -2 \\ -2{,}8 \end{pmatrix} + r \cdot \begin{pmatrix} 10 \\ 240 \\ 1 \end{pmatrix} + s \cdot \begin{pmatrix} 11 \\ -8 \\ 0 \end{pmatrix}$$

$$8x_1 - 11x_2 - 2\,720x_3 = -7\,606$$

Abstand von B_1 zu H:

$$\text{Abst}(B_1; H) = \frac{|8 \cdot (-2) - 11 \cdot 65 - 2\,720 \cdot 3{,}5 + 7\,606|}{3\sqrt{822\,065}} \approx 0{,}447$$

Der Abstand der beiden Flugbahnen beträgt ca. 450 m.

b) Projektion der Flugbahnen in eine Ebene parallel zur $x_1 x_2$-Ebene (Erdoberfläche)

Richtungsvektor der projizierten Flugbahn des Verkehrsflugzeugs $\overrightarrow{u'} = \begin{pmatrix} 10 \\ 240 \\ 0 \end{pmatrix}$

Richtungsvektor der projizierten Flugbahn des Militärjets $\overrightarrow{v'} = \begin{pmatrix} 11 \\ -8 \\ 0 \end{pmatrix}$

$$\cos(\alpha) = \frac{|\overrightarrow{u'} * \overrightarrow{v'}|}{|\overrightarrow{u'}| \cdot |\overrightarrow{v'}|} = \frac{1\,810}{\sqrt{57\,700} \cdot \sqrt{185}}$$

$\alpha \approx 56{,}4°$

Die Kondensstreifen schneiden sich für den Beobachter auf der Erde unter einem Winkel von ca. 56,4°

c) Flugbahn des Verkehrsflugzeugs:

$$g\colon \vec{x} = \begin{pmatrix} 4 \\ -2 \\ -2{,}8 \end{pmatrix} + t \cdot \begin{pmatrix} 0{,}5 \\ 12 \\ 0{,}05 \end{pmatrix}, \text{ t in min ab 9:14 Uhr}$$

Flugbahn des Militärjets:

$$h\colon \vec{x} = \begin{pmatrix} -2 \\ 65 \\ 3{,}5 \end{pmatrix} + t \cdot \begin{pmatrix} 11 \\ -8 \\ 0 \end{pmatrix}, \text{ t in min ab 9:14 Uhr}$$

Abstand der beiden Flugzeuge zum Zeitpunkt t:

$$d = \left\| \begin{pmatrix} 10{,}5 \cdot t - 6 \\ -20 \cdot t + 67 \\ -0{,}05t + 0{,}7 \end{pmatrix} \right\| = \frac{\sqrt{204\,101\,t^2 - 1\,122\,428\,t + 1\,810\,196}}{20}$$

Wir bestimmen das Minimum der Funktion D mit

$D(t) = 204\,101\,t^2 - 1\,122\,428\,t + 1\,810\,196$

Dieses liegt an der Stelle $t \approx 2{,}75$. Damit beträgt der minimale Abstand der beiden Flugzeuge ca. 25,8 km. Die beiden Flugzeuge kommen sich ca. um 9:17 Uhr am nächsten.

Ihr minimaler Abstand beträgt ca. 25,8 km. Die beiden Flugzeuge halten jederzeit auf ihren Flugbahnen den Mindestabstand ein.

312

14. a) Mittelpunkt M der Strecke $\overline{FG}$:

M(6|2|5)

$\overrightarrow{OC} = \overrightarrow{OA} + 2 \cdot \overrightarrow{AM} = \begin{pmatrix} 10 \\ 0 \\ 9 \end{pmatrix}$, C(10|0|9)

$\overrightarrow{OD} = \overrightarrow{OB} + 2 \cdot \overrightarrow{BM} = \begin{pmatrix} 10 \\ 6 \\ 3 \end{pmatrix}$; D(10|6|3)

Es gilt: $\overrightarrow{AB} * \overrightarrow{AD} = 0$, also ist die gemeinsame Grundfläche ABCD der beiden Pyramiden ein Quadrat.

Volumen des Oktaeder:

$V = 2 \cdot \frac{1}{3} \cdot |\overrightarrow{AB}|^2 \cdot |\overrightarrow{MG}| = 288$

Schrägbild

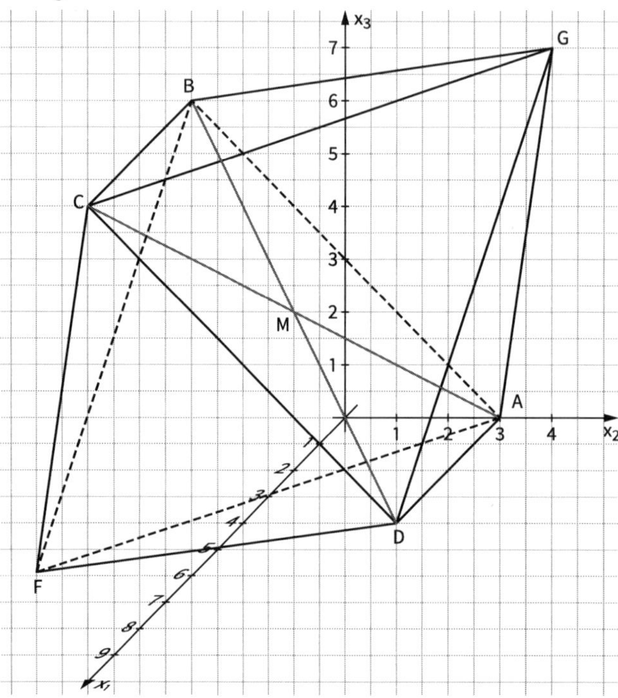

Innenwinkel:

E_{ABG}: $\vec{x} = \begin{pmatrix} 2 \\ 4 \\ 1 \end{pmatrix} + r \cdot \begin{pmatrix} 0 \\ -1 \\ 1 \end{pmatrix} + s \cdot \begin{pmatrix} 1 \\ 1 \\ 4 \end{pmatrix}$; $\overrightarrow{n_1} = \begin{pmatrix} 5 \\ -1 \\ -1 \end{pmatrix}$

E_{BCG}: $\vec{x} = \begin{pmatrix} 2 \\ -2 \\ 7 \end{pmatrix} + m \cdot \begin{pmatrix} 2 \\ 2 \\ -1 \end{pmatrix} + n \cdot \begin{pmatrix} -1 \\ 2 \\ 2 \end{pmatrix}$; $\overrightarrow{n_2} = \begin{pmatrix} -2 \\ 1 \\ -2 \end{pmatrix}$

$\cos(\alpha) = \frac{|\overrightarrow{n_1} * \overrightarrow{n_2}|}{|\overrightarrow{n_1}| \cdot |\overrightarrow{n_2}|} = \frac{9}{\sqrt{27} \cdot 3} \Rightarrow \alpha \approx 54{,}7°$

$\beta = 180° - \alpha \approx 125{,}3°$

Der Innenwinkel beträgt ca. 125,3°.

312

b) Mittelpunkt der Inkugel: M (6 | 2 | 5)

Abstand des Mittelpunktes von der Ebene:

E_{ABG}: $5x_1 - x_2 - x_3 = 5$

$\text{Abst}(M; E_{ABG}) = \frac{|5\cdot 6 - 2 - 5 - 5|}{\sqrt{27}} = \frac{18}{\sqrt{27}} = 2\sqrt{3}$

Aus Symmetriegründen sind die Abstände des Punktes M von allen Seitenflächen gleich groß.

Der Radius der Inkugel beträgt $r = 2\sqrt{3}$.

c) Die Ebenenschar E_t ist parallel zur Ebene E_{ABCD}, in der die Grundfläche der beiden Pyramiden liegt.

F liegt in der Ebene E_t für $t = -10$.

G liegt in der Ebene E_t für $t = 26$.

Die Ebene der Schar mit $-10 \le t \le 26$ schneiden das Oktaeder.

Ebene, in der die Grundfläche liegt:

E: $x_1 - 2x_2 - 2x_3 + 8 = 0$

FG: $\vec{x} = \begin{pmatrix} 8 \\ -2 \\ 1 \end{pmatrix} + k\cdot\begin{pmatrix} -4 \\ 8 \\ 8 \end{pmatrix}$

Schnitt von FG mit E:

$8 - 4k - 2(-2 + 8k) - 2(1 + 8k) + t = 0$, also $k = \frac{t+10}{36}$; $S_t\left(\frac{62-t}{9}\middle|\frac{2t+2}{9}\middle|\frac{2t+29}{9}\right)$

Abstand des Punktes S_t von der Grundflächenebene E:

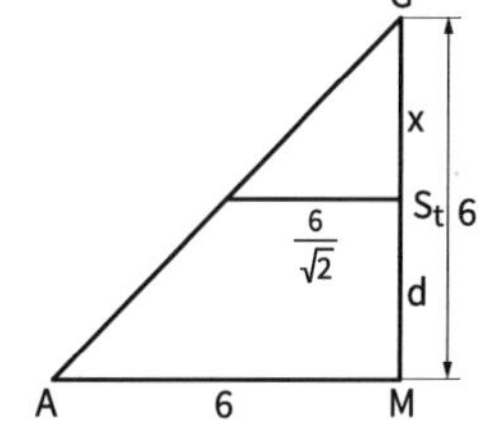

$\text{Abst}(S_t; E) = \frac{\left|\frac{1}{9}[62 - t - 2(2t+2) - 2(2t+29)] + 8\right|}{3} = \frac{|8-t|}{3}$

Nach dem 2. Strahlensatz gilt:

$\frac{x}{6} = \frac{\frac{6}{\sqrt{2}}}{6}$, also $x = \frac{6}{\sqrt{2}}$ und $d = 6 - \frac{6}{\sqrt{2}}$

Damit gilt: $\frac{|8-t|}{3} = 6\cdot\left(1 - \frac{1}{\sqrt{2}}\right)$

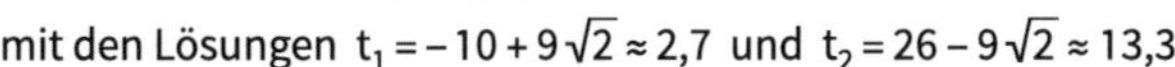

mit den Lösungen $t_1 = -10 + 9\sqrt{2} \approx 2{,}7$ und $t_2 = 26 - 9\sqrt{2} \approx 13{,}3$

Für diese beiden Werte schneiden die zugehörigen Ebenen ein Quadrat aus, dessen Flächeninhalt halb so groß ist wie der Flächeninhalt der Grundfläche.

312

15. a) E: $\vec{x} = \begin{pmatrix} 3 \\ -2 \\ 1 \end{pmatrix} + r \cdot \begin{pmatrix} 0 \\ 1 \\ 0 \end{pmatrix} + s \cdot \begin{pmatrix} 3 \\ 5 \\ 4 \end{pmatrix}$

$4x_1 - 3x_3 = 9$

$|\overrightarrow{AB}| = 5,\ |\overrightarrow{AC}| = \sqrt{50},\ |\overrightarrow{BC}| = 5$

Es gilt: $|\overrightarrow{AB}|^2 + |\overrightarrow{BC}|^2 = |\overrightarrow{AC}|^2$

Das Dreieck ABC ist ein gleichschenklig- rechtwinkliges Dreieck und kann zu einem Quadrat ergänzt werden.

$\overrightarrow{OD} = \overrightarrow{OA} + \overrightarrow{BC} = \begin{pmatrix} 6 \\ -2 \\ 5 \end{pmatrix}$, $D(6|-2|5)$

b) Es gilt:

$x_1 = 0 + 3k$

$x_2 = 3 + 5k$, also $\vec{x} = \begin{pmatrix} 0 \\ 3 \\ 9{,}5 \end{pmatrix} + k \cdot \begin{pmatrix} 3 \\ 5 \\ 4 \end{pmatrix}$

$x_3 = 9{,}5 + 4k$

Alle Punkte S_k liegen auf der Geraden

g: $\vec{x} = \begin{pmatrix} 0 \\ 3 \\ 9{,}5 \end{pmatrix} + k \cdot \begin{pmatrix} 3 \\ 5 \\ 4 \end{pmatrix}$

Parallelität von g und E:

$\begin{pmatrix} 3 \\ 5 \\ 4 \end{pmatrix} * \begin{pmatrix} 4 \\ 0 \\ -3 \end{pmatrix} = 0$, also sind g und E parallel zueinander.

Abstand von g zu E:

Wir berechnen den Abstand von S_0 zu E:

$\text{Abst}(S_0; E) = \frac{|4 \cdot 0 - 3 \cdot 9{,}5 - 9|}{5} = 7{,}5$

g hat den Abstand 7,5 zu E.

c) $F\left(\frac{a}{2}\middle|\frac{1}{2}\middle|3\right)$

$\overrightarrow{FS_k} = \begin{pmatrix} 3k - \frac{9}{2} \\ 5k + \frac{5}{2} \\ 4k + \frac{13}{2} \end{pmatrix}$

Die Gerade FS_k ist orthogonal zu E, wenn $\overrightarrow{FS_k}$ ein Vielfaches von $\vec{n} = \begin{pmatrix} 4 \\ 0 \\ -3 \end{pmatrix}$ ist.

Also $\begin{pmatrix} 3k - \frac{9}{2} \\ 5k + \frac{5}{2} \\ 4k + \frac{13}{2} \end{pmatrix} = r \cdot \begin{pmatrix} 4 \\ 0 \\ -3 \end{pmatrix}$

Diese Gleichung hat die Lösung $r = -\frac{3}{2};\ k = -\frac{1}{2}$

$S_{-\frac{1}{2}}\left(-\frac{3}{2}\middle|\frac{1}{2}\middle|\frac{15}{2}\right)$

6 Wahrscheinlichkeitsverteilungen

6.1 Lage- und Streumaße von Stichproben

6.1.1 Häufigkeitsverteilungen – Mittelwert einer Häufigkeitsverteilung

320 **Einstiegsaufgabe ohne Lösung**

Anzahl x der Eier im Nest	Anzahl H (x) der Nester mit x Eiern	Eier insgesamt
1	4	4
2	7	14
3	21	63
4	32	128
5	58	290
6	88	528
7	66	462
8	9	72
gesamt	**285**	**1561**
	Mittelwert	**5,48**

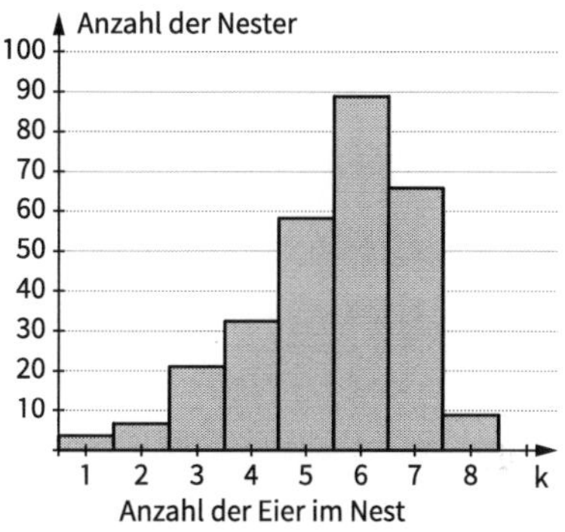

Anzahl x der Eier im Nest	Anzahl H (x) der Nester mit x Eiern	relative Häufigkeit	gewichtete Werte
1	4	0,0140	0,0140
2	7	0,0246	0,0492
3	21	0,0737	0,2211
4	32	0,1123	0,4492
5	58	0,2035	1,0175
6	88	0,3088	1,8528
7	66	0,2316	1,6212
8	9	0,0316	0,2528
gesamt	**285**	**1,0000**	**5,4778**

Im Mittel sind ca. 5,5 Eier im Nest.

322 **1.** Da es schwierig ist, für die Klassen jeweils repräsentative Werte anzugeben, ist es nicht verwunderlich, dass die hier berechneten Mittelwerte von den veröffentlichten Mittelwerten abweichen. Den veröffentlichten Mittelwerten liegen nämlich oft Auswertungen aller Einzeldaten zugrunde oder es wurde zur Berechnung eine weniger grobe Klasseneinteilung vorgenommen als in der Veröffentlichung.

wöchentliche Arbeitszeit	West	gewichteter Wert	Ost	gewichteter Wert
30	0,26	7,80	0,10	3,00
36,5	0,08	2,92	0,10	3,65
38	0,35	13,30	0,30	11,40
40	0,31	12,40	0,54	21,60
Mittelwert		36,42		39,65

322 Wählt man die in der Tabelle angegebenen repräsentativen Werte für die vier betrachteten Klassen, dann ergibt sich für die mittlere Arbeitszeit im Westen ein zu kleiner Wert, im Osten ein zu großer Wert. Folglich müssen für die beiden Teilgebiete Deutschlands unterschiedliche repräsentative Werte für die Klassen verwendet werden.

323 **2. a)**

Anzahl x der Tore	Anzahl H (x) der Spiele mit x Toren	Tore insgesamt
0	13	0
1	34	34
2	72	144
3	67	201
4	56	224
5	35	175
6	18	108
7	6	42
8	5	40
gesamt	**306**	**968**
	Mittelwert	**3,163**

b)

Anzahl x der Tore	Anzahl H (x) der Spiele mit x Toren	relative Häufigkeit	gewichteter Wert
0	13	0,042	0
1	34	0,111	0,111
2	72	0,235	0,470
3	67	0,219	0,657
4	56	0,183	0,732
5	35	0,114	0,570
6	18	0,059	0,354
7	6	0,020	0,140
8	5	0,016	0,128
gesamt	**306**	**1,000**	**3,162**

3.

Augenzahl	abs. Häufigkeit	rel. Häufigkeit	gewichteter Wert
1	115	0,115	0,115
2	135	0,135	0,270
3	120	0,120	0,360
4	123	0,123	0,492
5	144	0,144	0,720
6	189	0,189	1,134
7	174	0,174	1,218
gesamt	**1000**	**1**	**4,309**

Der Mittelwert der Augenzahlen beträgt ungefähr 4,3.

323 **4.** Häufigkeitsverteilung eingeben

	A anzahl_eier	B anteil_nester	C	D
=				
1	1	0.009		
2	2	0.019		
3	3	0.035		
4	4	0.054		
5	5	0.082		

D1

Im Diagramm darstellen

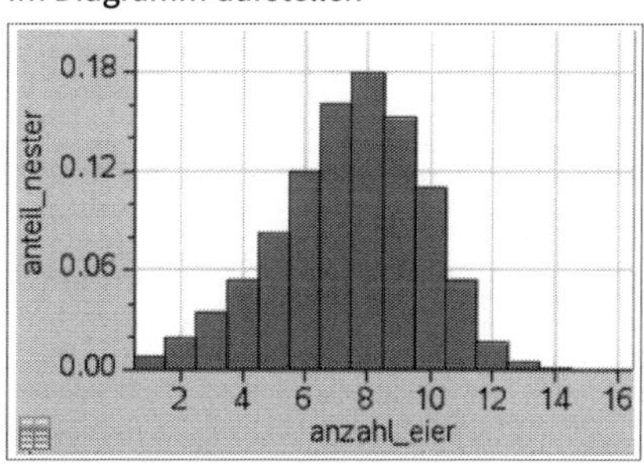

Mittelwert gemäß Definition berechnen

	n...	B ante...	C gewichteter_wert	D
=			=anzahl_eier*anteil_nester	
1	1	0.009	0.009	
2	2	0.019	0.038	
3	3	0.035	0.105	
4	4	0.054	0.216	
5	5	0.082	0.41	

C gewichteter_wert:=anzahl_eier· antei▸

	C gewichteter_wert	D	E
=	=anzahl_eier*anteil_nester		
1	0.009	7.411	
2	0.038		
3	0.105		
4	0.216		
5	0.41		

D1 =sum(gewichteter_wert)

alternativ: Mittelwert mithilfe der 1-Variablen-Statistik berechnen

	D	E	F	G	H
=			=OneVar(		
1	7.411	Titel	Statistik ...		
2		x̄	7.41842		
3		Σx	7.411		
4		Σx²	60.395		
5		sx := sn-...	#UNDEF..		

F =OneVar('anzahl_eier,'anteil_nester): ▸

Im Mittel sind 7,411 Eier in den Gelegen vorhanden.

324 **5.**

Anzahl x der Haustiere	0	1	2	3	4	5	6	7	8	gesamt	Mittelwert
Anzahl H (x) der Haushalte mit x Haustieren	41	32	14	6	3	1	2	0	1	**100**	
Haustiere insgesamt	0	32	28	18	12	5	12	0	8	**115**	**1,15**

Im Mittel sind 1,15 Haustiere in den Haushalten der Stadt.

324

6. a)

Anzahl x der Personen	Anteil h (x) der Fahrzeuge mit x Personen	gewichteter Wert
1	0,55	0,55
2	0,32	0,64
3	0,08	0,24
4	0,04	0,16
5	0,01	0,05
gesamt	**1**	**1,64**

Im Mittel saßen 1,64 Personen im Fahrzeug.

b) In der Einstiegsaufgabe ergab sich ein Mittelwert von 1,9 Personen pro Fahrzeug. In dem in Teilaufgabe a) betrachteten Zeitraum waren also die Fahrzeuge weniger stark besetzt.

7. Neuzüchtung

Anzahl x der Erbsen	Anzahl H (x) der Hülsen mit x Erbsen	Erbsen insgesamt
1	4	4
2	25	50
3	36	108
4	44	176
5	47	235
6	29	174
7	21	147
8	4	32
9	2	18
gesamt	**212**	**944**
	Mittelwert	**4,45**

bisherige Sorte

Anzahl x der Erbsen	Anteil h (x) der Hülsen mit x Erbsen	gewichteter Wert
1	0,06	0,06
2	0,14	0,28
3	0,2	0,6
4	0,21	0,84
5	0,17	0,85
6	0,12	0,72
7	0,07	0,49
8	0,02	0,16
9	0,01	0,09
gesamt	**1**	**4,09**

Die Neuzüchtung war erfolgreicher: Die mittlere Anzahl der Erbsen pro Hülse stieg von 4,09 Erbsen auf 4,45.

8. Aus der Mindest-Angabe ergibt sich der Anteil der Haushalte ohne Pkw bzw. ohne Fahrrad: 23 % bzw. 20 %. Durch Variation geschätzter relativer Häufigkeiten erhält man beispielsweise folgende Häufigkeitsverteilungen:

(1)

Anzahl x der Pkw	Anteil h (x) der Haushalte mit x Pkw	gewichteter Wert
0	0,23	0
1	0,55	0,55
2	0,17	0,34
3	0,04	0,12
4	0,01	0,04
gesamt	**1**	**1,05**

(2)

Anzahl x der Fahrräder	Anteil h (x) der Haushalte mit x Fahrrädern	gewichteter Wert
0	0,2	0
1	0,18	0,18
2	0,36	0,72
3	0,24	0,72
4	0,04	0,16
gesamt	**1,02**	**1,78**

324

9. **a)**; **b)** Da keine konkreten Anteile für die Haushalte mit 5, 6, … Kinder angegeben sind, kann nur eine Abschätzung des Mittelwerts nach unten erfolgen. Dieser Wert ist etwas höher als die im Zeitungsartikel angegebene Anzahl von 0,9 Kinder.

Anzahl k der Kinder	Anteil h (k) der Haushalte mit k Kindern	gewichteter Wert
0	0,483	0,000
1	0,211	0,211
2	0,213	0,426
3	0,069	0,207
4	0,024	0,096
gesamt	**1,000**	**0,940**

325

10. Die Merkmalsausprägung „5 Personen und mehr“ weist darauf hin, dass es auch Haushalte mit mehr als 5 Personen gab. Diese fehlende Information führt bei der Mittelwertberechnung für das Jahr 1900 zu einer erheblichen Abweichung, was darauf hindeutet, dass der Anteil der Haushalte mit 6, 7, … Personen beachtlich gewesen sein muss.
Verändert man die Angabe auf „5 Personen“, dann ergeben sich die folgenden Mittelwerte:

Anzahl x der Personen	Jahr 1900		Jahr 2010	
	Anteil h (x) der Haushalte mit x Personen	gewichteter Wert	Anteil h (x) der Haushalte mit x Personen	gewichteter Wert
1	0,07	0,07	0,40	0,40
2	0,15	0,30	0,34	0,68
3	0,17	0,51	0,13	0,39
4	0,17	0,68	0,10	0,40
5	0,44	2,20	0,03	0,15
gesamt	**1,00**	**3,76**	**1,27**	**2,02**

11. Da keine konkreten Anteile für Frauen mit 5, 6, … Kindern angegeben sind, kann nur ausgesagt werden, dass die mittlere Kinderzahl pro Frau größer ist als die im Folgenden berechneten Mittelwerte:

Anzahl x der Kinder	Jahrgänge 1963 bis 1967		Jahrgänge 1937 bis 1942	
	Anteil h (x) der Frauen mit x Kindern	gewichteter Wert	Anteil h (x) der Frauen mit x Kindern	gewichteter Wert
0	0,200	0,000	0,114	0,000
1	0,250	0,250	0,231	0,231
2	0,381	0,762	0,375	0,750
3	0,123	0,369	0,176	0,528
4	0,045	0,180	0,103	0,412
gesamt	**0,999**	**1,561**	**0,999**	**1,921**

325 **12. Fehler in der 1. Auflage in der Grafik links:** Es ist zweimal die Klasse „2 000 € bis unter 3 200 €" angegeben; die nächste Klasse hat die Bezeichnung „3 200 € bis unter 5 500 €". Wie bei allen Aufgaben mit klassierten Daten ist es schwierig, für die Klassen jeweils repräsentative Werte anzugeben.

Einkommen	Mittelwert der Klasse in €	Anzahl in Mio	Anteil	gewichteter Wert in €
unter 900 €	700	5,2	0,140	98,0
900 bis 1500 €	1 200	8,9	0,240	288,0
1 500 bis 2 000 €	1 750	6,3	0,170	297,5
2 000 bis 3 200 €	2 600	9,7	0,260	676,0
3 200 bis 5 500 €	4 350	5,7	0,150	652,5
5 500 € und mehr	6 000	1,3	0,040	240,0
Summe		37,1	1	2252,0

Einkommen	Mittelwert der Klasse in €	Anteil	gewichteter Wert in €
unter 1 100 €	800	0,142	113,6
1 100 bis 1 500 €	1 300	0,118	153,4
1 500 bis 2 000 €	1 750	0,146	255,5
2 000 bis 2 600 €	2 300	0,144	331,2
2 600 bis 4 000 €	3 300	0,229	755,7
4 000 bis 7 500 €	5 750	0,188	1 081,0
7 500 € und mehr	8 500	0,035	297,5
Summe	23 700	1	2 987,9

Das geschätzte mittlere Nettoeinkommen eines Haushalts betrug demnach im Jahr 2009 ca. 2 250 €, im Jahr 2012 ca. 3 000 €. Eine solche Verbesserung der Einkommenssituation in drei Jahren erscheint unrealistisch. Andererseits ist festzustellen, dass der Anteil der Haushalte, die sich in den unteren beiden Klassen befanden (unter 1 500 €), von 38 % auf 26 % zurückgegangen ist (in den unteren drei Einkommensklassen von 55 % auf 40,6 %).

13.

Wohnfläche	West	Ost	gesamt	Klassenmitte	Anteile			Gewichteter Wert in m^2		
					West	Ost	gesamt	West	Ost	gesamt
unter 40 m^2	1 206	481	1 687	30	0,042	0,062	0,047	1,272	1,861	1,398
40 m^2 bis unter 60 m^2	4 195	2 190	6 385	50	0,147	0,282	0,176	7,374	14,124	8,820
60 m^2 bis unter 80 m^2	6 870	2 217	9 087	70	0,242	0,286	0,251	16,906	20,017	17,573
80 m^2 bis unter 100 m^2	5 136	1 121	6 257	90	0,181	0,145	0,173	16,250	13,013	15,557
100 m^2 bis unter 120 m^2	3 592	798	4 390	110	0,126	0,103	0,121	13,891	11,322	13,341
120 m^2 und mehr	7 446	946	8 392	130	0,262	0,122	0,232	34,030	15,862	30,139
Summe	28 445	7 753	36 198		1,000	1,000	1,000	89,7	76,2	86,8

325 Nach der Berechnung mit den gewählten Klassenmitten ergibt sich eine mittlere Wohnfläche von 89,7 m² in Westdeutschland, von 76,2 m² in Ostdeutschland und von 86,8 m² in Gesamtdeutschland. Die große Abweichung von der Angabe bezüglich der Wohnungen in Westdeutschland erklärt sich dadurch, dass die Klassenmitte für die oberste Klasse von Wohnungen, die über ein Viertel der Wohnungen betrifft, mit 130 unzureichend geschätzt wird. Ersetzt man den Wert von 130 durch 146, dann ergibt sich genau der im Zeitungstext stehende Mittelwert von 93,9 m².

6.1.2 Streuung um den Mittelwert einer Stichprobe – die empirische Standardabweichung

328

1. Bei „Klasse b“ beträgt die mittlere Abweichung 3,899 und bei „Klasse a“ 5,833. Bei „Klasse b“ kann man also von einer Leistung der ganzen Klasse und bei „Klasse a“ von stärkerem individuellen Einsatz sprechen.

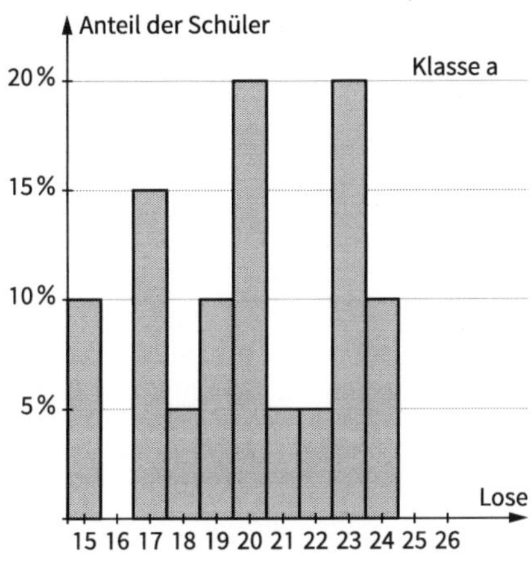

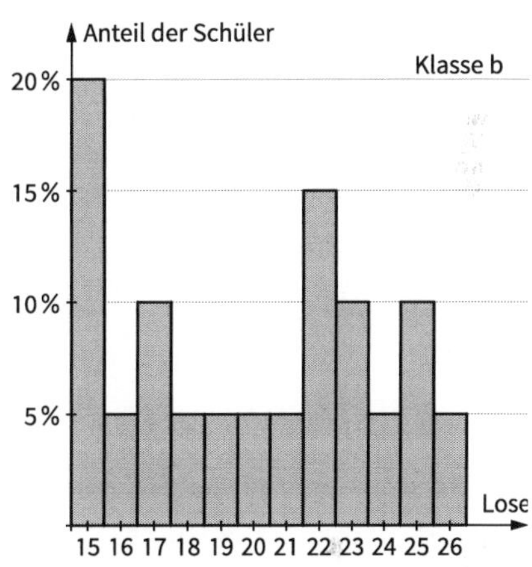

2. (1)

	Mittelwert	empirische Standard-abweichung
Will Claye	8,012 m	0,071 m
Michel Tornéus	7,943 m	0,173 m
Sebastian Bayer	7,974 m	0,074 m

(2)

	Mittelwert	empirische Standard-abweichung
Robert Harting	67,372 m	0,621 m
Ehsan Hadadi	66,633 m	1,533 m
Gerd Kanter	66,310 m	0,952 m

Der Bronzemedaille-Gewinner Will Claye und der Goldmedaillen-Gewinner Robert Harting hatten jeweils auch den höchsten Mittelwert und die geringsten Leistungsschwankungen.

329

3.

Mannschaft	Empirische Standardabweichung	
	Anzahl Punkte	Anzahl Tore
Bayern München	9,49	12,09
Borussia Dortmund	13,06	13,14
FC Schalke 04	8,18	5,07
Bayer 04 Leverkusen	5,46	14,76
Werder Bremen	12,68	9,25
VfB Stuttgart	10,81	9,28
Hamburger SV	11,08	13,46
VfL Wolfsburg	10,40	6,18
Hannover 96	6,89	7,00

In den letzten 10 Jahren hatte Bayer 04 Leverkusen die geringsten Leistungsschwankungen hinsichtlich der Punktzahl (aber die größten hinsichtlich der Anzahl der geschossenen Tore) und der FC Schalke 04 hinsichtlich der Anzahl der geschossenen Tore.

4. (1) In beiden Orten ergibt sich als Summe der Absolutbeträge der Veränderungen der Wert 29, d. h. im Mittel veränderten sich die Preise um ca. 2,07 Eurocent.

(2) Als mittlere quadratische Abweichung der Preisveränderungen ergibt sich für die Tankstelle in

A-Dorf: $\frac{(3-2{,}07)^2+(2-2{,}07)^2+\ldots+(2-2{,}07)^2}{14} \approx 0{,}923$

B-Stadt: $\frac{(4-2{,}07)^2+(2-2{,}07)^2+\ldots+(4-2{,}07)^2}{14} \approx 2{,}066$

also für die empirische Standardabweichung 0,96 bzw. 1,44.

Hinweis: Betrachtet man einen festen Ausgangspreis, z. B. 120 Eurocent pro Liter vor dem ersten Tag, dann ergibt sich am Ende des Zeitraums für beide Tankstellen ein Preis von 127 Eurocent pro Liter, aber für A-Dorf ein mittlerer Diesel-Preis von ca. 121,8 Eurocent für den 14-Tages-Zeitraum. Für B-Stadt dagegen von 127,2 Eurocent, d. h. die Preise in A-Dorf waren im Mittel erheblich niedriger als in B-Stadt. Im Vergleich zu diesen Mittelwerten beträgt die empirische Standardabweichung der Liter-Preise jedoch 2,54 Eurocent bzw. 2,34 Eurocent, d. h. im Vergleich zu den mittleren Preisen gab es in A-Dorf im Mittel etwas größere Abweichungen als in B-Stadt.

5. **a)** Im Mittel benötigte man bei dieser Serie 14 Würfe bis zum Vorliegen einer vollständigen Serie. Der Median der Versuchsreihe betrug 13 Würfe.

Die Anzahl der Würfe schwankt sehr stark; die empirische Standardabweichung für die hier betrachtete Versuchsreihe betrug ca. 5,3 Würfe.

b) eigene Versuchsreihe (Hinweis: Beim Warten auf eine vollständige Serie ist der Median in der Regel kleiner als das arithmetische Mittel.)

Blickpunkt: Vergleich von Häufigkeitsverteilungen mithilfe von Boxplots

330 **1. a)**

	kleinster Wert	unteres Quartil	Median	oberes Quartil	größter Wert
Gruppe A	4	7	14	17	18
Gruppe B	4	7	10	12	15
Gruppe C	3	8	13	16	20

b) (1) 75 % der Teilnehmer erreichten die Punktzahl des unteren Quartils (also 7 bzw. 7 bzw. 8 Punkte) oder mehr.

(2) 50 % der Teilnehmer erreichten höchstens die Punktzahl des Medians (also 14 bzw. 10 bzw. 13 Punkte).

(3) 25 % der Teilnehmer erreichten mindestens die Punktzahl des oberen Quartils (also 17 bzw. 12 bzw. 16 Punkte).

331 **2.** (1) Eine Zuordnung ist u. a. mithilfe des größten Werts möglich: Das 1. Histogramm gehört zum 3. Boxplot, da nur hier der Ausreißer Augensumme 34 auftritt.
Das 4. Histogramm kann dem 1. Boxplot zugeordnet werden, da die größte Augensumme 30 beträgt, weiter das 2. Histogramm dem 4. Boxplot (größte Augensumme 32) sowie das 3. Histogramm dem 2. Boxplot (größte Augensumme 33).

(2) Eine Zuordnung ist mithilfe des Medians möglich, der beim 1. Boxplot bei Augenzahl 10 liegt, beim 2. Boxplot bei Augenzahl 11, beim 3. Boxplot bei Augenzahl 9, beim 4. Boxplot bei Augenzahl 12. Mithilfe des Histogramms kann man dann „abzählen", welche Augenzahl im geordneten Protokoll des Ikosaeders an 50. bzw. 51. Stelle steht. Durch Addition der Augenzahlen findet man heraus, dass der Median des 1. Histogramms bei 11 liegt:

Augenzahl	1	2	3	4	5	6	7	8	9	10	11	12	13	14
Häufigkeit	5	2	4	4	5	4	7	6	6	3	5	1	2	...
kumuliert	5	7	11	15	20	24	31	37	43	46	51	52	54	...

Analog findet man heraus: Der Median des 2. Histogramms liegt bei 12, des 3. Histogramms bei 9 und des 4. Histogramms bei 10.

3. Der schnellste Proband benötigte 0,23 Zeiteinheiten, der langsamste 0,39 Zeiteinheiten. 25 % der Probanden benötigten höchstens 0,28 Zeiteinheiten, und die langsamsten 25 % mindestens 0,34 Zeiteinheiten. 50 % der Probanden benötigten mindestens 0,28 und höchstens 0,34 Zeiteneinheiten.

4. a) In den Rechtecken sind zusätzliche Unterteilungen vorgenommen, aus denen zusätzlich zu den Punktzahlen der Quartile und des Medians (= 2. Quartil) die Punktzahl der schwächsten und stärksten 5 % der Probanden abgelesen werden kann, außerdem die schwächsten und stärksten 10 %.

b) Bemerkenswert ist vor allem, dass die Leistungsstreuung bei den finnischen Schülerinnen und Schülern deutlich geringer ist als bei den deutschen, wie man an der Breite der Perzentilbänder ablesen kann. Außerdem sieht man, dass beispielsweise die leistungsstärksten 5 % in Finnland besser abgeschnitten haben als alle deutschen Testteilnehmer, oder auch, dass der Median in Deutschland ungefähr beim unteren Quartil in Finnland liegt, u. a. m.

Noch fit ... in Wahrscheinlichkeitsrechnung?

332

1. a)

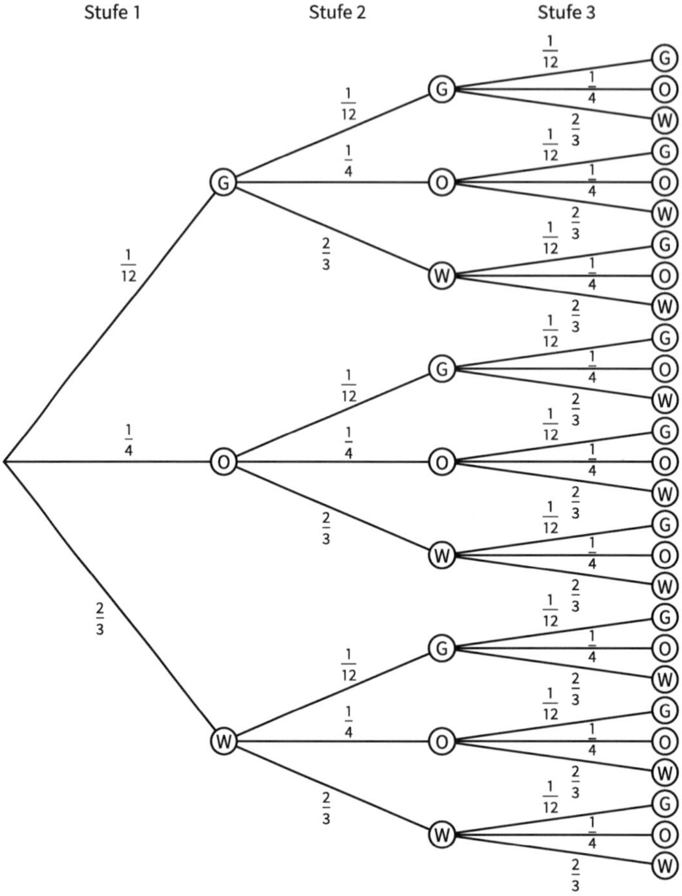

Stufe 1 | Stufe 2 | Stufe 3

Ergebnis	Wahrscheinlichkeit
GGG	$\frac{1}{1728}$
GGO	$\frac{1}{576}$
GGW	$\frac{2}{432}$
GOG	$\frac{1}{576}$
GOO	$\frac{1}{192}$
GOW	$\frac{2}{144}$
GWG	$\frac{2}{432}$
GWO	$\frac{2}{144}$
GWW	$\frac{4}{108}$
OGG	$\frac{1}{576}$
OGO	$\frac{1}{192}$
OGW	$\frac{1}{144}$
OOG	$\frac{1}{192}$
OOO	$\frac{1}{64}$
OOW	$\frac{2}{48}$
OWG	$\frac{2}{144}$
OWO	$\frac{2}{48}$
OWW	$\frac{4}{36}$
WGG	$\frac{2}{432}$
WGO	$\frac{2}{144}$
WGW	$\frac{4}{108}$
WOG	$\frac{2}{144}$
WOO	$\frac{2}{48}$
WOW	$\frac{4}{36}$
WWG	$\frac{4}{108}$
WWO	$\frac{4}{36}$
WWW	$\frac{8}{27}$

b) $P(\text{www}) = \left(\frac{2}{3}\right)^3 = \frac{8}{27} \approx 29{,}6\,\%$

c) $P(\text{mind. ein Hauptpreis}) = 1 - P(\text{kein Hauptpreis}) = 1 - \left(\frac{11}{12}\right)^3 \approx 23{,}0\,\%$

d) $P(\text{1. Runde Niete, 2. Runde ein Preis}) = \frac{2}{3} \cdot \frac{1}{3} = \frac{2}{9} \approx 22{,}2\,\%$

2. a) $P(\text{gg, oo}) = \frac{3}{10} \cdot \frac{2}{9} + \frac{7}{10} \cdot \frac{6}{9} = \frac{48}{90} \approx 53{,}3\,\%$

b) $P(\text{go, og}) = \frac{3}{10} \cdot \frac{7}{9} + \frac{7}{10} \cdot \frac{3}{9} = \frac{42}{90} \approx 46{,}7\,\% = 1 - P(\text{gg, oo})$

c) P(mind. eine grüne Kugel)
$= 1 - P(\text{keine grüne Kugel}) = 1 - P(\text{oo}) = 1 - \frac{7}{10} \cdot \frac{6}{9} = \frac{48}{90} \approx 53{,}3\,\%$

334

3. a) (1) $\left(\frac{1}{2}\right)^3 = \frac{1}{8} = 12{,}5\,\%$

(2) $P(14, 23, 32, 41) = \frac{4}{36} = \frac{1}{9} \approx 11{,}1\,\%$

(3) $P(566, 656, 665) = 3 \cdot \frac{1}{216} = \frac{1}{72} \approx 1{,}4\,\%$

(4) $1 - \left(\frac{5}{6}\right)^3 = \frac{91}{216} \approx 42{,}1\,\%$

(5) $\left(\frac{5}{6}\right)^3 = \frac{125}{216} \approx 57{,}9\,\%$

(6) $P(\text{gug}, \text{ugu}) = 2 \cdot \left(\frac{1}{2}\right)^3 = \frac{1}{4} = 25\,\%$

(7) $\frac{6 \cdot 5 \cdot 4}{6^3} = \frac{5}{9} \approx 55{,}6\,\%$

(8) $\frac{(4+3+2+1)+(3+2+1)+(2+1)+1}{216} = \frac{20}{216} \approx 9{,}3\,\%$

b) $P(\text{Augensumme } 10) = P(\text{Augensumme } 11) = \frac{27}{216} = \frac{1}{8} = 12{,}5\,\%$

4. a)

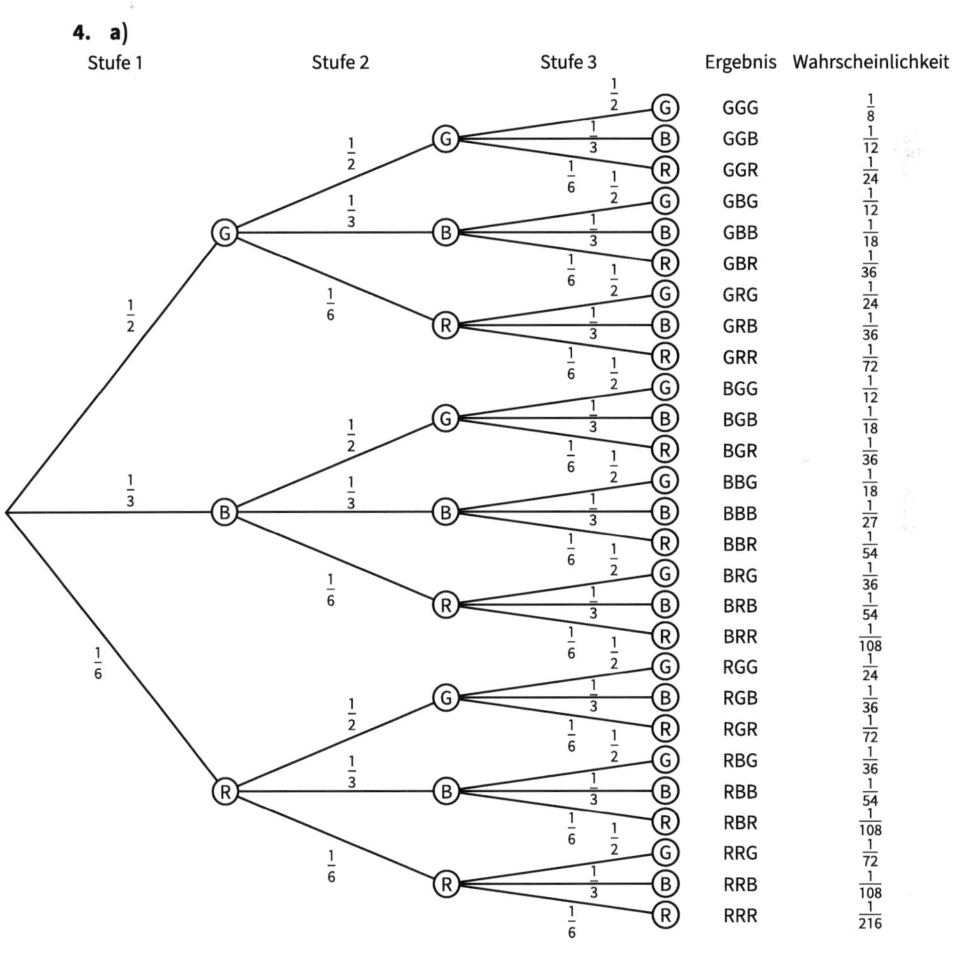

334 **b)** (1) $\frac{6}{12}\cdot\frac{6}{12}\cdot\frac{6}{12}=\frac{1}{8}$

(2) $\frac{2}{12}\cdot\frac{2}{12}\cdot\frac{2}{12}=\frac{1}{216}$

(3) $P(bbg, bgb, gbb) = 3\cdot\frac{4}{12}\cdot\frac{4}{12}\cdot\frac{6}{12}=\frac{1}{6}$

(4) $\frac{2}{12}=\frac{1}{6}$

(5) $6\cdot\frac{2}{12}\cdot\frac{4}{12}\cdot\frac{6}{12}=\frac{1}{6}$

(6) $P(\text{mind. eine blau}) = 1 - P(\text{keine Kugel blau}) = 1-\frac{8}{12}\cdot\frac{8}{12}\cdot\frac{8}{12}=1-\frac{8}{27}=\frac{19}{27}\approx 70{,}4\,\%$

(7) $P(\text{keine rot}) + P(\text{genau eine rot}) = \frac{10}{12}\cdot\frac{10}{12}\cdot\frac{10}{12}+3\cdot\frac{2}{12}\cdot\frac{10}{12}\cdot\frac{10}{12}=\frac{200}{216}=\frac{25}{27}\approx 92{,}6\,\%$

(8) $P(ggg) + P(ggx, gxg, xgg) + P(grb, gbr, rgb, rbg, brg, bgr)$
$=\frac{6}{12}\cdot\frac{6}{12}\cdot\frac{6}{12}+3\cdot\frac{6}{12}\cdot\frac{6}{12}\cdot\frac{6}{12}+6\cdot\frac{6}{12}\cdot\frac{4}{12}\cdot\frac{2}{12}=\frac{2}{3}$

(9) $P(bbb, bbg, bgb, bgg) + P(rbb, rbg, rgx) + P(gbb, gbg, ggx, grx)$
$=\left(\frac{4}{12}\cdot\frac{4}{12}\cdot\frac{4}{12}+2\cdot\frac{4}{12}\cdot\frac{4}{12}\cdot\frac{6}{12}+\frac{4}{12}\cdot\frac{6}{12}\cdot\frac{6}{12}\right)+\left(\frac{2}{12}\cdot\frac{4}{12}\cdot\frac{4}{12}+\frac{2}{12}\cdot\frac{4}{12}\cdot\frac{6}{12}+\frac{2}{12}\cdot\frac{4}{12}\cdot\frac{12}{12}\right)$
$+\left(\frac{6}{12}\cdot\frac{4}{12}\cdot\frac{4}{12}+\frac{6}{12}\cdot\frac{4}{12}\cdot\frac{6}{12}+\frac{6}{12}\cdot\frac{6}{12}\cdot\frac{12}{12}+\frac{6}{12}\cdot\frac{2}{12}\cdot\frac{12}{12}\right)$
$=\frac{29}{36}\approx 80{,}6\,\%$

c) Durch das Ziehen ohne Zurücklegen verändern sich Zähler und Nenner.

(1) $\frac{6}{12}\cdot\frac{5}{11}\cdot\frac{4}{10}=\frac{1}{11}\approx 9{,}1\,\%$

(2) nicht möglich: $P(rrr) = 0$

(3) $3\cdot\frac{4}{12}\cdot\frac{3}{11}\cdot\frac{6}{10}=\frac{9}{55}\approx 16{,}4\,\%$

(4) $P(rr, br, gr) = \frac{2}{12}\cdot\frac{1}{11}+\frac{4}{12}\cdot\frac{2}{11}+\frac{6}{12}\cdot\frac{2}{11}=\frac{1}{6}$

(5) $6\cdot\frac{2}{12}\cdot\frac{4}{11}\cdot\frac{6}{10}=\frac{12}{55}\approx 21{,}8\,\%$

(6) $1-\frac{8}{12}\cdot\frac{7}{11}\cdot\frac{6}{10}=1-\frac{14}{55}=\frac{41}{55}\approx 74{,}5\,\%$

(7) $\frac{10}{12}\cdot\frac{9}{11}\cdot\frac{8}{10}+3\cdot\frac{2}{12}\cdot\frac{10}{11}\cdot\frac{9}{10}=\frac{21}{22}\approx 95{,}5\,\%$

(8) $\frac{6}{12}\cdot\frac{5}{11}\cdot\frac{4}{10}+3\cdot\frac{6}{12}\cdot\frac{5}{11}\cdot\frac{6}{10}+6\cdot\frac{6}{12}\cdot\frac{4}{11}\cdot\frac{2}{10}=\frac{79}{110}\approx 71{,}8\,\%$

(9) $\left(\frac{4}{12}\cdot\frac{3}{11}\cdot\frac{2}{10}+2\cdot\frac{4}{12}\cdot\frac{3}{11}\cdot\frac{6}{10}+\frac{4}{12}\cdot\frac{6}{11}\cdot\frac{5}{10}\right)+\left(\frac{2}{12}\cdot\frac{4}{11}\cdot\frac{3}{10}+\frac{2}{12}\cdot\frac{4}{11}\cdot\frac{6}{10}+\frac{2}{12}\cdot\frac{4}{11}\cdot\frac{10}{10}\right)$
$+\left(\frac{6}{12}\cdot\frac{4}{11}\cdot\frac{3}{10}+\frac{6}{12}\cdot\frac{4}{11}\cdot\frac{5}{10}+\frac{6}{12}\cdot\frac{5}{11}\cdot\frac{10}{10}+\frac{6}{12}\cdot\frac{2}{11}\cdot\frac{10}{10}\right)$
$\approx 79{,}7\,\%$

334 **5.**

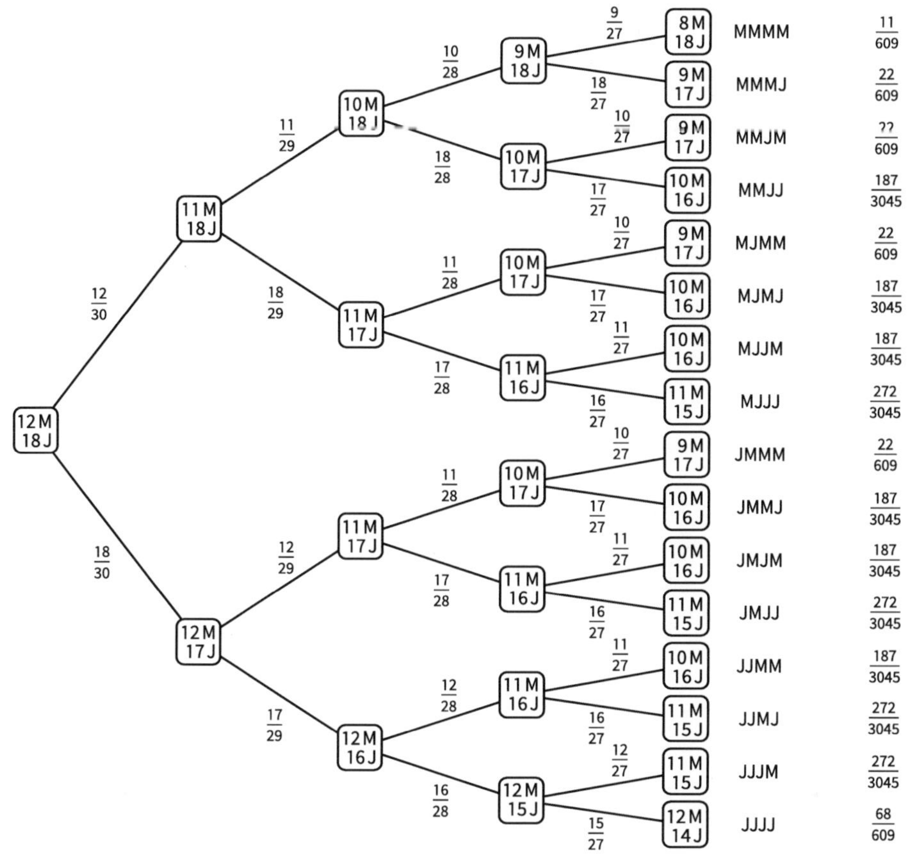

a) $6 \cdot \frac{18}{30} \cdot \frac{17}{29} \cdot \frac{12}{28} \cdot \frac{11}{27} \approx 36{,}8\,\%$

b) $P(\text{kein Junge}) + P(\text{genau ein Junge}) = \frac{12}{30} \cdot \frac{11}{29} \cdot \frac{10}{28} \cdot \frac{9}{27} + 4 \cdot \frac{18}{30} \cdot \frac{12}{29} \cdot \frac{11}{28} \cdot \frac{10}{27} \approx 16{,}3\,\%$

c) $P(\text{mind. ein Mädchen}) = 1 - P(\text{kein Mädchen}) = 1 - \frac{18}{30} \cdot \frac{17}{29} \cdot \frac{16}{28} \cdot \frac{15}{27} \approx 88{,}8\,\%$

6. **a)** Siehe 2. Spalte der Tabelle.

Qualität	Wahrscheinlichkeit	erwartete Häufigkeit	Gewinn (in €) pro Gefäß	Gewinn (in €) insgesamt
1. Wahl	$0{,}9 \cdot 0{,}8 \cdot 0{,}75 = 0{,}54$	540	3,00	1620,00
2. Wahl	$0{,}9 \cdot 0{,}8 \cdot 0{,}25 + 0{,}9 \cdot 0{,}2 \cdot 0{,}75 + 0{,}1 \cdot 0{,}8 \cdot 0{,}75 = 0{,}375$	375	1,00	375,00
3. Wahl	$0{,}9 \cdot 0{,}2 \cdot 0{,}25 + 0{,}1 \cdot 0{,}8 \cdot 0{,}25 + 0{,}1 \cdot 0{,}2 \cdot 0{,}75 = 0{,}08$	80	0,00	0,00
Ausschuss	$0{,}1 \cdot 0{,}2 \cdot 0{,}25 = 0{,}005$	5	−1,50	−7,50
			Summe	1987,50

b) Der zu erwartende Gewinn beträgt 1 987,50 €.

6.2 Wahrscheinlichkeitsverteilungen

6.2.1 Zufallsgröße – Erwartungswert einer Zufallsgröße

335 **Einstiegsaufgabe ohne Lösung**

Auszahlungsbetrag (in €)	erwartete relative Häufigkeit	gewichteter Auszahlungsbetrag (in €)
0	0,25	0,00
0,50	0,40	0,20
1,00	0,23	0,23
2,00	0,10	0,20
5,00	0,02	0,10
Summe	1	0,73

Auf lange Sicht ist ein Auszahlungsbetrag von 0,73 € pro Spiel zu erwarten, d. h. pro Spiel beträgt der mittlere Verlust 0,27 €.

338 **1. a)** Da es sich um konkrete Realisationen von Zufallsversuchen handelt, weichen die relativen Häufigkeiten teilweise erheblich von den berechneten Wahrscheinlichkeiten ab. Man hat den Eindruck, dass die ermittelte Dreiecksform des Histogramms der Wahrscheinlichkeitsverteilung erst bei großer Versuchszahl zu erkennen ist.

b) –

2. a) Kombinationstabelle

	1	2	3	4	5	6
1	2	3	4	5	6	7
2	3	4	5	6	7	8
3	4	5	6	7	8	9
4	5	6	7	8	9	10
5	6	7	8	9	10	11
6	7	8	9	10	11	12

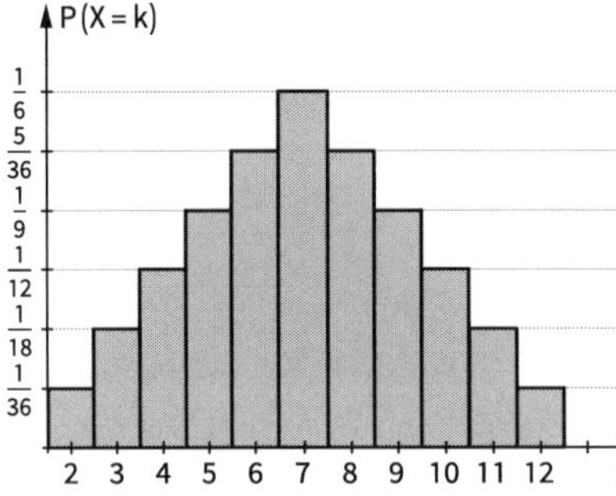

Wahrscheinlichkeitsverteilung

Augensumme	Wahrscheinlichkeit
2	$\frac{1}{36} \approx 2{,}8\,\%$
3	$\frac{2}{36} \approx 5{,}6\,\%$
4	$\frac{3}{36} \approx 8{,}3\,\%$
5	$\frac{4}{36} \approx 11{,}1\,\%$
6	$\frac{5}{36} \approx 13{,}9\,\%$
7	$\frac{6}{36} \approx 16{,}7\,\%$
8	$\frac{5}{36} \approx 13{,}9\,\%$
9	$\frac{4}{36} \approx 11{,}1\,\%$
10	$\frac{3}{36} \approx 8{,}3\,\%$
11	$\frac{2}{36} \approx 5{,}6\,\%$
12	$\frac{1}{36} \approx 2{,}8\,\%$

338

b) Kombinationstabelle

	1	2	3	4
1	1	2	3	4
2	2	4	6	8
3	3	6	9	12
4	4	8	12	16

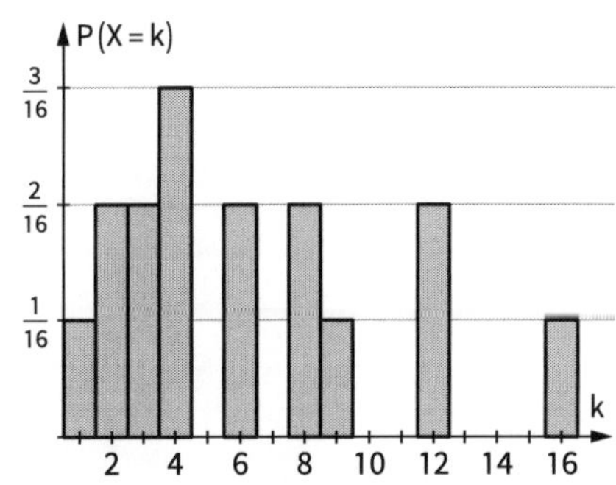

Wahrscheinlichkeitsverteilung

Augenprodukt	1	2	3	4	6	8	9	12	16
Wahrscheinlichkeit	$\frac{1}{16}$	$\frac{2}{16}$	$\frac{2}{16}$	$\frac{3}{16}$	$\frac{2}{16}$	$\frac{2}{16}$	$\frac{1}{16}$	$\frac{2}{16}$	$\frac{1}{16}$

c) Wahrscheinlichkeitsverteilung

Augensumme	3	4	5	6	7	8	9	10	11	12
Wahrscheinlichkeit	$\frac{1}{64}$	$\frac{3}{64}$	$\frac{6}{64}$	$\frac{10}{64}$	$\frac{12}{64}$	$\frac{12}{64}$	$\frac{10}{64}$	$\frac{6}{64}$	$\frac{3}{64}$	$\frac{1}{64}$

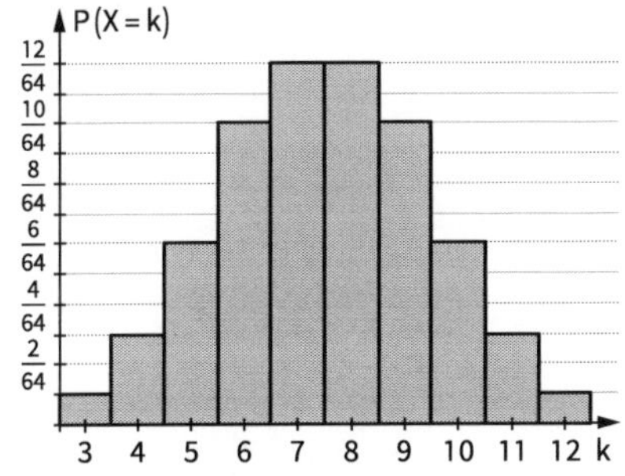

d) Wahrscheinlichkeitsverteilung

Augensumme	3	4	5	6	7	8	9	10
Wahrscheinlichkeit	$\frac{1}{216}$	$\frac{3}{216}$	$\frac{6}{216}$	$\frac{10}{216}$	$\frac{15}{216}$	$\frac{21}{216}$	$\frac{25}{216}$	$\frac{27}{216}$

Augensumme	11	12	13	14	15	16	17	18
Wahrscheinlichkeit	$\frac{27}{216}$	$\frac{25}{216}$	$\frac{21}{216}$	$\frac{15}{216}$	$\frac{10}{216}$	$\frac{6}{216}$	$\frac{3}{216}$	$\frac{1}{216}$

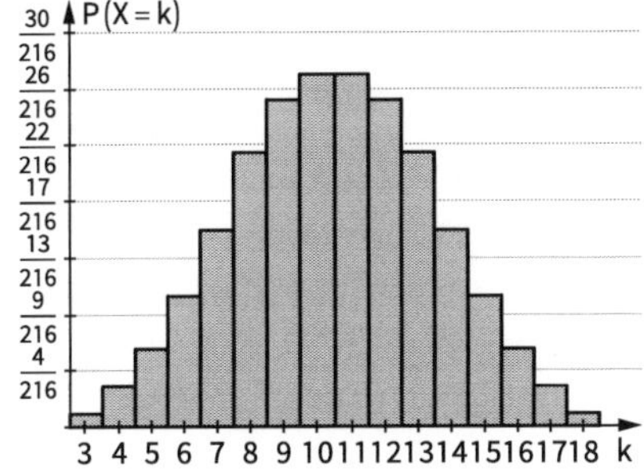

338

e) Kombinationstabelle

	1	2	3	4	5	6
1	1	2	3	4	5	6
2	2	4	6	8	10	12
3	3	6	9	12	15	18
4	4	8	12	16	20	24
5	5	10	15	20	25	30
6	6	12	18	24	30	36

Hier wurden für eine bessere Übersicht Balken zu Werten mit Wahrscheinlichkeit $P(X = k) = 0$ weggelassen.

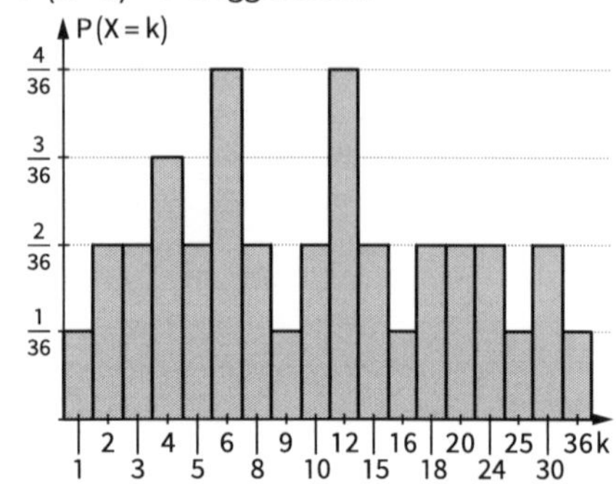

Wahrscheinlichkeitsverteilung

Augenprodukt	1	2	3	4	5	6	8	9	10
Wahrscheinlichkeit	$\frac{1}{36}$	$\frac{2}{36}$	$\frac{2}{36}$	$\frac{3}{36}$	$\frac{2}{36}$	$\frac{4}{36}$	$\frac{2}{36}$	$\frac{1}{36}$	$\frac{2}{36}$

Augenprodukt	12	15	16	18	20	24	25	30	36
Wahrscheinlichkeit	$\frac{4}{36}$	$\frac{2}{36}$	$\frac{1}{36}$	$\frac{2}{36}$	$\frac{2}{36}$	$\frac{2}{36}$	$\frac{1}{36}$	$\frac{2}{36}$	$\frac{1}{36}$

3. Aufstellen einer Kombinationstabelle

	1	3	3	5	5	7
1	2	4	4	6	6	8
2	3	5	5	7	7	9
2	3	5	5	7	7	9
3	4	6	6	8	8	10

Hier ergibt sich durch Abzählen der Häufigkeit der möglichen Augensummen die gleiche Wahrscheinlichkeitsverteilung wie bei Tetraeder und Hexaeder mit üblicher Beschriftung:

Augensumme	2	3	4	5	6	7	8	9	10
Wahrscheinlichkeit	$\frac{1}{24}$	$\frac{2}{24}$	$\frac{3}{24}$	$\frac{4}{24}$	$\frac{5}{24}$	$\frac{4}{24}$	$\frac{3}{24}$	$\frac{2}{24}$	$\frac{1}{24}$

4. Die Wahrscheinlichkeiten können der Verteilung aus Aufgabe 2 a) entnommen werden:

a) $P(X \leq 5) = \frac{1}{36} + \frac{2}{36} + \frac{3}{36} + \frac{4}{36} = \frac{10}{36} \approx 27{,}8\,\%$

b) (1) $P(X > 5)$

$= P(X = 6) + P(X = 7) + P(X = 8) + P(X = 9) + P(X = 10) + P(X = 11) + P(X = 12)$

$= 1 - P(X \leq 5) = \frac{26}{36} \approx 72{,}2\,\%$

(2) $P(4 \leq X \leq 7)$

$= P(X = 4) + P(X = 5) + P(X = 6) + P(X = 7)$

$= \frac{3}{36} + \frac{4}{36} + \frac{5}{36} + \frac{6}{36} = \frac{1}{2}$

(3) $P(X < 6)$

$= P(X \leq 5) = 1 - P(x > 5) = \frac{10}{36} \approx 27{,}8\,\%$

339

5. **Fehler in der 1. Auflage: Bei (6) muss es „oder“ statt „und“ heißen.**

(1) $P(X \le 9) = \frac{30}{36}$ (4) $P(6 \le X \le 10) = \frac{23}{36}$

(2) $P(X < 10) = \frac{30}{36}$ (5) $P(X > 9 \text{ oder } X < 5) = \frac{12}{36}$

(3) $P(X \ge 5) = \frac{30}{36}$ (6) $P(X < 10 \text{ oder } X > 11) = \frac{31}{36}$

6. **a)** Die Wurfkombinationen {1; 4; 6}; {2; 3; 6}; {2; 4; 6} treten jeweils 6-mal, die Kombinationen {1; 5; 5}; {3; 3; 5}; {3; 4; 4} treten jeweils 3-mal auf. Damit führen 27 Ergebnisse der möglichen 216 auf die Augensumme 11.
Die Wurfkombinationen {1; 5; 6}; {2; 4; 6}; {3; 4; 5} treten jeweils 6-mal, die Kombinationen {3; 3; 6} und {2; 5; 5} treten jeweils 3-mal auf und die Kombination {4; 4; 4} nur einmal auf. Damit führen 25 Ergebnisse der möglichen 216 auf die Augensumme 12.

b)

k	P(X = k)	k	P(X = k)	k	P(X = k)	k	P(X = k)
3	$\frac{1}{216}$	7	$\frac{15}{216}$	11	$\frac{27}{216}$	15	$\frac{10}{216}$
4	$\frac{3}{216}$	8	$\frac{21}{216}$	12	$\frac{25}{216}$	16	$\frac{6}{216}$
5	$\frac{6}{216}$	9	$\frac{25}{216}$	13	$\frac{21}{216}$	17	$\frac{3}{216}$
6	$\frac{10}{216}$	10	$\frac{27}{216}$	14	$\frac{15}{216}$	18	$\frac{1}{216}$

7. Die Zufallsgröße X gebe die Summe der Bahnnummern an.

a) Man kann die Wahrscheinlichkeiten auf die folgende Weise ermitteln:
Ein Vertreter der ersten Mannschaft zieht drei Lose ohne Zurücklegen.
Da für die Summe die Reihenfolge nicht beachtet wird, gibt es $\binom{6}{3} = 20$ verschiedene Loskombinationen. Da alle Kombinationen gleich wahrscheinlich sind, tritt jede Kombination mit der Wahrscheinlichkeit $\frac{1}{20}$ auf.
Diese Anzahl von Kombinationen kann auch ohne Kombinatorikkenntnisse durch Aufschreiben aller Möglichkeiten ermittelt werden.

X	Loskombination	Wahrscheinlichkeit
9	(2, 3, 4)	$\frac{1}{20}$
10	(2, 3, 5)	$\frac{1}{20}$
11	(2, 3, 6), (2, 3, 5)	$\frac{2}{20}$
12	(2, 3, 7), (2, 4, 6), (3, 4, 5)	$\frac{3}{20}$
13	(2, 4, 7), (2, 5, 6), (3, 4, 6)	$\frac{3}{20}$
14	(2, 5, 7), (3, 4, 7), (3, 5, 6)	$\frac{3}{20}$
15	(2, 6, 7), (3, 5, 7), (4, 5, 6)	$\frac{3}{20}$
16	(3, 6, 7), (4, 5, 7)	$\frac{2}{20}$
17	(4, 6, 7)	$\frac{1}{20}$
18	(5, 6, 7)	$\frac{1}{20}$

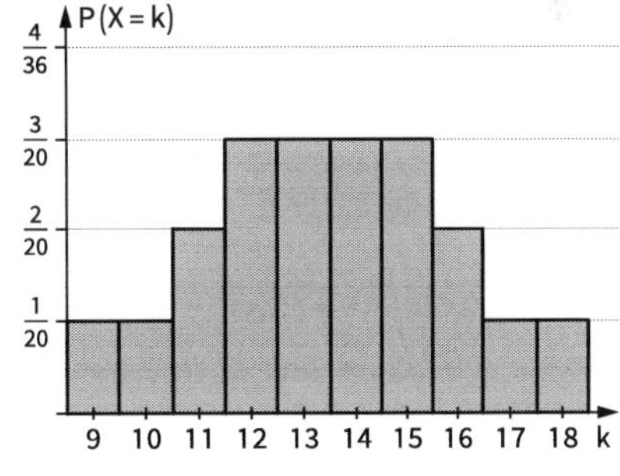

339 **b)** (1) $P(X < 12) = \frac{1}{20} + \frac{1}{20} + \frac{2}{20} = \frac{1}{5}$

(2) $P(X > 7) = 1$

(3) $P(X \geq 14) = \frac{3}{20} + \frac{3}{20} + \frac{2}{20} + \frac{1}{20} + \frac{1}{20} = \frac{1}{2}$

8. a)

k	2 Hexaeder P(X = k)	Tetraeder und Oktaeder P(X = k)
2	$\frac{1}{36} = \frac{8}{288}$	$\frac{1}{32} = \frac{9}{288}$
3	$\frac{2}{36} = \frac{16}{288}$	$\frac{2}{32} = \frac{18}{288}$
4	$\frac{3}{36} = \frac{24}{288}$	$\frac{3}{32} = \frac{27}{288}$
5	$\frac{4}{36} = \frac{32}{288}$	$\frac{4}{32} = \frac{36}{288}$
6	$\frac{5}{36} = \frac{40}{288}$	$\frac{4}{32} = \frac{36}{288}$
7	$\frac{6}{36} = \frac{48}{288}$	$\frac{4}{32} = \frac{36}{288}$
8	$\frac{5}{36} = \frac{40}{288}$	$\frac{4}{32} = \frac{36}{288}$
9	$\frac{4}{36} = \frac{32}{288}$	$\frac{4}{32} = \frac{36}{288}$
10	$\frac{3}{36} = \frac{24}{288}$	$\frac{3}{32} = \frac{27}{288}$
11	$\frac{2}{36} = \frac{16}{288}$	$\frac{2}{32} = \frac{18}{288}$
12	$\frac{1}{36} = \frac{8}{288}$	$\frac{1}{32} = \frac{9}{288}$

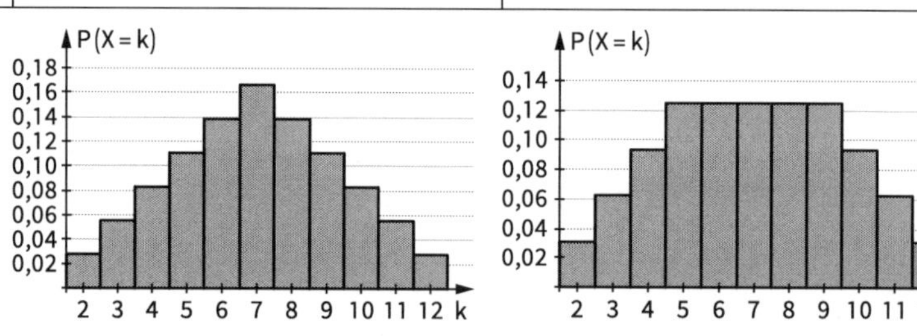

Die Wahrscheinlichkeitverteilungen stimmen nicht überein. Das Histogramm für die Augensumme zweier Hexaeder hat die typische Dreiecksgestalt, für die Augensumme von Tetraeder und Oktaeder eine Trapezform.

b)

	2 Hexaeder	Tetraeder und Oktaeder
(1) P(X = 4)	$\frac{24}{288}$	$\frac{27}{288}$
(2) P(X = 7)	$\frac{48}{288}$	$\frac{36}{288}$
(3) P(X < 7)	$\frac{120}{288}$	$\frac{126}{288}$
(4) P(X gerade)	$\frac{1}{2}$	$\frac{1}{2}$

339 **c)**

k	2	3	4	5	6	7	8	9
P(X = k)	$\frac{1}{64}$	$\frac{2}{64}$	$\frac{3}{64}$	$\frac{4}{64}$	$\frac{5}{64}$	$\frac{6}{64}$	$\frac{7}{64}$	$\frac{8}{64}$

k	10	11	12	13	14	15	16
P(X = k)	$\frac{7}{64}$	$\frac{6}{64}$	$\frac{5}{64}$	$\frac{4}{64}$	$\frac{3}{64}$	$\frac{2}{64}$	$\frac{1}{64}$

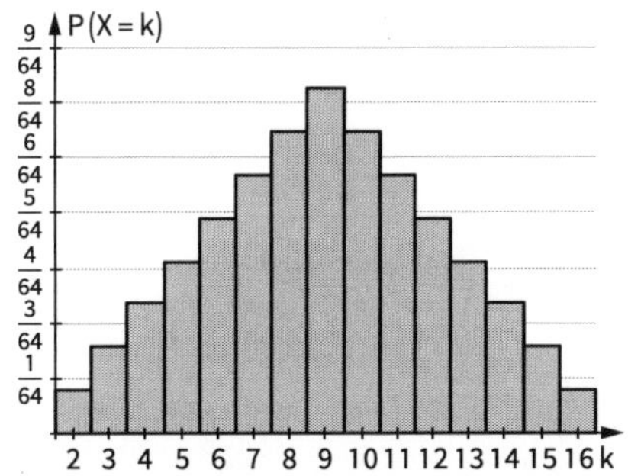

d)

	1	2	3	4	5	6	7	8	9	10	11	12
1	2	3	4	5	6	7	8	9	10	11	12	13
2	3	4	5	6	7	8	9	10	11	12	13	14
3	4	5	6	7	8	9	10	11	12	13	14	15
4	5	6	7	8	9	10	11	12	13	14	15	16

← Augenzahl Dodekaeder

← Augensumme

↑ Augenzahl Tetraeder

k	2	3	4	5	6	7	8	9
P(X = k)	$\frac{1}{48}$	$\frac{2}{48}$	$\frac{3}{48}$	$\frac{4}{48}$	$\frac{4}{48}$	$\frac{4}{48}$	$\frac{4}{48}$	$\frac{4}{48}$

k	10	11	12	13	14	15	16
P(X = k)	$\frac{4}{48}$	$\frac{4}{48}$	$\frac{4}{48}$	$\frac{4}{48}$	$\frac{3}{48}$	$\frac{2}{48}$	$\frac{1}{48}$

e) Tetraeder + Ikosaeder
2 Dodekaeder } Augensummen 2, …, 24

9. **a)** Jedes der 16 Ergebnisse ist gleich wahrscheinlich. Damit tritt jede Symbolkombination mit der Wahrscheinlichkeit $\frac{1}{16}$ ein.

Erwartungswert:

$$2 \cdot \frac{1}{16} \cdot 0{,}00 + 4 \cdot \frac{1}{16} \cdot 0{,}10 + 4 \cdot \frac{1}{16} \cdot 0{,}20 + 3 \cdot \frac{1}{16} \cdot 0{,}30 + 2 \cdot \frac{1}{16} \cdot 0{,}40 + \frac{1}{16} \cdot 0{,}50 = 0{,}2125$$

b) Das Spiel ist fair, wenn der Einsatz 0,2125 € beträgt. Ein Einsatz für ein Spiel von 0,25 € erscheint angemessen; dann ist der durchschnittliche Verlust pro Spiel 0,0375 €.

340 **10. a)**

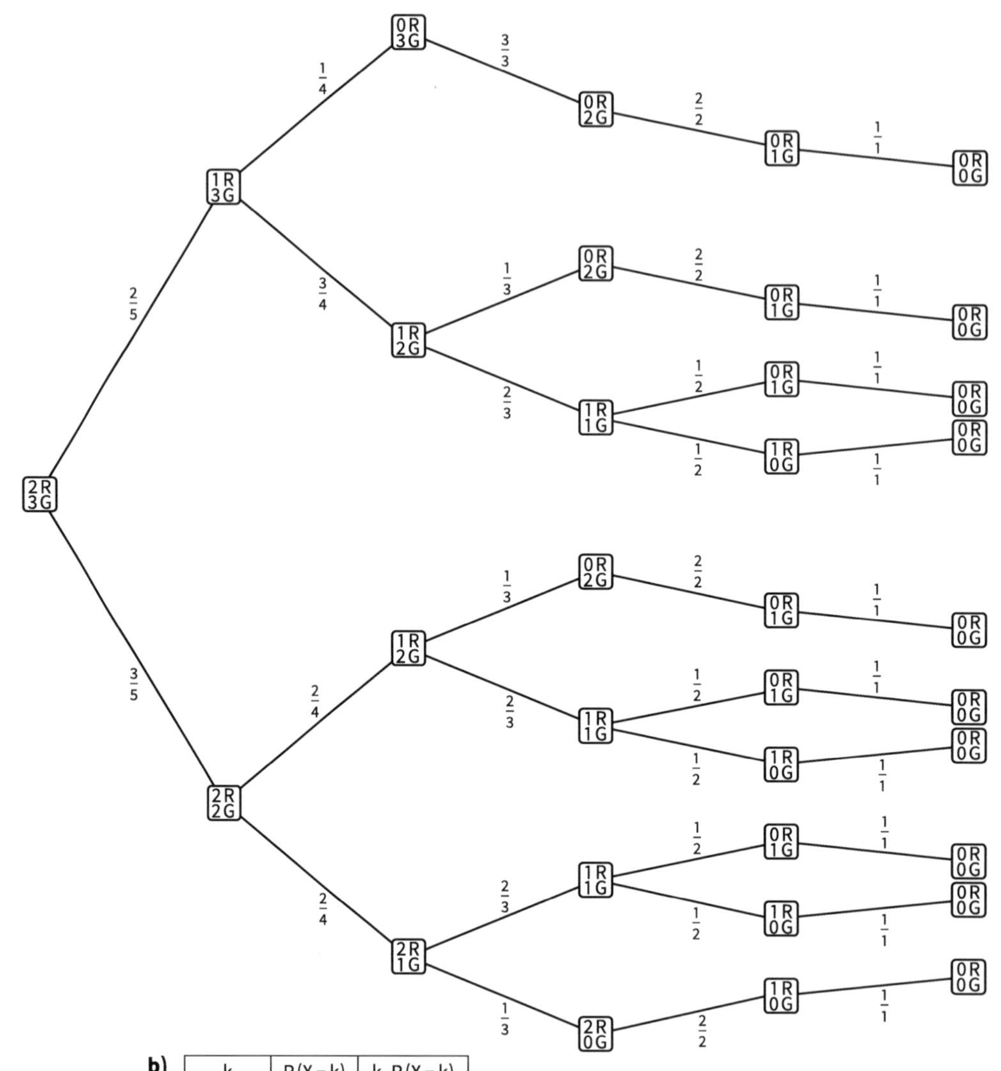

b)

k	P(X=k)	k·P(X=k)
2	0,1	0,2
3	0,2	0,6
4	0,3	1,2
5	0,4	2,0
Summe	1	4,0

c)

k	P(X=k)	k·P(X=k)
2	0,6	1,2
3	0,3	0,9
4	0,1	0,4
Summe	1	2,5

340

d)

k	P(X = k)	k · P(X = k)
3	0,1	0,3
4	0,3	1,2
5	0,6	3,0
Summe	1	4,5

11. Fehler in der 1. Auflage: Der Aufgabenteil „Zeichnen Sie das Baumdiagramm" muss gestrichen werden. Es wäre zu aufwendig, dieses Baumdiagramm zu erstellen.

Augensumme	Wahrscheinlichkeit Ziehen mit Zurücklegen	Wahrscheinlichkeit Ziehen ohne Zurücklegen
2	$\frac{1}{25} = 0{,}04$	$\frac{3}{15} \cdot \frac{2}{14} = 0{,}0286$
3	$\frac{2}{25} = 0{,}08$	$2 \cdot \frac{3}{15} \cdot \frac{3}{14} = 0{,}0857$
4	$\frac{3}{25} = 0{,}12$	$2 \cdot \frac{3}{15} \cdot \frac{3}{14} + \frac{3}{15} \cdot \frac{2}{14} = 0{,}1143$
5	$\frac{4}{25} = 0{,}16$	$4 \cdot \frac{3}{15} \cdot \frac{3}{14} = 0{,}1714$
6	$\frac{5}{25} = 0{,}2$	$4 \cdot \frac{3}{15} \cdot \frac{3}{14} + \frac{3}{15} \cdot \frac{2}{14} = 0{,}2000$
7	$\frac{4}{25} = 0{,}16$	$4 \cdot \frac{3}{15} \cdot \frac{3}{14} = 0{,}1714$
8	$\frac{3}{25} = 0{,}12$	$2 \cdot \frac{3}{15} \cdot \frac{3}{14} + \frac{3}{15} \cdot \frac{2}{14} = 0{,}1143$
9	$\frac{2}{25} = 0{,}08$	$2 \cdot \frac{3}{15} \cdot \frac{3}{14} = 0{,}0857$
10	$\frac{1}{25} = 0{,}04$	$\frac{3}{15} \cdot \frac{2}{14} = 0{,}0286$
Summe	1	1

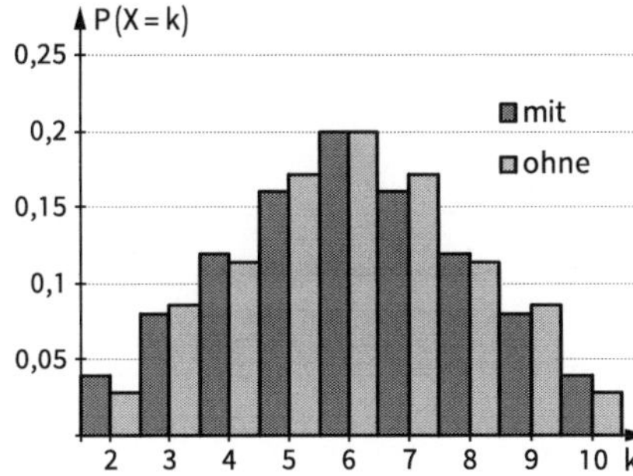

Histogramm:
dunkelgrau: Ziehen mit Zurücklegen;
hellgrau: Ziehen ohne Zurücklegen

340 **12. a)** X: *Anzahl der Würfe*

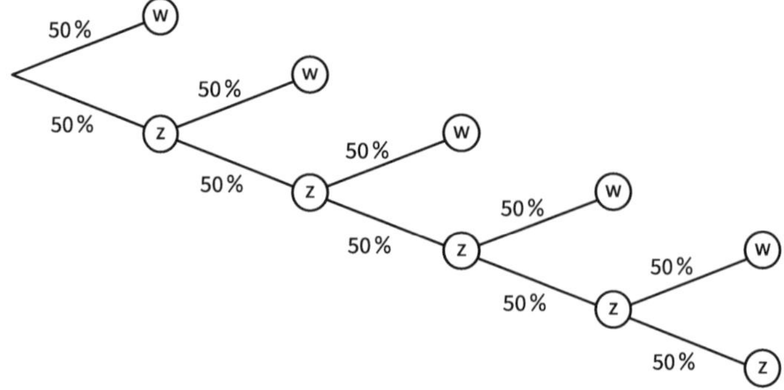

Mit $P(X=1)=\frac{1}{2}$; $P(X=2)=\frac{1}{4}$; $P(X=3)=\frac{1}{8}$; $P(X=4)=\frac{1}{16}$; $P(X=5)=\frac{1}{32}$; $P(X=7)=\frac{1}{32}$ folgt:

$E(X)=1\cdot\frac{1}{2}+2\cdot\frac{1}{4}+3\cdot\frac{1}{8}+4\cdot\frac{1}{16}+5\cdot\frac{1}{32}+7\cdot\frac{1}{32}=2$

b) Das Spiel ist fair, wenn der Einsatz 2 € beträgt.

13. Setzen auf Rot

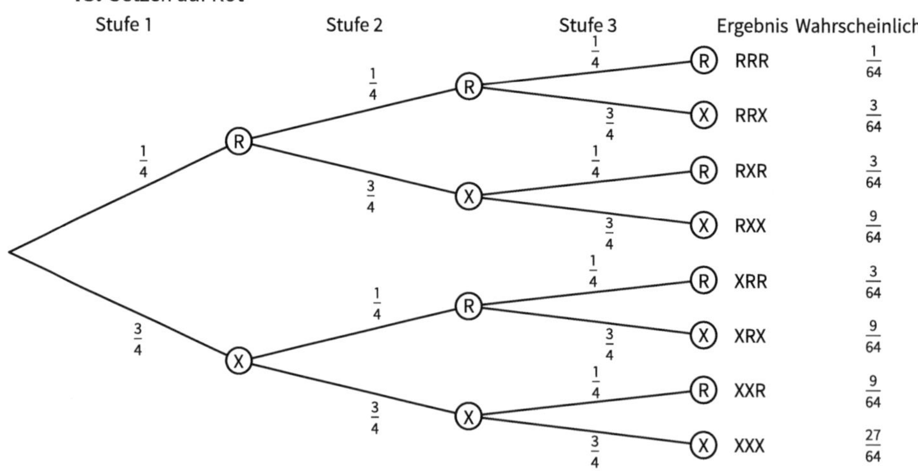

X: *Anzahl der Runden, bei denen der Zeiger auf einem roten Feld stehen bleibt*

k	Auszahlung a (in €)	$P(X=k)$	$a\cdot P(X=k)$ (in €)
0	0	$\frac{27}{64}$	0,0000
1	1,00	$\frac{27}{64}$	0,4219
2	2,50	$\frac{9}{64}$	0,3516
3	4,00	$\frac{1}{64}$	0,0625
Summe		1	0,8360

340 Setzen auf Blau

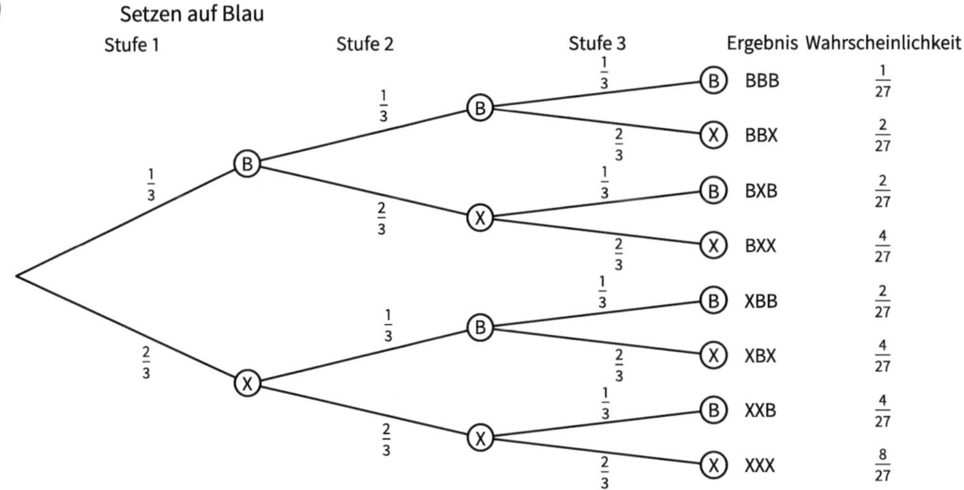

X: *Anzahl der Runden, bei denen der Zeiger auf einem blauen Feld stehen bleibt*

k	Auszahlung a (in €)	P (X = k)	a · P (X = k) (in €)
0	0	$\frac{8}{27}$	0,0000
1	0,50	$\frac{12}{27}$	0,2222
2	2,00	$\frac{6}{27}$	0,4444
3	5,00	$\frac{1}{27}$	0,1852
Summe		1	0,8518

Setzen auf Gelb

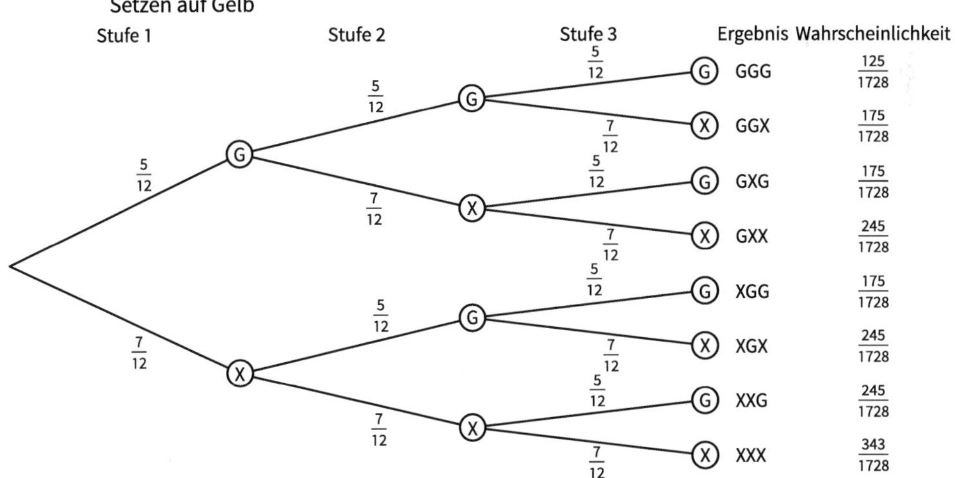

340 X: *Anzahl der Runden, bei denen der Zeiger auf einem gelben Feld stehen bleibt*

k	Auszahlung a (in €)	P (X = k)	a · P (X = k) (in €)
0	0	$\frac{343}{1728}$	0,0000
1	0,50	$\frac{735}{1728}$	0,2127
2	1,50	$\frac{525}{1728}$	0,4557
3	3,00	$\frac{125}{1728}$	0,2170
Summe		1	0,8854

Beim Setzen auf Gelb ist der geringste Verlust zu erwarten.

341 **14.** Verteilung der Gewinne auf dem Glücksrad:

Gewinn (in $)	1	2	5	10	20	40
Anzahl	24	15	7	3	3	2

Die Zufallsgröße X zähle den Gewinn, dann gilt

$E(X) = 1 \cdot \frac{24}{54} + 2 \cdot \frac{15}{54} + 5 \cdot \frac{7}{54} + 10 \cdot \frac{3}{54} + 20 \cdot \frac{3}{54} + 40 \cdot \frac{2}{54} = \frac{259}{54} = 4{,}7963$

Ein Einsatz von mindestens 4,80 $ bringt Gewinn. Der Preis wird vermutlich bei 5 $ liegen.

15. $E(X) = \frac{1}{6} \cdot 2 + \frac{1}{6} \cdot 4 + \frac{1}{6} \cdot 8 + \frac{1}{6} \cdot 16 + \frac{1}{6} \cdot 32 + \frac{1}{6} \cdot 64 = 21$

16. X: *Anzahl der gekauften Lose*

k	P (X = k)	k · P (X = k)
1	0,2	0,2
2	$0{,}8 \cdot 0{,}2 = 0{,}16$	0,32
3	$0{,}8^2 \cdot 0{,}2 = 0{,}128$	0,384
4	$0{,}8^3 \cdot 0{,}2 = 0{,}1024$	0,4096
5	$0{,}8^4 \cdot 0{,}2 + 0{,}8^5 = 0{,}8^4 = 0{,}4096$	2,048
Summe	1	3,3616

Da ein Los 2,00 € kostet, muss man mit einer Ausgabe von ca. 6,72 € rechnen.

17. a) Die Wahrscheinlichkeitsverteilung findet man als Lösung von Aufgabe 2 e)

Augenprodukt k	1	2	3	4	5	6	8	9	10
P (X = k)	$\frac{1}{36}$	$\frac{2}{36}$	$\frac{2}{36}$	$\frac{3}{36}$	$\frac{2}{36}$	$\frac{4}{36}$	$\frac{2}{36}$	$\frac{1}{36}$	$\frac{2}{36}$
k · P (X = k)	$\frac{1}{36}$	$\frac{4}{36}$	$\frac{6}{36}$	$\frac{12}{36}$	$\frac{10}{36}$	$\frac{24}{36}$	$\frac{16}{36}$	$\frac{9}{36}$	$\frac{20}{36}$

Augenprodukt k	12	15	16	18	20	24	25	30	36
P (X = k)	$\frac{4}{36}$	$\frac{2}{36}$	$\frac{1}{36}$	$\frac{2}{36}$	$\frac{2}{36}$	$\frac{2}{36}$	$\frac{1}{36}$	$\frac{2}{36}$	$\frac{1}{36}$
k · P (X = k)	$\frac{48}{36}$	$\frac{30}{36}$	$\frac{16}{36}$	$\frac{36}{36}$	$\frac{40}{36}$	$\frac{48}{36}$	$\frac{25}{36}$	$\frac{60}{36}$	$\frac{36}{36}$

Die Summe der Produkte $k \cdot P(X = k)$ ergibt $\frac{441}{36} = 12{,}25$.

341 **b)** Der Verteilungstabelle kann man entnehmen
$P(X \le 10) = \frac{19}{36} \approx 52{,}8\,\%$; $P(X > 10) = \frac{17}{36} \approx 47{,}2\,\%$
Das Spiel wäre ungünstig für Lena. Die Größe des Erwartungswerts kann nicht als Orientierung dienen, ob eine Spielregel günstig oder ungünstig ist, wenn die Verteilung nicht symmetrisch ist.

18. a) Sei x der Einsatz, dann gilt: $E(X) = \frac{19}{37} \cdot (-x) + \frac{18}{37} \cdot x = -\frac{x}{37}$,
d. h. auf lange Sicht verliert man $\frac{1}{37}$ des Einsatzes.

b) Sei y der Einsatz, dann gilt: $E(Y) = \frac{36}{37} \cdot (-y) + \frac{35}{37} \cdot y = -\frac{y}{37}$
Beide Spiele haben die gleiche Gewinnerwartung.

c) eigene Recherche

6.2.2 Zählstrategien bei der Bestimmung der Anzahl von Möglichkeiten

342 **Einstiegsaufgabe ohne Lösung**

(1) Nacheinander werden 4 aus den 32 Losen gezogen (Ziehung ohne Zurücklegen).

(2) Den Jugendlichen werden Nummern zugeordnet, z. B. 1, 2, 3, … , 32. Das Roulette-Rad wird 4-mal gedreht. Wenn die Kugel auf den Feldern mit den Nummern 0, 33, 34, 35, 36 liegen bleibt, wird das Drehen wiederholt. Wenn man so vorgeht, kann es vorkommen, dass Jugendliche zwei oder sogar drei Karten erhalten. Dies kann man dadurch verhindern, dass man das Roulette-Rad solange dreht, bis 4 verschiedene Zahlen aus {1, 2, 3, …, 32} gezogen sind.

Wenn die Karten gleichwertig sind, kommt es auf die Reihenfolge der Ziehung nicht an, d. h., die Jugendlichen können sich absprechen, wer wo sitzen wird. Daher könnte auch das Losverfahren dadurch verkürzt werden, indem die vier Lose mit einem Griff gezogen werden.

344 **1.** (1) Der Trainer hat für den ersten Elfmeter 8 Spieler zur Auswahl, für den zweiten Elfmeter 7 Spieler usw., insgesamt $8 \cdot 7 \cdot 6 \cdot 5 \cdot 4$ Möglichkeiten.

(2) Herr A. hat für den ersten Tag 8 Müslis zur Auswahl, für den zweiten Tag 7 Müslis usw., insgesamt $8 \cdot 7 \cdot 6 \cdot 5 \cdot 4$ Möglichkeiten der Auswahl – falls er Wert darauf legt, an jedem Tag eine andere Müslisorte zu essen. Andernfalls hat er 8^5 Möglichkeiten.

Im ersten Fall darf der Trainer einen Spieler nicht zweimal schießen lassen, d. h., es handelt sich um eine Auswahl ohne Wiederholung. Im zweiten Fall hängt es von der Laune oder den Gewohnheiten von Herrn A. ab, ob eine Wiederholung vorkommt oder nicht.

2. Es müssen n Entscheidungen getroffen werden. Auf der ersten Stufe gibt es n Möglichkeiten; auf der zweiten Stufe gibt es $n - 1$ Möglichkeiten; …; auf der n-ten Stufe gibt es 1 Möglichkeit.
Nach dem allgemeinen Zählprinzip gibt es insgesamt $n \cdot (n-1) \cdot \ldots \cdot 1 = n!$ Möglichkeiten.

345 **3.** **a)** $6! = 720$

b) $8! = 40\,320$

c) $7! = 5\,040$

d) $5! = 120$

e) $32 \cdot 31 \cdot 30 \cdot \ldots \cdot 5 = \frac{32!}{(30-28)!} = 10\,963\,784\,872\,237\,230\,423\,634\,083\,840\,000\,000 \approx 1{,}096 \cdot 10^{34}$

$[28! = 1\,304\,888\,344\,611\,713\,860\,501\,504\,000\,000 \approx 3{,}049 \cdot 10^{29}]$

f) $12 \cdot 11 \cdot 10 \cdot 9 \cdot 8 = \frac{12!}{(12-5)!} = 95\,040$

g) $3 \cdot 5 \cdot 4 = 60$

4. **a)** Die Kritik ist berechtigt, da so keine Losnummern mit mindestens zwei gleichen Ziffern gezogen werden können.

b) Nein, denn nicht alle Losnummern sind gleich wahrscheinlich.
Z. B. wird „111“ mit Wahrscheinlichkeit $\frac{3}{30} \cdot \frac{2}{29} \cdot \frac{1}{28} \approx 0{,}0002463$ gezogen,
„123“ dagegen mit $\frac{3}{30} \cdot \frac{3}{29} \cdot \frac{3}{28} \approx 0{,}00110837$.

5. $3^{13} = 1\,594\,323$

6. Es gibt $12 \cdot 11 \cdot 10 = 1\,320$ verschiedene Möglichkeiten für die ersten drei Plätze: also $P(E) = \frac{1}{1\,320}$.
Es gibt $\binom{12}{3} = 220$ Möglichkeiten, die ersten drei Plätze zu besetzen, also: $P(E) = \frac{1}{220}$.

7. $2^6 = 64$

6.2.3 Anwendung von Zählstrategien beim Ziehen mit einem Griff

346 **Einstiegsaufgabe ohne Lösung**

a) Notiert man die gezogenen Nummern – ähnlich wie bei der Lottoziehung – in aufsteigender Reihenfolge, dann liest man ab:

1. Simulation: 1 – 2 – 4	4. Simulation: 2 – 5 – 6
2. Simulation: 3 – 4 – 7	5. Simulation: 2 – 3 – 7
3. Simulation: 2 – 3 – 5	6. Simulation: 3 – 4 – 7

Die in der 2. und 6. Simulation gezogenen Nummern stimmen überein – sie wurden nur in anderer Reihenfolge gezogen. Diese drei Zahlen (oder auch andere drei Zahlen) können in 6 verschiedenen Reihenfolgen gezogen werden:
3 – 4 – 7, 3 – 7 – 4, 4 – 3 – 7, 4 – 7 – 3, 7 – 3 – 4, 7 – 4 – 3

b) Die Auswahl der drei Zahlen kann auf $7 \cdot 6 \cdot 5 = 210$ Arten erfolgen (für die erste der Zahlen gibt es 7 Möglichkeiten, für die zweite 6 Möglichkeiten und für die dritte noch 5 Möglichkeiten). Da aber von den 210 Möglichkeiten je sechs bis auf die Reihenfolge übereinstimmen, bleiben nur $\frac{210}{6} = 35$ Möglichkeiten der Auswahl.

349

1. Gewinnwahrscheinlichkeiten

(1) $\frac{1}{\binom{35}{7}} = \frac{1}{6\,724\,520} = 0{,}000000149$

(2) $\frac{1}{\binom{42}{6}} = \frac{1}{5\,245\,786} = 0{,}000000191$

(3) $\frac{1}{\binom{39}{7}} = \frac{1}{15\,380\,937} = 0{,}000000065$

(4) $\frac{1}{\binom{55}{5}} = \frac{1}{3\,478\,761} = 0{,}000000287$

(5) $\frac{1}{\binom{30}{6}} = \frac{1}{593\,775} = 0{,}00000168$

(6) $\frac{1}{\binom{36}{7}} = \frac{1}{8\,347\,680} = 0{,}00000012$

(7) $\frac{1}{\binom{42}{5}} = \frac{1}{850\,668} = 0{,}000001176$

(8) $\frac{1}{\binom{45}{6}} = \frac{1}{8\,145\,060} = 0{,}000000123$

(9) $\frac{1}{\binom{90}{6}} = \frac{1}{622\,614\,630} = 0{,}00000000161$

350

2. Die Erläuterung ist falsch. Es muss $3 \cdot 2 \cdot 1 = 6$ heißen. Dies kann man anhand der Verzweigungen in einem Baumdiagramm erläutern.

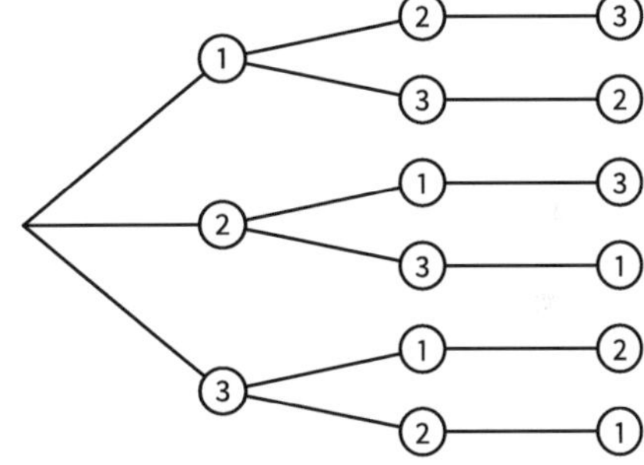

3. **a)** (1) $P(E) = \frac{\binom{4}{4}}{\binom{32}{4}} = \frac{1}{35\,960}$

(2) $P(E) = \frac{\binom{4}{2} \cdot \binom{4}{2}}{\binom{32}{4}} = \frac{9}{8\,660}$

(3) $P(E) = \frac{\binom{4}{4} \cdot \binom{28}{0}}{\binom{32}{4}} + \frac{\binom{4}{3} \cdot \binom{28}{1}}{\binom{32}{4}} + \frac{\binom{4}{2} \cdot \binom{28}{2}}{\binom{32}{4}} = \frac{2\,381}{35\,960}$

b) (1) $P(E) = \frac{\binom{8}{8}}{\binom{32}{8}} = \frac{1}{10\,518\,300}$

(2) $P(E) = \frac{\binom{8}{4} \cdot \binom{8}{4}}{\binom{32}{8}} = \frac{49}{105\,183}$

(3) $P(E) = \frac{\binom{16}{8}}{\binom{32}{8}} = \frac{11}{8\,990}$

c) 32 Karten: $P(E) = \frac{\binom{8}{1} \cdot \binom{8}{1} \cdot \binom{8}{1} \cdot \binom{8}{1}}{\binom{32}{4}} = \frac{512}{4495} \approx 0{,}114$

52 Karten: $P(E) = \frac{\binom{13}{1} \cdot \binom{13}{1} \cdot \binom{13}{1} \cdot \binom{13}{1}}{\binom{52}{4}} = \frac{2\,197}{20\,825} \approx 0{,}105$

d) $P(E) = \frac{\binom{4}{1} \cdot \binom{4}{1} \cdot \binom{4}{1} \cdot \binom{4}{1} \cdot \binom{4}{1} \cdot \binom{4}{1} \cdot \binom{4}{1} \cdot \binom{4}{1}}{\binom{32}{8}} = \frac{16\,384}{2\,629\,575} \approx 0{,}006$

350 **4. a)**

k	0	1	2	3	4	5	6	7
$\binom{7}{k}$	1	7	21	35	35	21	7	1

$\cdot\frac{7}{1}$ $\quad\cdot\frac{6}{2}$ $\quad\cdot\frac{5}{3}$ $\quad\cdot\frac{4}{4}$ $\quad\cdot\frac{3}{5}$ $\quad\cdot\frac{2}{6}$ $\quad\cdot\frac{1}{7}$

b) $\binom{10}{1}=\frac{10}{1}\cdot\binom{10}{0}=\frac{10}{1}$; $\binom{10}{2}=\frac{9}{2}\cdot\binom{10}{1}=\frac{9}{2}\cdot\frac{10}{1}$; $\binom{10}{3}=\frac{8}{3}\cdot\binom{10}{2}=\frac{8}{3}\cdot\frac{9}{2}\cdot\frac{10}{1}$; $\binom{10}{4}=\frac{7}{4}\cdot\binom{10}{3}=\frac{7}{4}\cdot\frac{8}{3}\cdot\frac{9}{2}\cdot\frac{10}{1}$

c) $\binom{9}{3}+\binom{9}{4}=\frac{9\cdot 8\cdot 7}{3\cdot 2\cdot 1}+\frac{9\cdot 8\cdot 7\cdot 6}{4\cdot 3\cdot 2\cdot 1}=\frac{4\cdot 9\cdot 8\cdot 7}{4\cdot 3\cdot 2\cdot 1}+\frac{9\cdot 8\cdot 7\cdot 6}{4\cdot 3\cdot 2\cdot 1}=\frac{(4+6)\cdot 9\cdot 8\cdot 7}{4\cdot 3\cdot 2\cdot 1}=\frac{10\cdot 9\cdot 8\cdot 7}{4\cdot 3\cdot 2\cdot 1}=\binom{10}{4}$

d) Für den Quotienten aufeinander folgender Terme ergibt sich:

$$\frac{\binom{n}{k+1}}{\binom{n}{k}}=\frac{\frac{n!}{(k+1)!\,(n-k-1)!}}{\frac{n!}{k!\,(n-k)!}}=\frac{n!\,k!\,(n-k)!}{n!\,(k+1)!\,(n-k-1)!}=\frac{n-k}{k+1},\text{ also: }\binom{n}{k+1}=\frac{n-k}{k+1}\cdot\binom{n}{k}$$

5. Mit $\binom{n}{0}$ und $\binom{n}{n}$ wird das 0-te bzw. n-te Element einer Zeile bezeichnet, vgl. erste Regel: Am Anfang und am Ende einer Zeile steht immer eine Eins.

Durch die Beziehung $\binom{n}{k}+\binom{n}{k+1}=\binom{n+1}{k+1}$ wird die zweite Regel (Man erhält ein Element im Innern einer Zeile, indem man die beiden Elemente addiert, die in der Zeile darüber stehen.) präzisiert: Das (k + 1)-te Element der (n + 1)-ten Zeile erhält man, indem man das k-te und das (k + 1)-te Element der n-ten Zeile addiert, d. h. die Elemente zwischen den Elementen am Anfang $\binom{n+1}{0}=1$ bzw. am Ende der (n + 1)-ten Zeile $\binom{n+1}{n+1}=1$ erhält man aus den Elementen der vorherigen Zeile:

$\binom{n}{0}+\binom{n}{1}=\binom{n+1}{1}$; $\binom{n}{1}+\binom{n}{2}=\binom{n+1}{2}$; $\binom{n}{2}+\binom{n}{3}=\binom{n+1}{3}$; …; $\binom{n}{n-1}+\binom{n}{n}=\binom{n+1}{n}$

351 **6.** Durch die Zahlen des PASCAL'schen Dreiecks wird für jede Nagelreihe jeweils die Anzahl der möglichen Wege im GALTON-Brett angegeben:

- vor der ersten Nagelreihe: 1 Möglichkeit,
- an der 1. Nagelreihe: 2 Möglichkeiten,
- an der 2. Nagelreihe: 3 Möglichkeiten, wobei der Weg durch die Mitte doppelt so oft vorkommt wie jeweils die Wege links und rechts, also im Verhältnis 1 : 2 : 1
- an der 3. Nagelreihe: 4 Möglichkeiten im Verhältnis 1 : 3 : 3 : 1
- usw.

7. Durch die Zahlen des PASCAL'schen Dreiecks wird für jede schräge Reihe jeweils die Anzahl der möglichen Wege angegeben:

- vor dem ersten Hindernis: 1 Möglichkeit,
- am 1. Hindernis: 2 Möglichkeiten,
- am 2. Hindernis: 3 Möglichkeiten, wobei der Weg durch die Mitte doppelt so oft vorkommt wie jeweils die Wege links und rechts, also im Verhältnis 1 : 2 : 1
- am 3. Hindernis: 4 Möglichkeiten im Verhältnis 1 : 3 : 3 : 1

351 **8. a)** Die Koeffizienten in den Summanden lauten 1, 2, 1. Beim Multiplizieren des Summenterms von $(a+b)^2$ wird jeder Summand mit a und mit b multipliziert, das ergibt dann $(1\cdot a^3+2\cdot a^2\cdot b+1\cdot a\cdot b^2)+(1\cdot a^2\cdot b+2\cdot a\cdot b^2+1\cdot b^3)$. Beim Umordnen der Summanden können alle Summanden außer den beiden am Anfang und am Ende zusammengefasst werden: $1\cdot a^3+(2+1)\cdot a^2\cdot b+(1+2)\cdot a\cdot b^2+1\cdot b^3$. Dies entspricht genau der Entwicklung des PASCAL'schen Dreiecks.

b) $(a+b)^4=(a+b)^3\cdot(a+b)$
$=(1\,a^3+3\,a^2b+3\,a\,b^2+1\,b^3)\cdot(a+b)$
$=(1\,a^4+3\,a^3b+3\,a^2b^2+1\,a\,b^3)+(1a^3b+3\,a^2b^2+3\,a\,b^3+1b^4)$
$=1\,a^4+(3+1)\cdot a^3b+(3+3)\cdot a^2b^2+(1+3)\cdot a\,b^3+1\cdot b^4$
$=1\,a^4+4\,a^3b+6\,a^2b^2+4\,a\,b^3+1b^4$

$(a+b)^5=(a+b)^4\cdot(a+b)$
$=(1\,a^4+4\,a^3b+6\,a^2b^2+4\,a\,b^3+1\,b^4)\cdot(a+b)$
$=(1\,a^5+4\,a^4b+6\,a^3b^2+4\,a^2b^3+1\,a\,b^4)+(1\,a^4b+4\,a^3b^2+6\,a^2b^3+4\,a\,b^4+1\,b^5)$
$=1\,a^5+(4+1)\cdot a^4b+(6+4)\cdot a^3b^2+(4+6)\cdot a^2b^3+(1+4)\cdot a\,b^4+1\,b^5$
$=1\,a^5+5\,a^4b+10\,a^3b^2+10\,a^2b^3+5\,a\,b^4+1\,b^5$

c) $(a+b)^9=(1\cdot a^8+8\cdot a^7\cdot b^1+28\cdot a^6\cdot b^2+56\cdot a^5\cdot b^3+70\cdot a^4\cdot b^4+56\cdot a^3\cdot b^5+28\cdot a^2\cdot b^6$
$+8\cdot a^1\cdot b^7+1\cdot b^8)\cdot(a+b)$
$=(1\cdot a^9+8\cdot a^8\cdot b^1+28\cdot a^7\cdot b^2+56\cdot a^6\cdot b^3+70\cdot a^5\cdot b^4+56\cdot a^4\cdot b^5+28\cdot a^3\cdot b^6$
$+8\cdot a^2\cdot b^7+1\cdot a\cdot b^8)$
$+(1\cdot a^8\cdot b+8\cdot a^7\cdot b^2+28\cdot a^6\cdot b^3+56\cdot a^5\cdot b^4+70\cdot a^4\cdot b^5+56\cdot a^3\cdot b^6$
$+28\cdot a^2\cdot b^7+8\cdot a^1\cdot b^8+1\cdot b^9)$
$=1\cdot a^9+(8+1)\cdot a^8\cdot b^1+(28+8)\cdot a^7\cdot b^2+(56+28)\cdot a^6\cdot b^3+(70+56)\cdot a^5\cdot b^4$
$+(56+70)\cdot a^4\cdot b^5+(28+56)\cdot a^3\cdot b^6+(8+28)\cdot a^2\cdot b^7+(1+8)\cdot a\cdot b^8+1\cdot b^9$
$=1\cdot a^9+9\cdot a^8\cdot b^1+36\cdot a^7\cdot b^2+84\cdot a^6\cdot b^3+126\cdot a^5\cdot b^4+126\cdot a^4\cdot b^5+84\cdot a^3\cdot b^6$
$+36\cdot a^2\cdot b^7+9\cdot a\cdot b^8+1\cdot b^9$

9. $(a+b)^6=1\,a^6+6\,a^5b+15\,a^4b^2+20\,a^3b^3+15\,a^2b^4+6\,a\,b^5+1\,b^6$

10. a) Analog zu den beiden Beispielen kann man jede Potenz der Form 2^n mithilfe des binomischen Lehrsatzes aus der Summe $(1+1)^n$ entwickeln. Da die Koeffizienten der Potenzen von 1 in der n-ten Zeile des PASCAL'schen Dreiecks stehen, gilt:
$\binom{n}{0}+\binom{n}{1}+\binom{n}{2}+\binom{n}{3}+\ldots+\binom{n}{n}=2^n$

b) Da jede der Zahlen einer Zeile des Dreiecks zweifach als Summand in die nächste Zeile des Dreiecks eingeht, muss die Summe der Zahlen in einer Zeile doppelt so groß sein wie die Summe der Zahlen der Vorzeile. Da das PASCAL'sche Dreieck mit den Zahlen $1=2^0$ und $1+1=2^1$ beginnt, treten auch im Folgenden als Summen nur Zweierpotenzen auf.

352

11. (1) $P(X=k)=\frac{\binom{4}{k}\cdot\binom{5}{3-k}}{\binom{9}{3}}$

k	0	1	2	3
P (X = k)	$\frac{10}{84}$	$\frac{40}{84}$	$\frac{30}{84}$	$\frac{4}{84}$

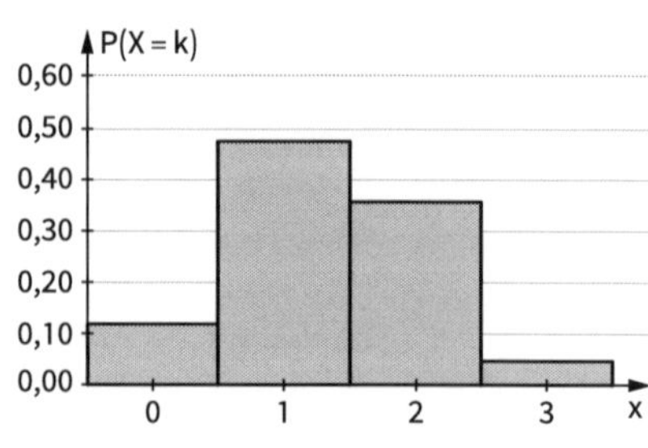

(2) 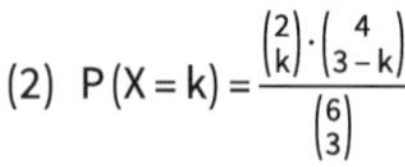
$P(X=k)=\frac{\binom{2}{k}\cdot\binom{4}{3-k}}{\binom{6}{3}}$

k	0	1	2	3
P (X = k)	$\frac{4}{20}$	$\frac{12}{20}$	$\frac{4}{20}$	$\frac{0}{20}$

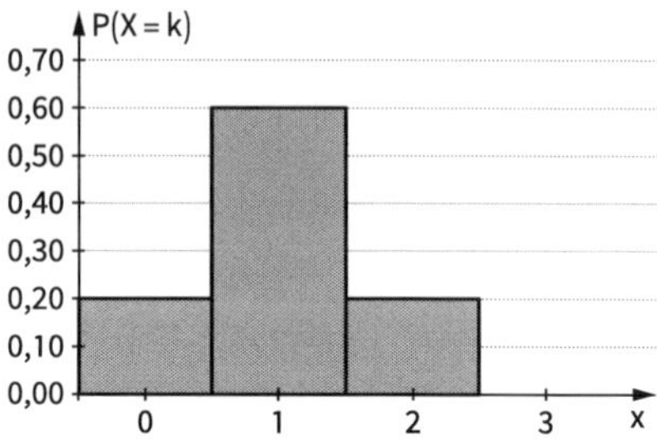

12. $P(X=k)=\frac{\binom{14}{k}\cdot\binom{12}{3-k}}{\binom{26}{3}}$

k	0	1	2	3
P (X = k)	0,085	0,355	0,420	0,140

13. Die Wahrscheinlichkeiten ergeben sich aus dem Ansatz: $P(X=k)=\frac{\binom{6}{k}\cdot\binom{43}{6-k}}{\binom{49}{6}}$

14. a), b) Von den 49 Zahlen sind 24 gerade und 25 ungerade.
Die Wahrscheinlichkeitsverteilung ergibt sich aus dem Ansatz:
$P(X=k)=\frac{\binom{24}{k}\cdot\binom{25}{6-k}}{\binom{49}{6}}$ für $k=0, 1, 2, 3, 4, 5, 6$

k	0	1	2	3	4	5	6
P (X = k)	0,0127	0,0912	0,2497	0,3329	0,2280	0,0760	0,0096

Das in a) betrachtete Ereignis hat also die Wahrscheinlichkeit 0,0096.

c), d) 31 Zahlen kommen als Geburtstage infrage, 18 Zahlen nicht.
Die Wahrscheinlichkeitsverteilung ergibt sich aus dem Ansatz:
$P(Y=k)=\frac{\binom{31}{k}\cdot\binom{18}{6-k}}{\binom{49}{6}}$ für $k=0, 1, 2, 3, 4, 5, 6$

k	0	1	2	3	4	5	6
P (Y = k)	0,0013	0,0190	0,1018	0,2623	0,3443	0,2187	0,0527

Das in c) betrachtete Ereignis hat also die Wahrscheinlichkeit 0,0527.

352

e), f) 15 der ersten 49 natürlichen Zahlen sind Primzahlen.
Die Wahrscheinlichkeitsverteilung ergibt sich aus dem Ansatz:

$$P(Z=k)=\frac{\binom{15}{k}\cdot\binom{34}{6-k}}{\binom{49}{6}} \text{ für } k=0,1,2,3,4,5,6$$

k	0	1	2	3	4	5	6
P(Z = k)	0,0962	0,2985	0,3482	0,1947	0,0548	0,0073	0,0004

Das in e) betrachtete Ereignis hat also die Wahrscheinlichkeit 0,000358.

15. Die Reihenfolge, in der die Karten verteilt werden, spielt keine Rolle: 2 Karten kommen in den Skat, 30 Karten werden an die Spieler verteilt.

$$P(X=k)=\frac{\binom{4}{k}\cdot\binom{28}{2-k}}{\binom{32}{2}} \text{ für } k=0,1,2$$

k	0	1	2
P(X = k)	0,7621	0,2258	0,0121

16. a) (1) 4 Möglichkeiten, (2) 6 Möglichkeiten, (3) 4 Möglichkeiten

b)

k	0	1	2	3	4
P(X = k)	$\frac{1}{16}$	$\frac{4}{16}$	$\frac{6}{16}$	$\frac{4}{16}$	$\frac{1}{16}$

6.3 Binomialverteilung

6.3.1 Bernoulli-Ketten

353 **Einstiegsaufgabe ohne Lösung**

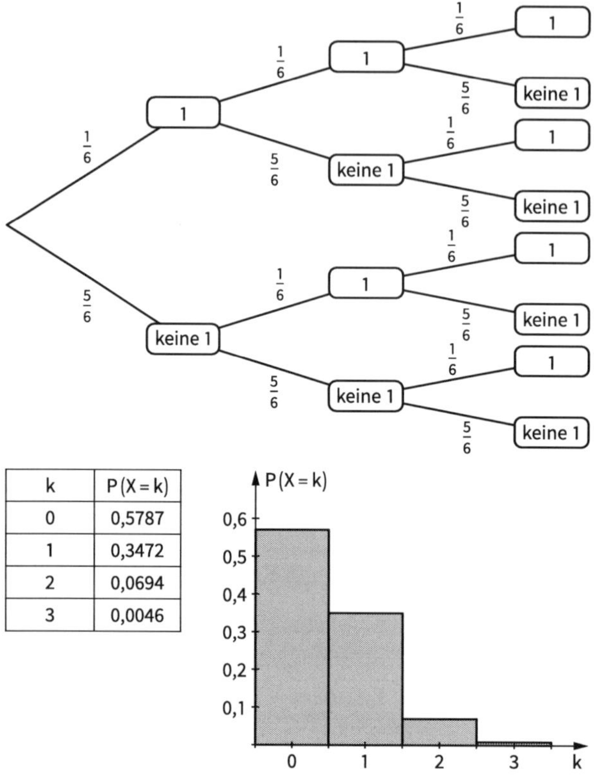

k	P(X = k)
0	0,5787
1	0,3472
2	0,0694
3	0,0046

355 **1.** (1) Die Reißzwecke bleibt entweder mit der Spitze nach oben oder mit der Spitze zur Seite liegen. Dies kann als Bernoulli-Kette aufgefasst werden, da die Wahrscheinlichkeiten für diese beiden möglichen Ergebnisse gleich bleiben und das Ergebnis eines Wurfs keinen Einfluss auf die folgenden Würfe hat.

(2) Dies ist keine Bernoulli-Kette, weil durch das Ziehen eines Loses die Wahrscheinlichkeiten für das Ziehen einer Niete oder eines Gewinnloses bei der nächsten Ziehung verändert werden.

(3) Wenn nach der Ziehung die Kugel wieder zurückgelegt wird, liegt eine Bernoulli-Kette vor. Die Erfolgswahrscheinlichkeit für die Ziehung einer roten Kugel ergibt sich aus dem Anteil der roten Kugeln in der Urne.

(4) Da das Ergebnis eines doppelten Münzwurfs keinen Einfluss hat auf den nächsten Münz-Doppelwurf, bleibt die Erfolgswahrscheinlichkeit p gleich. $p = P(WW, ZZ) = 0{,}5$.

(5) Wenn die Kugeln anschließend wieder zurückgelegt werden, liegt eine Bernoulli-Kette vor. Die Erfolgswahrscheinlichkeit beträgt $p = \frac{1}{120}$, weil es 120 Möglichkeiten einer 3er-Auswahl von Kugeln gibt.

356

2. (1) Wenn jeweils die Augenzahlen notiert werden, liegt nur dann eine BERNOULLI-Kette vor, wenn das Vorliegen einer bestimmten Augenzahl oder mehrerer bestimmter Augenzahlen als Erfolg angesehen wird. Es handelt sich dann um eine 7-stufige BERNOULLI-Kette, deren Erfolgswahrscheinlichkeit davon abhängt, wie viele Augenzahlen man als Erfolg ansieht $\left(\text{eine Augenzahl } p=\frac{1}{6};\ \text{zwei Augenzahlen } p=\frac{2}{6}=\frac{1}{3} \text{ usw.}\right)$

(2) Das zugrunde liegende Zufallsexperiment ist ein BERNOULLI-Experiment (Erfolg: Kugel ist weiß). Beim Ziehen mit Zurücklegen handelt es sich um eine BERNOULLI-Kette, da das BERNOULLI-Experiment unter gleichen Bedingungen wiederholt wird.
Beim Ziehen ohne Zurücklegen handelt es sich nicht um eine BERNOULLI-Kette, da sich die Bedingungen von Stufe zu Stufe ändern.

3. (1) Es muss festgelegt werden, welches der beiden Ergebnisse (Wappen bzw. Zahl) als Erfolg angesehen wird (beides mit Erfolgswahrscheinlichkeit $p=0{,}5$); dann liegt ein Zufallsexperiment vor, das man als 10-stufige BERNOULLI-Kette auffassen kann, weil sich die Bedingungen für das Auftreten von Erfolg bzw. Misserfolg nicht verändern.

(2) Im Vergleich zu (1) ändert sich nichts, da man nur darauf achtet, wie viele Erfolge auftreten.

(3) Eigentlich handelt es sich bei diesem Experiment nicht um eine 8-stufige BERNOULLI-Kette, da der Versuch sicherlich als ein Ziehen ohne Zurücklegen organisiert wird. Da man jedoch von einer unbekannten, auf jeden Fall sehr großen Anzahl von produzierten Konservendosen ausgehen kann, spielt dies praktisch keine Rolle. Wenn man das Vorliegen eines „Normalgewichts" als Erfolg ansieht, dann ist $p=0{,}95$ und $q=0{,}05$.

(4) Wie in (3) kann man nicht von einem Ziehvorgang mit Zurücklegen ausgehen, weil man sicherlich nicht einen Haushalt doppelt oder mehrfach auswählen wird. Da man von einer sehr großen Anzahl von Haushalten ausgehen kann, lässt sich der Vorgang näherungsweise als 50-stufige BERNOULLI-Kette mit $p=0{,}9$ auffassen (Erfolg = ein Internetanschluss ist vorhanden).

4. **a)** Da die Schrauben wieder zurückgelegt werden, ist die Voraussetzung für das Vorliegen eines BERNOULLI-Experiments gegeben. Die Erfolgswahrscheinlichkeit ergibt sich dann aus dem Anteil brauchbarer Schrauben.

b) Da die Wahrscheinlichkeit für einen erfolgreichen Torschuss von jedem einzelnen Spieler und seiner Tagesform abhängt, ist ein BERNOULLI-Ansatz nicht angemessen.

c) Wenn man das Ziehen der 6 Kugeln als *eine* Stufe eines Experiments ansieht, also das Ziehen von 6 Kugeln wiederholt durchführt, kann jede mögliche Zusammensetzung des Ergebnisses als Erfolg angesehen werden, beispielsweise *Erfolg = 3 weiße und 3 schwarze Kugeln werden gezogen, Misserfolg = unterschiedlich viele Kugeln werden gezogen.* Die Erfolgswahrscheinlichkeit für einen so definierten Erfolg hängt von der Zusammensetzung der Urne ab.

d) Ein näherungsweiser BERNOULLI-Ansatz ist angemessen, wenn die Auswahl von wenigen Personen zufällig aus einer großen Gesamtheit erfolgt. Die Erfolgswahrscheinlichkeit (z. B. Wahrscheinlichkeit für die Zustimmung zu einer bestimmten Meinung) ergibt sich aus dem Anteil der Erfolge in der Gesamtheit insgesamt.

356

5\.

Die Wahrscheinlichkeit, dass eine bestimmte Zahl in einer der 6 Einzelziehungen einer Lottoziehung gezogen wird, beträgt $p = \frac{6}{49}$. Das 6-fache Ziehen ohne Zurücklegen wird im Jahr 104-mal wiederholt.

6\. Als (Teil-) Erfolg wird es angesehen, wenn bei der Bestimmung der drei Ziffern der Losnummern eine Übereinstimmung vorliegt. Egal, welche Ziffern an erster, zweiter oder dritter Stelle vorliegen, die Erfolgswahrscheinlichkeit beträgt jedes Mal $p = \frac{1}{10} = 0{,}1$.

$P(1.\ \text{Preis}) = 0{,}1^3 = 0{,}001 = 0{,}1\,\%$

$P(2.\ \text{Preis}) = 3 \cdot 0{,}1^2 \cdot 0{,}9 = 0{,}027 = 2{,}7\,\%$

6.3.2 Berechnen von Wahrscheinlichkeiten – BERNOULLI-Formel

357

Einstiegsaufgabe ohne Lösung

a)

Anzahl der Erfolge	zugehörige Sequenzen
0	MMMMM
1	EMMMM, MEMMM, MMEMM, MMMEM, MMMME
2	EEMMM, EMEMM, EMMEM, EMMME, MEEMM, MEMEM, MEMME, MMEEM, MMEME, MMMEE
3	EEEMM, EEMEM, EEMME, EMEEM, EMEME, EMMEE, MEEEM, MEEME, MEMEE, MMEEE
4	EEEEM, EEEME, EEMEE, EMEEE, MEEEE
5	EEEEE

b) Vertauscht man die E und M in den Sequenzen mit 2 E und 3 M, dann erhält man genau die Sequenzen mit 3 E und 2 M.

c) $n = 5$; $p = 0{,}9$

k	P(X = k)
0	$1 \cdot 0{,}1^5 = 0{,}00001$
1	$5 \cdot 0{,}1^4 \cdot 0{,}9 = 0{,}00045$
2	$10 \cdot 0{,}1^3 \cdot 0{,}9^2 = 0{,}0081$
3	$10 \cdot 0{,}1^2 \cdot 0{,}9^3 = 0{,}0729$
4	$5 \cdot 0{,}1 \cdot 0{,}9^4 = 0{,}32805$
5	$1 \cdot 0{,}9^5 = 0{,}59049$

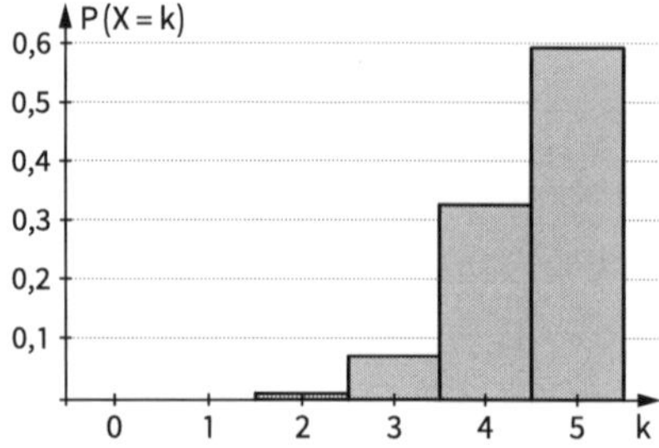

361 **1. a)** rote Kugel = Mädchen, grüne Kugel = Junge

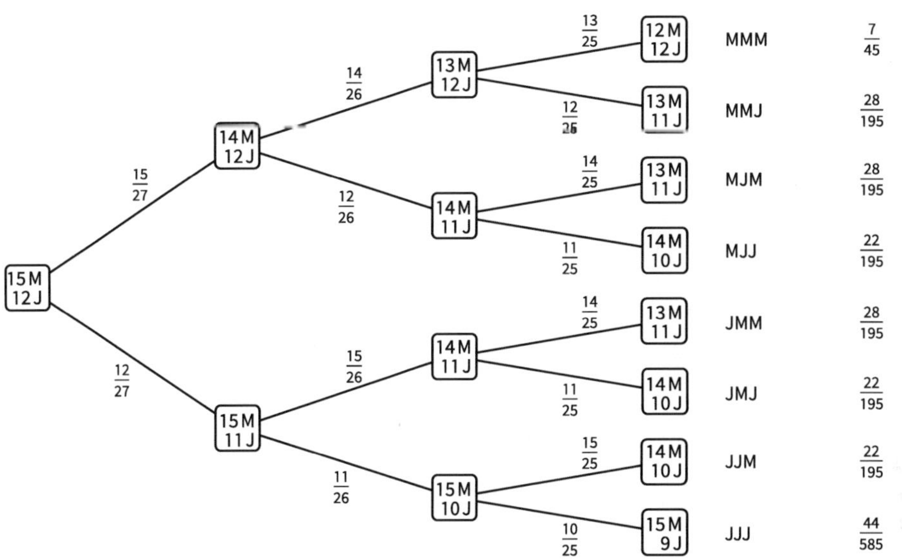

Im Baumdiagramm können die Knoten zusammengeführt werden:

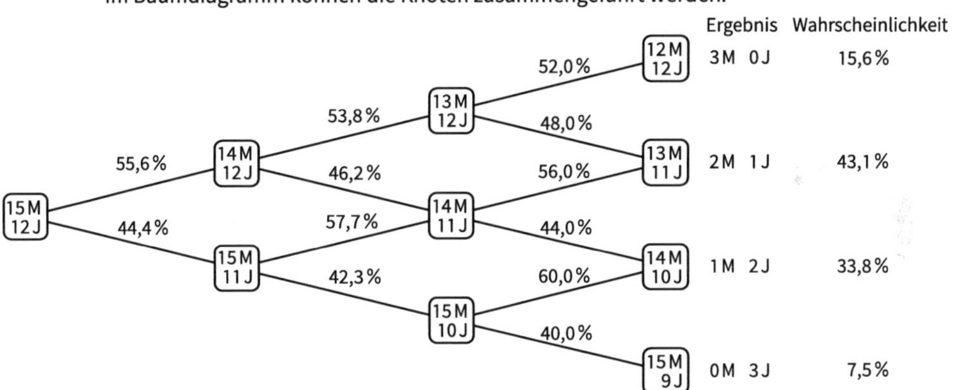

b) Vergleich mit Binomialverteilung mit $n = 3$ und $p = \frac{15}{27} = \frac{5}{9}$

k	P(Y = k)	P(X = k)
0	0,0878	0,0752
1	0,3292	0,3385
2	0,4115	0,4308
3	0,1715	0,1556

361 c)

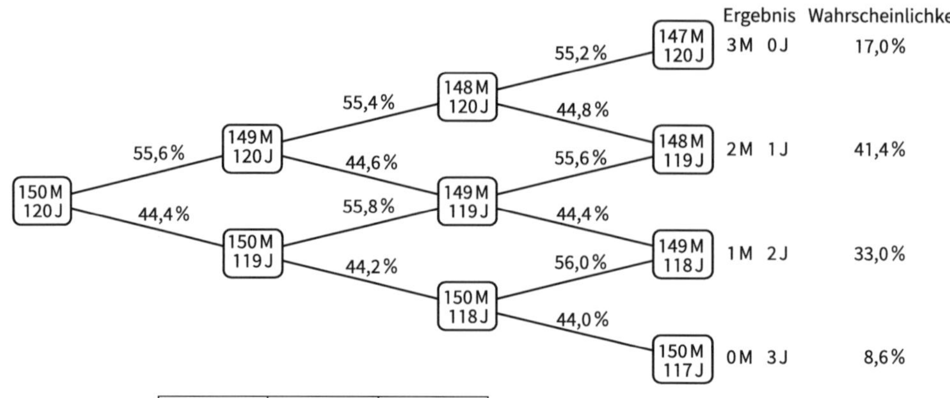

k	P (Y = k)	P (X = k)
0	0,0878	0,0863
1	0,3292	0,33
2	0,4115	0,4136
3	0,1715	0,17

d) Mit zunehmender Größe der Grundgesamtheit spielt das Zurücklegen bzw. nicht Zurücklegen einer Kugel immer weniger eine Rolle. Die Wahrscheinlichkeiten für die einzelnen Ergebnisse nähern sich an.

2. $$\frac{P(X=k)}{P(X=k-1)} = \frac{\binom{n}{k}\cdot p^k\cdot q^{n-k}}{\binom{n}{k-1}\cdot p^{k-1}\cdot q^{n-k+1}} = \frac{\frac{n!}{k!\,(n-k)!}}{\frac{n!}{(k-1)!\,(n-k+1)!}}\cdot\frac{p}{q} = \frac{n!\,(k-1)!\,(n-k+1)!}{n!\,k!\,(n-k)!}\cdot\frac{p}{q} = \frac{n-k+1}{k}\cdot\frac{p}{q}$$

Also: $P(X=k) = \frac{n-k+1}{k}\cdot\frac{p}{q}\cdot P(X=k-1)$

3. a) (1) $n = 8$; $p = 0{,}25$; $P(X = 2) = 0{,}3115$ (2) $n = 8$; $p = 0{,}75$; $P(X = 6) = 0{,}3115$

b) $n = 10$; $p = 0{,}25$

k	P (X = k)
0	0,056
1	0,188
2	0,282
3	0,250
4	0,146
5	0,058
6	0,016
7	0,003
8	0,00039
9	0,000029
10	0,000001

$n = 10$; $p = 0{,}75$

k	P (X = k)
0	0,000001
1	0,000029
2	0,00039
3	0,0031
4	0,016
5	0,058
6	0,146
7	0,250
8	0,282
9	0,188
10	0,056

361

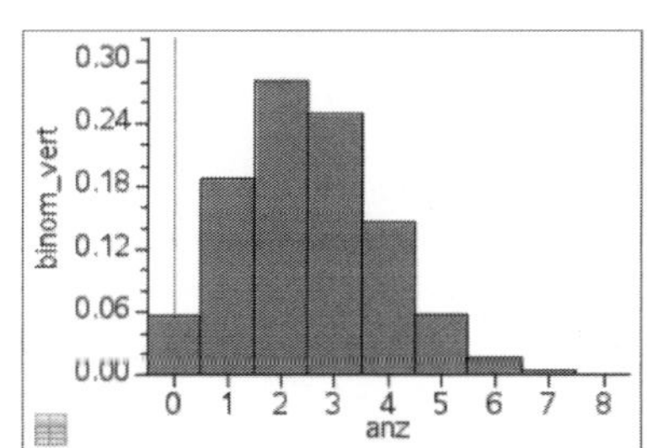

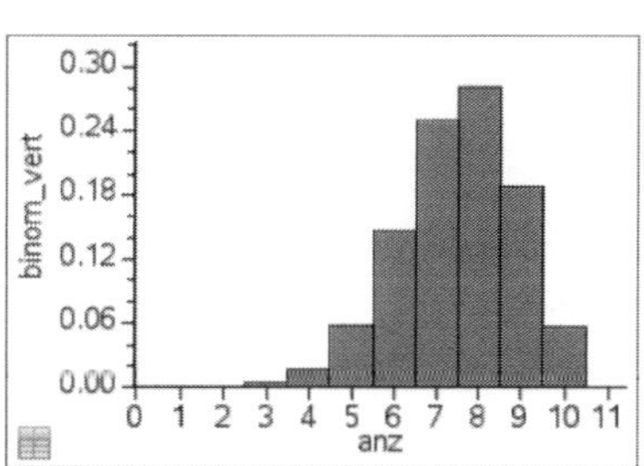

362

4. a) (1) $\text{binompdf}\left(6, \frac{1}{6}, 2\right) = 0{,}2009$; (2) $\text{binompdf}\left(6, \frac{1}{6}, 4\right) = 0{,}0080$

b) (1) $\text{binompdf}\left(8, \frac{1}{8}, 1\right) = 0{,}3927$; (2) $\text{binompdf}\left(8, \frac{1}{8}, 2\right) = 0{,}1963$

c) (1) $\text{binompdf}\left(12, \frac{1}{12}, 3\right) = 0{,}0581$; (2) $\text{binompdf}\left(12, \frac{1}{12}, 4\right) = 0{,}0119$

d) (1) $\text{binompdf}\left(20, \frac{1}{20}, 2\right) = 0{,}1887$; (2) $\text{binompdf}\left(20, \frac{1}{20}, 4\right) = 0{,}0133$

5. a) $n = 12;\ p = 0{,}514$

$P(\text{6 Jungen + 6 Mädchen}) = \binom{12}{6} \cdot 0{,}514^6 \cdot 0{,}486^6 = 0{,}225$

b) $n = 4;\ p = 0{,}486$

k	0	1	2	3	4
P(X = k)	0,070	0,264	0,374	0,236	0,056

c) $n = 6;\ p = 0{,}514$

P(mehr Jungen als Mädchen) = P(mindestens 4 Jungen) = 0,370

6. a) **Fehler in der 1. Auflage:** Es muss heißen: $\binom{10}{3} \cdot 0{,}4^3 \cdot 0{,}6^7$

10-stufige BERNOULLI-Kette mit $p = 0{,}4$; Wahrscheinlichkeit für 3 Erfolge

b) 7-stufige BERNOULLI-Kette mit $p = 0{,}7$; Wahrscheinlichkeit für 2 Erfolge

c) 20-stufige BERNOULLI-Kette mit $p = 0{,}5$; Wahrscheinlichkeit für 9 Erfolge

7. (1) $\text{binompdf}\left(10, \frac{12}{37}, 3\right) = 0{,}263$

(2) $\text{binompdf}\left(10, \frac{6}{37}, 2\right) = 0{,}287$

(3) $\text{binompdf}\left(10, \frac{12}{37}, 4\right) = 0{,}221$

(4) $\text{binompdf}\left(10, \frac{12}{37}, 3\right) = 0{,}263$

(5) $\text{binompdf}\left(10, \frac{18}{37}, 5\right) = 0{,}245$

(6) $\text{binompdf}\left(10, \frac{2}{37}, 1\right) = 0{,}328$

(7) $\text{binompdf}\left(10, \frac{18}{37}, 6\right) = 0{,}194$

362

8. (1) ohne Zurücklegen

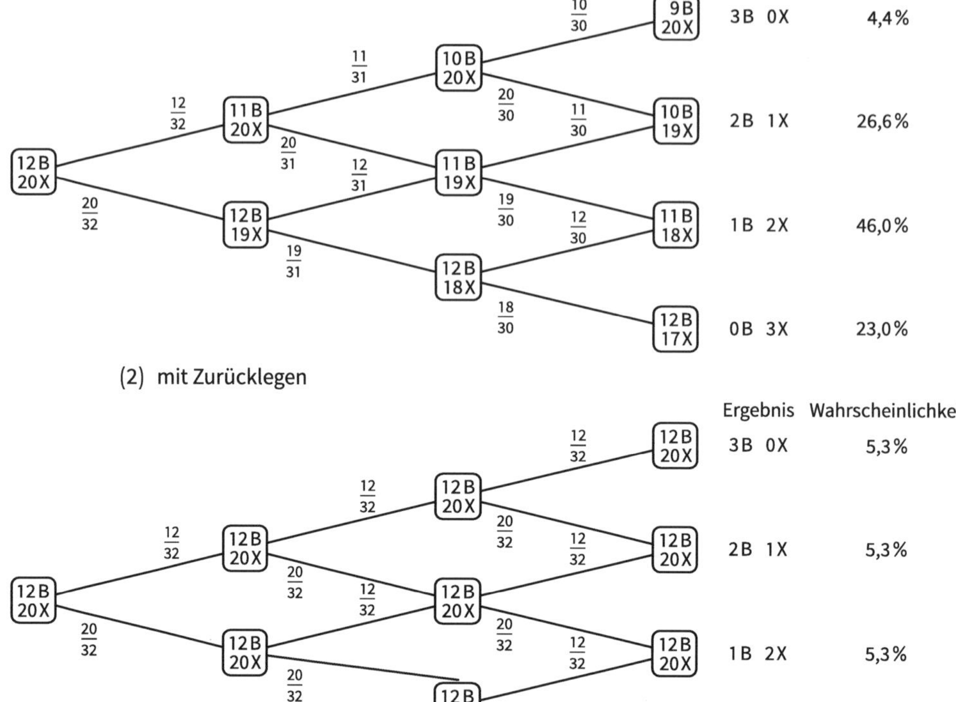

(2) mit Zurücklegen

genauere Wahrscheinlichkeiten:

k	ohne	mit
0	0,23	0,244
1	0,46	0,439
2	0,266	0,264
3	0,044	0,053

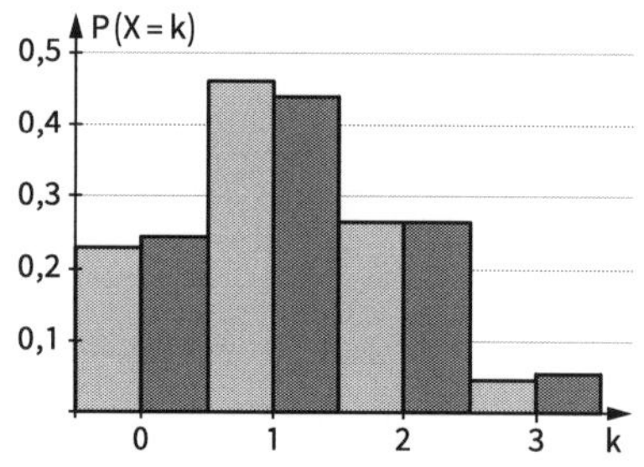

9. a) $P(E_1) = \binom{6}{2}\left(\frac{1}{6}\right)^2\left(\frac{5}{6}\right)^4 = 0{,}2009$

$P(E_2) = \binom{6}{4}\left(\frac{1}{6}\right)^4\left(\frac{5}{6}\right)^2 = 0{,}0080$

$P(E_3) = \binom{12}{4}\left(\frac{1}{6}\right)^4\left(\frac{5}{6}\right)^8 = 0{,}0888$

$P(E_1)$ ist weder doppelt so groß wie $P(E_2)$, noch genau so groß wie $P(E_3)$.

b) $P(X \geq 1) = 1 - P(X = 0) = 1 - \left(\frac{5}{6}\right)^6 = 0{,}335$; kein sicheres Ereignis

363 **10.** Verteilung der Zufallsgröße X: *Anzahl der Wappen beim 3-fachen Münzwurf*

k	0	1	2	3
P(X = k)	$\frac{1}{8}$	$\frac{3}{8}$	$\frac{3}{8}$	$\frac{1}{8}$

(1) $n = 6;\ p_0 = \frac{3}{8}$ (2 Wappen)
P (4-mal 2 Wappen) $= \binom{6}{4}\left(\frac{3}{8}\right)^4\left(\frac{5}{8}\right)^2 = 0{,}1159$

(2) $n = 6;\ p_0 = \frac{7}{8}$ (mindestens 1 Wappen)
P (5-mal mindestens 1 Wappen) $= \binom{6}{5}\left(\frac{7}{8}\right)^5\left(\frac{1}{8}\right)^1 = 0{,}3847$

(3) $n = 6;\ p_0 = \frac{1}{8}$ (lauter Wappen)
P (2-mal lauter Wappen) $= \binom{6}{2}\left(\frac{1}{8}\right)^2\left(\frac{7}{8}\right)^4 = 0{,}1374$

(4) $n = 6;\ p_0 = \frac{4}{8}$ (höchstens 1 Wappen)
P (3-mal höchstens 1 Wappen) $= \binom{6}{3}\left(\frac{4}{8}\right)^3\left(\frac{4}{8}\right)^3 = 0{,}3125$

(5) $n = 6;\ p_0 = \frac{1}{8}$ (kein Wappen)
P (1-mal kein Wappen) $= \binom{6}{1}\left(\frac{1}{8}\right)^1\left(\frac{7}{8}\right)^5 = 0{,}3847$

11.

Anzahl der Runden mit blauem Sektor	Wahrscheinlichkeit für das Ereignis	Auszahlung (in €)	gewichteter Wert (in €)
0	$1 \cdot \left(\frac{4}{7}\right)^0 \cdot \left(\frac{3}{7}\right)^3 \approx 0{,}079$	0	0
1	$3 \cdot \left(\frac{4}{7}\right)^1 \cdot \left(\frac{3}{7}\right)^2 \approx 0{,}315$	0,50	0,1575
2	$3 \cdot \left(\frac{4}{7}\right)^2 \cdot \left(\frac{3}{7}\right)^1 \approx 0{,}420$	1,00	0,4200
3	$3 \cdot \left(\frac{4}{7}\right)^3 \cdot \left(\frac{3}{7}\right)^0 \approx 0{,}187$	2,00	0,3740
Summe	1	zu erwartende Auszahlung	0,9515

Wenn ein Einsatz von 1,00 € verlangt wird, kann die Schule pro Spiel einen Gewinn von ca. 0,05 € erwarten.

12. (1)

Anzahl der Sechsen	Wahrscheinlichkeit für das Ereignis	Auszahlung (in €)	gewichteter Wert (in €)
0	0,40188	0	0
1	0,40188	0	0
2	0,16075	0,20	0,03215
3	0,03215	0,50	0,01608
4	0,00322	1,00	0,00322
5	0,00001286	5,00	0,00064
Summe	1	zu erwartende Auszahlung	0,05209

Der erwartete Gewinn des Veranstalters (= Verlust des Spielteilnehmers) pro Spiel beträgt ca. 4,8 Cent.

363

(2)

Anzahl der Sechsen	Wahrscheinlichkeit für das Ereignis	Auszahlung (in €)	gewichteter Wert (in €)
0	0,40188	0	0
1	0,40188	0,10	0,04019
2	0,16075	0,20	0,03215
3	0,03215	0,50	0,01608
4	0,00322	1,00	0,00322
5	0,00001286	5,00	0,00064
Summe	1	zu erwartende Auszahlung	0,09228

Der erwartete Gewinn des Veranstalters (= Verlust des Spielteilnehmers) pro Spiel beträgt ca. 0,8 Cent.

(3) Beispiel

Anzahl der Sechsen	Wahrscheinlichkeit für das Ereignis	Auszahlung (in €)	gewichteter Wert (in €)
0	0,40188	0	0
1	0,40188	0,10	0,04019
2	0,16075	0,20	0,03215
3	0,03215	0,70	0,02251
4	0,00322	1,50	0,00482
5	0,00001286	4,00	0,00051
Summe	1	zu erwartende Auszahlung	0,10018

Da der erwartete Gewinn des Veranstalters (ungefähr) gleich null ist, ist dies ein fairer Gewinnplan.

13. (1)

Anzahl defekter Bauteile	Stückpreis (in €)	Wahrscheinlichkeit	gewichteter Wert
0	4,90	0,36603	1,7936
1	4,60	0,36973	1,7008
2	4,60	0,18486	0,8504
3	4,60	0,06100	0,2806
> 3	4,00	0,01838	0,0672
		E (Stückpreis)	≈ 4,70 €

(2)

Anzahl defekter Bauteile	Stückpreis (in €)	Wahrscheinlichkeit	gewichteter Wert
0	4,90	0,36603	1,7936
1	4,80	0,36973	1,7747
2	4,70	0,18486	0,8689
3	4,60	0,06100	0,2806
4	4,50	0,01494	0,0672
5	4,40	0,00290	0,0128
> 5	4,00	0,00053	0,0021
		E (Stückpreis)	≈ 4,80 €

364 **14** (1) binompdf(3, 0.7, 2) = 0,441

(2) $3 \cdot \frac{21 \cdot 20 \cdot 9}{30 \cdot 29 \cdot 28} = 0{,}4655$

(3) Beim Ziehen ohne Zurücklegen verändert sich die Zusammensetzung von Stufe zu Stufe. Daher spielt es eine Rolle, ob die Auswahl mit oder ohne Zurücklegen geschieht. Auch in (1) liegt eigentlich ein Ziehen ohne Zurücklegen vor, da man darauf achten wird, nicht zweimal dieselbe Person auszuwählen, aber da das Verhältnis „Umfang der Gesamtheit" zu „Umfang der Stichprobe" sehr groß ist, ist der Binomialansatz zulässig.

15. X_1: *Anzahl der Erfolge mit Erfolgswahrscheinlichkeit* p_1

X_2: *Anzahl der Erfolge mit Erfolgswahrscheinlichkeit* $p_2 = 1 - p_1$

$P(X_1 = k) = \binom{n}{k} p_1^k p_2^{n-k} = \binom{n}{n-k} p_2^{n-k} p_1^k = P(X_2 = n-k)$

k und $n - k$ liegen symmetrisch zu $\frac{n}{2}$ (Mitte zwischen k und $n - k$)

Kurzgefasst: Was bei der einen BERNOULLI-Kette als Erfolg angesehen wird, gilt bei der anderen als Misserfolg, und umgekehrt.

16. Die Histogramme werden a) mit höherer Wahrscheinlichkeit p oder b) mit größerem n immer breiter und flacher.

An den Histogrammen in Teilaufgabe b) kann man sehen, dass sie sich nicht proportional mit n verändern, d. h. die Höhe des Maximums wird bei der Verdopplung von n nicht halb so groß, die Breite ist nicht doppelt so groß.

Vielmehr gilt ungefähr: Bei Vervierfachung von n ist das Maximum ungefähr halb so groß und das Histogramm ungefähr doppelt so breit.

Blickpunkt: Simulation von BERNOULLI-Ketten mithilfe eines GTR

365 **1.** (1) Im Beispiel links wird 4-mal eine 0 bzw. eine 1 aus der Urne entnommen und wieder zurückgelegt. Die Eins steht für einen Erfolg; daher gibt die
(Summe aller Werte) = (Summe der Einsen) = (Anzahl der Einsen)
die Anzahl der Erfolge an.

Im Beispiel rechts wird 5-mal eine 0 bzw. eine 1 aus einer Urne mit 5 Nullen und 1 Eins entnommen und wieder zurückgelegt. Die Eins steht für einen Erfolg; daher gibt die
(Summe aller Werte) = (Summe der Einsen) = (Anzahl der Einsen)
die Anzahl der Erfolge an.

(2) Man kann den Inhalt der Urne auf zwei Nullen und eine Eins beschränken, weil die Erfolgswahrscheinlichkeit $\frac{1}{3}$ ist. Befehl: randsamp({0,0,1}, 3).

(3) Die Häufigkeitsverteilung wird ungefähr der Wahrscheinlichkeitsverteilung entsprechen:

Anzahl der Erfolge	0	1	2	3
Wahrscheinlichkeit	29,6 %	44,4 %	22,2 %	3,7 %
erwartete Anzahl	30	44	22	4

365 **2.** **a)** –

b) Das Histogramm sieht ungefähr gleich aus; die absoluten Häufigkeiten sind entsprechend hier doppelt so groß. Die relativen Häufigkeiten liegen in der Regel näher bei den Wahrscheinlichkeiten für 0, 1, 2, 3, …, 6 Erfolge (33,5 %, 40,2 %, 20,1 %, 5,4 %, 0,8 %, 0,1 %, 0,0 %).

3. **a)** (1), (2)

k	0	1	2	3	4	5
P(X = k)	0,03125	0,15625	0,3125	0,3125	0,15625	0,03125
Häufigkeits-interpretation	3	16	31	31	16	3

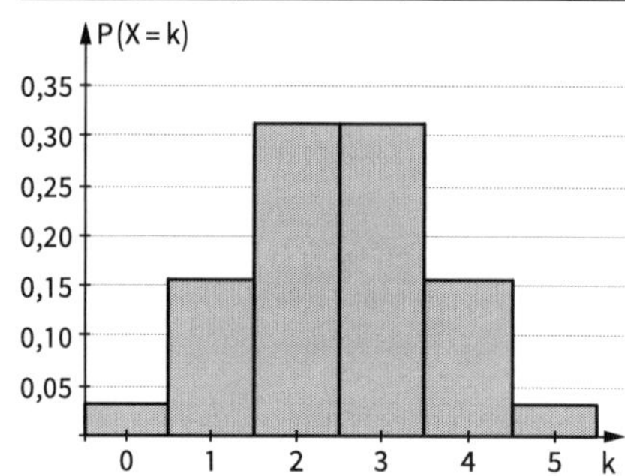

(3) –

b) (1) –

(2) $P(X = 10) \approx 13{,}7\,\%$

(3) –

6.3.3 Kumulierte Binomialverteilung – ein Auslastungsmodell

366 **Einstiegsaufgabe ohne Lösung**

a) Eine Modellierung als 120-stufiges BERNOULLI-Experiment setzt voraus, dass die 120 Bankkunden unabhängig voneinander in Bankfilale eintreffen und einen Bankauszug drucken wollen. Der Ansatz von $p = \frac{1}{60}$ ist angemessen, wenn man den Zeitraum von einer Stunde in 1-Minuten-Intervalle unterteilt. Dann betrachtet man irgendeine dieser 60 Zeiteinheiten von je einer Minute; dieses Intervall wird mit I bezeichnet.
Das Ereignis *Eine Person kommt im Intervall I an* wird als Erfolg interpretiert und hat daher die Erfolgswahrscheinlichkeit $p = \frac{1}{60}$ und die Misserfolgswahrscheinlichkeit $q = \frac{59}{60}$.
Dann ist die Zufallsgröße X: *Anzahl der im Zeitintervall I an den Kontoauszugautomaten eintreffenden Bankkunden* binomialverteilt mit $n = 120$ und $p = \frac{1}{60}$.

366 **b)**

k	0	1	2	3	4	5	6	7	...
P(X = k)	0,133	0,271	0,273	0,182	0,090	0,0355	0,0115	0,0032	...
P(X ≤ k)	0,133	0,404	0,677	0,859	0,949	0,984	0,9959	0,9990	...
P(X > k)	0,867	0,596	0,323	0,141	0,051	0,016	0,0041	0,0010	...

Wenn zwei Automaten aufgestellt werden, dann könnte dies in ca. 68 % der Fälle ausreichend sein, also in ca. 32 % der Fälle nicht. Wenn drei Automaten aufgestellt werden, dann könnte dies in ca. 86 % der Fälle ausreichend sein, also in ca. 14 % der Fälle nicht. Wenn vier Automaten aufgestellt werden, dann könnte dies in ca. 95 % der Fälle ausreichend sein, also in ca. 5 % der Fälle nicht. usw.

c) Bei der Modellierung werden Zeitintervalle berücksichtigt, aber die Situation dahingehend vereinfacht, dass die Kunden grundsätzlich zu Beginn eines solchen Zeitintervalls eintreffen. Das Modell geht von Durchschnittswerten für die benötigte Dauer der Nutzung und für die Anzahl der Kunden aus. In der Realität kann es mehr oder weniger starke Abweichungen davon geben.

369 **1.** Eine Modellierung als 60-stufiges Bernoulli-Experiment setzt voraus, dass die Mitarbeiter unabhängig voneinander Kopien anfertigen müssen. Der Ansatz von $p = \frac{1}{30}$ ist angemessen, wenn man den Zeitraum von einer Stunde in 2-Minuten-Intervalle unterteilt. Dann betrachtet man irgendeine dieser 30 Zeiteinheiten von je zwei Minuten; dieses Intervall wird mit I bezeichnet.

Das Ereignis *Eine Person kommt im Intervall I an* wird als Erfolg interpretiert und hat daher die Erfolgswahrscheinlichkeit $p = \frac{1}{30}$ und die Misserfolgswahrscheinlichkeit $q = \frac{29}{30}$.

Dann ist die Zufallsgröße X: *Anzahl der im Zeitintervall I zum Kopiergerät kommenden Mitarbeiter* binomialverteilt mit $n = 60$ und $p = \frac{1}{30}$.

k	0	1	2	3	4	5	...
P(X = k)	0,131	0,271	0,275	0,184	0,090	0,035	...
P(X ≤ k)	0,131	0,401	0,677	0,860	0,950	0,985	...
P(X > k)	0,869	0,599	0,323	0,140	0,050	0,015	...

Wenn zwei Kopierer aufgestellt werden, dann könnte dies in ca. 68 % der Fälle ausreichend sein, also in ca. 32 % der Fälle nicht. Wenn drei Kopierer aufgestellt werden, dann könnte dies in ca. 86 % der Fälle ausreichend sein, also in ca. 14 % der Fälle nicht. Wenn vier Kopierer aufgestellt werden, dann könnte dies in ca. 95 % der Fälle ausreichend sein, also in ca. 5 % der Fälle nicht. usw.

Vereinfachend werden die durchschnittlich 60 Kopiervorgänge pro Stunde als unabhängige Vorgänge betrachtet. Außerdem werden bei der Modellierung Zeitintervalle berücksichtigt, aber die Situation dahingehend vereinfacht, dass die Mitarbeiter grundsätzlich zu Beginn eines solchen Zeitintervalls am Kopierer eintreffen. Das Modell geht von Durchschnittswerten für die benötigte Dauer der Nutzung eines Kopierers und für die Anzahl der Kopiervorgänge pro Stunde aus. In der Realität kann es mehr oder weniger starke Abweichungen davon geben.

369 **2.** ■ Eine Modellierung als 100-stufiges BERNOULLI-Experiment setzt voraus, dass die 100 Bankkunden unabhängig voneinander in Bankfilale eintreffen und einen Mitarbeiter ansprechen. Der Ansatz von $p = \frac{1}{40}$ ist angemessen, wenn man den Zeitraum von vier Stunden in 6-Minuten-Intervalle unterteilt. Dann betrachtet man irgendeine dieser 40 Zeiteinheiten von je sechs Minuten; dieses Intervall wird mit I bezeichnet. Das Ereignis *Eine Person kommt im Intervall I an* wird als Erfolg interpretiert und hat daher die Erfolgswahrscheinlichkeit $p = \frac{1}{40}$ und die Misserfolgswahrscheinlichkeit $q = \frac{39}{40}$.
Dann ist die Zufallsgröße X: *Anzahl der im Zeitintervall I eintreffenden Bankkunden* binomialverteilt mit $n = 100$ und $p = \frac{1}{40}$.

- $P(X \le 3) = 0{,}759$; $P(X > 3) = 0{,}241$
Wenn drei Mitarbeiter zur Verfügung stehen, dann könnte dies in ca. 76 % der Fälle ausreichend sein, also in ca. 24 % der Fälle nicht.
- Bei der Modellierung werden Zeitintervalle berücksichtigt, aber die Situation dahingehend vereinfacht, dass die Kunden grundsätzlich zu Beginn eines solchen Zeitintervalls eintreffen. Das Modell geht von Durchschnittswerten für die benötigte Dauer der Nutzung und für die Anzahl der Kunden aus. In der Realität kann es mehr oder weniger starke Abweichungen davon geben.

3. ■ Eine Modellierung als 100-stufiges BERNOULLI-Experiment setzt voraus, dass die 100 Kunden unabhängig voneinander auf dem Parkplatz eintreffen und einkaufen gehen. Der Ansatz von $p = \frac{1}{15}$ ist angemessen, wenn man den Zeitraum von drei Stunden in 12-Minuten-Intervalle unterteilt. Dann betrachtet man irgendeine dieser 15 Zeiteinheiten von je 12 Minuten; dieses Intervall wird mit I bezeichnet.
Das Ereignis *Ein Fahrzeug kommt im Intervall I an* wird als Erfolg interpretiert und hat daher die Erfolgswahrscheinlichkeit $p = \frac{1}{15}$ und die Misserfolgswahrscheinlichkeit $q = \frac{14}{15}$.
Dann ist die Zufallsgröße X: *Anzahl der im Zeitintervall I eintreffenden Fahrzeuge* binomialverteilt mit $n = 100$ und $p = \frac{1}{15}$.

- Da $P(X > 30) \approx 0$, kann man davon ausgehen, dass die Anzahl der Parkplätze ausreicht.
- Bei der Modellierung werden Zeitintervalle berücksichtigt, aber die Situation dahingehend vereinfacht, dass die Kunden grundsätzlich zu Beginn eines solchen Zeitintervalls eintreffen. Das Modell geht von Durchschnittswerten für die benötigte Dauer der Nutzung und für die Anzahl der Kunden aus. In der Realität kann es mehr oder weniger starke Abweichungen davon geben.

369

4. a) Eine Modellierung als 100-stufiges BERNOULLI-Experiment setzt voraus, dass die 100 Personen unabhängig voneinander im Callcenter anrufen und ihr Anliegen vortragen.
Der Ansatz von $p = \frac{1}{12}$ ist angemessen, wenn man den Zeitraum von einer Stunde in 5-Minuten-Intervalle unterteilt. Dann betrachtet man irgendeine dieser 12 Zeiteinheiten von je fünf Minuten; dieses Intervall wird mit I bezeichnet.
Das Ereignis *Eine Person ruft im Intervall I an* wird als Erfolg interpretiert und hat daher die Erfolgswahrscheinlichkeit $p = \frac{1}{12}$ und die Misserfolgswahrscheinlichkeit $q = \frac{11}{12}$.
Dann ist die Zufallsgröße X: *Anzahl der im Zeitintervall I eintreffenden Anrufe* binomialverteilt mit $n = 100$ und $p = \frac{1}{12}$.
$P(X \leq 12) = 0{,}928$; $P(X > 12) = 0{,}072$
Wenn 12 Mitarbeiter zur Verfügung stehen, dann könnte dies in ca. 93 % der Fälle ausreichend sein, also in ca. 7 % der Fälle nicht.

b) Entsprechend wird hier der Ansatz $n = 100$ und $p = \frac{1}{15}$ gewählt:
$P(X \leq 10) = 0{,}930$; $P(X > 10) = 0{,}070$
Wenn 10 Mitarbeiter zur Verfügung stehen, dann könnte dies in ca. 93 % der Fälle ausreichend sein, also in ca. 7 % der Fälle nicht.

Zu a) und b): Bei der Modellierung werden Zeitintervalle berücksichtigt, aber die Situation dahingehend vereinfacht, dass die Kunden grundsätzlich zu Beginn eines solchen Zeitintervalls anrufen. Das Modell geht von Durchschnittswerten für die benötigte Dauer und für die Anzahl der Anrufer aus. In der Realität kann es mehr oder weniger starke Abweichungen davon geben.

5. a) Auszählung: In der dargestellten Simulation erkennt man (von oben links nach unten rechts) Felder mit
3, 2, 0, 2, 2, 1,
0, 1, 2, 2, 1, 3,
2, 1, 1, 0, 1, 3,
2, 1, 0, 3, 2, 2,
5, 2, 1, 1, 2, 2
Punkten. Dies ergibt folgende Häufigkeitsverteilung:

Anzahl k der Punkte	0	1	2	3	4	5	6
Anzahl H (k) der Felder mit k Punkten	4	9	12	4	0	1	0
rel. Häufigkeit h (k)	13 %	30 %	40 %	13 %	0 %	3 %	0 %

b) In der im Lehrbuch protokollierten Simulation kommt es nur in einem Zeitintervall vor, dass mehr als 3 Punkte in einem Feld enthalten sind. Wenn man dann konkret die überzähligen 2 Punkte in das nächste Feld verschiebt, ergeben sich dort 4 Punkte, sodass dann noch einmal 1 Punkt in das übernächste Feld verschoben werden muss. Insgesamt werden daher 3 Punkte um jeweils ein Feld verschoben.

6.3.4 Berechnen von Intervall-Wahrscheinlichkeiten

371

1. a) $n = 100$; $p = 0{,}3$; X: *Anzahl der Haushalte mit Hometrainer*

(1) $P(X > 30) = 1 - P(X \leq 30) = 1 - \text{binomcdf}(100, 0.3, 30) = 1 - 0{,}549 = 0{,}451$

(2) $P(X \geq 30) = 1 - P(X \leq 29) = 1 - \text{binomcdf}(100, 0.3, 29) = 1 - 0{,}462 = 0{,}538$

(3) $P(24 < X < 28)$
$= P(25 \leq X \leq 27) = \text{binomcdf}(100, 0.3, 27) - \text{binomcdf}(100, 0.3, 24) = 0{,}183$
alternativ: binomcdf(100, 0.3, 25, 27)

(4) $P(X \leq 27) = \text{binomcdf}(100, 0.3, 37) = 0{,}947$

b) $n = 100$; $p = 0{,}7$; Y: *Anzahl der Haushalte ohne Hometrainer*

(1) $P(Y = 68) = \text{binompdf}(100, 0.7, 68) = 0{,}078$

(2) $P(Y < 71) = P(Y \leq 70) = \text{binomcdf}(100, 0.7, 70) = 0{,}538$

(3) $P(Y \leq 68) = \text{binomcdf}(100, 0.7, 68) = 0{,}367$

(4) $P(Y > 71) = 1 - P(Y \leq 71) = 1 - \text{binomcdf}(100, 0.7, 71) = 0{,}377$

2. $n = 50$, $p = \frac{1}{5} = 0{,}2$; X: *Anzahl der richtig beantworteten Items*

(1) $P(X > 20) = 1 - P(X \leq 20) = 1 - \text{binomcdf}(50, 0.2, 20) = 0{,}00032$

(2) $P(10 \leq X \leq 20) = \text{binomcdf}(50, 0.2, 20) - \text{binomcdf}(50, 0{,}2, 9) = 0{,}556$
alternativ: binomcdf(50, 0.2, 10, 20)

(3) $P(X < 10) = P(X \leq 9) = \text{binomcdf}(50, 0.2, 9) = 0{,}444$

(4) $P(X = 15) = \text{binompdf}(50, 0.2, 15) = 0{,}030$

372

3. $n = 20$, $p = 0{,}25$; X: *Anzahl der Einsen*

(1) $P(X = 4) = \text{binompdf}(20, 0.25, 4) = 0{,}1897$

(2) $P(X \leq 4) = \text{binomcdf}(20, 0.25, 4) = 0{,}4148$

(3) $P(X \geq 4) = 1 - P(X \leq 3) = 1 - \text{binomcdf}(20, 0.25, 3) = 0{,}7748$

(4) $P(X > 2) = 1 - P(X \leq 2) = 1 - \text{binomcdf}(20, 0.25, 2) = 0{,}9087$

(5) $P(X < 6) = P(X \leq 5) = \text{binomcdf}(20, 0.25, 5) = 0{,}6172$

(6) $P(3 \leq X \leq 7) = \text{binomcdf}(20, 0.25, 7) - \text{binomcdf}(20, 0.25, 2) = 0{,}8069$
alternativ: binomcdf(20, 0.25, 3, 7)

(7) $P(4 < X < 10) = P(5 \leq X \leq 9) = \text{binomcdf}(20, 0.25, 9) - \text{binomcdf}(20, 0.25, 4) = 0{,}5713$
alternativ: binomcdf(20, 0.25, 5, 9)

(8) $P(X \geq 1) = 1 - P(X = 0) = 1 - \text{binompdf}(20, 0.25, 0) = 0{,}9968$

4. a) (1) Wahrscheinlichkeit beim 8-fachen Würfeln für höchstens 3-mal Augenzahl 6

(2) Wahrscheinlichkeit beim 20-fachen Tetraederwurf für höchstens 12 Würfe, bei denen nicht die Augenzahl 1 auftritt

(3) Wahrscheinlichkeit für höchstens 4-mal Wappen beim 9-fachen Münzwurf

b) (1) 0, da das Ereignis, mehr Erfolge zu haben, als es Stufen gibt, ein unmögliches Ereignis ist

(2) „Bereichsfehler“, da die untere Grenze des Bereichs oberhalb der oberen Grenze liegt oder nur „Error“

372 **5.** (1) P (höchstens 3-mal Augenzahl 2) = binomcdf$\left(20, \frac{1}{6}, 3\right)$ = 0,567

(2) P (mehr als 8-mal Augenzahl 5 oder 6) = 1 – binomcdf$\left(20, \frac{2}{6}, 8\right)$ = 0,191

(3) P (mindestens 6-mal eine Augenzahl kleiner als 5) = 1 – binomcdf$\left(20, \frac{4}{6}, 5\right)$ = 0,9998

(4) P (weniger als 10-mal eine Augenzahl größer als 1) = binomcdf$\left(20, \frac{5}{6}, 9\right)$ = 0,0001

(5) P (höchstens 4-mal oder mindestens 9-mal Augenzahl 2 oder 3)
= binomcdf$\left(20, \frac{2}{6}, 4\right) + \left(1 - \text{binomcdf}\left(20, \frac{2}{6}, 8\right)\right)$ = 0,1515 + 0,1915 = 0,3430

(6) P (weniger als 11-mal oder mehr als 14-mal keine Sechs)
= binomcdf$\left(20, \frac{5}{6}, 10\right) + \left(1 - \text{binomcdf}\left(20, \frac{5}{6}, 14\right)\right)$ = 0,0006 + 0,8982 = 0,8988

6. (1) binompdf (100, 0.8, 80) = 0,099
(2) 1 – binomcdf (100, 0.8, 79) = 0,599
(3) 1 – binomcdf (100, 0.8, 80) = 0,460

7. $n = 100$; $p = 0{,}4$; X: *Anzahl der Personen mit Blutgruppe A*
(1) $P(X = 45) = 0{,}869 - 0{,}821 = 0{,}048$
(2) $P(X > 35) = 1 - P(X \le 35) = 1 - 0{,}179 = 0{,}821$
(3) $P(X \le 48) = 0{,}958$
(4) $P(30 \le X \le 50) = P(X \le 50) - P(X \le 29) = 0{,}983 - 0{,}015 = 0{,}968$

373 **8.** Damit ein Binomialansatz gemacht werden kann, muss angenommen werden, dass die Entscheidungen der Angestellten, das Mittagessen in der Kantine einzunehmen, unabhängig voneinander erfolgen (was vermutlich problematisch ist). Außerdem muss angenommen werden, dass die Entscheidung der einzelnen Angestellten tatsächlich zufällig mit Erfolgswahrscheinlichkeit $p = 0{,}6$ erfolgt, also beispielsweise mithilfe eines Zufallsgenerators geschieht (eher ist anzunehmen, dass die Entscheidung durch das jeweils angebotene Gericht beeinflusst wird).
Unter diesen Annahmen kann eine Modellierung mit $n = 100$ und $p = 0{,}6$ vorgenommen werden:

(1) 1 – binomcdf (100, 0.6, 60) = 0,462
(2) binomcdf (100, 0.6, 59) = 0,457
(3) binomcdf (100, 0.6, 69) = 0,975
(4) 1 – binomcdf (100, 0.6, 69) = 0,025
(5) binompdf (100, 0.6, 70) = 0,010
(6) binomcdf (100, 0.6, 40) = 0,00002

373 **9.** Damit ein Binomialansatz gemacht werden kann, muss angenommen werden, dass die Entscheidungen der Angestellten, mit dem Auto zur Arbeit zu kommen, unabhängig voneinander erfolgen (was wegen der oft möglichen Fahrgemeinschaften problematisch ist). Außerdem muss angenommen werden, dass die Entscheidung der einzelnen Angestellten tatsächlich zufällig mit Erfolgswahrscheinlichkeit $p = 0{,}4$ erfolgt, also beispielsweise mithilfe eines Zufallsgenerators geschieht. (Eher ist anzunehmen, dass die Entscheidung durch das jeweils herrschende Wetter beeinflusst wird.) Unter diesen Annahmen kann eine Modellierung mit $n = 100$ und $p = 0{,}4$ vorgenommen werden:
Wahrscheinlichkeit, dass ein Parkplatz mit 50 Plätzen genügt
$= \text{binomcdf}(100, 0.4, 50) = 0{,}983$
Mindestens 46 Plätze sollten zur Verfügung stehen, denn
$\text{binomcdf}(100, 0.4, 46) = 0{,}907 > 90\,\%$ und $\text{binomcdf}(100, 0.4, 45) = 0{,}869 < 90\,\%$

10. a) X: *Anzahl der brauchbaren Schrauben*; $p = 0{,}9$
$n = 50$: $P(X \geq 40) = 1 - P(X \leq 39) = 1 - \text{binomcdf}(50, 0.9, 39) = 0{,}991$
b) $n = 100$: $P(X > 40 + 50) = 1 - P(X \leq 90) = 1 - \text{binomcdf}(100, 0.9, 90) = 0{,}451$

11. X: *Anzahl der richtig geratenen Antworten*; $n = 12$, $p = \frac{1}{3}$
$P(X \geq 6) = 1 - P(X \leq 5) = \text{binomcdf}\left(12, \frac{1}{3}, 5\right) = 0{,}178$

12. Modellierungsannahme: Der Anteil von 60 % der bisher gewonnenen Einzelspiele gilt auch zukünftig und wird nicht vom jeweiligen Ausgang des vorangegangenen Spiels beeinflusst (wenn zwei Spiele hintereinander stattfinden, kann diese Annahme problematisch sein).
X: *Anzahl der Einzelspiele, die Ben gewinnt*; $n = 15$; $p = 0{,}6$
$P(X \geq 8) = 1 - P(X \leq 7) = 1 - \text{binomcdf}(15, 0.6, 7) = 0{,}787$

13. a) X: *Anzahl der Personen, die zu einer Befragung bereit sind*; $p = 0{,}5$

n	180	190	200	210	220	230
$P(X \geq 100)$	0,783	0,257	0,528	0,776	0,922	0,980

Zur Vorbereitung der grafischen Darstellung kann man mithilfe des seq-Befehls zwei Folgen mit der Anzahl der ausgewählten Personen sowie der zugehörigen Wahrscheinlichkeit $1 - \text{binomcdf}(n, 0.5, 100)$ erzeugen. Die grafische Darstellung kann dann als Schnellgraph (mit Punkten) oder als Ergebnisdiagramm (mit Säulen) erfolgen.

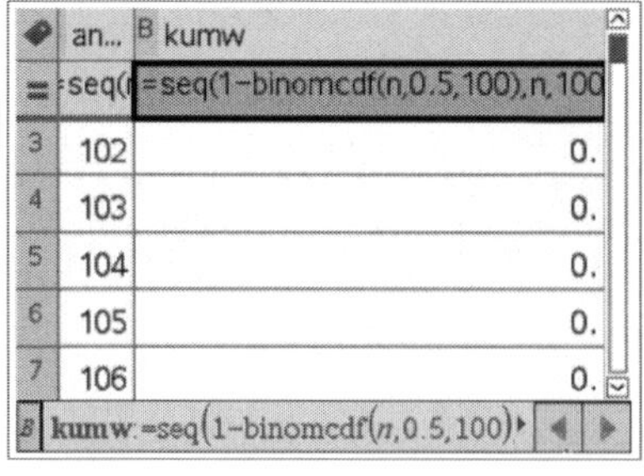

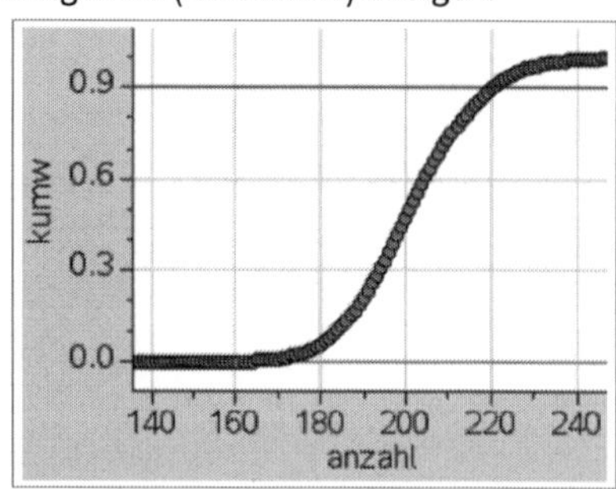

373

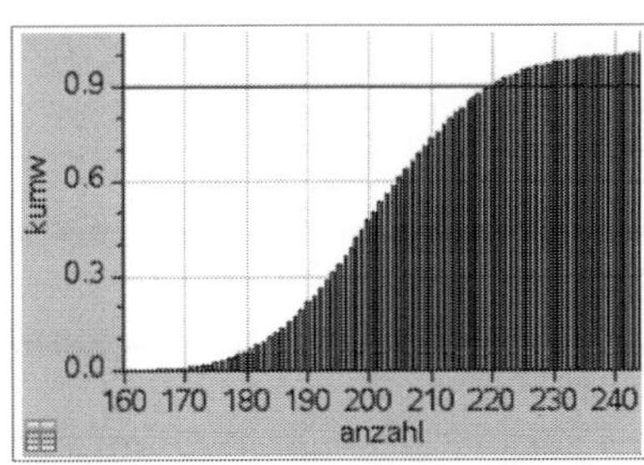

	A an...	B kumw	C	D
=	=seq(r	=seq(1-bir		
120	219	0.888112		
121	220	0.899954		
122	221	0.910809		
123	222	0.920723		
124	223	0.929742		

A121:B122

b) Nach Veränderung der Folgenvorschrift auf $p = 0{,}75$ kann man an der Tabelle oder der Grafik ablesen, dass die Bedingung für $n = 142$ erfüllt ist.

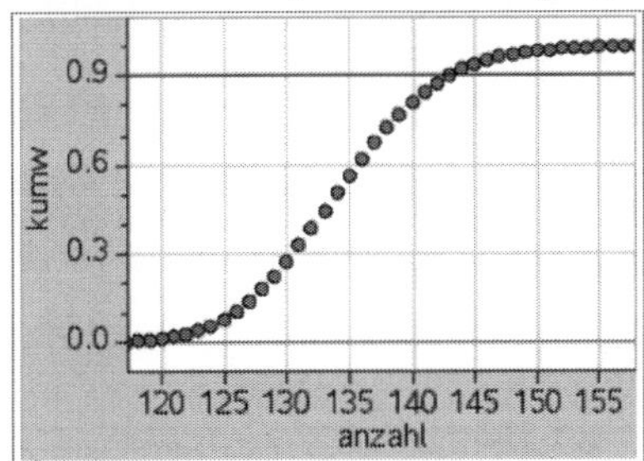

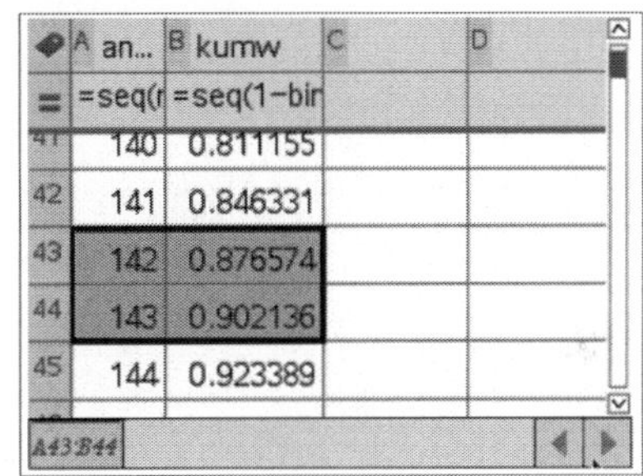

	A an...	B kumw	C	D
=	=seq(r	=seq(1-bir		
41	140	0.811155		
42	141	0.846331		
43	142	0.876574		
44	143	0.902136		
45	144	0.923389		

A43:B44

374

14. Überbuchung von 12 % für 150 Sitzplätze bedeutet: $n = 168$
Wahrnehmung der Buchung: $p = 0{,}85$
X: *Anzahl der tatsächlich zum Check-in kommenden Personen*
Die Anzahl der Sitzplätze reicht aus, wenn $X \le 150$.
$P(X \le 150) = \text{binomcdf}(168, 0.85, 150) = 0{,}957$
Mit einer Wahrscheinlichkeit von ca. 95,7 % können alle tatsächlich erscheinenden Passagiere mitfliegen.

15. (1) $P(37 \le X \le 56) = 0{,}90001$ $\quad P(41 \le X \le 57) = 0{,}90495$ $\quad P(42 \le X \le 58) = 0{,}91137$
$P(43 \le X \le 59) = 0{,}90495$ $\quad P(43 \le X \le 60) = 0{,}91580$ $\quad P(43 \le X \le 61) = 0{,}92290$
(2) $P(37 \le X \le 58) = 0{,}95237$ $\quad P(40 \le X \le 59) = 0{,}95396$ $\quad P(41 \le X \le 60) = 0{,}95396$
$P(42 \le X \le 61) = 0{,}94520$ $\quad P(42 \le X \le 62) = 0{,}94967$ $\quad P(43 \le X \le 63) = 0{,}945237$

16. (1) $P(X \le k) > 0{,}3$ gilt für $k > 22$
(2) $P(X > k) \le 0{,}5$ also $1 - P(X \le k) \le 0{,}5$ oder $0{,}5 \le P(X \le k)$ gilt für $k > 23$

374

17. Hexaeder:

P (mindestens eine Sechs) = 1 – P (keine Sechs) = $1-\left(\frac{5}{6}\right)^n = 1-\left(\frac{5}{6}\right)^4 = 0{,}5177 > 0{,}5$

(1) Oktaeder: $1-\left(\frac{7}{8}\right)^6 = 0{,}5512$

Vorteilhaft ist es darauf zu wetten, dass bei 6 Würfen z. B. mindestens eine Eins auftritt (oder mindestens eine 2, ...).

(2) Dodekaeder: $1-\left(\frac{11}{12}\right)^8 = 0{,}5015$

Vorteilhaft (allerdings nur wenig vorteilhaft) ist es darauf zu wetten, dass bei 8 Würfen z. B. mindestens eine Eins auftritt.

(3) Ikosaeder: $1-\left(\frac{19}{20}\right)^{14} = 0{,}5123$

Vorteilhaft (allerdings nur wenig vorteilhaft) ist es darauf zu wetten, dass bei 14 Würfen z. B. mindestens eine Eins auftritt.

375

18. Der Umsatz berechnet sich mithilfe des Terms

$U(k) = k \cdot 200 - (20-k) \cdot 30$ für $k \le 20$ bzw.

$U(k) = 20 \cdot 200 - (k-20) \cdot 100$ für $21 \le k \le 25$.

k	U (k)	P (X = k)	U (k) · P (X = k)
0	600	0,0000	0,000
1	770	0,0000	0,000
2	940	0,0000	0,000
3	1 110	0,0000	0,000
4	1 280	0,0000	0,000
5	1 450	0,0000	0,000
6	1 620	0,0000	0,000
7	1 790	0,0000	0,000
8	1 960	0,0000	0,000
9	2 130	0,0000	0,004
10	2 300	0,0000	0,026
11	2 470	0,0001	0,155
12	2 640	0,0003	0,773
13	2 810	0,0012	3,291
14	2 980	0,0040	11,964
15	3 150	0,0118	37,097
16	3 320	0,0294	97,749
17	3 490	0,0623	217,596
18	3 660	0,1108	405,681
19	3 830	0,1633	625,615
20	4 000	0,1960	784,060
21	3 900	0,1867	728,056
22	3 800	0,1358	515,919
23	3 700	0,0708	262,091
24	3 600	0,0236	85,003
25	3 500	0,0038	13,223
		E (U) =	3 788,30

375 **19. a)** Jede Reservierung bringt 4 €.

Die Gewinnfunktion lautet dann: $G(k) = \begin{cases} 200 & \text{falls } k \le 40 \\ 200 - 6(k-40) & \text{falls } 40 < k \le 50 \end{cases}$

Die Anzahl der Parker X ist binomialverteilt mit $n = 50$ und $p = 0{,}8$.

Für die Gewinnerwartung E (G) gilt: $E(G) = \sum_{k=0}^{50} P(X = k) \cdot G(k)$

Mit dem GTR oder einem Tabellenkalkulationsprogramm erhält man $E(G) = 193{,}29$ €.

b) Für verschiedene Reservierungen n ergibt sich als Gewinnfunktion

$G(k, n) = \begin{cases} 4n & \text{falls } k \le 40 \\ 4n - 6(k-40) & \text{falls } 40 < k \le n \end{cases}$

Für die Gewinnerwartung E (G) gilt:

Reservierungen n	50	51	52	53	54	55
E (G) (in €)	193,29	194,49	195,20	195,49	195,46	195,17

Damit maximale Gewinnerwartung für $n = 53$ Buchungen.

20. Die Gewinnfunktion lautet:

$G(k, n) = \begin{cases} 1500 - 250(10-k) - 80k & \text{falls } k \le 10 \\ 1500 - 800 - 40(n-k) & \text{falls } 10 < k \le n \end{cases}$

Für die Gewinnerwartung E (G) gilt:

Personen n	11	12	13	14	15	16
E (G) (in €)	481,40	565,34	605,07	611,83	601,89	587,00

Damit maximale Gewinnerwartung für n = 14 Personen.

6.3.5 Wahrscheinlichkeit für mindestens einen Erfolg bei einem n-stufigen BERNOULLI-Experiment

376 **Einstiegsaufgabe ohne Lösung**

$P(\text{mindestens eine Sechs in 9 Würfen}) = 1 - \left(\frac{5}{6}\right)^9 = 0{,}806$

$P(\text{keine Sechs in 9 Würfen}) = \left(\frac{5}{6}\right)^9 = 0{,}194$

n	10	12	14	13
$1 - \left(\frac{5}{6}\right)^n$	0,838	0,888	0,922	0,907

Wenn man mindestens 13-mal würfelt, dann ist die Wahrscheinlichkeit, dass unter den 13 Würfen mindestens eine Sechs ist, mindestens 90 %.

378 **1. a)** (1) $1 - \left(\frac{5}{6}\right)^{17} = 0{,}955 > 0{,}95$; man muss mindestens 17-mal würfeln

(2) $1 - \left(\frac{11}{12}\right)^{35} = 0{,}952 > 0{,}95$; man muss mindestens 35-mal würfeln

(3) $1 - \left(\frac{19}{20}\right)^{59} = 0{,}952 > 0{,}95$; man muss mindestens 59-mal würfeln

b) $1 - 0{,}962^{60} = 0{,}902 > 0{,}90$; man muss mindestens 60 Haushalte auswählen

c) $1 - 0{,}986^{50} = 0{,}506 > 0{,}50$; man muss mindestens 50 Stimmzettel auswählen

378 Alternative Rechnungen mithilfe des Logarithmus:

a) (1) $\log_{\frac{5}{6}}(0{,}05) = 16{,}4$ (2) $\log_{\frac{11}{12}}(0{,}05) = 34{,}4$ (3) $\log_{\frac{19}{20}}(0{,}05) = 58{,}4$

b) $\log_{0.962}(0{,}1) = 59{,}4$

c) $\log_{0.986}(0{,}5) = 49{,}2$

2. a) Blutspenden der Blutgruppe 0 können für Menschen mit beliebigen Blutgruppen verwendet werden, da sie von allen vertragen werden. Menschen der Blutgruppe AB können Blutspenden beliebiger Blutgruppen vertragen.

b) Um mit einer Wahrscheinlichkeit von mindestens 90 % einen Spender der Blutgruppe 0– zu finden, müssen mindestens 38 Personen untersucht werden, denn es gilt:

(1) 0 –: $\log_{0,94}(0{,}10) = 37{,}2$

Analog:

(2) 0 +: $\log_{0,65}(0{,}10) = 5{,}3$; also mindestens 6 Personen

(3) B –: $\log_{0,98}(0{,}10) = 113{,}97$; also mindestens 114 Personen

(4) B +: $\log_{0,91}(0{,}10) = 24{,}4$; also mindestens 25 Personen

(5) A –: $\log_{0,94}(0{,}10) = 37{,}2$; also mindestens 38 Personen

(6) A +: $\log_{0,63}(0{,}10) = 4{,}98$; also mindestens 5 Personen

(7) AB –: $\log_{0,99}(0{,}10) = 229{,}1$; also mindestens 230 Personen

(8) AB +: $\log_{0,96}(0{,}10) = 56{,}4$; also mindestens 57 Personen

3. Systematisches Probieren:

n	P(X = 0)	P(X = 1)	P(X ≥ 2)
10	0,1615	0,3230	0,5155
20	0,0261	0,1043	0,8696
21	0,0217	0,0913	0,8870
22	0,0181	0,0797	0,9022
23	0,0151	0,0694	0,9155
24	0,0126	0,0604	0,9270
25	0,0105	0,0524	0,9371
26	0,0087	0,0454	0,9458
27	0,0073	0,0393	0,9534

Man muss einen Würfel mindestens 22-mal (27-mal) werfen, um mit einer Wahrscheinlichkeit von mindestens 90 % (95 %) mindestens zweimal Augenzahl 6 zu haben.

Allgemeine Lösung:

P(mindestens 2 Erfolge)

= 1 – [P(kein Erfolg) + P(genau 1 Erfolg)]

$= 1 - [q^n + n \cdot p \cdot q^{n-1}]$

$= 1 - q^{n-1} \cdot [q + n \cdot p]$

$= 1 - q^{n-1} \cdot [q + n \cdot (1 - q)]$

$= 1 - q^{n-1} \cdot [q + n - n \cdot q]$

$= 1 - q^{n-1} \cdot [n - (n - 1) \cdot q]$

Gelöst werden muss also die Gleichung für $q = \frac{5}{6}$:

Mithilfe des Gleichungslösers des GTR erhält man beispielsweise für die Mindest-Wahrscheinlichkeit 90 %: $n \approx 21{,}84$, d. h. man benötigt mindestens 22 Würfe für mindestens zwei Erfolge.

Blickpunkt: Das Kugel-Fächer-Modell

379

1. Zur Vereinfachung nehmen wir an, dass das Jahr 365 Tage hat, lassen also die Schaltjahre unberücksichtigt.

a) Das Überprüfen der Schülerdatei auf mögliche Geburstagskinder kann man als 150-stufige BERNOULLI-Kette auffassen: Bei jedem Datensatz der Schülerkartei kann man feststellen, ob die betreffende Person am ersten Schultag Geburtstag hat, d. h. für die Erfolgswahrscheinlichkeit gilt: $p = \frac{1}{365}$, also $q = \frac{364}{365}$

Die Wahrscheinlichkeiten für bestimmte Ergebnisse dieses Zufallsversuchs werden mithilfe der Binomialverteilung mit $n = 150$ und $p = \frac{1}{365}$ berechnet.

Die exakte Wahrscheinlichkeitsberechnung ergibt:

$P(\text{0 Geburtstagskinder}) = \left(\frac{364}{365}\right)^{150} \approx 0{,}663 = 66{,}3\,\%$

$P(\text{1 Geburtstagskind}) = \binom{150}{1} \cdot \left(\frac{1}{365}\right)^{1} \cdot \left(\frac{364}{365}\right)^{149} \approx 0{,}273 = 27{,}3\,\%$

$P(\text{2 Geburtstagskinder}) = \binom{150}{2} \cdot \left(\frac{1}{365}\right)^{2} \cdot \left(\frac{364}{365}\right)^{148} \approx 0{,}056 = 5{,}6\,\%$

$$\begin{aligned} P(\text{mehr als 2 Geburtstagskinder}) &= 1 - P(\text{höchstens zwei Geburtstagskinder}) \\ &\approx 1 - (0{,}663 + 0{,}273 + 0{,}056) = 0{,}008 \\ &= 0{,}8\,\% \end{aligned}$$

b) Für **jeden** Tag des Jahres gilt: Die Wahrscheinlichkeit beträgt 66 %, dass keines der Kinder an diesem Tag Geburtstag hat. Wenn man 365-mal einen Zufallsversuch durchführt, bei dem ein bestimmtes Ereignis/Ergebnis mit Wahrscheinlichkeit 66 % eintritt, kann man mit dem $(365 \cdot 0{,}66 \approx)$ 241-fachen Eintreten des Ereignisses/Ergebnisses rechnen.

2. a) X: *Anzahl der Rosinen in einem beliebigen ausgewählten Brötchen*

$n = 500;\ p = \frac{1}{100}$

$P(X = 0) = \left(\frac{99}{100}\right)^{500} \approx 0{,}66\,\%$

b) $P(X = 0) = \left(\frac{99}{100}\right)^{n} \approx \frac{10}{100}$ ist erfüllt für $n \approx 229$.

3. a) $P(X = 0) = \left(\frac{36}{37}\right)^{n}$

b) $\left(\frac{36}{37}\right)^{n} \approx \frac{10}{37}$ (Anteil der nicht besetzten Felder)

↑ (Wahrscheinlichkeit, dass ein Feld nicht besetzt wird)

Lösung durch systematisches Probieren oder durch Logarithmieren:

$n \approx 48$, denn $\left(\frac{36}{37}\right)^{47} \approx 0{,}2759$; $\left(\frac{36}{37}\right)^{48} \approx 0{,}2684$; $\frac{10}{37} \approx 0{,}2703$

380

4. a) $n=400,\ p=\frac{1}{365}$:

$P(X=0)=\binom{400}{0}\cdot\left(\frac{1}{365}\right)^{0}\cdot\left(\frac{364}{365}\right)^{400}\approx 0{,}3337$

$P(X=1)=P(X=0)\cdot\frac{400}{1}\cdot\frac{1}{364}\approx 0{,}3667$

$P(X=2)=P(X=1)\cdot\frac{399}{2}\cdot\frac{1}{364}\approx 0{,}2010$

$P(X>2)=1-P(X\le 2)\approx 1-(0{,}3337+0{,}3667+0{,}2010)=1-0{,}9014=0{,}0986$

Es treten ca. $365\cdot 0{,}3337\approx 122$ Tage ohne Alarm,
ca. $365\cdot 0{,}3667\approx 134$ Tage mit einem Alarm,
ca. $365\cdot 0{,}2010\approx 73$ Tage mit zwei Alarmen,
ca. $365\cdot 0{,}0986\approx 36$ Tage mit drei Alarmen auf.

b) $P(X=0)=\left(\frac{364}{365}\right)^{n}$:

$365\cdot\left(\frac{364}{365}\right)^{n}=100 \Leftrightarrow n=\frac{\ln\left(\frac{100}{365}\right)}{\ln\left(\frac{364}{365}\right)} \Leftrightarrow n\approx 472$

Ca. 472-mal wurde die Feuerwehr alarmiert.

5. a) $n=100,\ p=0{,}01$:

(1) $P(X=0)=\binom{100}{0}\cdot 0{,}01^{0}\cdot 0{,}99^{100}\approx 0{,}3660$

$P(X=1)=P(X=0)\cdot\frac{100}{1}\cdot\frac{1}{99}\approx 0{,}3697$

$P(X=2)=P(X=1)\cdot\frac{99}{2}\cdot\frac{1}{99}\approx 0{,}1849$

$P(X>2)=1-P(X\le 2)\approx 1-(0{,}3660+0{,}3697+0{,}1849)=1-0{,}9206=0{,}0794$

(2) $0{,}3660\cdot 100\approx 37$ Samentüten ohne Unkrautsamen
$0{,}3697\cdot 100\approx 37$ Samentüten mit 1 Unkrautsamen
$0{,}1847\cdot 100\approx 18$ Samentüten mit 2 Unkrautsamen
$0{,}0794\cdot 100\approx 8$ Samentüten mit mehr als 2 Unkrautsamen

b) $p=0{,}01$:

(1) $P(X=0)=\binom{n}{0}\cdot 0{,}01^{0}\cdot 0{,}99^{n}=0{,}99^{n}$

(2) $100\cdot 0{,}99^{n}$

(3) $100\cdot 0{,}99^{n}=50 \Leftrightarrow \ln(100)+n\cdot\ln(0{,}99)=\ln(50)$

$\Leftrightarrow n=\frac{\ln(50)-\ln(100)}{\ln(0{,}99)}=\frac{\ln(0{,}5)}{\ln(0{,}99)}\approx 68{,}96\approx 69$

ca. 69 Unkrautsamen sind in die Abfüllmenge gelangt.

6. a) $n=60;\ p=\frac{1}{400}$ (60 Kugeln werden zufällig auf 400 Fächer verteilt)

k	0	1	2	3	4	5	6	7	8
P(X = k)	0,861	0,129	0,009	0,0005	0	0	0	0	0

b) $P(X\ge 2)=1-P(X\le 1)\approx 0{,}01=1\,\%$

Es wurde die Modellannahme gemacht, dass die Fehler zufällig auf die Seiten verteilt sind. Fächer = Seite; Kugel = Fehler.

380

7. **a)** Unbekannte Zahl n der Schüler der anderen Jahrgangsstufe

$P(X=0) = \left(\frac{364}{365}\right)^n$ = Wahrscheinlichkeit dafür, dass an einem bestimmten Tag des Jahres kein Schüler Geburtstag hat, d. h. es gibt ca. $365 \cdot \left(\frac{364}{365}\right)^n$ Tage im Jahr mit 0 Geburtstagskindern.

$365 \cdot \left(\frac{364}{365}\right)^n \approx 260 \Leftrightarrow \left(\frac{364}{365}\right)^n \approx \frac{260}{365}$ ist für $n \approx 124$ erfüllt.

b) –

8. $n = 85$; $p = \frac{1}{100}$; X: *Anzahl der Wassertierchen in einem Feld*

k	P(X = k)	100 · P(X = k)
0	0,426	≈ 43
1	0,365	≈ 37
2	0,155	≈ 16
3	0,043	≈ 4
4	0,001	≈ 0

9. Ansatz: $n = 968$, $p = \frac{1}{306}$

Anzahl der Tore	0	1	2	3	4	5	6	7	8	9
Modell	0,042	0,133	0,212	0,223	0,177	0,112	0,059	0,026	0,010	0,004
Häufigkeits-interpretation	13	41	65	68	54	34	18	8	3	1
Realität	13	34	72	67	56	35	18	6	5	0

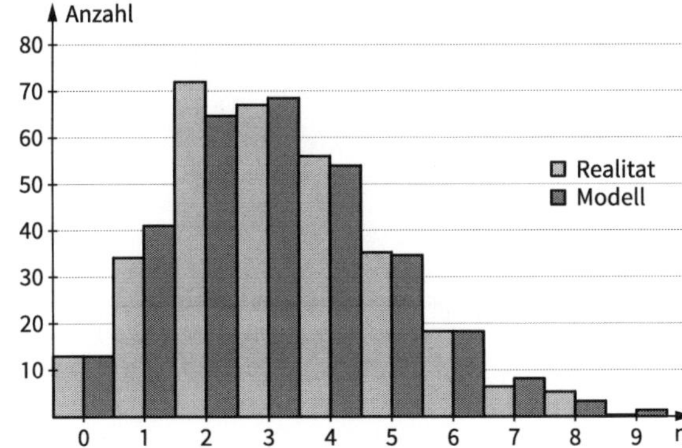

381

10. (1) X: *Anzahl der Personen, die an einem bestimmten Tag Geburtstag haben*

$n = 365$; $p = \frac{1}{365}$; $P(X=0) \approx 0{,}367$; $P(X=1) \approx 0{,}368$; $P(X>1) \approx 0{,}264$

(2) X: *Anzahl der Runden, in denen die Kugel auf einem bestimmten Feld stehen bleibt*

$n = 37$; $p = \frac{1}{37}$; $P(X=0) \approx 0{,}363$; $P(X=1) \approx 0{,}373$; $P(X>1) \approx 0{,}264$

(3) X: *Anzahl der Regentropfen in einem bestimmten Feld*

$n = 100$; $p = \frac{1}{100}$; $P(X=0) \approx 0{,}366$; $P(X=1) \approx 0{,}370$; $P(X>1) \approx 0{,}264$

381 **11. a)** Bei der in Aufgabe 1 beschriebenen Situation wird ein bestimmter Tag des Jahres betrachtetet und untersucht, mit welcher Wahrscheinlichkeit an diesem Tag 0, 1, 2, … Personen Geburtstag haben.
Bei der Fragestellung des klassischen Geburtstagsproblems betrachtet man alle Tage eines Jahres und untersucht die Frage, ob es darunter mindestens einen Tag gibt, an dem mindestens zwei Personen Geburtstag haben.

b) Den GTR-Bildern ist zu entnehmen, dass schrittweise die Wahrscheinlichkeit für das Ereignis E_n: *n Personen haben lauter verschiedene Geburtstage* berechnet wird:
$P(E_1) = \frac{365}{365} = 1$; $P(E_2) = \frac{365 \cdot 364}{365^2} \approx 0{,}99726$; $P(E_3) = \frac{365 \cdot 364 \cdot 363}{365^3} \approx 0{,}991796$
Beim Ereignis E_{23} wird die Wahrscheinlichkeit von 50 % unterschritten:
$P(E_{23}) = \frac{365 \cdot 364 \cdot 363 \cdot \ldots \cdot 343}{365^{23}} \approx 0{,}492703$
D. h., die Wahrscheinlichkeit für das Ereignis *Mindestens zwei Personen haben am gleichen Tag Geburtstag* ist größer als 50 %.
Im dritten GTR-Bild ist die Entwicklung der Wahrscheinlichkeiten $P(E_n)$ für $n = 1, 2, \ldots, 50$ dargestellt.

c) Mithilfe des Rechenblatts findet man heraus, dass für $n \geq 41$ gilt: $P(E_n) < 10\,\%$, also das Gegenereignis eine Wahrscheinlichkeit von mehr als 90 % hat.

7 Beurteilende Statistik und stochastische Prozesse

7.1 Erwartungswert und Standardabweichungen von Binomialverteilungen

7.1.1 Erwartungswert einer Binomialverteilung

386 **Einstiegsaufgabe ohne Lösung**

Hier ist die Umsetzung der Aufgabenstellung mithilfe des GTR dargestellt.

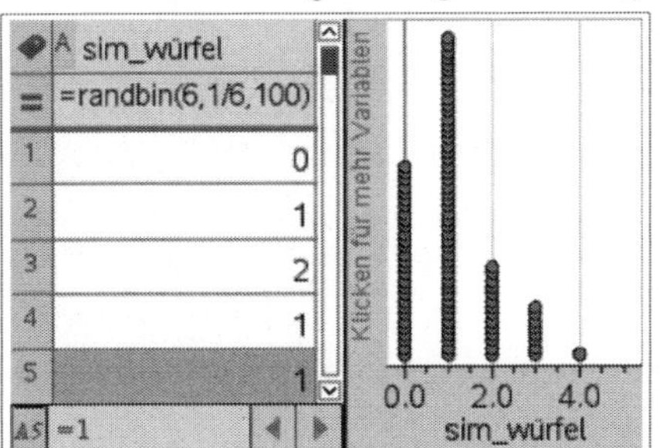

	A sim_...	B	C
=	=randbin		=OneVar(a[],1):
1	0	Titel	Statistik mit ein..
2	1	x̄	1.04
3	2	Σx	104.
4	1	Σx²	192.
5	1	sx := Sn-1x	0.920255

B2:C2

Das 6-fache Werfen eines Würfels mit der Erfolgswahrscheinlichkeit $p = \frac{1}{6}$ für Augenzahl 6 wird 100-mal mithilfe des Befehls randbin$\left(6, \frac{1}{6}, 100\right)$ durchgeführt.

In der Tabelle wird die Anzahl der Erfolge notiert. Die zugehörige Häufigkeitsverteilung kann mithilfe des Schnellgraphen visualisiert werden. Die Mittelwertberechnung kann mithilfe der 1-Variablen-Statistik (GTR) erfolgen. Bei der dokumentierten Simulation ergab sich ein Mittelwert von 1,04 Sechsen in 100 Versuchsdurchführungen (Simulationen).

Stellt man die Häufigkeitsverteilung in Form eines Histogramms dar, dann lassen sich die jeweiligen absoluten Häufigkeiten an den einzelnen Säulen ablesen.

k	H(k)	h(k)	P(X = k)
0	29	0,29	0,33490
1	48	0,48	0,40188
2	14	0,14	0,20094
3	8	0,08	0,05358
4	1	0,01	0,00804
5	0	0	0,00064
6	0	0	0,00002
	100	1	1

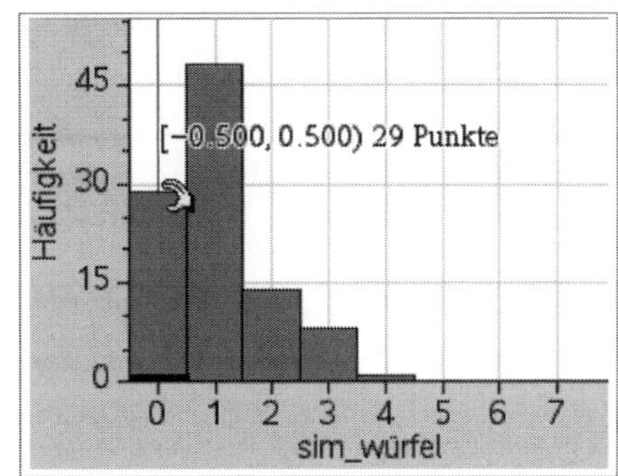

386

Die Abweichungen der empirischen Werte (relative Häufigkeiten) von den Wahrscheinlichkeiten können groß sein. Der Erwartungswert der Verteilung liegt bei *exakter* Rechnung bei 1; dort liegt auch das Maximum der Verteilung:

k	P(X = k)	k · P(X = k)
0	$\frac{15625}{46656}$	0
1	$\frac{18750}{46656}$	$\frac{18750}{46656}$
2	$\frac{9375}{46656}$	$\frac{18750}{46656}$
3	$\frac{2500}{46656}$	$\frac{7500}{46656}$
4	$\frac{375}{46656}$	$\frac{1500}{46656}$
5	$\frac{30}{46656}$	$\frac{150}{46656}$
6	$\frac{1}{46656}$	$\frac{6}{46656}$
	1	$\frac{46656}{46656} = 1$

388

1. a) (1) Das Maximum der Verteilungen liegt bei $k = n \cdot p$.
GTR-Bilder für $n = 20$; $p = 0{,}3$,
entsprechend findet man:
$n = 40$: $P(k_{max} = 12) = 0{,}136574$;
$n = 80$: $P(k_{max} = 24) = 0{,}096951$

(2) $p = 0{,}25$
$n = 20$: $P(k_{max} = 5) = 0{,}202331$
$n = 40$: $P(k_{max} = 10) = 0{,}144364$
$n = 80$: $P(k_{max} = 20) = 0{,}102543$

	A anz_erf	B bin_vert	C	D
=	=seqgen(	=binompd		
5	4	0.130421		
6	5	0.178863		
7	6	0.191639		
8	7	0.164262		
9	8	0.114397		

A7:B7

b) (1) $p = 0{,}3$: $n = 20$

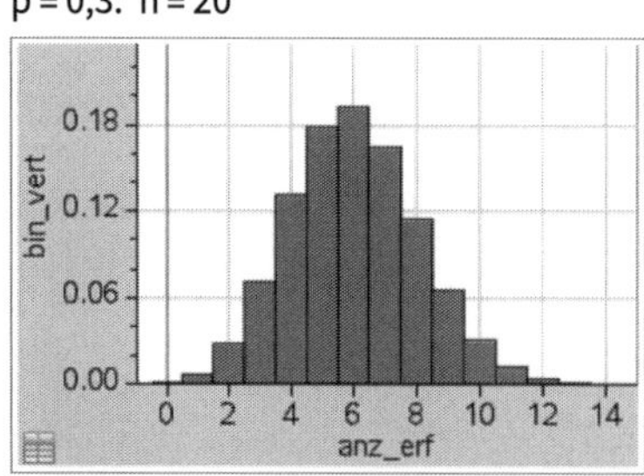

n = 40

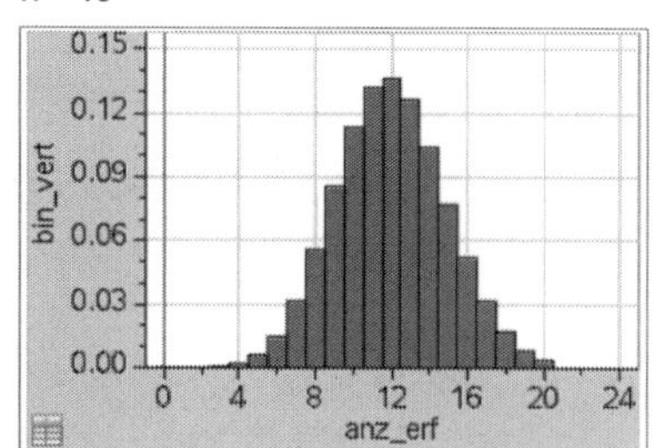

n = 80

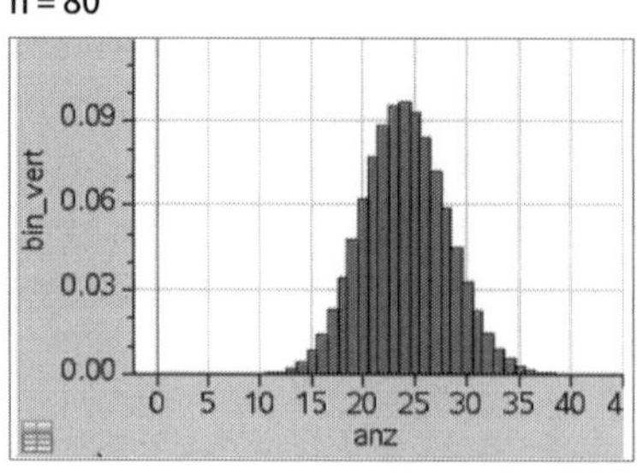

Die Histogramme werden flacher (dies ist hier durch den angepassten Zoom kompensiert) und breiter; vor allem: Die Gestalt wird zunehmend symmetrisch.

388

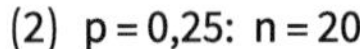
(2) $p = 0{,}25$: $n = 20$

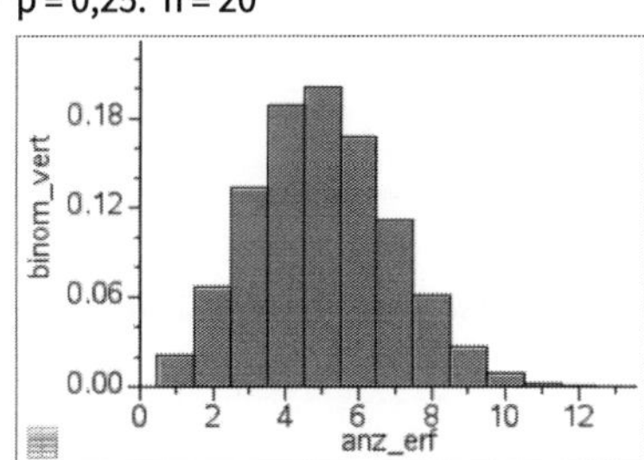

$n = 40$

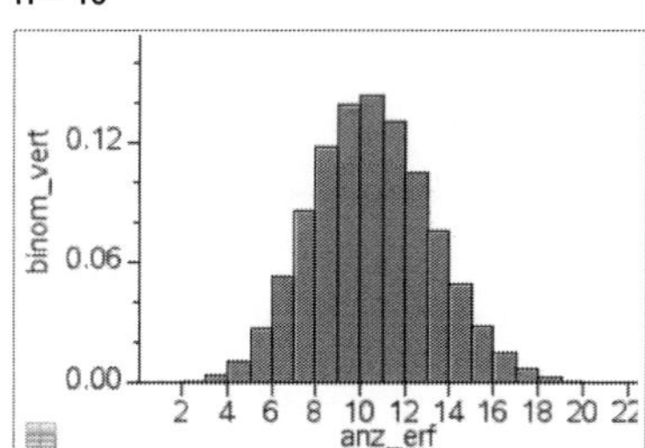

$n = 80$

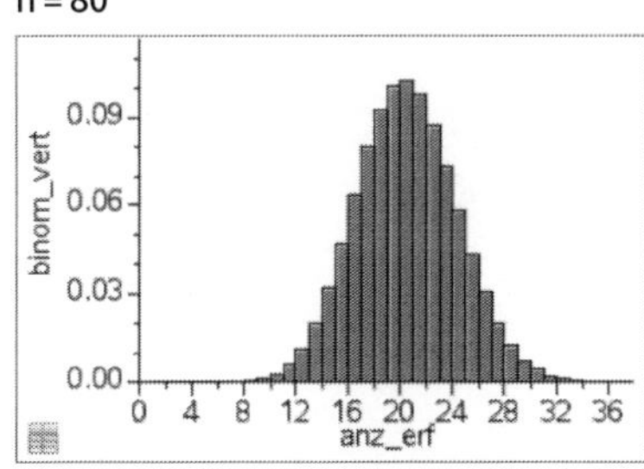

c) Vergleich der Umgebungen: Am Quotienten in der rechten Spalte $\frac{P(X > \mu)}{P(X < \mu)}$ ist ablesbar, dass die Symmetrie zunimmt.

(1)

n	$\mu = 0{,}3 \cdot n$	$P(X < \mu)$	$P(X > \mu)$	Vergleich
20	6	0,416	0,392	94,2 %
40	12	0,441	0,423	95,9 %
80	24	0,458	0,445	97,2 %

(2)

n	$\mu = 0{,}25 \cdot n$	$P(X < \mu)$	$P(X > \mu)$	Vergleich
20	5	0,415	0,383	92,3 %
40	10	0,440	0,416	94,5 %
80	20	0,457	0,440	96,3 %

388

2.

k	P(X = k)	k · P(X = k)
0	$\frac{6561}{65536}$	0
1	$\frac{17496}{65536}$	$\frac{17496}{65536}$
2	$\frac{20412}{65536}$	$\frac{40824}{65536}$
3	$\frac{13608}{65536}$	$\frac{40824}{65536}$
4	$\frac{5670}{65536}$	$\frac{22680}{65536}$
5	$\frac{1512}{65536}$	$\frac{7560}{65536}$
6	$\frac{252}{65536}$	$\frac{1512}{65536}$
7	$\frac{24}{65536}$	$\frac{168}{65536}$
8	$\frac{1}{65536}$	$\frac{8}{65536}$
	Summe: 1	$\mu = \frac{131072}{65536} = 2$

$n \cdot p = 8 \cdot \frac{1}{4} = 2$

3. Bei allen Rechnungen stellt sich heraus, dass für beliebiges p und beliebiges n der nach Definition berechnete Erwartungswert der Binomialverteilung mit dem Produkt $n \cdot p$ übereinstimmt.

4.

	n	p	$\mu = n \cdot p$	k_{max}
(1)	20	0,3	6	6
(2)	19	0,4	7,6	7 und 8 *)
(3)	17	0,5	8,5	8 und 9 *)
(4)	11	0,6	6,6	7
(5)	16	0,7	11,2	11
(6)	17	0,75	12,75	13
(7)	31	0,25	7,75	7 und 8 *)
(8)	32	0,25	8	8

*) k-Werte mit gleicher Wahrscheinlichkeit (zwei Maxima)

388 **5.** Für die Teilaufgaben (1) bis (4) gilt, dass jeweils die Stufenzahl n größer wird. Da die Zufallsgröße X: *Anzahl der Erfolge* immer mehr Werte annehmen kann, werden die Histogramme immer flacher. Das Histogramm zu (1) ist wegen $p = 0{,}5$ symmetrisch zum Erwartungswert. Obwohl die anderen Histogramme nicht symmetrisch sind, erscheint die Gestalt wegen der größeren Stufenzahl nahezu symmetrisch.

(1)

(2)

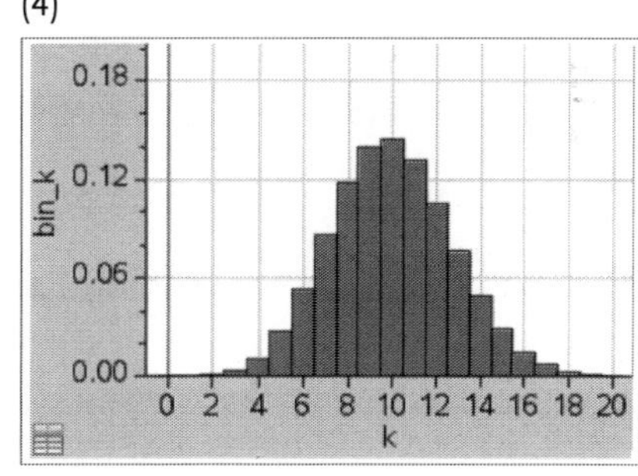

(3)

(4)

389 **6.** Das Maximum der Verteilung liegt bei $k = 3 \approx 12 \cdot p$, also $p \approx 0{,}25$.
Das Maximum der Verteilung liegt bei $k = 9 \approx 12 \cdot p$, also $p \approx 0{,}75$.
Das Maximum der Verteilung liegt bei $k = 6 \approx 12 \cdot p$, also $p \approx 0{,}5$.
Der Vergleich mit den vollständigen Tabellen der jeweiligen Binomialverteilungen zeigt, dass die angegebenen Erfolgswahrscheinlichkeiten richtig sind.

7. Die Gleichung $k_{max} \approx n \cdot p$ wird nach n aufgelöst: $n \approx \frac{k_{max}}{p}$. Für $p = 0{,}36$ ergibt sich:
1. Grafik: Das Maximum liegt bei $k_{max} = 5$. Hieraus folgt: $n \approx 14$.
2. Grafik: Das Maximum liegt bei $k_{max} = 8$. Hieraus folgt: $n \approx 22$.
3. Grafik: Das Maximum liegt bei $k_{max} = 10$. Hieraus folgt: $n \approx 28$.
Um diese Schätzungen zu überprüfen, müssen die zugehörigen Binomialverteilungen zu diesen vermuteten Stufenzahlen ermittelt werden. Man stellt fest, dass die ersten beiden Schätzungen richtig sind, bei der 3. Grafik muss auf $n = 29$ korrigiert werden.

389

8. Die Tabelle der Wahrscheinlichkeitsverteilungen wird um die 3. Spalte für die Produkte aus Wert der Zufallsgröße und zugehöriger Wahrscheinlichkeit erweitert und dann die Summe der Produkte gebildet.

a)

$n = 1$

k	P(X = k)	k · P(X = k)
0	q	0
1	p	p

q = 1 − p

$E(X) = p$

$n = 2$

k	P(X = k)	k · P(X = k)
0	q^2	0
1	$2pq$	$2pq$
2	p^2	$2p^2$

$E(X) = 2pq + 2p^2$
$= 2p(q + p)$
$= 2p$

q + p = 1

b)

$n = 3$

k	P(X = k)	k · P(X = k)
0	q^3	0
1	$3pq^2$	$3pq^2$
2	$3p^2q$	$6p^2q$
3	p^3	$3p^3$

$E(X) = 3pq^2 + 6p^2q + 3p^3$
$= 3p(q^2 + 2pq + p^2)$
$= 3p(q + p)^2$
$= 3p$

9. a) Es gilt $P(X = k) \geq P(X = k - 1)$ für alle k mit $\frac{n-k+1}{k} \cdot \frac{p}{q} \geq 1$.
$\frac{n-k+1}{k} \cdot \frac{p}{q} \geq 1 \Leftrightarrow (n - k + 1) \cdot p \geq k \cdot q \Leftrightarrow (n + 1) \cdot p \geq k$
Für das größte k gilt also: $(n + 1) \cdot p - 1 \leq k \leq (n + 1) \cdot p$
Dies kann auch wie folgt notiert werden:
$(n + 1) \cdot p - 1 \leq k \leq (n + 1) \cdot p \Leftrightarrow n \cdot p - (1 - p) \leq k \leq n \cdot p + p \Leftrightarrow \mu - q \leq k \leq \mu + p$

b) Wenn $\mu = n \cdot p$ ganzzahlig ist, dann sind $\mu - q$ und $\mu + p$ nicht ganzzahlig und μ liegt dazwischen.
Wenn $\mu = n \cdot p$ nicht ganzzahlig ist, dann liegt μ im Intervall $[\mu - q;\ \mu + p]$.
Dieses Intervall hat die Länge 1; daher ist auch der Fall möglich, dass zwei Maxima auftreten, nämlich dann, wenn $\mu - q$ ganzzahlig ist (dann ist ja auch $\mu + p$ ganzzahlig).

390

10. a) In allen drei Beispielen gilt: $P(X = 5) = P(X = 6)$

b) Vgl. Lösung von Aufgabe 9 b).

11. ▪ (1) $P(X = 25) = 0{,}112275$
(2) $P(X = 25) = 0{,}0917997$

▪ Vergleicht man gleich breite Umgebungen bei (1) und (2), dann hat die von (1) stets eine größere Wahrscheinlichkeit, d. h. die Streuung für $n = 100$ und $p = 0{,}25$ ist größer.

	$P(\mu - r \leq X \leq \mu + r)$	
r	(1)	(2)
1	0,3282	0,2707
2	0,5201	0,4360
3	0,6778	0,5810
4	0,7974	0,7016
5	0,8811	0,7967
6	0,9351	0,8676
7	0,9672	0,9178
8	0,9847	0,9513
9	0,9934	0,9725
10	0,9974	0,9852

390

- Dies wird durch den Vergleich der charakteristischen Werte der Boxplots bestätigt:

	Median	unteres Quartil	oberes Quartil	unteres Ende des Whiskers	oberes Ende des Whiskers
(1) n = 50, p = 0,5	25	23	27	17	33
(2) n = 100, p = 0,25	25	22	28	13	37

(1)

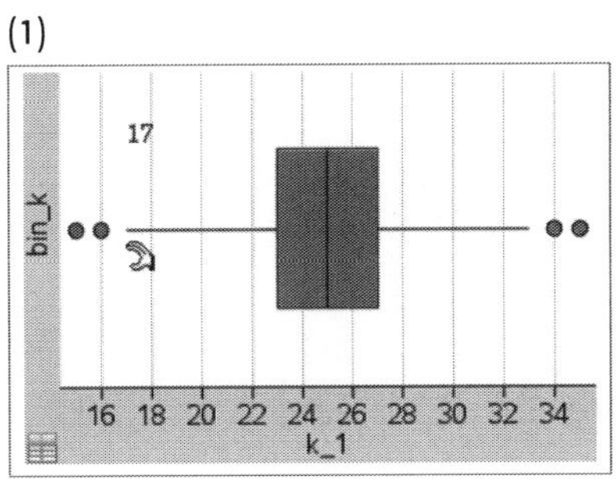

(2)

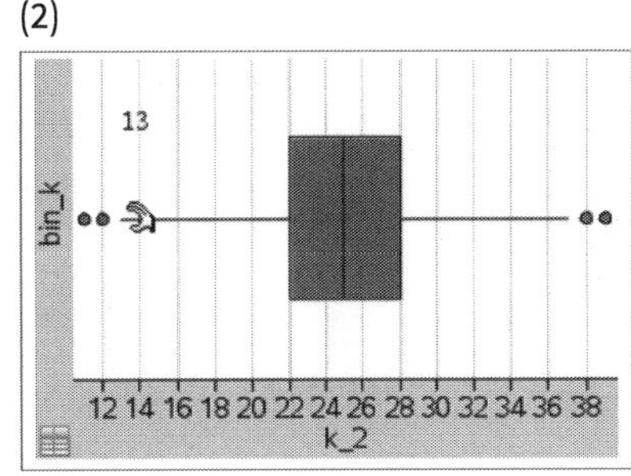

12. n = 25: Quartilabstand = 3

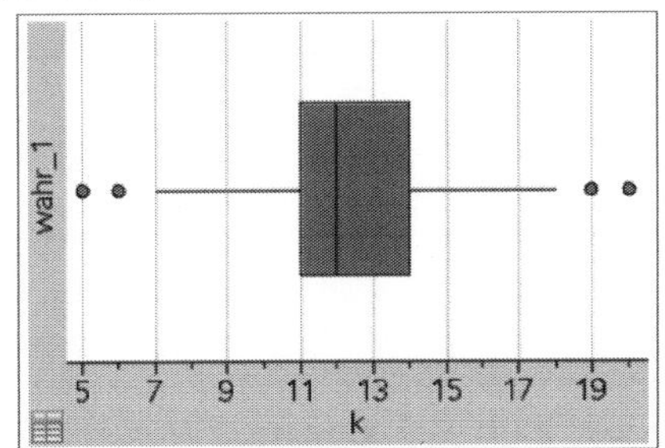

n = 50: Quartilabstand = 4

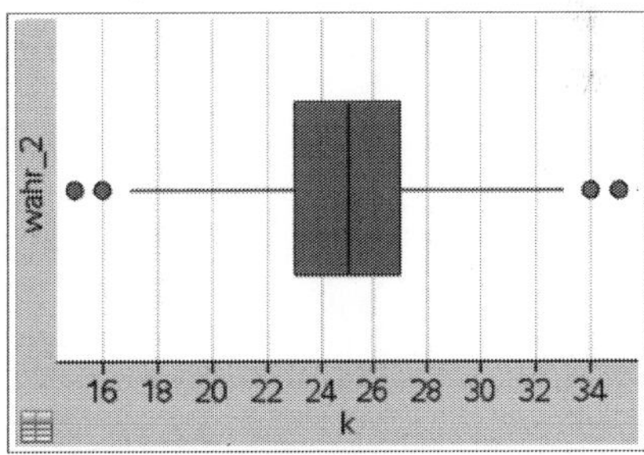

n = 100: Quartilabstand = 6

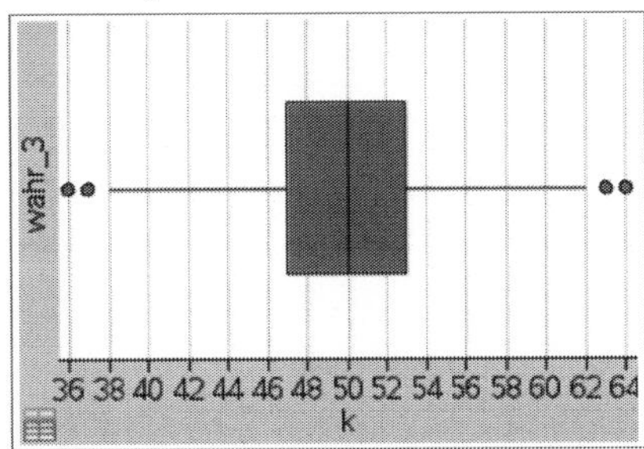

n = 200: Quartilabstand = 10

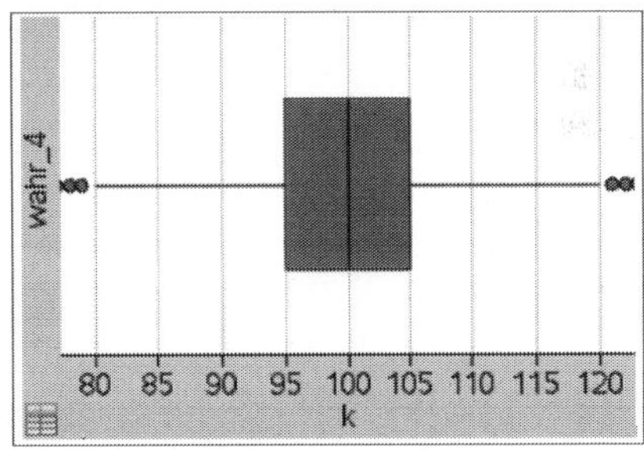

Ist eine Gesetzmäßigkeit zu erkennen? Erste Idee: Der Quartilabstand wächst proportional zu n; das ist offensichtlich nicht erfüllt. Dann könnte man auf die Idee kommen, dass der QA proportional zu der Wurzel aus n ist. Der Vergleich zwischen n = 25 und n = 100 bestätigt dies, für n = 50 und n = 200 passt das aber nur näherungsweise.

390

13. Vergrößert man den Radius einer Umgebung um $\mu = n \cdot p$ proportional zur Stufenzahl n, dann wächst die Wahrscheinlichkeit für eine solche Umgebung mit wachsendem n.

r	n = 50, $\mu = 25$	n = 100, $\mu = 50$	n = 200, $\mu = 100$
1	0,328	0,383	0,475
2	0,520	0,632	0,771
3	0,678	0,807	0,923
4	0,797	0,911	0,981
5	0,881	0,965	0,996

7.1.2 Standardabweichung von binomialverteilten Zufallsgrößen

391

Einstiegsaufgabe ohne Lösung

Da die Wahrscheinlichkeitsverteilungen für p_1 und für $p_2 = 1 - p_1$ durch Spiegelung an $k = \frac{n}{2}$ auseinander hervorgehen, ergeben sich übereinstimmende quadratische Differenzen, nur in umgekehrter Reihenfolge.

Beispiel: $n = 5$; $p_1 = 0{,}3$; $p_2 = 0{,}7$; $\mu_1 = 1{,}5$; $\mu_2 = 3{,}5$

k	$P(X_1 = k)$	$(k - \mu_1)^2 \cdot P(X_1 = k)$	$P(X_2 = k)$	$(k - \mu_2)^2 \cdot P(X_2 = k)$
0	0,16807	$1{,}5^2 \cdot 0{,}16807$	0,00243	$3{,}5^2 \cdot 0{,}00243$
1	0,36015	$0{,}5^2 \cdot 0{,}36015$	0,02835	$2{,}5^2 \cdot 0{,}02835$
2	0,30870	$0{,}5^2 \cdot 0{,}30870$	0,13230	$1{,}5^2 \cdot 0{,}13230$
3	0,13230	$1{,}5^2 \cdot 0{,}13230$	0,30870	$0{,}5^2 \cdot 0{,}30870$
4	0,02835	$2{,}5^2 \cdot 0{,}02835$	0,36015	$0{,}5^2 \cdot 0{,}36015$
5	0,00243	$3{,}5^2 \cdot 0{,}00243$	0,16807	$1{,}5^2 \cdot 0{,}16807$

393

1. a) Da die Wahrscheinlichkeitsverteilungen für p_1 und für $p_2 = 1 - p_1$ durch Spiegelung an $k = \frac{n}{2}$ auseinander hervorgehen, ergeben sich übereinstimmende quadratische Differenzen, nur in umgekehrter Reihenfolge.

b)

	n	p_1	p_2	mittlere quadratische Abweichung	$\frac{\text{mqA}}{\mu_1}$	$\frac{\text{mqA}}{\mu_2}$
(1)	24	0,4	0,6	5,76	0,6	0,4
(2)	48	0,25	0,75	9	0,75	0,25
(3)	25	0,2	0,8	4	0,8	0,2
(4)	36	0,1	0,9	3,24	0,9	0,1

Konsequenz: Die mittlere quadratische Differenz berechnet sich als $n \cdot p_1 \cdot p_2$.

2. a) Die Tabelle ist geeignet, das Quadrat der Standardabweichung gemäß Definition zu bestimmen:

In der 1. Spalte stehen die möglichen Werte der Zufallsgröße, in der 3. Spalte die zugehörigen Wahrscheinlichkeiten. In der 2. Spalte wird die quadratische Abweichung der Anzahl der Erfolge vom Erwartungswert erfasst, sodass in der 4. Spalte die Produkte notiert werden können.

Die Sume der Produkte ist dann

$p^2 \cdot (1 - p) + p \cdot (1 - p)^2 = p \cdot (1 - p) \cdot [p + (1 - p)] = p \cdot (1 - p) = p \cdot q$

393 **b)** Für $\mu = 2 \cdot p$ ergibt sich analog

k	$(k-\mu)^2$	$P(X=k)$	$(k-\mu)^2 \cdot P(X=k)$
0	$4p^2$	$(1-p)^2$	$4p^2(1-p)^2$
1	$(1-2p)^2$	$2p(1-p)$	$2p(1-p)(1-2p)^2$
2	$(2-2p)^2$	p^2	$4p^2(1-p)^2$

und für die Summe:

$2p(1-p) \cdot [2p - 2p^2 + 1 - 4p + 4p^2 + 2p - 2p^2] = 2p(1-p) \cdot 1 = 2pq$

3. Bei allen Rechnungen stellt sich heraus, dass für beliebiges p und beliebiges n die nach Definition berechnete mittlere quadratische Abweichung der Binomialverteilung vom Erwartungswert mit dem Produkt $n \cdot p \cdot q$ übereinstimmt.

394 **4. a)** $\sigma_1^2 = 100 \cdot 0{,}1 \cdot 0{,}9 = 9$; also $\sigma_1 = 3$ $\quad$ $\sigma_2^2 = 50 \cdot 0{,}2 \cdot 0{,}8 = 8$; also $\sigma_2 \approx 2{,}83$

Die zweite Verteilung hat eine geringere Streuung.

Den geringen Unterschied kann man allerdings kaum der Grafik entnehmen.

b) Weitere Beispiele:

$n_1 = 40;\ p_1 = 0{,}3;\ \mu_1 = 12;\ \sigma_1 \approx 2{,}90$ $\quad$ $n_3 = 24;\ p_3 = 0{,}5;\ \mu_3 = 12;\ \sigma_3 \approx 2{,}45$

$n_2 = 100;\ p_2 = 0{,}12;\ \mu_2 = 12;\ \sigma_2 \approx 3{,}25$ $\quad$ $n_4 = 72;\ p_3 = \frac{1}{6};\ \mu_3 = 12;\ \sigma_4 \approx 3{,}16$

Vergleicht man zwei Binomialverteilungen mit übereinstimmendem Erwartungswert, dann hat die Verteilung mit der geringeren Stufenzahl auch die geringere Streuung. Denn: Die geringere Stufenzahl muss durch eine höhere Erfolgswahrscheinlichkeit „ausgeglichen" werden, was zu einer niedrigeren Misserfolgswahrscheinlichkeit führt und somit auch eine kleinere Standardabweichung zur Folge hat.

5. (1) $\sigma = \sqrt{48 \cdot 0{,}5 \cdot 0{,}5} = \sqrt{12} \approx 3{,}46$ $\quad$ (3) $\sigma = \sqrt{98 \cdot \frac{6}{7} \cdot \frac{1}{7}} = \sqrt{12} \approx 3{,}46$

(2) $\sigma = \sqrt{54 \cdot \frac{1}{3} \cdot \frac{2}{3}} = \sqrt{12} \approx 3{,}46$

Weitere Binomialverteilungen mit Standardabweichung $\sqrt{12}$:

(1) $\sigma = \sqrt{50 \cdot 0{,}4 \cdot 0{,}6} = \sqrt{12} \approx 3{,}46$ $\quad$ (3) $\sigma = \sqrt{64 \cdot \frac{1}{4} \cdot \frac{3}{4}} = \sqrt{12} \approx 3{,}46$

(2) $\sigma = \sqrt{75 \cdot 0{,}2 \cdot 0{,}8} = \sqrt{12} \approx 3{,}46$ $\quad$ (4) $\sigma = \sqrt{49 \cdot \frac{3}{7} \cdot \frac{4}{7}} = \sqrt{12} \approx 3{,}46$

6. a)

p	V(X)
0,1	4,5
0,2	8
0,3	10,5
0,4	12
0,5	12,5
0,6	12
0,7	10,5
0,8	8
0,9	4,5

V(X) wird für $p = 0{,}5$ am größten.

b) $f(p) = n \cdot p \cdot (1-p) = np - np^2$

Der Graph ist eine nach unten geöffnete Parabel.

$f'(p) = n - 2np$

$f'(p) = 0 \Leftrightarrow n - 2np = 0 \Leftrightarrow p = \frac{1}{2}$

Damit nimmt f das Maximum bei $p = \frac{1}{2}$ an.

394 **7.** Lösungsansatz: Berechne σ^2, dann den Quotienten $\frac{\sigma^2}{\mu} = \frac{n \cdot p \cdot q}{n \cdot p} = q$

(1) $q = 0{,}7 \Rightarrow p = 1 - q = 0{,}3 \Rightarrow n = \frac{\mu}{p} = 84$

(2) $q = 0{,}1 \Rightarrow p = 1 - q = 0{,}9 \Rightarrow n = \frac{\mu}{p} = 81$

(3) $q = 0{,}8 \Rightarrow p = 1 - q = 0{,}2 \Rightarrow n = \frac{\mu}{p} = 64$

(4) $q = 0{,}75 \Rightarrow p = 1 - q = 0{,}25 \Rightarrow n = \frac{\mu}{p} = 48$

(5) $q = 0{,}4 \Rightarrow p = 1 - q = 0{,}6 \Rightarrow n = \frac{\mu}{p} = 96$

(6) $q = 0{,}5 \Rightarrow p = 1 - q = 0{,}5 \Rightarrow n = \frac{\mu}{p} = 144$

7.1.3 Umgebungen um den Erwartungswert einer Binomialverteilung – Sigma-Regeln

395 **Einstiegsaufgabe ohne Lösung**

	n = 50			n = 100		
p	σ	k-Werte	Vielfache	σ	k-Werte	Vielfache
0,1	2,12	2, 3, …, 7, 8	$\frac{7}{\sigma} \approx 3{,}3$	3	6, 7, …, 13, 14	$\frac{9}{\sigma} = 3$
0,2	2,82	6, 7, …, 13, 14	$\frac{9}{\sigma} \approx 3{,}2$	4	14, 15, …, 25, 26	$\frac{13}{\sigma} = 3{,}25$
0,3	3,24	10, 11, …, 19, 20	$\frac{11}{\sigma} \approx 3{,}4$	4,58	23, 24, …, 36, 37	$\frac{15}{\sigma} \approx 3{,}3$
0,4	3,46	15, 16, …, 24, 25	$\frac{11}{\sigma} \approx 3{,}2$	4,90	32, 33, …, 47, 48	$\frac{17}{\sigma} \approx 3{,}5$
0,5	3,53	20 ,21, …, 29, 30	$\frac{11}{\sigma} \approx 3{,}1$	5	42, 43, …, 57, 58	$\frac{17}{\sigma} = 3{,}4$

Der Durchmesser der 90 %-Umgebungen ist ungefähr gleich; er beträgt ca. 3,3 σ.

397 **1.** **a)** Da bei den k-Werten einer Wahrscheinlichkeitsverteilung nur natürliche Zahlen auftreten, sind die zugehörigen Wahrscheinlichkeiten von einem k-Wert bis zum nächsten jeweils konstant. Die Funktionswerte dieser sogenannten Treppenfunktion geben also jeweils die Wahrscheinlichkeit für die symmetrischen Intervalle an. Der Schnitt mit der Parallelen zur k-Achse gibt einen ungefähren Wert dafür an, welchen Radius um den Erwartungswert man ungefähr wählen muss, um 90 % zu erfassen. An der Wertetabelle mit ganzzahligen k-Werten kann man dann ablesen, welcher der beiden benachbarten k-Werte der angegebenen Schnittstelle infrage kommt.

b) Konkret wird durch den GTR die Schnittstelle $x = 15{,}2$ angegeben; an der Wertetabelle kann man ablesen, dass ein Radius von 15 zur 90 %-Umgebung gehört (die Mindest-Wahrscheinlichkeit von 90 % liegt vor: $P(85 \le X \le 115) \approx 0{,}9108$.

c) (1) $\mu = 100$; $P(83 \le X \le 117) = 0{,}945$; $P(82 \le X \le 118) = 0{,}958$

(2) $\mu = 200$; $P(184 \le X \le 216) = 0{,}901$

(3) $\mu = 100$; $P(84 \le X \le 116) = 0{,}945$; $P(83 \le X \le 117) = 0{,}957$

398

2. a)

p	$\mu \pm \sigma$	1σ-Umg.	2σ-Umg.	3σ-Umg.	$2{,}58\sigma$-Umg.
0,1	10 ± 3	0,759	0,972	0,998	0,995
0,2	20 ± 4	0,740	0,967	0,998	0,996
0,25	$25 \pm 4{,}33$	0,702	0,951	0,998	0,992
0,3	$30 \pm 4{,}58$	0,674	0,963	0,997	0,988
0,4	$40 \pm 4{,}90$	0,642	0,948	0,997	0,990
0,5	50 ± 5	0,729	0,965	0,998	0,988

b) Hier betrachtet man die zu a) gehörigen Misserfolgswahrscheinlichkeiten. Da die Standardabweichungen für p und $1 - p$ jeweils übereinstimmen und die Wahrscheinlichkeitsverteilungen durch Spiegelung aus den o. a. Verteilungen hervorgehen, ergeben sich dieselben Wahrscheinlichkeiten für die betrachteten Umgebungen.

3. Für $n = 100$ und $p = 0{,}05$ gilt: $\mu = 5$ und $\sigma \approx 2{,}18 < 3$:
$P(1\sigma\text{-Umgebung von } \mu) = P(3 \le X \le 7) = 0{,}754$;
$P(2\sigma\text{-Umgebung von } \mu) = P(1 \le X \le 9) = 0{,}966$;
$P(3\sigma\text{-Umgebung von } \mu) = P(0 \le X \le 11) = 0{,}996$;
$P(1{,}64\sigma\text{-Umgebung von } \mu) = P(2 \le X \le 8) = 0{,}900$;
$P(1{,}96\sigma\text{-Umgebung von } \mu) = P(1 \le X \le 9) = 0{,}966$;
$P(2{,}58\sigma\text{-Umgebung von } \mu) = P(0 \le X \le 10) = 0{,}989$

4. (A) $P(2{,}5\sigma\text{-Umgebung von } \mu) = 0{,}989$
(B) $P(2\sigma\text{-Umgebung von } \mu) = 0{,}960$
(C) $P(1{,}6\sigma\text{-Umgebung von } \mu) = 0{,}901$ ← Dies ist die gesuchte Umgebung!
(D) $P(1{,}3\sigma\text{-Umgebung von } \mu) = 0{,}823$
(E) nicht symmetrisch zu μ; $P(200 \le X \le 232) = 0{,}519$

5. … unterhalb von $\mu - 1{,}96\sigma$ oder oberhalb von $\mu + 1{,}96\sigma$ liegen.
Mit einer Wahrscheinlichkeit von ca. 10 % wird die Anzahl der Erfolge unterhalb von $\mu - 1{,}64\sigma$ oder oberhalb von $\mu + 1{,}64\sigma$ liegen.
Mit einer Wahrscheinlichkeit von ca. 1 % wird die Anzahl der Erfolge unterhalb von $\mu - 2{,}58\sigma$ oder oberhalb von $\mu + 2{,}58\sigma$ liegen.

6. a) (1) $\mu = 20$; $\sigma \approx 3{,}16$ (2) $\mu = 20$; $\sigma \approx 3{,}46$
Eine größere Streuung bedeutet, dass die Wahrscheinlichkeit für gleiche Umgebungen um den Erwartungswert kleiner ist, z. B.
(1) $P(16 \le X \le 24) = 0{,}846$ (2) $P(16 \le X \le 24) = 0{,}807$.

b) (1) Mit einer Wahrscheinlichkeit von 99 % liegt die Anzahl der Erfolge zwischen $\mu - 2{,}58\sigma$ und $\mu + 2{,}58\sigma$:
$n = 40$; $p = 0{,}5$; $2{,}58\sigma \approx 8{,}15$: $P(12 \le X \le 28) = 0{,}994$ bzw.
$n = 50$; $p = 0{,}4$; $2{,}58\sigma \approx 8{,}93$: $P(11 \le X \le 29) = 0{,}994$
(2) In 95,5 % der Fälle gilt: X liegt zwischen $\mu - 2\sigma$ und $\mu + 2\sigma$
$n = 40$; $p = 0{,}5$; $2\sigma \approx 6{,}32$: $P(14 \le X \le 26) = 0{,}962$ bzw.
$n = 50$; $p = 0{,}4$; $2\sigma \approx 6{,}92$: $P(13 \le X \le 27) = 0{,}971$
(3) $|X - \mu| > 1{,}64\sigma$ gilt nur in ca. 10 % der Fälle:
$n = 40$; $p = 0{,}5$; $1{,}64\sigma \approx 5{,}18$: $P(X < 15 \text{ oder } X > 25) = 0{,}081$ bzw.
$n = 50$; $p = 0{,}4$; $1{,}64\sigma \approx 5{,}67$: $P(X < 15 \text{ oder } X > 25) = 0{,}111$

398

7. a) $\mu = 20;\ \sigma = 4$
   b) Mit einer Wahrscheinlichkeit von ca. 90 % wird man mindestens 14-mal und höchstens 26-mal gewinnen $\left(P(14 \le X \le 26) \approx 0{,}897\right)$.
   c) Das Intervall entspricht der 1 σ-Umgebung von μ. Diese hat ca. eine Wahrscheinlichkeit von 68 %. Konkret: $P(16 \le X \le 24) \approx 0{,}740$. Dies ist also eine günstige Wette.
   d) Die Aussage bedeutet $P(X < 10) \approx 0$. Mithilfe der σ-Regeln kann man sagen: $P(X < \mu - 2{,}5\sigma) \approx \frac{1}{2} \cdot 0{,}01 = 0{,}005$. Tatsächlich gilt: $P(X < 10) = 0{,}002$.

8. Für das untere bzw. obere Quartil gilt:
   (1) $Q_1 = 233;\ Q_3 = 247;\ P(233 \le X \le 247) \approx 0{,}556$
   (2) $Q_1 = 114;\ Q_3 = 126;\ P(114 \le X \le 126) \approx 0{,}556$
   (3) $Q_1 = 120;\ Q_3 = 130;\ P(120 \le X \le 130) \approx 0{,}513$
   Für Erwartungswert und Standardabweichung gilt hier:
   (1) $\mu = 240;\ \sigma \approx 9{,}80;\ \frac{1}{2} \cdot \frac{\text{Quartilabstand}}{\sigma} = \frac{7}{\sigma} \approx 0{,}71$
   (2) $\mu = 120;\ \sigma \approx 8{,}49;\ \frac{1}{2} \cdot \frac{\text{Quartilabstand}}{\sigma} = \frac{6}{\sigma} \approx 0{,}71$
   (3) $\mu = 125;\ \sigma \approx 7{,}91;\ \frac{1}{2} \cdot \frac{\text{Quartilabstand}}{\sigma} = \frac{5}{\sigma} \approx 0{,}63$

7.1.4 Bestimmen eines genügend großen Stichprobenumfangs

399

Einstiegsaufgabe ohne Lösung

In der Grafik kann man ablesen, wie groß die $1{,}96\frac{\sigma}{n}$-Umgebungen um $p = 0{,}5$ für unterschiedlich große Stichprobenumfänge n sind. Besonders hervorgehoben sind die Stellen bei $n = 96$ und $n = 384$, für die gilt:

$1{,}96 \cdot \sqrt{\frac{0{,}5 \cdot 0{,}5}{96}} \approx 0{,}10$ (Abweichung um 10 Prozentpunkte) bzw.

$1{,}96 \cdot \sqrt{\frac{0{,}5 \cdot 0{,}5}{384}} \approx 0{,}05$ (Abweichung um 5 Prozentpunkte)

Der zur Abweichung 3 Prozentpunkte gehörende Stichprobenumfang liegt bei ca. $n = 1067$:

$1{,}96 \cdot \sqrt{\frac{0{,}5 \cdot 0{,}5}{1067}} \approx 0{,}03$. Für $n = 800$ ergibt sich ein zu großer Wert $1{,}96 \cdot \sqrt{\frac{0{,}5 \cdot 0{,}5}{800}} \approx 0{,}0346$.

401

1. **Fehler in der 1. Auflage:** Es muss heißen:
   Um die Ungleichung $1{,}96\frac{\sigma}{n} \le d$ lösen zu können …
   Bis auf den konstanten Faktor $\left(\frac{1{,}96}{d}\right)^2$ hängt der Term $\left(\frac{1{,}96}{d}\right)^2 \cdot p \cdot (1-p)$ vom Produkt $p \cdot (1-p)$ ab. Der Graph der Funktion f mit $f(p) = p \cdot (1-p) = p - p^2$ ist eine nach unten geöffnete quadratische Parabel mit einen Hochpunkt an der Stelle $p = 0{,}5$, d. h. wenn $p = 0{,}5$ ist, muss ein besonders großer Stichprobenumfang gewählt werden, um mit großer Wahrscheinlichkeit die Genauigkeit d zu erzielen.

2. (1) $n \ge \frac{2{,}58^2 \cdot 0{,}5 \cdot 0{,}5}{0{,}005^2} = 66\,564$ (2) $n \ge \frac{2{,}58^2 \cdot 0{,}06 \cdot 0{,}94}{0{,}002^2} \approx 93\,855$

402

3. Die Mehrheit entspricht z. B. 50,1 %. Der angegebene Wert 53,4 % darf also um höchstens 3,3 Prozentpunkte abweichen: $n \geq \left(\frac{1{,}96}{0{,}033}\right)^2 \cdot 0{,}534 \cdot (1 - 0{,}534) \approx 878$

4. Für $n = 1\,250$ ergibt sich
wenn $p \approx 0{,}4$: $2 \cdot \sqrt{\frac{0{,}4 \cdot 0{,}6}{1250}} \approx 0{,}028 \approx 0{,}03$
wenn $p \approx 0{,}1$: $2 \cdot \sqrt{\frac{0{,}1 \cdot 0{,}9}{1250}} \approx 0{,}017 \approx 0{,}02$
Der zweite Teil der Aussage bezieht sich darauf, dass den Bereichen unterschiedlich große Wahrscheinlichkeiten zukommen. Die Ergebnisse von Zufallsversuchen konzentrieren sich auf die Bereiche in der Nähe des Erwartungswerts:
$P(0{,}5\,\sigma$-Umgebung von $\mu) \approx 0{,}383$
$P(1\,\sigma$-Umgebung von $\mu) \approx 0{,}683$,
d. h. Zuwachs um 30 Prozentpunkte gegenüber der $0{,}5\,\sigma$-Umgebung.
$P(1{,}5\,\sigma$-Umgebung von $\mu) \approx 0{,}866$,
d. h. Zuwachs um 18,3 Prozentpunkte gegenüber der $1\,\sigma$-Umgebung.
$P(2\,\sigma$-Umgebung von $\mu) \approx 0{,}954$,
d. h. Zuwachs um 8,8 Prozentpunkte gegenüber der $1{,}5\,\sigma$-Umgebung.
$P(2{,}5\,\sigma$-Umgebung von $\mu) \approx 0{,}988$,
d. h. Zuwachs um 3,4 Prozentpunkte gegenüber der $2\,\sigma$-Umgebung.
$P(3\,\sigma$-Umgebung von $\mu) \approx 0{,}997$,
d. h. Zuwachs um 1,7 Prozentpunkte gegenüber der $2{,}5\,\sigma$-Umgebung.

5. Nein. Bei einer Sicherheit von 90 % kann wegen $\left|\frac{X}{n} - p\right| \leq 1{,}64\frac{\sigma}{n} \leq 1{,}64\sqrt{\frac{0{,}25}{3500}} \approx 0{,}0138$ nur eine Breite von 0,014 erreicht werden.
Eine Genauigkeit von drei Stellen erfordert eine Intervallbreite von 0,001.
Bei einer Sicherheitswahrscheinlichkeit von 90 % gilt $\left(\frac{1{,}64}{0{,}001}\right)^2 \cdot 0{,}25 \leq n$, also $n \geq 672\,400$.

6. **a)** Durch $x^2 + y^2 = 1$ wird ein Kreis um den Koordinatenursprung mit Radius 1 beschrieben. Ein Viertel seiner Fläche enthält Punkte mit nicht-negativen Koordinaten, daher gilt: $p = \frac{1}{4} \cdot 1^2 \cdot \pi = \frac{\pi}{4}$

b) 95 %-Umgebung von $\frac{\pi}{4} = \left[\frac{\pi}{4} - 0{,}25;\ \frac{\pi}{4} + 0{,}25\right] = [0{,}760;\ 0{,}811]$
Daraus ergibt sich für π die Schätzung $[3{,}040;\ 3{,}243]$

c) $2{,}58\sqrt{\frac{\frac{\pi}{4}\left(1 - \frac{\pi}{4}\right)}{n}} \leq 0{,}001 \Leftrightarrow n \geq 1{,}12 \cdot 10^6$

7. Auflösen der Gleichung $1{,}96 \cdot \sqrt{\frac{0{,}23 \cdot 0{,}77}{n}} = 0{,}01$ nach n ergibt: $n = \left(\frac{1{,}96}{0{,}01}\right)^2 \cdot 0{,}23 \cdot 0{,}77 \approx 6\,800$
Man benötigt also ca. 6 800 Würfe für die Schätzung.

7.2 Normalverteilung

7.2.1 Approximation von Binomialverteilungen durch Normalverteilungen

403 **Einstiegsaufgabe ohne Lösung**

Für $n = 50$ und $p = 0{,}5$ ist $\mu = 25$ und $\sigma = \sqrt{12{,}5}$.

1. Schritt: Verschieben zum Erwartungswert

Der Graph der Glockenkurve φ ist symmetrisch zu $x = 0$ und hat dort sein Maximum. Das Histogramm der Binomialverteilung ist symmetrisch zum Erwartungswert $\mu = 25$. Daher muss der Graph von φ um 25 Einheiten nach rechts verschoben werden.

Dieser Graph hat die Funktionsgleichung $f(x) = \varphi(x - 25) = \frac{1}{\sqrt{2\pi}} \cdot e^{-0{,}5 \cdot (x-25)^2}$,

allgemein also $f(x) = \varphi(x - \mu) = \frac{1}{\sqrt{2\pi}} \cdot e^{-0{,}5 \cdot (x-\mu)^2}$.

2. Schritt: Strecken in Richtung der y-Achse

Diese Glockenkurve ist noch zu hoch. Daher wird die Höhe mit dem Kehrwert der Standardabweichung gekürzt, d. h. mit dem Faktor $\frac{1}{\sqrt{12{,}5}}$ in Richtung der y-Achse gestreckt.

Dieser Graph hat die Funktionsgleichung $g(x) = \frac{1}{\sqrt{12{,}5}} \cdot \varphi(x - 25) = \frac{1}{\sqrt{12{,}5}} \cdot \frac{1}{\sqrt{2\pi}} \cdot e^{-0{,}5 \cdot (x-25)^2}$,

allgemein also $g(x) = \frac{1}{\sigma} \cdot \varphi(x - \mu) = \frac{1}{\sigma} \cdot \frac{1}{\sqrt{2\pi}} \cdot e^{-0{,}5 \cdot (x-\mu)^2}$.

3. Schritt: Strecken in Richtung der x-Achse

Der Graph hat jetzt dieselbe Höhe wie das Histogramm der Binomialverteilung, ist aber noch zu schmal. Da alle Rechtecke des Histogramms zusammen den Flächeninhalt 1 haben und durch die Streckung mit dem Faktor $\frac{1}{\sqrt{12{,}5}}$ in Richtung der y-Achse verkleinert wurde, muss jetzt der Graph in Richtung der x-Achse mit dem Faktor $\sqrt{12{,}5}$ gestreckt werden.

Dieser Graph hat die Funktionsgleichung

$h(x) = \frac{1}{\sqrt{12{,}5}} \cdot \varphi\left(\frac{x - 25}{\sqrt{12{,}5}}\right) = \frac{1}{\sqrt{12{,}5}} \cdot \frac{1}{\sqrt{2\pi}} \cdot e^{-0{,}5 \cdot \left(\frac{x-25}{\sqrt{12{,}5}}\right)^2}$,

allgemein also: $h(x) = \frac{1}{\sigma} \cdot \varphi\left(\frac{x - 25}{\sigma}\right) = \frac{1}{\sigma} \cdot \frac{1}{\sqrt{2\pi}} \cdot e^{-0{,}5 \cdot \left(\frac{x-25}{\sigma}\right)^2}$

406 **1. a)** (1) Der Graph von φ ist achsensymmetrisch zur y-Achse, denn $\varphi(-x) = \varphi(x)$.

(2) $\varphi(x) \to 0$ für $x \to \pm\infty$

(3) $\varphi'(x) = \varphi(x) \cdot (-x) = 0 \Leftrightarrow x = 0$ (mit VZW von + nach −), daher liegt an der Stelle $x = 0$ ein lokales Maximum vor mit $\varphi(0) \approx 0{,}40$.

(4) $\varphi''(x) = \varphi'(x) \cdot (-x) + \varphi(x) \cdot (-1) = \varphi(x) \cdot (-x) \cdot (-x) - \varphi(x) = \varphi(x) \cdot (x^2 - 1) = 0$

$\Leftrightarrow x = -1$ oder $x = +1$

(Nullstellen mit VZW), daher liegen an den Stellen $x = -1$ und $x = +1$ Wendestellen vor mit $\varphi(-1) = \varphi(1) \approx 0{,}24$.

406

1. b)

$\frac{1}{\sqrt{2\cdot\pi}}\cdot e^{-0.5\cdot x^2} \to f(x)$ *Fertig*

$\int_{-10}^{10} f(x)\,dx$ 1.

2. a) (1) $\mu = 24;\ \sigma = \sqrt{14{,}4} \approx 3{,}79$ (2) $\mu = 24;\ \sigma = \sqrt{16{,}8} \approx 4{,}10$

b) Zunächst wird das Histogramm gezeichnet. Dann werden die Schritte

1. Verschieben um μ in Richtung der x-Achse,
2. Streckung mit dem Faktor $\frac{1}{\sigma}$ in Richtung der y-Achse,
3. Streckung mit dem Faktor σ in Richtung der x-Achse durchgeführt.

Dann erhält man die folgenden Grafiken:

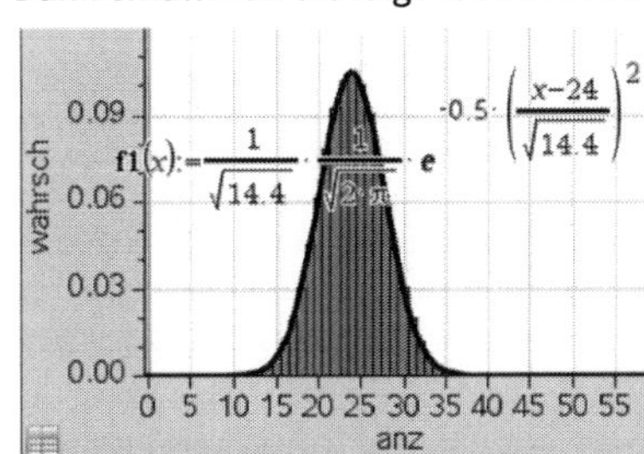

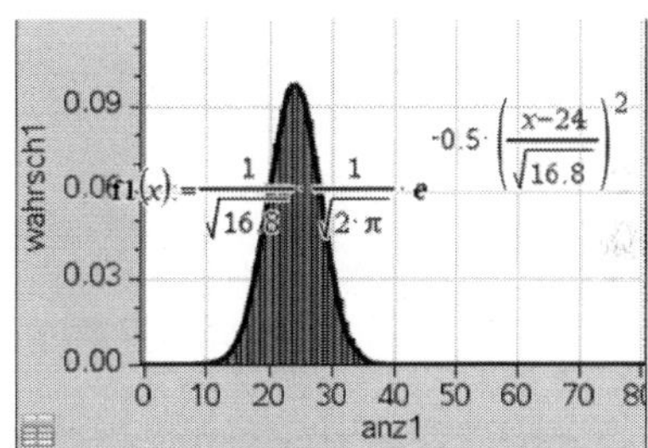

3. a) Die Höhen der Rechtecke ergeben sich aus dem Logarithmus der Wahrscheinlichkeiten aus der linken Grafik.

Z. B. ist $\ln\left(P(X = 40)\right) = \ln(0{,}0108439) = -4{,}52416$

b) Es gilt: $\ln\left(\frac{1}{5\sqrt{2\pi}}\cdot e^{-\frac{(x-50)^2}{2\cdot 5^2}}\right) = \ln\left(\frac{1}{5\sqrt{2\pi}}\right) + \ln\left(e^{-\frac{(x-50)^2}{2\cdot 5^2}}\right)$

$$= -2{,}52838 - \frac{(k-50)^2}{50} = -0{,}02\,x^2 + 2\,x - 52{,}5284 = y(x)$$

Wegen $\ln\left(P(X = k)\right) \approx \ln\left(\varphi_{50;\,5}(k)\right) = y(k)$ liegen die logarithmierten Wahrscheinlichkeiten in der rechten Grafik etwa auf der Parabel y.

$\ln\left(f(x)\right) = -0{,}02\,x^2 + 2\,x - 52{,}53 \Leftrightarrow f(x) = e^{-0{,}02\,x^2 + 2\,x - 52{,}53}$

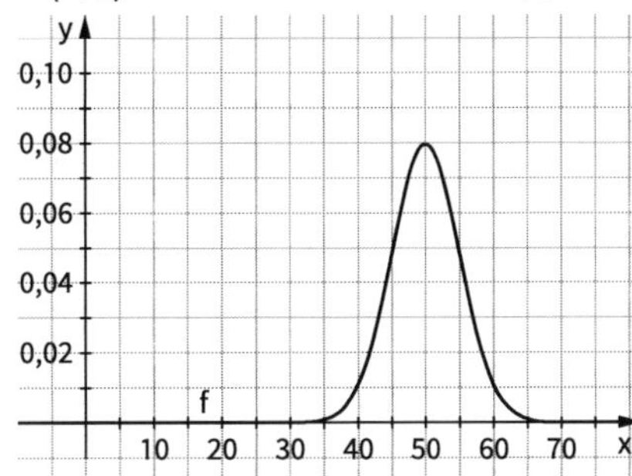

406

4. Hier ist $\mu = 12$ und $\sigma = \sqrt{6}$. Für die Ableitungsfunktion der zugehörigen Dichtefunktion f

mit $f(x) = \frac{1}{\sqrt{6}} \frac{1}{\sqrt{2\pi}} \cdot e^{-0,5 \cdot \left(\frac{x-12}{\sqrt{6}}\right)^2}$ gilt:

$$f'(x) = \frac{1}{\sqrt{6}} \frac{1}{\sqrt{2\pi}} \cdot e^{-0,5 \cdot \left(\frac{x-12}{\sqrt{6}}\right)^2} \cdot 2 \cdot \left(-0,5 \cdot \frac{x-12}{\sqrt{6}}\right) \cdot \frac{1}{\sqrt{6}} = \frac{1}{\sqrt{6}} \frac{1}{\sqrt{2\pi}} \cdot e^{-0,5 \cdot \left(\frac{x-12}{\sqrt{6}}\right)^2} \cdot \left(-\frac{x-12}{6}\right)$$

Der Graph dieser Funktion wurde mit dem GTR gezeichnet; er stimmt sehr gut mit dem Polygonzug der Aufgabenstellung überein.

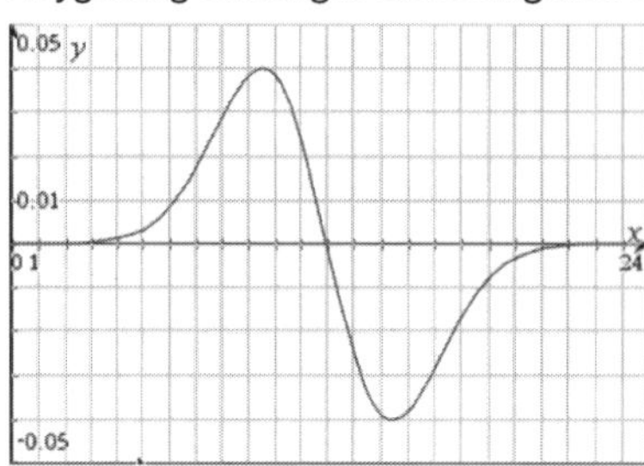

407

5. **a)** Die Wahrscheinlichkeit für genau k Erfolge wird im Histogramm durch ein Rechteck dargestellt. Dessen Fläche kann näherungsweise durch das Integral der Normalverteilungsfunktion von $k - 0,5$ bis $k + 0,5$ berechnet werden.

b) Es gilt: $\mu = n \cdot p = 100 \cdot \frac{1}{6} \approx 16,7$ und $\sigma = \sqrt{100 \cdot \frac{1}{6} \cdot \frac{5}{6}} = \sqrt{\frac{125}{9}} \approx 3,73$. Dann ist:

$$P(14 \le X \le 14) = P(13,5 \le X \le 14,5) \approx \Phi\left(\frac{14,5 - 16,7}{3,73}\right) - \Phi\left(\frac{13,5 - 16,7}{3,73}\right)$$

$$= \text{normalcdf}\left(13.5, 14.5, \frac{100}{6}, \sqrt{\frac{125}{9}}\right) \approx 0,0827$$

$\left(\text{zum Vergleich: binompdf}\left(100, \frac{1}{6}, 14\right) \approx 0,0874\right)$

6. **a)** $\text{normalcdf}\left(159.5, 160.5, 324 \cdot 0.514, \sqrt{324 \cdot 0.514 \cdot 0.486}\right) \approx 0,03405$
(zum Vergleich: binompdf(324, 0.514, 160) ≈ 0,03403)

b) $\text{normalcdf}\left(133.5, 134.5, 215 \cdot 0.514, \sqrt{215 \cdot 0.514 \cdot 0.486}\right) \approx 0,000322$
(zum Vergleich: binompdf(215, 0.514, 134) ≈ 0,000309)

c) $\text{normalcdf}\left(100.5, 101.5, 192 \cdot 0.514, \sqrt{192 \cdot 0.514 \cdot 0.486}\right) \approx 0,05444$
(zum Vergleich: binompdf(192, 0.514, 101) ≈ 0,05446)

d) $\text{normalcdf}\left(168.5, 169.5, 312 \cdot 0.514, \sqrt{312 \cdot 0.514 \cdot 0.486}\right) \approx 0,02802$
(zum Vergleich: binompdf(312, 0.514, 169) ≈ 0,02806)

7. **a)** Die Wahrscheinlichkeit für höchstens k Erfolge wird im Histogramm durch $(k + 1)$ Rechtecke dargestellt (0, 1, 2, …, k). Deren Gesamtflächen kann insgesamt näherungsweise durch das Integral der Normalverteilungsfunktion von 0 bis $k + 0,5$ berechnet werden.

b) $\text{normalcdf}\left(0, 20.5, \frac{100}{6}, \sqrt{100 \cdot \frac{1}{6} \cdot \frac{5}{6}}\right) \approx 0,84816$

$\left(\text{zum Vergleich: binomcdf}\left(100, \frac{1}{6}, 20\right) \approx 0,84811\right)$

Es genügt, als untere Grenze einen Wert zu wählen, der 5σ unterhalb von μ liegt.

407 **8.** $n = 1200,\ p = 0{,}8$

a) $P(X > 900) = 1 - P(X \le 900)$
$\approx 1 - \text{normalcdf}\left(0,\ 900.5,\ 1200 \cdot 0.8,\ \sqrt{1200 \cdot 0.8 \cdot 0.2}\right) \approx 0{,}999991$
(zum Vergleich: $1 - \text{binomcdf}(1\,200,\ 0.8,\ 900) \approx 0{,}999986$)

b) $P(X \ge 900) = 1 - P(X \le 899)$
$\approx 1 - \text{normalcdf}\left(0,\ 899.5,\ 1200 \cdot 0.8,\ \sqrt{1200 \cdot 0.8 \cdot 0.2}\right) \approx 0{,}999994$
(zum Vergleich: $1 - \text{binomcdf}(1\,200,\ 0.8,\ 900) \approx 0{,}999989$)

c) $P(X \le 950) \approx \text{normalcdf}\left(0,\ 950.5,\ 1200 \cdot 0.8,\ \sqrt{1200 \cdot 0.8 \cdot 0.2}\right) \approx 0{,}2465$
(zum Vergleich: $\text{binomcdf}(1\,200,\ 0.8,\ 950) \approx 0{,}2453$)

d) $P(970 \le X \le 1\,000) \approx \text{normalcdf}\left(969.5,\ 1\,000.5,\ 1200 \cdot 0.8,\ \sqrt{1\,200 \cdot 0.8 \cdot 0.2}\right) \approx 0{,}2447$
(zum Vergleich: $\text{binomcdf}(1\,200,\ 0.8,\ 1\,000) - \text{binomcdf}(1\,200,\ 0.8,\ 969) \approx 0{,}2463$)

9. $n = 300,\ p = \frac{1}{6}$

a) $P(X = 50) \approx \text{normalcdf}\left(49.5,\ 50.5,\ 50,\ \sqrt{300 \cdot \frac{1}{6} \cdot \frac{5}{6}}\right) \approx 0{,}06174$
$\left(\text{zum Vergleich: binompdf}\left(300,\ \frac{1}{6},\ 50\right) \approx 0{,}06170\right)$

b) $P(40 \le X \le 53) \approx \text{normalcdf}\left(39.5,\ 53.5,\ 50,\ \sqrt{300 \cdot \frac{1}{6} \cdot \frac{5}{6}}\right) \approx 0{,}6543$
$\left(\text{zum Vergleich: binomcdf}\left(300,\ \frac{1}{6},\ 53\right) - \text{binomcdf}\left(300,\ \frac{1}{6},\ 39\right) \approx 0{,}6617\right)$

c) $P(X \ge 70) = 1 - P(X \le 69) \approx 1 - \text{normalcdf}\left(0,\ 69.5,\ 50,\ \sqrt{300 \cdot \frac{1}{6} \cdot \frac{5}{6}}\right) \approx 0{,}00126$
$\left(\text{zum Vergleich: } 1 - \text{binomcdf}\left(300,\ \frac{1}{6},\ 69\right) \approx 0{,}00185\right)$

d) $P(X < 40) = P(X \le 39) \approx \text{normalcdf}\left(0,\ 39.5,\ 50,\ \sqrt{300 \cdot \frac{1}{6} \cdot \frac{5}{6}} \approx 0{,}0519\right)$
$\left(\text{zum Vergleich: binomcdf}\left(300,\ \frac{1}{6},\ 39\right) \approx 0{,}0486\right)$

7.2.2 Wahrscheinlichkeiten bei normalverteilten Zufallsgrößen

410 **1.** (1) $P(45 \le X < 53) = \text{normalcdf}(44.5,\ 53.5,\ 55,\ 5) \approx 0{,}364$
(2) $P(X \ge 45) = 1 - P(X \le 44) = 1 - \text{normalcdf}(0,\ 44.5,\ 55,\ 5) \approx 0{,}982$
(3) $P(X \le 50) = \text{normalcdf}(0,\ 50.5,\ 55,\ 5) \approx 0{,}184$
(4) $P(X = 60) = \text{normalcdf}(59.5,\ 60.5,\ 55,\ 5) \approx 0{,}048$

2. a) (1) $P(39{,}5 < X < 40{,}5) = P(39{,}6 \le X \le 40{,}4) = \text{normalcdf}(39.55,\ 40.45,\ 40,\ 0.3) \approx 0{,}866$
(2) $P(X < 39{,}0) = P(X \le 38{,}9) = \text{normalcdf}(0,\ 38.95,\ 40,\ 0.3) \approx 0{,}00023$
(3) $P(X > 41{,}0) = 1 - P(X \le 41{,}0) = 1 - \text{normalcdf}(0,\ 41.05,\ 40,\ 0.3) \approx 0{,}00023$
(4) $P(X = 40{,}0) = \text{normalcdf}(39.95,\ 40.05,\ 40,\ 0.3) \approx 0{,}132$

b) 90 %-Umgebung = 1,64 σ-Umgebung; $1{,}64 \cdot 0{,}3\,\text{mm} \approx 0{,}5\,\text{mm}$:
(1) … zwischen 39,5 mm und 40,5 mm
(2) … mindestens 40,5 mm

3. a) (1) $P(X > 163) = 1 - P(X \le 162) = 1 - \text{normalcdf}(0,\ 162.5,\ 168,\ 6.5) \approx 0{,}801$
(2) $P(162 \le X \le 175) = \text{normalcdf}(161.5,\ 175.5,\ 168,\ 6.5) \approx 0{,}717$

410 **3. b)** 80 %-Umgebung von $\mu = 1{,}28\sigma$-Umgebung von μ, unterhalb bzw. oberhalb liegen jeweils 10 % der Ergebnisse:

$1{,}28 \cdot 6{,}5\,\text{cm} \approx 8{,}3\,\text{cm}$: $P_{10} \approx 168\,\text{cm} - 8{,}3\,\text{cm} = 159{,}7\,\text{cm}$; $P_{90} \approx 168\,\text{cm} + 8{,}3\,\text{cm} = 176{,}3\,\text{cm}$

50 %-Umgebung von $\mu = 0{,}67\sigma$-Umgebung, unterhalb bzw. oberhalb liegen jeweils 25 % der Ergebnisse

$0{,}67 \cdot 6{,}5\,\text{cm} \approx 4{,}4\,\text{cm}$: $P_{25} \approx 168\,\text{cm} - 4{,}4\,\text{cm} = 163{,}6\,\text{cm}$; $P_{75} \approx 168\,\text{cm} + 4{,}4\,\text{cm} = 172{,}4\,\text{cm}$

411 **4.** Frauen:

$\mu = 60{,}2\,\text{kg}$; $P_{10} = 50{,}0\,\text{kg}$ folgt: $60{,}2 - 50{,}0 = 10{,}2 = 1{,}28\sigma$, also $\sigma \approx 7{,}97\,\text{kg} \neq 9{,}8\,\text{kg}$

$\mu = 60{,}2\,\text{kg}$; $P_{90} = 73{,}9\,\text{kg}$ folgt: $73{,}9 - 60{,}2 = 13{,}7 = 1{,}28\sigma$, also $\sigma \approx 10{,}70\,\text{kg} \neq 9{,}8\,\text{kg}$

$\mu = 60{,}2\,\text{kg}$; $P_{50} = 59{,}9\,\text{kg}$; diese Werte müssten eigentlich übereinstimmen.

Männer:

$\mu = 73{,}2\,\text{kg}$; $P_{10} = 60{,}0\,\text{kg}$ folgt: $73{,}2 - 60{,}0 = 13{,}2 = 1{,}28\sigma$, also $\sigma \approx 10{,}31\,\text{kg} \neq 11{,}1\,\text{kg}$

$\mu = 73{,}2\,\text{kg}$; $P_{90} = 87{,}1\,\text{kg}$ folgt: $87{,}1 - 73{,}2 = 13{,}9 = 1{,}28\sigma$, also $\sigma \approx 10{,}86\,\text{kg} \neq 11{,}1\,\text{kg}$

$\mu = 73{,}2\,\text{kg}$; $P_{50} = 72{,}0\,\text{kg}$; diese Werte müssten eigentlich übereinstimmen.

5. Aussagen des 2. Artikels:

Zwei Drittel (= 1 σ-Umgebung von μ) haben einen IQ zwischen 85 und 115: Stimmt überein, da $\sigma = 15$.

50 % sind intelligenter als der Durchschnitt: Stimmt überein, da $P(X > \mu) = 0{,}5$.

2 % haben IQ über 130 (= oberhalb von $\mu + 2\sigma$): Stimmt überein, da $P(2\sigma\text{-Umgebung}) \approx 0{,}955$, also $P(X > \mu + 2\sigma) \approx \frac{1}{2} \cdot 0{,}045 = 0{,}0225 \approx 2\,\%$.

6. a) 1. Wahl: Abweichung höchstens $0{,}15\,\text{mm} = 0{,}75\sigma$

$P(\mu - 0{,}75\sigma \le X \le \mu + 0{,}75\sigma) \approx \text{normalcdf}(-0.75, 0.75, 0, 1) \approx 54{,}7\,\%$

b) Ausschuss: Abweichung um mehr als $0{,}3\,\text{mm} = 1{,}5\sigma$

$P(\mu - 1{,}5\sigma \le X \le \mu + 1{,}5\sigma) \approx \text{normalcdf}(-1.5, 1.5, 0, 1) \approx 86{,}6\,\%$

$P(X < \mu - 1{,}5\sigma \vee X > \mu + 1{,}5\sigma) = 1 - 0{,}866 = 13{,}4\,\%$

2. Wahl: $100\,\% - 54{,}7\,\% - 13{,}4\,\% = 31{,}2\,\%$

7. a) $P(65 \le X \le 75) = \text{normalcdf}(65, 75, 70, 4) \approx 0{,}789$

b) Wenn die Standardabweichung vergrößert (verkleinert) wird, wird die Wahrscheinlichkeit kleiner (größer).

c) Wenn μ verändert wird, wird die Wahrscheinlichkeit für das Intervall geringer, da μ nicht mehr in der Mitte des Intervalls liegt.

7.2.3 Bestimmen der Parameter bei normalverteilten Zufallsgrößen

412 **Einstiegsaufgabe ohne Lösung**

a) (1) $\mu \approx 66{,}5\,\text{cm}$; $1{,}88\sigma \approx 70{,}5\,\text{cm} - 66{,}5\,\text{cm} = 4\,\text{cm}$, also $\sigma \approx 2{,}13\,\text{cm}$

(2) $\mu \approx 75{,}0\,\text{cm}$; $1{,}88\sigma \approx 79{,}5\,\text{cm} - 75\,\text{cm} = 4{,}5\,\text{cm}$, also $\sigma \approx 2{,}35\,\text{cm}$

b) (1) $\mu \approx 60{,}0\,\text{cm}$; $1{,}88\sigma \approx 64{,}0\,\text{cm} - 60\,\text{cm} = 4\,\text{cm}$, also $\sigma \approx 2{,}13\,\text{cm}$

(2) Bei Körpergewicht 8 kg:

$\mu = 67{,}5\,\text{cm}$; $1{,}88\sigma \approx 72{,}5\,\text{cm} - 67{,}5\,\text{cm} = 5\,\text{cm}$, also $\sigma \approx 2{,}66\,\text{cm}$

415

1. a)

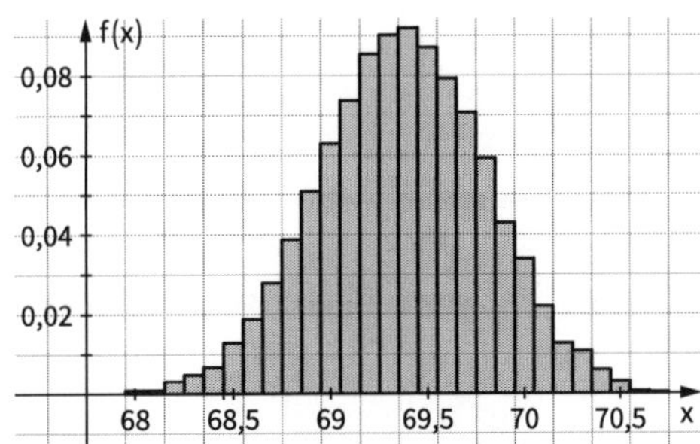

b) Mittelwert: 69,37 mm; Stichprobenstreuung: 0,4316 mm

c) Normalverteilung mit $\mu = 69{,}37$; $\sigma = 0{,}4316$

d) $P(68{,}85 \leq X \leq 70{,}05) = 0{,}8283$

Ein genauer Vergleich ist nicht möglich, da die Klassierung der Daten zu grob ist. Allerdings liefert die Summe der Klassen 68,8 bis 70,1 den Wert 0,889. Summiert man die Klassen 68,9 bis 70,0, erhält man den Wert 0,828.

2. a) Mittelwert: 23,71 g; Stichprobenstreuung: 4,0861 g

Normalverteilung mit $\mu = 23{,}71$; $\sigma = 4{,}0861$

b) (1) 0,1819 (2) 0,0619 (3) 0,7562

3. Das Gewicht X der Eier ist normalverteilt mit $\mu = 68\,g$ und $\sigma = 2{,}3\,g$.

$P(X \leq 65) = \text{normalcdf}(-100; 65; 68; 2.3) \approx 0{,}0961$

Die Lieferbedingung wird eingehalten.

4. Körpergröße Jungen: Mittelwert: 53,49 cm; Stichprobenstreuung: 2,3516 cm

Normalverteilung mit $\mu = 53{,}49$; $\sigma = 2{,}3516$

Körpergröße Mädchen: Mittelwert: 52,66 cm; Stichprobenstreuung: 2,2101 cm

Normalverteilung mit $\mu = 52{,}66$; $\sigma = 2{,}2101$

416

5. a) Height-for-age GIRLS stellt die Körpergröße in Abhängigkeit des Alters von Mädchen dar. Die 5 Linien markieren die prozentualen Anteile aller Mädchen, die eine gewisse Körpergröße nicht überschreiten.

Head-circumference-for-age BOYS stellt den Kopfumfang in Abhängigkeit des Alters von Jungen dar. Die Linien markieren die verschiedenen Abweichungen vom Erwartungswert, gemessen in σ-Radien.

b) $\mu \approx 139\,cm$; Radius der 94 %-Umgebung von μ: $\approx 12\,cm$.

Der GTR gibt an: invnorm(0.97) = 1,88, d. h. $P(\mu - 1{,}88\sigma \leq X \leq \mu + 1{,}88\sigma) \approx 94\,\%$, also

$\sigma \approx \frac{12\,cm}{1{,}88} \approx 6{,}4\,cm$

416 5. **Anmerkung zu den Lösungen von c), d):** Je nachdem, wie man die Aufgabenstellung interpretiert, erhält man voneinander abweichende Wahrscheinlichkeiten:

c) $\mu \approx 151$ cm; Radius der 94 %-Umgebung von μ: ungefähr 13 cm

Also $\sigma = \frac{13\,\text{cm}}{1{,}88} \approx 6{,}9$ cm oder $1\,\text{cm} \approx 0{,}144\sigma$

Wenn „kleiner als 150 cm" im wörtlichen Sinne interpretiert wird, dann ergibt sich:
$P(X < 150\,\text{cm}) \approx P(X < \mu - 0{,}144\sigma) \approx 44\,\%$

Wenn eine Messgenauigkeit von 1 cm beachtet wird, bedeutet „kleiner als 150 cm", dass das Mädchen kleiner ist als 149,5 cm. Dann ergibt sich:
$P(X < 149{,}5\,\text{cm}) \approx P(X < \mu - 0{,}216\sigma) \approx 41\,\%$

d) $\mu \approx 49{,}5$ cm; $3\sigma \approx 3{,}5$ cm; d. h. $1\,\text{cm} \approx 0{,}86\sigma$

Wenn „über 50 cm" im wörtlichen Sinne interpretiert wird, dann ergibt sich:
$P(X > 50\,\text{cm}) \approx P(X > \mu + 0{,}43\,\sigma) \approx 67\,\%$

Wenn eine Messgenauigkeit von 1 cm beachtet wird, bedeutet „größer als 50 cm", dass der Kopfumfang größer ist als 50,5 cm. Dann ergibt sich:
$P(X \geq 50{,}5\,\text{cm}) = 1 - P(X < 50{,}5\,\text{cm}) \approx P(X < 0{,}86\,\sigma) \approx 80\,\%$

6. Dem Intervall von 985 g bis 1000 g muss eine Wahrscheinlichkeit von 48 % zukommen.
Es gilt: $P(\mu - 2{,}054\,\sigma \leq X \leq \mu) \approx 0{,}48$; daher gilt:
$\sigma \approx \frac{15\,\text{g}}{2{,}054} \approx 7{,}30$ g
Verpackungsgröße 500 g: $\sigma \approx 7{,}30$ g
Verpackungsgröße 100 g: Dem Intervall von 95,5 g bis 100 g muss eine Wahrscheinlichkeit von 48 % zukommen, also: $\sigma \approx \frac{4{,}5\,\text{g}}{2{,}054} \approx 2{,}19$ g
Verpackungsgröße 250 ml: analog $\sigma \approx \frac{9\,\text{ml}}{2{,}054} \approx 4{,}38$ ml

7.3 Beurteilende Statistik – Hypothesentests

7.3.1 Prognose über zu erwartende Häufigkeiten

420 **Einstiegsaufgabe ohne Lösung**

- 90 %-Umgebung von $\mu = 250$: $\sigma \approx 11{,}18$; $1{,}64\sigma \approx 18{,}3$; $P(232 \leq X \leq 268) = 0{,}902$
- n-facher Münzwurf

	(1)	(2)	(3)	(4)
n	1 000	789	10 000	1 234
μ	500	394,5	5 000	617
σ	15,81	14,04	50	17,56
$1{,}64\sigma$	25,93	23,03	82	28,81
$1{,}96\sigma$	30,99	27,53	98	34,43
$2{,}58\sigma$	40,79	36,23	129	45,32
90 %	$P(474 \leq X \leq 526) = 0{,}906$	$P(371 \leq X \leq 418) = 0{,}913$	$P(4918 \leq X \leq 5082) = 0{,}901$	$P(588 \leq X \leq 646) = 0{,}907$
95 %	$P(469 \leq X \leq 531) = 0{,}954$	$P(367 \leq X \leq 422) = 0{,}954$	$P(4902 \leq X \leq 5098) = 0{,}951$	$P(583 \leq X \leq 651) = 0{,}951$
99 %	$P(459 \leq X \leq 541) = 0{,}991$	$P(358 \leq X \leq 431) = 0{,}992$	$P(4871 \leq X \leq 5129) = 0{,}990$	$P(572 \leq X \leq 662) = 0{,}990$

423

1.

p	μ	σ	μ − 1,64σ	μ + 1,64σ	Kontrollrechnung
0,67	482,4	12,62	461,7	503,1	$P(461 \le X \le 504) = 0{,}919$; $P(462 \le X \le 503) = 0{,}904$
0,72	518,4	12,05	498,6	538,2	$P(498 \le X \le 539) = 0{,}919$; $P(499 \le X \le 538) = 0{,}903$
0,57	410,4	13,28	388,6	432,2	$P(388 \le X \le 433) = 0{,}917$; $P(389 \le X \le 432) = 0{,}902$
0,40	288,0	13,15	266,4	309,6	$P(266 \le X \le 310) = 0{,}913$; $P(267 \le X \le 309) = 0{,}898$

424

2. $n = 3000$; $p = \frac{6}{49}$; $\mu \approx 367{,}35$; $\sigma \approx 17{,}95$; $1{,}64\sigma \approx 29{,}45$; $1{,}96\sigma \approx 35{,}19$

a) Punktschätzung: Die Zahl wird ungefähr 367-mal gezogen.
Intervallschätzung: Mit einer Wahrscheinlichkeit von ca. 95 % wird die Zahl mindestens 332-mal, höchstens 403-mal gezogen.
Wegen $P(X < \mu - 1{,}64\sigma) \approx 0{,}05$ bzw. $P(X > \mu + 1{,}64\sigma) \approx 0{,}05$ ergibt sich:
Mit einer Wahrscheinlichkeit von ca. 5 % wird die Zahl weniger als 337-mal gezogen (mehr als 396-mal).

b) Die Ziehungshäufigkeit liegt im 95 %-Intervall, gibt also keinen Anlass zur Irritation.

3. (1) $\mu = 30$; 90 %-Intervall: [22; 38]; $P(22 \le X \le 38) = 0{,}912$
(2) $\mu = 39$; 90 %-Intervall: [30; 48]; $P(30 \le X \le 48) = 0{,}905$
(3) $\mu = 500$; 90 %-Intervall: [466; 534]; $P(466 \le X \le 534) = 0{,}909$
(4) $\mu = 322$; 90 %-Intervall: [295; 349]; $P(295 \le X \le 349) = 0{,}907$

4. $n = 360$; $p = 0{,}95$; X: *Anzahl der einwandfreien Nägel*; $\mu = 342$; $\sigma \approx 4{,}14$; $1{,}64\sigma \approx 6{,}78$
$P(335 \le X \le 349) = 0{,}932$; $P(336 \le X \le 348) = 0{,}886$
Je nachdem, welches der beiden Intervalle betrachtet wird, ergibt sich eine Anzahl zwischen 11 und 25 bzw. 12 und 24 unbrauchbaren Nägeln.

5. $P(\text{mindestens ein Ass}) = 1 - P(\text{kein Ass}) = 1 - \frac{28}{32} \cdot \frac{27}{31} \cdot \frac{26}{30} = \frac{421}{1240} \approx 0{,}3395$

- $n = 100$; $\mu \approx 33{,}95$; $\sigma \approx 4{,}74$
  90 %-Umgebung zwischen 26 und 42
  95 %-Umgebung zwischen 25 und 43
  99 %-Umgebung zwischen 22 und 46
- $n = 200$; $\mu \approx 67{,}90$; $\sigma \approx 6{,}70$
  90 %-Umgebung zwischen 56 und 79
  95 %-Umgebung zwischen 55 und 81
  99 %-Umgebung zwischen 51 und 85
- $n = 500$; $\mu \approx 169{,}76$; $\sigma \approx 10{,}59$
  90 %-Umgebung zwischen 153 und 187
  95 %-Umgebung zwischen 149 und 191
  99 %-Umgebung zwischen 143 und 197

424 **6. a)** X: *Anzahl der vom Prüfer verteilten Plaketten*

X ist binomialverteilt mit

n: Anzahl der vom jeweiligen Prüfer untersuchten Autos

p: Anteil der von der Prüfstelle insgesamt positiven bewerteten Autos

$n = 875$; $p = \frac{9650}{15300} \approx 0{,}6307$; $\mu = 551{,}9$; $\sigma = 14{,}3$

95%-Intervall: [524; 579]

Kontrollrechnung: $P(524 \le X \le 579) = 95{,}02\,\%$

Das Ergebnis des Prüfers liegt in dem Intervall, also keine signifikante Abweichung.

b)
- $n = 1\,008$; $p = \frac{5\,070}{8\,310} \approx 0{,}6101$
  95 %-Intervall: [585; 645]
  Kontrollrechnung: $P(585 \le X \le 645) = 95{,}12\,\%$
  Das Ergebnis des Prüfers liegt in dem Intervall, also keine signifikante Abweichung.
- $n = 1\,072$; $p = \frac{3\,240}{4\,920} \approx 0{,}6585$
  95 %-Intervall: [676; 736]
  Kontrollrechnung: $P(676 \le X \le 736) = 95{,}06\,\%$
  Das Ergebnis des Prüfers liegt in dem Intervall, also keine signifikante Abweichung.
- $n = 1\,229$; $p = \frac{4\,180}{6\,770} \approx 0{,}6174$
  95 %-Intervall: [726; 792]
  Kontrollrechnung: $P(726 \le X \le 792) = 95{,}08\,\%$
  Das Ergebnis des Prüfers liegt oberhalb des Intervalls.
  Der Prüfer scheint sehr großzügig zu sein.

7. X: *Anzahl der Spiele, in denen die Kugel auf einem bestimmten Feld liegen geblieben ist*

$n = 3\,700$; $p = \frac{1}{37}$; $\mu = 100$; $\sigma \approx 9{,}86$

90 %-Umgebung von μ: $84 \le X \le 116$ (Kontrolle: 90,6 %)

95 %-Umgebung von μ: $81 \le X \le 119$ (Kontrolle: 95,2 %)

99 %-Umgebung von μ: $75 \le X \le 125$ (Kontrolle: 98,9 %)

Als signifikant abweichend würde man Anzahlen unterhalb von 81 bzw. oberhalb von 119 bezeichnen.

425 **8.** X: *Anzahl der Personen, die tatsächlich zur Wahl gegangen sind*;

$p = 0{,}724$; $n = 800$; $\mu = 579{,}2$; $\sigma \approx 12{,}64$

Intervallschätzung (95 %): $554 \le X \le 604$; Kontrolle: $P(554 \le X \le 604) = 95{,}64\,\%$

Als signifikante Abweichung würde man Anzahlen oberhalb von 604 und unterhalb von 554 bezeichnen.

9. a) X: *Anzahl der volljährigen Bundesbürger unter 30 Jahren*; $n = 800$; $p = 0{,}158$

Punktschätzung: $\mu = 126{,}4$; ca. 126 der 800 zufällig ausgewählten Bundesbürger gehören zu dieser Bevolkerungsgruppe.

Intervallschätzung: $\sigma \approx 10{,}32$; $1{,}96\sigma \approx 20{,}22$; $\mu - 1{,}96\sigma \approx 106{,}2$; $\mu + 1{,}96\sigma \approx 146{,}6$

In der Stichprobe werden mit einer Wahrscheinlichkeit von ca. 95 % zwischen 106 und 147 Personen der betrachteten Bevölkerungsgruppe sein.

Kontrollrechnung: $P(106 \le X \le 147) = 0{,}958$; $P(107 \le X \le 146) = 0{,}948$.

425 **b)** $\frac{106{,}2}{800} \approx 0{,}133 = 13{,}3\,\%$; $\frac{146{,}6}{800} \approx 0{,}183 = 18{,}3\,\%$

In der Stichprobe werden mit einer Wahrscheinlichkeit von ca. 95 % zwischen 13,3 % und 18,3 % Personen der betrachteten Bevölkerungsgruppe sein.

10. $p = \frac{1}{6}$

n	σ	$\frac{\sigma}{n}$	$p - 1{,}96\frac{\sigma}{n}$	$p + 1{,}96\frac{\sigma}{n}$
100	3,727	0,037	0,094	0,240
200	5,270	0,026	0,115	0,218
300	6,455	0,022	0,124	0,209
400	7,454	0,019	0,130	0,203
500	8,333	0,017	0,134	0,199

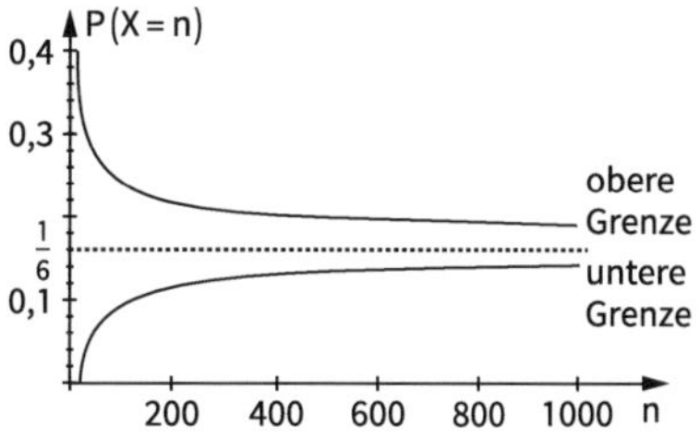

Die Breite der Umgebung verhält sich umgekehrt proportional zur Wurzel aus dem Stichprobenumfang.

11. Das endgültige Wahlergebnis wird als Erfolgswahrscheinlichkeit p des Zufallsversuchs interpretiert; das Ergebnis der Wahltagsbefragung wird mit dem 95 %-Intervall verglichen:

a) Bundestagswahl 2005; n = 102 713

Partei	p	Stichproben-ergebnis	$p - 1{,}96\frac{\sigma}{n}$	$p + 1{,}96\frac{\sigma}{n}$	Kommentar
CDU/CSU	0,352	0,355	0,349	0,355	(am Rand)
SPD	0,342	0,340	0,339	0,345	verträglich
FDP	0,098	0,105	0,096	0,100	signifikant
Grüne	0,081	0,085	0,079	0,083	signifikant
Linke	0,087	0,075	0,085	0,089	signifikant

Bundestagswahl 2009; n = 95 347

Partei	p	Stichproben-ergebnis	$p - 1{,}96\frac{\sigma}{n}$	$p + 1{,}96\frac{\sigma}{n}$	Kommentar
CDU/CSU	0,338	0,335	0,335	0,341	(am Rand)
SPD	0,230	0,225	0,227	0,233	signifikant
FDP	0,146	0,150	0,144	0,148	signifikant
Grüne	0,107	0,105	0,105	0,109	(am Rand)
Linke	0,119	0,125	0,117	0,121	signifikant

Bundestagswahl 2013; n = 104 584

Partei	p	Stichproben-ergebnis	$p - 1{,}96\frac{\sigma}{n}$	$p + 1{,}96\frac{\sigma}{n}$	Kommentar
CDU/CSU	0,415	0,420	0,412	0,418	signifikant
SPD	0,257	0,260	0,254	0,260	(am Rand)
FDP	0,048	0,047	0,047	0,049	(am Rand)
Grüne	0,084	0,080	0,082	0,086	signifikant
Linke	0,086	0,085	0,084	0,088	verträglich

425 **b)** Landtagswahl 2005; n = 48 522

Partei	p	Stichproben-ergebnis	$p - 1{,}96\frac{\sigma}{n}$	$p + 1{,}96\frac{\sigma}{n}$	Kommentar
CDU	0,448	0,450	0,444	0,452	verträglich
SPD	0,371	0,375	0,367	0,375	(am Rand)
Grüne	0,062	0,060	0,060	0,064	(am Rand)
FDP	0,062	0,060	0,060	0,064	(am Rand)
WASG	0,022	0,024	0,021	0,023	signifikant

Landtagswahl 2010; n = 44 424

Partei	p	Stichproben-ergebnis	$p - 1{,}96\frac{\sigma}{n}$	$p + 1{,}96\frac{\sigma}{n}$	Kommentar
CDU	0,346	0,345	0,342	0,350	verträglich
SPD	0,345	0,345	0,341	0,349	verträglich
Grüne	0,121	0,125	0,118	0,124	signifikant
FDP	0,067	0,065	0,065	0,069	(am Rand)
Linke	0,056	0,055	0,054	0,058	verträglich

Landtagswahl 2012; n = 44 042

Partei	p	Stichproben-ergebnis	$p - 1{,}96\frac{\sigma}{n}$	$p + 1{,}96\frac{\sigma}{n}$	Kommentar
CDU	0,263	0,260	0,259	0,267	verträglich
SPD	0,391	0,390	0,386	0,396	verträglich
Grüne	0,113	0,120	0,110	0,116	signifikant
FDP	0,086	0,085	0,083	0,089	verträglich
Piraten	0,078	0,075	0,076	0,080	signifikant

426 **12. a)** $P(X > 360) = 1 - P(X \le 360) = 0{,}093 = 9{,}3\,\%$

	n	μ	1,64σ	90 %-Intervall	5 % oberhalb von
b) (1)	375	330	10,32	$319 \le X \le 341$	341
(2)	390	343,2	10,52	$332 \le X \le 354$	354
(3)	410	360,8	10,79	$350 \le X \le 372$	372
c)	400	352	10,66	$341 \le X \le 363$	363
	396	348,48	10,61	$337 \le X \le 360$	360
	397	349,36	10,62	$338 \le X \le 360$	360

Kontrollrechnung: n = 397: $P(X > 360) = 0{,}039$; n = 398: $P(X > 360) = 0{,}053$

13. X: *Anzahl der Beschäftigten, die mit dem Auto zur Arbeit kommen*;
$n = 200$; $p = 0{,}4$; $\mu = 80$; $1{,}28\sigma \approx 8{,}87$;
$P(71 \le X \le 89) \approx 80\,\%$, also: $P(X \le 89) \approx 90\,\%$

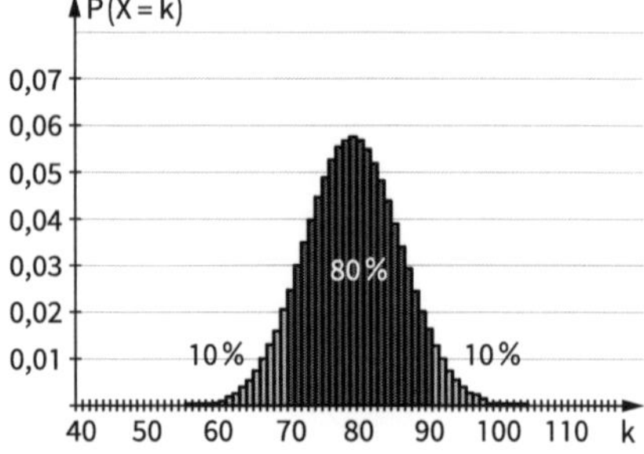

426 **14. a)** **Anmerkung zur ersten Auflage:** Die Aufgabenstellung in a) ist allgemein gehalten, sinnvoll wäre es aber, das 80 %-Niveau zu verwenden, als Vorbereitung für b).

X: *Anzahl der Fluggäste, die tatsächlich fliegen wollen*

	n	μ	1,28σ	symmetrisches 80 %-Intervall	Folgerung	1,64σ	symmetrisches 90 %-Intervall	Folgerung
(1)	290	261	6,54	$254 \le X \le 268$	$P(X \le 268) \approx 90\,\%$	8,38	$253 \le X \le 269$	$P(X \le 269) \approx 95\,\%$
(2)	300	270	6,65	$263 \le X \le 277$	$P(X \le 277) \approx 90\,\%$	8,52	$261 \le X \le 279$	$P(X \le 279) \approx 95\,\%$
(3)	320	288	6,87	$281 \le X \le 295$	$P(X \le 295) \approx 90\,\%$	8,80	$279 \le X \le 297$	$P(X \le 297) \approx 95\,\%$

b) Aus den 80 %-Intervallen kann man ablesen:

Wenn 290 Buchungen angenommen werden, dann müssen mit einer Wahrscheinlichkeit von ca. 90 % etwa 268 Plätze in einer Maschine zur Verfügung stehen.

Bei 300 Buchungen … 277 Plätze, bei 320 Buchungen … 295 Plätze.

Hinweis: Nicht gestellt ist hier die Frage: Wie viel Buchungen dürfen angenommen werden, damit in 90 % der Fälle die 270 Plätze ausreichen.

Dieses Problem könnte durch systematisches Probieren gelöst werden:

n	μ	1,28σ	80 %-Intervall	Folgerung
292	262,8	6,56	$256 \le X \le 270$	$P(X \le 270) \approx 90\,\%$
293	263,7	6,57	$256 \le X \le 271$	$P(X \le 271) \approx 90\,\%$

oder mithilfe des Gleichungslösers des GTR:

Ansatz: $\mu + 1{,}28\sigma \le 270 \Leftrightarrow n \cdot 0{,}9 + 1{,}28 \cdot \sqrt{n \cdot 0{,}9 \cdot 0{,}1} \le 270$

Der GTR findet als Lösung der Gleichung den Wert $n \approx 292{,}7$.

Kontrollrechnung:

$n = 292$: $P(X \le 270) = 0{,}938$; $n = 293$: $P(X \le 270) = 0{,}911$; $n = 294$: $P(X \le 270) = 0{,}876$

15. a) X: *Anzahl der Fahrgäste, die zum Interview bereit sind;* $n = 800$; $p = 0{,}56$; $\mu = 448$; $1{,}64\sigma \approx 23{,}03$; $P(424 \le X \le 472) \approx 0{,}90$

b)

n	μ	1,64σ	90 %-Intervall	Konsequenz
1 000	560	25,74	$534 \le X \le 586$	$P(X \ge 534) \approx 95\,\%$
950	532	25,09	$506 \le X \le 558$	$P(X \ge 506) \approx 95\,\%$
940	526,4	24,96	$501 \le X \le 552$	$P(X \ge 501) \approx 95\,\%$
938	525,28	24,93	$500 \le X \le 551$	$P(X \ge 500) \approx 95\,\%$

Kontrollrechnung:

$n = 936$: $P(X \ge 500) = 0{,}948$; **$n = 937$: $P(X \ge 500) = 0{,}951$**; $n = 938$: $P(X \ge 500) = 0{,}955$

Wenn 937 Personen angesprochen werden, kann man mit einer Wahrscheinlichkeit von ca. 95 % davon ausgehen, dass man mindestens 500 ausgefüllte Fragebögen erhält.

7.3.2 Testen von zweiseitigen Hypothesen – Fehler der 1. und 2. Art

427 **Einstiegaufgabe ohne Lösung**

Grundsätzlich ist jedes Ergebnis mit der Annahme $p = \frac{1}{6}$ verträglich. Die Frage ist, wie wahrscheinlich das beobachtete Ergebnis ist. Dabei reicht es aber nicht, lediglich die Wahrscheinlichkeit des beobachteten Ergebnisses zu berechnen. Diese wird bei großem n immer relativ klein sein. Stattdessen betrachtet man Intervalle um den Erwartungswert. Weicht der gemessene Wert zu weit vom Erwartungswert ab, kann dies ein Indiz dafür sein, dass die angenommene Erfolgswahrscheinlichkeit nicht korrekt ist.

95%-Intervall um $\mu = 100$: [82; 118]. Der erste beobachtete Wert 121 liegt nicht im Intervall. Das passiert unter der Annahme, dass $p = \frac{1}{6}$ wahr ist, nur in 5 % aller Fälle. Dieses Ereignis tritt demnach so selten ein, dass man die Annahme verwerfen könnte. Allerdings besteht die Gefahr einer Fehlentscheidung, denn in 5 % aller Fälle tritt das beobachtete Ereignis für $p = \frac{1}{6}$ doch ein.

Der zweite Wert 88 liegt im Intervall. Es spricht daher diesmal nichts gegen die Vermutung $p = \frac{1}{6}$.

430

1. a) Gegeben sind $p = 0{,}75$ und $n = 100$. Wir bestimmen eine 95 %-Umgebung für $\mu = 75$. Es ist $\sigma \approx 4{,}33$ (und damit $\sigma > 3$). Wir berechnen $\mu - 1{,}96\sigma \approx 66{,}5$ und $\mu + 1{,}96\sigma \approx 83{,}5$.

Eine Kontrollrechnung zeigt: $P(67 \le X \le 83) \approx 0{,}951$.

Entscheidungsregel: *Verwirf die Hypothese $p = 0{,}75$, falls $X < 67$ oder $X > 83$.*

b) Verfährt man gemäß der in Teilaufgabe a) bestimmten Entscheidungsregel, dann kann ein Fehler 1. bzw. 2. Art auftreten:

Fehler 1. Art: Bei dem betrachteten Kreuzungsversuch gilt tatsächlich das MENDEL'sche Gesetz; aber das Stichprobenergebnis liegt zufällig im Verwerfungsbereich der Hypothese $p = 0{,}75$. Man geht daher fälschlicherweise davon aus, dass die Vererbung bei dieser Gattung nicht nach dem MENDEL'schen Gesetz abläuft.

Fehler 2. Art: Ein Fehler 2. Art liegt vor, wenn bei dem betrachteten Versuch das MENDEL'sche Gesetz tatsächlich nicht gilt (d. h. die Hypothese $p = 0{,}75$ falsch ist), aber das Stichprobenergebnis zufällig im Annahmebereich der Hypothese $p = 0{,}75$ liegt. Daher sieht man hier irrtümlicherweise keine Veranlassung, an der Anwendbarkeit des MENDEL'schen Gesetzes zu zweifeln.

c) Die Wahrscheinlichkeit β für einen Fehler 2. Art ist die Wahrscheinlichkeit dafür, dass ein Stichprobenergebnis in den Annahmebereich der Hypothese $p = 0{,}75$ fällt, aber tatsächlich $p_1 = 0{,}7$ zugrunde liegt. Mithilfe des Rechners berechnen wir:

$\beta = P_{0{,}7}(67 \le X \le 83) \approx 0{,}778$

Die Wahrscheinlichkeit für einen Fehler 1. Art braucht nicht berechnet zu werden. Denn sie ist gleich der Wahrscheinlichkeit des Verwerfungsbereichs und mit $\alpha \le 0{,}05$ vorgegeben.

2. $\mu - 1{,}96\sigma = 30{,}40$; $\mu + 1{,}96\sigma = 49{,}60$, d. h. der Annahmebereich lautet $A = \{30, \dots, 50\}$.

Exakte Rechnung mit Binomialverteilung bestätigt: $P(30 \le X \le 50) = 0{,}968$.

$P(31 \le X \le 49) = 0{,}948$ ist zu klein.

430 **3.** $n = 180$; $p = 0{,}3$; $\mu = 30$; $\sigma = \sqrt{21} \approx 4{,}58$

a) $1{,}96\sigma \approx 8{,}98$; Kontrollrechnung: $P(21 \le X \le 39) \approx 0{,}963$; $P(22 \le X \le 38) \approx 0{,}937$
Annahmebereich: $21 \le X \le 39$; Verwerfungsbereich $X < 21 \vee X > 39$

b) $2{,}33\sigma \approx 10{,}7$; Kontrollrechnung: $P(19 \le X \le 41) \approx 0{,}988$; $P(20 \le X \le 40) \approx 0{,}979$
Annahmebereich: $19 \le X \le 41$; Verwerfungsbereich $X < 19 \vee X > 41$

c) $2{,}58\sigma \approx 11{,}82$; Kontrollrechnung: $P(18 \le X \le 42) \approx 0{,}994$; $P(19 \le X \le 41) \approx 0{,}988$
Annahmebereich: $18 \le X \le 42$; Verwerfungsbereich $X < 18 \vee X > 42$

431 **4. a)** Entscheidungsregel: Verwirf die Hypothese $p = \frac{1}{6}$, wenn die Anzahl X der Sechsen im Intervall A liegt.

(1)	$n = 1\,485$;	$\mu = 247{,}5$;	A: $219 \le X \le 276$
(2)	$n = 3\,015$;	$\mu = 502{,}5$;	A: $462 \le X \le 543$
(3)	$n = 4\,972$;	$\mu = 828{,}67$;	A: $778 \le X \le 880$
(4)	$n = 6\,791$;	$\mu = 1\,131{,}83$;	A: $1\,072 \le X \le 1\,192$
(5)	$n = 10\,150$;	$\mu = 1\,691{,}67$;	A: $1\,618 \le X \le 1\,765$
(6)	$n = 15\,631$;	$\mu = 2\,605{,}17$;	A: $2\,514 \le X \le 2\,696$

b) In den Teilaufgaben (1), (2), (3), (5) und (6) liegt das Stichprobenergebnis im Annahmebereich A. Nur in Teilaufgabe (4) liegt das Ergebnis im Verwerfungsbereich.

5. $n = 449$; $p = \frac{1\,774}{5\,239}$; $\mu = 152{,}04$; $\sigma = 10{,}03$

Annahmebereich für $p = \frac{1\,774}{5\,239}$: $133 \le X \le 171$

Falls weniger als 133 oder mehr als 171 Fahrzeuge des betreffenden Herstellers angemeldet werden, wird man $p = \frac{1\,774}{5\,239}$ (d. h. der Anteil bleibt gleich) verwerfen.
Dann geht man also davon aus, dass sich der Anteil geändert hat.

6. a) Für die 5 Würfe gibt es insgesamt 6^5 mögliche Ergebnisse (5-Tupel).
Ein Paar: Auswahl der 2 Stufen, auf denen gleiche Augenzahlen auftreten (Auswahl 2 aus 5); hierfür kommen 6 verschiedene Augenzahlen infrage. Für die nicht besetzten Stufen kommen 5 bzw. 4 bzw. 3 Augenzahlen infrage.
Zwei Paare: Von den 5 Stufen werden 2 (Auswahl 2 aus 5) und dann noch einmal 2 Stufen (Auswahl 2 aus 3) ausgewählt, auf denen 2 der 6 möglichen Augenzahlen eingetragen werden (Auswahl 2 aus 6). Für die nicht besetzte Stufe kommen 4 Augenzahlen infrage.
Dreier: Von den 5 Stufen werden 3 (Auswahl 3 aus 5) ausgewählt, für die 6 verschiedene Augenzahlen infrage kommen. Für die beiden nicht besetzten Stufen kommen 5 bzw. 4 Augenzahlen infrage.
Full House: Von den 5 Stufen werden 3 (Auswahl 3 aus 5) und dann noch einmal 2 Stufen (Auswahl 2 aus 2) ausgewählt, für die 6 bzw. 5 Augenzahlen infrage kommen:
$\frac{\binom{5}{3} \cdot \binom{2}{2} \cdot 6 \cdot 5}{6^5} \approx 0{,}0386$
Straight: Mögliche Zahlenfolgen 1 – 2 – 3 – 4 – 5 oder 2 – 3 – 4 – 5 – 6, für die es jeweils 5! mögliche Anordnungen gibt: $\frac{2 \cdot 5!}{6^5} \approx 0{,}0309$

431

Four of a kind: Von den 5 Stufen werden 4 (Auswahl 4 aus 5) ausgewählt, für die 6 verschiedene Augenzahlen infrage kommen. Für die Eintragung des freien Platzes kommen 5 Augenzahlen infrage.

$\frac{\binom{5}{4}\cdot 6\cdot 5}{6^5}\approx 0{,}0193$

Five of a kind: Für die Besetzung der 5 Stufen kommen 6 Augenzahlen infrage:

$\frac{6}{6^5}\approx 0{,}00077$

ohne Besonderheit: Rest-Wahrscheinlichkeit gemäß Komplementärregel

b) $n = 1000$

Bild	Hypothese H: p = ...	Annahmebereich
1 Paar	0,463	[432; 494]
2 Paar	0,2315	[205; 258]
Dreier	0,1543	[132; 177]
anderes Bild	0,1512	[129; 173]

Verwirf die Hypotese, falls bei 1000-facher Durchführung die jeweiligen Erfolge nicht im Annahmebereich liegen.

432

7. Hypothese: Die Ware ist in Ordnung.
Fehler 1. Art: Bei der Kontrolle fallen relativ viele Mängelexemplare auf, obwohl die Qualitätsbedingungen insgesamt erfüllt sind. Die Ware wird nicht ausgeliefert bzw. nicht angenommen, obwohl sie in Ordnung ist (Produzentenrisiko).
Fehler 2. Art: Bei der Kontrolle fällt nicht auf, dass die Qualitätsbedingungen für das Warenkontingent insgesamt nicht erfüllt sind. Die Ware wird ausgeliefert bzw. angenommen, obwohl sie nicht in Ordnung ist (Konsumentenrisiko).

8. (1) Hypothese: Der Angeklagte hat den Diebstahl nicht begangen.
Fehler 1. Art: Der Angeklagte wird verurteilt, weil die Indizien gegen ihn sprechen; in Wirklichkeit ist er aber unschuldig.
Fehler 2. Art: Der Angeklagte wird nicht verurteilt, weil die Indizien nicht ausreichen; in Wirklichkeit ist er jedoch schuldig.

(2) Hypothese: Die Glühbirnen sind von langer Lebensdauer.
Fehler 1. Art: Die Glühbirnen werden für kurzlebig gehalten, weil das Ergebnis einer Stichprobe zufällig ungünstig ist; tatsächlich sind sie von langer Lebensdauer.
Fehler 2. Art: Die Glühbirnen sind von kurzer Lebensdauer; man merkt es jedoch bei einer Stichprobe nicht.

(3) Hypothese: Die Äpfel sind 1. Wahl.
Fehler 1. Art: Die Äpfel sind von 1. Wahl. Bei der Kontrolle treten so viele schlechte Äpfel auf, dass die Hypothese fälschlicherweise abgelehnt wird.
Fehler 2. Art: Die Äpfel sind von 2. Wahl. Bei der Kontrolle treten so viele gute Äpfel auf, dass die Hypothese fälschlicherweise akzeptiert wird.

9. **a)** $p = 0{,}2;\ n = 400;\ \mu = 80;\ \sigma = 8$
Annahmebereich: $65 \le X \le 95$
Falls weniger als 65 oder mehr als 95 Körner der einen Substanz in der Stichprobe von 400 Körnern gefunden werden, verwirf die Hypothese $p = 0{,}2$.

432 **b)** $p = 0{,}2$; $n = 158$; $\mu = 31{,}6$; $\sigma = 5{,}03$

A: $22 \le X \le 41$. Die Hypothese $p = 0{,}2$ wird verworfen.

c) $p = 0{,}2$; $n = 127$; $\mu = 25{,}4$; $\sigma = 4{,}51$

A: $17 \le X \le 34$. Die Hypothese $p = 0{,}2$ kann nicht verworfen werden.

433 **10.** Getestet wird die Hypothese „Die Form des Schuhs spielt keine Rolle", d. h. linke oder rechte Schuhe werden mit gleicher Wahrscheinlichkeit am Strand gefunden.
Wir betrachten die Zufallsgröße X: *Anzahl der linken Schuhe in der Stichprobe* und testen die Hypothese $p = 0{,}5$.
Holland: $n = 107$; $\mu = 53{,}5$; $\sigma = 10{,}14$. Bei einer Sicherheitswahrscheinlichkeit von 95 % ergibt sich der Annahmebereich $44 \le X \le 64$. Damit wird die Hypothese verworfen.
Schottland: $n = 156$; $\mu = 78$; $\sigma = 12{,}24$. Bei einer Sicherheitswahrscheinlichkeit von 95 % ergibt sich der Annahmebereich $66 \le X \le 90$. Damit wird die Hypothese verworfen.

11.

Monat	Erwartungswert	Annahmebereich	Lage des Ergebnisses
Januar	57 049	[56 601; 57 497]	unterhalb
Februar	53 368	[52 933; 53 803]	unterhalb
März	57 049	[56 601; 57 497]	unterhalb
April	55 209	[54 767; 55 651]	unterhalb
Mai	57 049	[56 601; 57 497]	innerhalb
Juni	55 209	[54 767; 55 651]	innerhalb
Juli	57 049	[56 601; 57 497]	oberhalb
August	57 049	[56 601; 57 497]	oberhalb
September	55 209	[54 767; 55 651]	oberhalb
Oktober	57 049	[56 601; 57 497]	oberhalb
November	55 209	[54 767; 55 651]	unterhalb
Dezember	57 049	[56 601; 57 497]	unterhalb

Für fast alle Monate liegen signifikante Abweichungen vor.

12. Entscheidungsregel: Verwirf die Hypothese, falls weniger als 22 oder mehr als 38 Erfolge eintreten. $\beta = P_{0,2}(22 \le X \le 38) = 34{,}60\,\%$

13. a) Entscheidungsregel: Verwirf die Hypothese, falls weniger als 10 oder mehr als 23 Erfolge eintreten.

b) $\beta = P_{\frac{1}{5}}(10 \le X \le 23) = 80{,}86\,\%$

14. a) $\alpha = 0{,}05$; $p_0 = 0{,}75$ (ablesbar am Maximum der Operationscharakteristik)
Wahrscheinlichkeit für einen Fehler 2. Art (exakte Werte):
(1) $\beta = 0{,}231$ (2) $\beta = 0{,}843$ (3) $\beta = 0{,}674$

b) $\alpha = 0{,}10$; $p_0 = 0{,}4$
Wahrscheinlichkeit für einen Fehler 2. Art (exakte Werte):
(1) $\beta = 0{,}748$ (2) $\beta = 0{,}857$ (3) $\beta = 0{,}223$

7.3.3 Auswahl der Hypothese – Testen von einseitigen Hypothesen

434 **Einstiegsaufgabe ohne Lösung**

X sei die Anzahl der Jugendlichen, die die Marke kennen.
Es gilt: $P_{0,3}(X \geq 67) = 0{,}1579$, d. h. die Wahrscheinlichkeit, dass bei einem Bekanntheitsgrad von 30 % mindestens 67 Jugendliche die Marke kennen, liegt bei ca. 16 %. Wenn der wahre Bekanntheitsgrad kleiner als 30 % ist, verringert sich diese Wahrscheinlichkeit noch weiter. Bei einem geringen Bekanntheitsgrad ist das beobachtete Ereignis also vergleichsweise unwahrscheinlich. Damit kann man der Aussage des Herstellers Glauben schenken.
Bewiesen ist sie damit nicht.

436 **1.** Lässt sich die Hypothese $p > 0{,}5$ aufgrund des Stichprobenergebnisses verwerfen?
Für $p = 0{,}5$; $n = 800$ wäre $\mu = 400$; $\sigma = 14{,}14$ und $\mu - 1{,}64\sigma = 376{,}81$.
Für $p > 0{,}5$ ist $\mu - 1{,}64\sigma > 376{,}81$.
Entscheidungsregel: Verwirf die Hypothese $p > 0{,}5$, falls weniger als 377 Personen in der Stichprobe die Regierung unterstützen würden. Da in der Stichprobe 382 Personen wieder die Regierungspartei wählen würden, kann man nicht über die Hypothese entscheiden.

2. **a)** Untersucht werden soll, ob sich der Anteil erhöht hat. Die alternative Hypothese ist: Der Anteil hat sich nicht erhöht oder ist sogar kleiner geworden.
b) Für $n = 750$ und $p = 0{,}4$ ergibt sich $\mu = 300$ und $\sigma \approx 13{,}42$; $\mu + 1{,}28\sigma \approx 317{,}2$;
für $p < 0{,}4$ ist $\mu + 1{,}28\sigma < 317{,}2$.
Kontrollrechnung: $P_{p=0,4}(X > 317) = 1 - \text{binomcdf}(750, 0.4, 317) \approx 0{,}096 < 0{,}10$
Entscheidungsregel: Verwirf die Hypothese $p \leq 0{,}4$, falls mehr als 317 Personen in der Stichprobe mobiles Internet nutzen.

437 **3.** **a)** Geht man vom logischen Gegenteil der Vermutung aus, d. h. nimmt man an, dass der Ausschussanteil nicht kleiner geworden ist, also $p \geq 0{,}05$, dann kann man diese Hypothese verwerfen, wenn in der Stichprobe extrem kleine Anzahlen defekter Bauteile gefunden werden.
Für $X \leq 1$ ist die vorgegebene maximale Wahrscheinlichkeit für einen Fehler 1. Art erfüllt. Die Entscheidungsregel müsste also lauten:
Falls weniger als 2 defekte Bauteile in der Stichprobe vom Umfang 100 gefunden werden, kann man davon ausgehen, dass der Ausschussanteil geringer geworden ist.
b) Für $n = 100$ und $p = 0{,}05$ mit $\sigma \approx 2{,}18$ ist die LAPLACE-Bedingung nicht erfüllt, die σ-Regeln sollten also nicht angewandt werden.
(Für $\mu - 1{,}64\sigma$ ergibt sich $X \approx 1{,}4$.)

4. **a)** X: *Anzahl der Wappen*; $n = 200$; getestet wird die Hypothese $p \leq 0{,}5$.
Falls diese Hypothese verworfen werden kann, gilt: $p > 0{,}5$ – was vermutet wird!
Für $p = 0{,}5$ ist $\mu = 100$; $\sigma = 7{,}07$; also $\mu + 1{,}64\sigma = 111{,}60$
Für $p < 0{,}5$ ist $\mu + 1{,}64\sigma < 111{,}60$
Entscheidungsregel: Verwirf die Hypothese $p \leq 0{,}5$, falls mehr als 111-mal Wappen fällt.

437 **b)** Beim zweiseitigen Hypothesentest $(p = 0{,}5)$ setzt sich der Verwerfungsbereich aus 2 Teilbereichen zusammen $(X < \mu - 1{,}96\sigma$ bzw. $X > \mu + 1{,}96\sigma)$. Der Annahmebereich zum selben Signifikanzniveau ragt weiter nach „oben“ als der der einseitigen Hypothese $p \geq 0{,}5$.

Verwerfungs-vereich
100 111,5 x
μ Hypothese $p \leq 0{,}5$

Verwerfungs-vereich Verwerfungs-vereich
86,5 100 113,5 x
μ Hypothese $p = 0{,}5$

5. Zweiseitiger Test: Es wird geprüft, ob die Anzahl der verwandelten Foulelfmeter verträglich ist mit $p = 0{,}75$.

$n = 102$; $\mu = 102 \cdot 0{,}75 = 76{,}5$; $\sigma \approx 4{,}373$

$\mu - 1{,}64\sigma \approx 69{,}3$; $\mu + 1{,}64\sigma \approx 83{,}7$

Kontrollrechnung: $P(70 \leq X \leq 83) \approx 0{,}892$; $P(69 \leq X \leq 84) \approx 0{,}934$

Wenn die Anzahl im Intervall [69; 84] liegt, gibt es keinen Grund, von einem abweichenden Ergebnis zu sprechen.

Einseitiger Test: Mögliche Standpunkte:

(1) „Die gefoulten Spieler sind mindestens so gute Elfmeterschützen wie andere Spieler.“
Von dieser Ansicht geht man nur ab, wenn in der Stichprobe signifikant weniger Elfmeter verwandelt werden.
H_0: $p \geq 0{,}75$
Für $p = 0{,}75$ ist $\mu = 76{,}5$ und $\sigma \approx 4{,}373$; also $\mu - 1{,}28\sigma \approx 70{,}9$.
Für $p > 0{,}75$ ist $\mu - 1{,}28\sigma > 70{,}9$.
Kontrollrechnung: $P(X < 71) = P(X \leq 70) \approx 0{,}087$; $P(X < 72) = P(X \leq 71) \approx 0{,}127$
Entscheidungsregel: Verwirf den Ansatz, falls weniger als 71 Elfmeter verwandelt werden.

(2) „Die gefoulten Spieler sind schlechtere Elfmeterschützen als andere Spieler.“
Von dieser Meinung geht man nur ab, wenn in der Stichprobe signifikant viele Elfmeter verwandelt werden.
Für $p = 0{,}75$ ist $\mu + 1{,}28\sigma \approx 82{,}1$.
Kontrollrechnung: $P(X > 82) = 1 - P(X \leq 81) \approx 0{,}125$;
$P(X > 83) = 1 - P(X \leq 82) \approx 0{,}082$
Entscheidungsregel: Verwirf den Ansatz, falls mehr als 83 Elfmeter verwandelt werden.

6. (1) Die Werbeagentur behauptet, dass der Bekanntheitsgrad mindestens 70 % ist.
Sie wird diese Behauptung nur dann fallen lassen, wenn der Anteil unter den Befragten deutlich nach unten abweicht.
Hypothese: H_0: $p \leq 0{,}7$; Verwerfungsbereich: $X < 350 - 1{,}64 \cdot 10{,}247 \approx 333{,}2$
Kontrollrechnung: $P(X \leq 333) \approx 0{,}054$; $P(X \leq 332) \approx 0{,}045$
Fehler 1. Art: Die Hypothese ist wahr, wird aber verworfen. $\alpha = P(X \leq 332) \approx 0{,}045$
Fehler 2. Art: Die Hypothese ist falsch. Der Anteil der Befragten fällt aber in den Annahmebereich.

437 **6.** (2) Der Auftraggeber behauptet, dass der Bekanntheitsgrad weniger als 70 % ist. Er wird diese Behauptung nur dann fallen lassen, wenn der Anteil unter den Befragten deutlich nach oben abweicht.
Hypothese: H_0: $p < 0{,}7$; Verwerfungsbereich: $X > 350 + 1{,}64 \cdot 10{,}247 \approx 366{,}8$
Kontrollrechnung: $P(X > 366) \approx 0{,}052$; $P(X > 367) \approx 0{,}043$
Fehler 1. Art: Die Hypothese ist wahr, wird aber verworfen. $\alpha = P(X > 367) \approx 0{,}043$
Fehler 2. Art: Die Hypothese ist falsch. Der Anteil der Befragten fällt aber in den Annahmebereich.

438 **7.** Mit p bezeichnen wir die Wahrscheinlichkeit dafür, dass ein zufällig entnommener Tischtennisball die Wettkampfbedingungen erfüllt.

a) Die Aussage des Großhändlers lautet: $p \geq 0{,}8$. Von seinem Standpunkt will er erst abgehen, wenn die Anzahl der wettkampftauglichen Tischtennisbälle in der Stichprobe signifikant nach unten abweicht. Wir testen also die Hypothese H_0: $p \geq 0{,}8$. Für $p = 0{,}8$ und $n = 75$ ist $\mu = 60$ und $\sigma \approx 3{,}46$, also $\mu - 1{,}28\sigma \approx 55{,}57$.
Für $p > 0{,}8$ ist also $\mu - 1{,}28\sigma > 55{,}57$.

Verwerfungsbereich
Annahmebereich
50
60
X
$\mu - 1{,}28\sigma$ für $p = 0{,}83$
$\mu - 1{,}28\sigma$ für $p = 0{,}82$
$\mu - 1{,}28\sigma$ für $p = 0{,}81$
$\mu - 1{,}28\sigma$ für $p = 0{,}8$

Entscheidungsregel: Der Großhändler sieht seine Aussage nur dann als widerlegt an, wenn man weniger als 56 wettkampftaugliche Tischtennisbälle in der Stichprobe vom Umfang $n = 75$ findet.

b) Der Ladenbesitzer wird sich erst von seiner kritischen Haltung ($p < 0{,}8$) abbringen lassen, wenn in der Stichprobe die Anzahl der wettkampftauglichen Tischtennisbälle signifikant nach oben abweicht.
Wir testen also die Hypothese $p < 0{,}8$. Für $p = 0{,}8$ und $n = 75$ gilt: $\mu + 1{,}28\sigma \approx 64{,}43$.
Für $p < 0{,}8$ ist $\mu + 1{,}28\sigma < 64{,}43$.

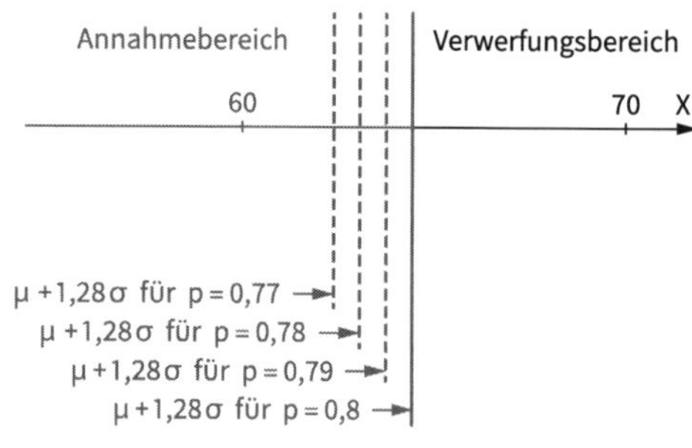

Entscheidungsregel: Der Ladenbesitzer legt sein Misstrauen ab, wenn mehr als 64 Tischtennisbälle in der Stichprobe wettkampftauglich sind.

c) In Teilaufgabe a) wurde die Hypothese $p \geq 0{,}8$, und in Teilaufgabe b) die Hypothese $p < 0{,}8$ getestet. Die eine Hypothese ist die Verneinung der anderen. Wird die eine Hypothese verworfen, dann wird die andere als richtig angesehen. Was in Teilaufgabe a) ein Fehler 1. Art ist, ist in Teilaufgabe b) ein Fehler 2. Art und umgekehrt; allerdings werden in a) bzw. b) verschiedene Bereiche betrachtet.

438

	zu a) Hypothese $p \geq 0,8$ Interessen des Großhändlers	zu b) Hypothese $p < 0,8$ Interessen des Ladenbesitzers
Fehler 1. Art	Die Aussage des Großhändlers ist wahr, aber wegen eines extrem kleinen Stichprobenergebnisses wird sie als falsch angesehen. Die Ware wird als minderwertig angesehen, obwohl sie es nicht ist.	Die Aussage des Großhändlers ist falsch, aber wegen eines extrem großen Stichprobenergebnisses wird sie nicht als falsch angesehen. Der Ladenbesitzer kauft minderwertige Ware ein.
Fehler 2. Art	Die Aussage des Großhändlers ist falsch, aber aufgrund des zu großen Stichprobenergebnisses wird die Hypothese nicht verworfen. Die minderwertige Ware wird nicht als solche erkannt. Die Wahrscheinlichkeit für diesen Fehler hängt vom tatsächlichen Anteil wettkampftauglicher Tischtennisbälle ab.	Die Aussage des Großhändlers ist wahr, aber aufgrund des zu kleinen Stichprobenergebnisses wird dies nicht erkannt. Dem Ladenbesitzer entgeht ein günstiges Geschäft. Die Wahrscheinlichkeit für diesen Fehler hängt vom tatsächlichen Anteil wettkampftauglicher Tischtennisbälle ab.

Findet man in der Stichprobe von mindestens 55 bis höchstens 64 wettkampftaugliche Tischtennisbälle, dann wird keine der beiden Hypothesen verworfen.

8. Der Hersteller wird i. A. nur von seinen Angaben zurücktreten, wenn bei einer Stichprobe signifikant weniger als 90 % der Fälle behandelbar sind.

9. a) Der Händler wird einen skeptischen Standpunkt einnehmen, d. h. die Hypothese $p \leq 0,7$ (Anteil der brauchbaren Glühbirnen) testen. Diese Hypothese wird verworfen bei signifikanter Abweichung nach oben.
Für $p \leq 0,7$ und $n = 60$ ist $\mu = 42$; $\sigma = 3,55$; also $\mu + 1,28\sigma \leq 46,54$. Der Händler wird erst bei mehr als 46 brauchbaren (d. h. weniger als 14 unbrauchbaren) Glühbirnen kaufen.

b) Alle Anteile mit $0,65 \leq p < 0,7$ sind mit $X = 45$ verträglich, aber für den Händler ungünstig.

c) Alle Anteile $0,7 < p \leq 0,728$ sind mit $X = 38$ verträglich, aber für den Händler günstig.

10. a) Standpunkt des Kunden: Der Anteil ist geringer als 20 % $(p < 0,2)$. Für $p = 0,2$ ist $\mu = 14,4$; $\sigma = 3,39$; also $\mu + 1,28\sigma = 18,74$.
Entscheidungsregel: Verwirf die Hypothese $p < 0,2$, falls unter den 72 sichtbaren Briefmarken mehr als 18 einen Katalogwert von mindestens 0,30 € haben.

b) Bei nur 10 Briefmarken mit Mindest-Katalogwert 0,30 € kauft der Kunde nicht (vgl. a). Es ist aber dennoch möglich, dass $p \geq 0,2$ ist. Selbst ein Stichprobenergebnis von $X = 10$ ist mit Anteilen $0,2 \leq p \leq 0,219$ verträglich.

c) Der Anbieter wird die Hypothese $p \geq 0,2$ vorschlagen, die nur bei signifikanter Abweichung nach unten $(X < 11)$ verworfen wird.
Fehler 1. Art: Die Briefmarken haben tatsächlich einen höheren Wert, aber die Stichprobe führt zum Verwerfen der Hypothese.
Fehler 2. Art: Die Briefmarken sind nicht so wertvoll, aber dies wird nicht erkannt.

11. a) Da im Großmarkt untersucht wird, wird die Hypothese H_0: $p \leq 0,1$ getestet.
Für $p = 0,1$ gilt: $\mu = 10$; $\sigma = 3$; $1,64\sigma = 4,92$
Entscheidungsregel: Falls mehr als 14 Packungen weniger als 400 g wiegen, verwirf die Hypothese H_0.

438 11. b) Da der Test beim Abnehmer stattfindet, wird folgende Hypothese untersucht:
H_1: $p > 0{,}1$ (Rechnung wie in a)) $1{,}64\sigma = 5{,}39$
Entscheidungsregel: Falls weniger als 7 Packungen Mindergewicht haben, verwirf die Hypothese H_1.

c) Für H_0 gilt:
Ein Fehler 1. Art tritt auf, wenn mehr als 14 Packungen Mindergewicht haben, obwohl $p \geq 0{,}1$ ist. Ein Fehler 2. Art tritt auf, wenn weniger als 15 Packungen Mindergewicht haben, obwohl $p > 0{,}1$ ist.
Für H_1 gilt:
Ein Fehler 1. Art tritt auf, wenn weniger als 7 Packungen Mindergewicht haben, obwohl $p > 0{,}1$ ist. Ein Fehler 2. Art tritt auf, wenn mehr als 6 Packungen Mindergewicht haben, obwohl $p \leq 0{,}1$ ist.

439 12. a) Hypothese H_1: $p < 0{,}05$
Von seiner Meinung lässt sich ein Wahlkampfmanager nur abbringen, wenn in der Stichprobe ein extrem hohes Ergebnis für die Partei herauskommt – extrem hoch heißt: Werte oberhalb von $\mu + 1{,}64\sigma$ für $p = 0{,}05$ – diese führen dann zum Verwerfen der Hypothese $p < 0{,}05$, denn solche Werte treten zufällig nur mit einer Wahrscheinlichkeit von höchstens 5 % auf.
$n = 400$; $p = 0{,}05$; $\mu = 400 \cdot 0{,}05 = 20$; $\sigma \approx 4{,}87$; $\mu + 1{,}64\sigma \approx 28{,}0$
Kontrollrechnung: $P(X \leq 28) \approx 0{,}969$, aber $P(X \leq 27) \approx 0{,}952$
Entscheidungsregel: Verwirf die Hypothese H_1: $p < 0{,}05$, falls in der Stichprobe vom Umfang 400 mehr als 27 Personen angeben, die Partei wählen zu wollen.

b) Hypothese H_2: $p \geq 0{,}05$
Von dieser Meinung lässt sich der Finanzbeauftragte nur abbringen, wenn in der Stichprobe ein extrem niedriges Ergebnis für die Partei herauskommt – extrem niedrig heißt: Werte unterhalb von $\mu - 1{,}64\sigma$ für $p = 0{,}05$ – diese führen dann zum Verwerfen der Hypothese $p \geq 0{,}05$; denn solche Werte treten zufällig nur mit einer Wahrscheinlichkeit von höchstens 5 % auf.
$n = 400$; $p = 0{,}05$; $\mu = 400 \cdot 0{,}05 = 20$; $\sigma \approx 4{,}87$; $\mu - 1{,}64\sigma \approx 12{,}0$
Kontrollrechnung: $P(X \leq 12) \approx 0{,}036$, aber $P(X \leq 13) \approx 0{,}061$
Entscheidungsregel: Verwirf die Hypothese H_2: $p > 0{,}05$, falls in der Stichprobe vom Umfang 400 weniger als 13 Personen angeben, die Partei wählen zu wollen.

13. Es soll untersucht werden, wie groß der Anteil der weiblichen Autofahrer ist.
1. Standpunkt: Der Anteil liegt bei mindestens 37,1 %. Dann wäre der Anteil der weiblichen Autofahrer unter den Unfallverursachern geringer als erwartet, was den Schluss zuließe, dass weibliche Autofahrer die besseren sind.
Hypothese H_0: $p \geq 0{,}371$; $P(X < K) \leq 5\,\%$ gilt für $K \leq 80$
Entscheidungsregel: Verwirf die Hypothese $p \geq 0{,}371$, falls weniger als 80 weibliche Fahrer gezählt werden.
Fehler 1. Art: Der Anteil liegt tatsächlich bei mindestens 37,1 %. In der Stichprobe befinden sich aber weniger als 80 Frauen, sodass die wahre Hypothese verworfen wird.
Fehler 2. Art: Der Anteil liegt tatsächlich unter 37,1 %. In der Stichprobe befinden sich aber mindestens 80 Frauen, sodass die falsche Hypothese nicht verworfen wird.

439 2. Standpunkt: Der Anteil liegt unter 37,1 %. Dann wäre der Anteil der weiblichen Autofahrer unter den Unfallverursachern höher als erwartet, was den Schluss zuließe, dass weibliche Autofahrer nicht die besseren sind.
Hypothese H_0: $p < 0{,}371$; $P(X > K) \le 5\,\%$ gilt für $K \ge 105$
Entscheidungsregel: Verwirf die Hypothese $p < 0{,}371$, falls mehr als 105 weibliche Fahrer gezählt werden.
Fehler 1. Art: Der Anteil liegt tatsächlich unter 37,1 %. In der Stichprobe befinden sich aber mindestens 105 Frauen, sodass die wahre Hypothese verworfen wird.
Fehler 2. Art: Der Anteil liegt tatsächlich bei mindestens 37,1 %. In der Stichprobe befinden sich aber weniger als 105 Frauen, sodass die falsche Hypothese nicht verworfen wird.

14. a) Erwartungswert: $\mu = 320 \cdot 0{,}596 \approx 191$; 95 %-Intervall: [174; 208]
b) 90 %-Intervall: [177; 205]
Es soll die Frage untersucht werden, ob es immer noch eine Tendenz zu nicht wahrheitsgemäßen Aussagen zum Wählerverhalten gibt.
1. Standpunkt: „Nichtwähler machen tendenziell nach wie vor falsche Angaben“.
Hypothese H_0: $p > 0{,}596$. Entscheidungsregel: Verwirf die Hypothese $p > 0{,}596$, falls weniger als 177 Personen angeben, gewählt zu haben.
Fehler 1. Art: Der Anteil liegt tatsächlich bei mehr als 59,6 %. Das Stichprobenereignis spricht aber dagegen, sodass die wahre Hypothese verworfen wird.
Fehler 2. Art: Der Anteil liegt tatsächlich bei höchstens 59,6 %. Das Stichprobenereignis spricht aber dagegen, sodass die falsche Hypothese nicht verworfen wird.
2. Standpunkt: „Wähler geben neuerdings häufiger an, nicht gewählt zu haben“.
Hypothese H_0: $p \le 0{,}596$. Entscheidungsregel: Verwirf die Hypothese $p \le 0{,}596$, falls mehr als 205 Personen angeben, gewählt zu haben.
Fehler 1. Art: Der Anteil liegt tatsächlich bei höchstens 59,6 %. Das Stichprobenereignis spricht aber dagegen, sodass die falsche Hypothese nicht verworfen wird.
Fehler 2. Art: Der Anteil liegt tatsächlich bei mehr als 59,6 %. Das Stichprobenereignis spricht aber dagegen, sodass die wahre Hypothese verworfen wird.

15. Grundsätzlich könnte man untersuchen, ob der Anteil bei den Schüler/innen der eigenen Schule ebenso groß ist oder ob er sich signifikant unterscheidet (zweiseitiger Test). Andererseits könnte man Argumente dafür suchen, dass – aufgrund der Zusammensetzung der Schülerschaft der eigenen Schule – der Anteil größer ist als 65 % bzw. kleiner ist als 65 %.
1. möglicher Standpunkt: An unserer Schule ist der Anteil größer als 65 %. Von diesem Standpunkt sind wir nur bereit abzugehen, wenn in der Stichprobe an der eigenen Schule signifikant wenige Schüler/innen angeben, dass sie während des Fernsehens ins Internet gehen.
2. möglicher Standpunkt: An unserer Schule beträgt der Anteil höchstens 65 %. Von diesem Standpunkt sind wir nur bereit abzugehen, wenn in der Stichprobe an der eigenen Schule signifikant viele Schüler/innen angeben, dass sie während des Fernsehens ins Internet gehen.
Die Entscheidungsregeln können dann mithilfe der σ-Regeln aufgestellt werden.

7.4 Untersuchung stochastischer Prozesse

7.4.1 Bestimmung von Zuständen mithilfe von Übergangsmatrizen

442 **Einstiegsaufgabe ohne Lösung**

(1) Am Diagramm kann man beispielsweise ablesen, dass 20 % der Abonnenten von *kurz und knapp tv* bei dieser Zeitschrift bleiben, 50 % zu *Alles im Blick* wechseln und 30 % zu *Fernsehen heute*.

(2)

		Wechsel von		
		kurz und knapp tv	*Fernsehen heute*	*Alles im Blick*
Wechsel nach	*kurz und knapp tv*	0,2	0,1	0,05
	Fernsehen heute	0,3	0,4	0,25
	Alles im Blick	0,5	0,5	0,7

(3) Aus den Pfad-Wahrscheinlichkeiten des Baumdiagramms ist zu entnehmen, dass die Marktanteile in einem Jahr wie folgt aussehen werden:
P (kurz und knapp)
= 0,090 + 0,020 + 0,0175 = 0,1275
P (Fernsehen heute)
= 0,135 + 0,080 + 0,0875 = 0,3025
P (Alles im Blick)
= 0,225 + 0,100 + 0,245 = 0,5700

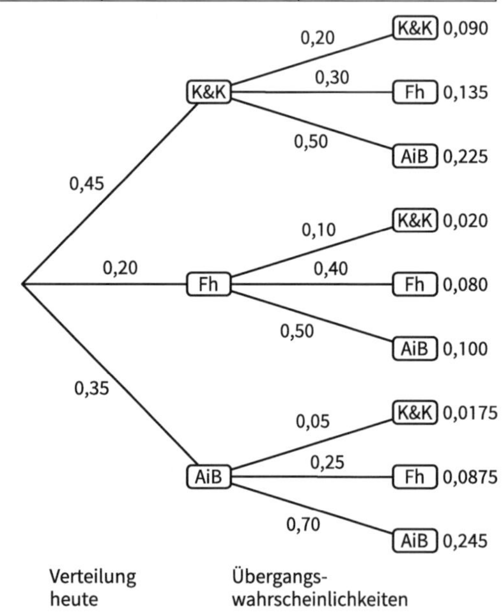

447 **1. a)**

b)

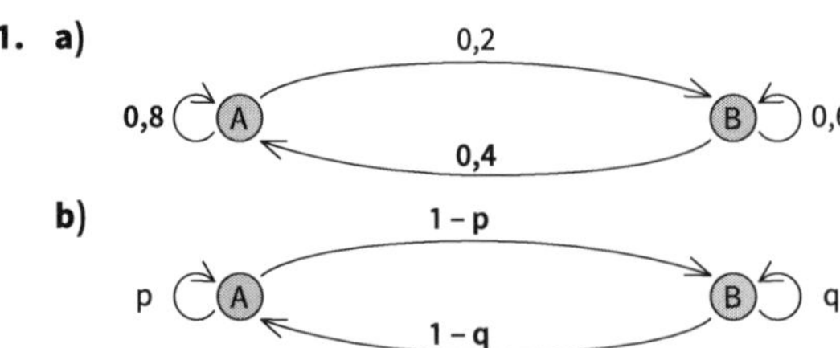

447 c)

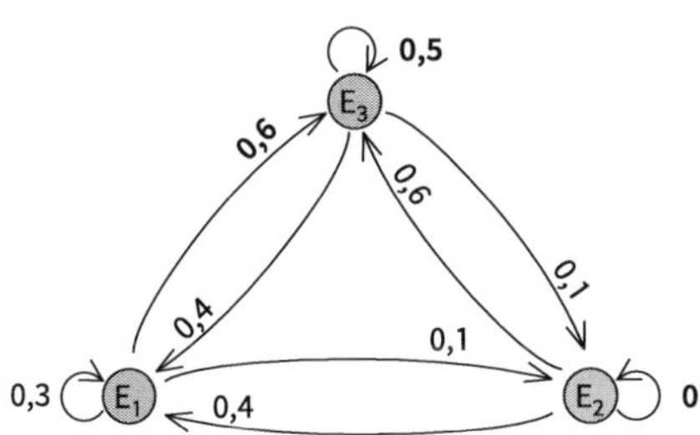

2. a)

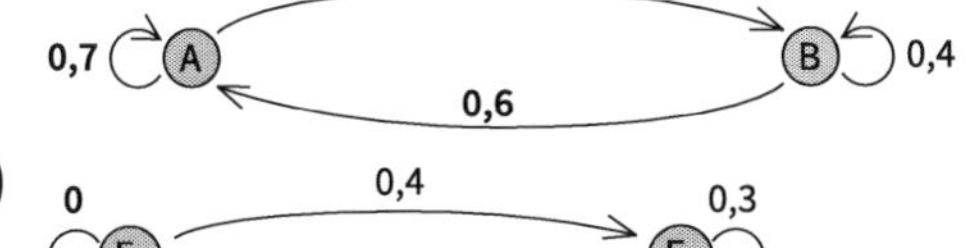

$M = \begin{pmatrix} 0{,}7 & 0{,}6 \\ 0{,}3 & 0{,}4 \end{pmatrix}$

b)

0 0,4 0,3
E_1 0,2 E_2
0,6 0,7
0,2 0,5
E_3
0,1

$M = \begin{pmatrix} 0 & 0{,}2 & 0{,}2 \\ 0{,}4 & 0{,}3 & 0{,}7 \\ 0{,}6 & 0{,}5 & 0{,}1 \end{pmatrix}$

c) Das Diagramm ist vollständig, da die übrigen Übergänge alle die Wahrscheinlichkeit 0 haben, d. h. man kann auf die Pfeile verzichten.

$M = \begin{pmatrix} 0{,}5 & 0 & 0 & 0{,}6 \\ 0{,}3 & 0{,}4 & 0 & 0{,}4 \\ 0 & 0{,}4 & 0{,}5 & 0 \\ 0{,}2 & 0{,}2 & 0{,}5 & 0 \end{pmatrix}$

448 **3. a)** $\begin{pmatrix} 0{,}1 & 0{,}8 \\ 0{,}9 & 0{,}2 \end{pmatrix}$ **b)** $\begin{pmatrix} 0{,}7 & 0 \\ 0{,}3 & 1 \end{pmatrix}$ **c)** $\begin{pmatrix} 0{,}4 & 0 & 0{,}8 \\ 0{,}1 & 0{,}2 & 0{,}2 \\ 0{,}5 & 0{,}8 & 0 \end{pmatrix}$

4. (1) Übergang von E_3 nach E_2
(2) 0,35
(3) Wahrscheinlichkeit für den Übergang von E_1 nach E_2
(4) 0,15

5. a)

b)

c)

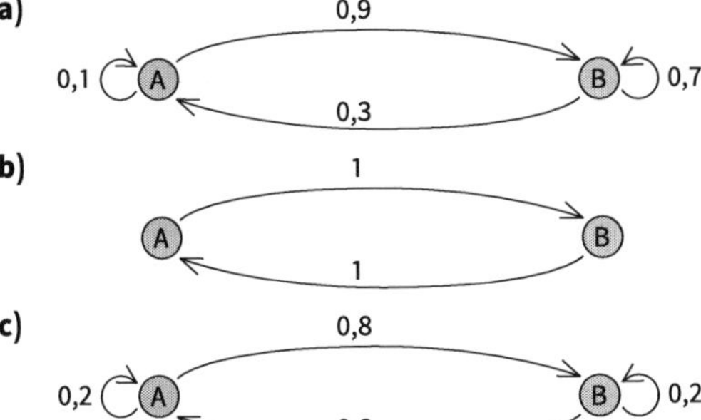

448 **d)**

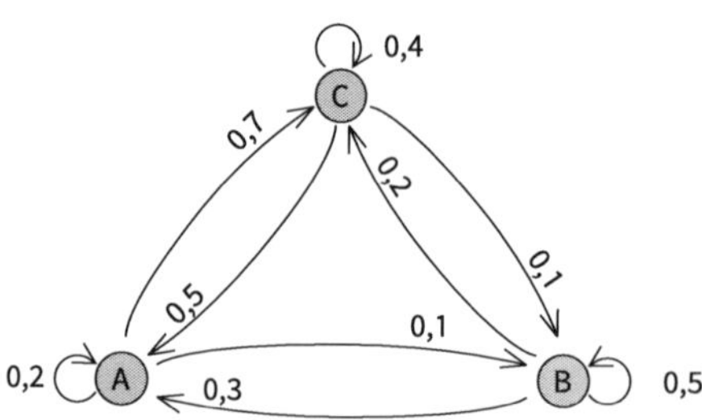

6. a)

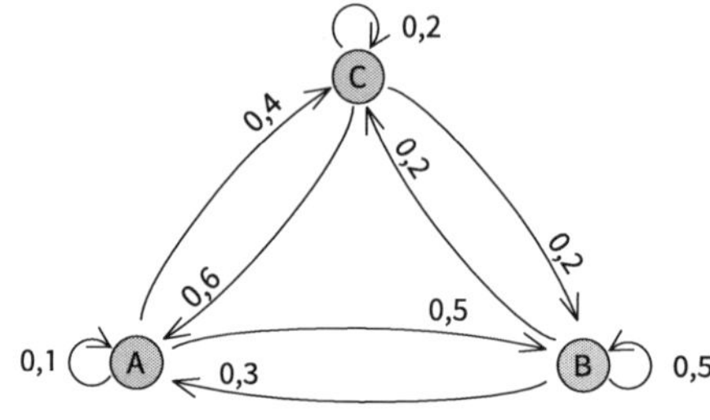

$P(A) = 0{,}01 + 0{,}09 + 0{,}36 = 0{,}46$
$P(B) = 0{,}05 + 0{,}12 + 0{,}12 = 0{,}29$
$P(C) = 0{,}04 + 0{,}09 + 0{,}12 = 0{,}25$

b)

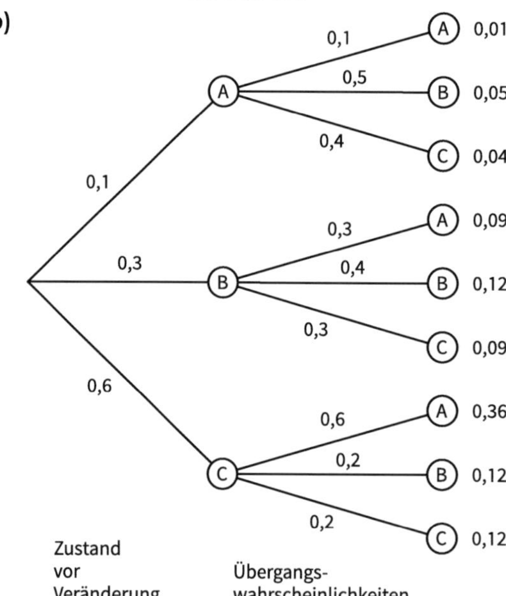

c) $\begin{pmatrix} 0{,}46 \\ 0{,}29 \\ 0{,}25 \end{pmatrix}$

7. a) $\begin{pmatrix} 0{,}5 & 0{,}1 & 0{,}05 & 0{,}1 \\ 0{,}2 & 0{,}4 & 0{,}05 & 0{,}2 \\ 0{,}1 & 0{,}3 & 0{,}8 & 0{,}1 \\ 0{,}2 & 0{,}2 & 0{,}1 & 0{,}6 \end{pmatrix}$

b) $\begin{pmatrix} 0{,}5 & 0{,}1 & 0{,}05 & 0{,}1 \\ 0{,}2 & 0{,}4 & 0{,}05 & 0{,}2 \\ 0{,}1 & 0{,}3 & 0{,}8 & 0{,}1 \\ 0{,}2 & 0{,}2 & 0{,}1 & 0{,}6 \end{pmatrix} \cdot \begin{pmatrix} 0{,}25 \\ 0{,}25 \\ 0{,}25 \\ 0{,}25 \end{pmatrix} = \begin{pmatrix} 0{,}1875 \\ 0{,}2125 \\ 0{,}3250 \\ 0{,}2750 \end{pmatrix}$ (nach einem Tag)

448 **8.**

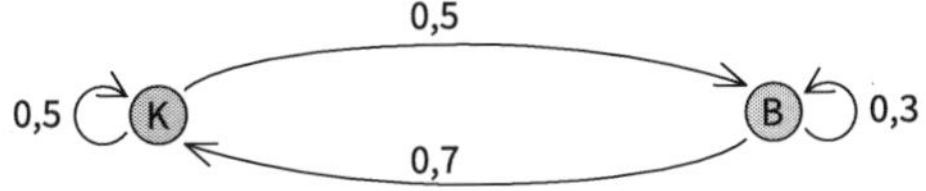

(1) $\begin{pmatrix} 0{,}5 & 0{,}7 \\ 0{,}5 & 0{,}3 \end{pmatrix} \cdot \begin{pmatrix} 0{,}5 \\ 0{,}5 \end{pmatrix} = \begin{pmatrix} 0{,}6 \\ 0{,}4 \end{pmatrix}$ (2) $\begin{pmatrix} 0{,}5 & 0{,}7 \\ 0{,}5 & 0{,}3 \end{pmatrix} \cdot \begin{pmatrix} 0{,}\overline{6} \\ 0{,}\overline{3} \end{pmatrix} = \begin{pmatrix} 0{,}5\overline{6} \\ 0{,}4\overline{3} \end{pmatrix}$

7.4.2 Untersuchung stochastischer Prozesse mithilfe der Matrizenmultiplikation

449 **Einstiegsaufgabe ohne Lösung**

a) Übergangsmatrix (Reihenfolge: Modi – A-Kauf – Centy)

$M = \begin{pmatrix} 0{,}80 & 0{,}10 & 0{,}05 \\ 0{,}05 & 0{,}70 & 0{,}05 \\ 0{,}15 & 0{,}20 & 0{,}90 \end{pmatrix}$; Startvektor $\vec{a} = \begin{pmatrix} 0{,}3 \\ 0{,}5 \\ 0{,}2 \end{pmatrix}$

Marktanteil nach 1 Jahr: $M \cdot \vec{a} = \begin{pmatrix} 0{,}3 \\ 0{,}375 \\ 0{,}325 \end{pmatrix}$

Marktanteil nach 2 Jahren: $M^2 \cdot \vec{a} = \begin{pmatrix} 0{,}29375 \\ 0{,}29375 \\ 0{,}4125 \end{pmatrix}$

Marktanteil nach 3 Jahren: $M^3 \cdot \vec{a} \approx \begin{pmatrix} 0{,}285 \\ 0{,}241 \\ 0{,}474 \end{pmatrix}$

Marktanteil nach 4 Jahren: $M^4 \cdot \vec{a} \approx \begin{pmatrix} 0{,}276 \\ 0{,}207 \\ 0{,}518 \end{pmatrix}$

Marktanteil nach 5 Jahren: $M^5 \cdot \vec{a} \approx \begin{pmatrix} 0{,}267 \\ 0{,}184 \\ 0{,}549 \end{pmatrix}$

b) Zu lösen ist das lineare Gleichungssystem $\left| \begin{array}{l} 0{,}8\,x_1 + 0{,}1\,x_2 + 0{,}05\,x_3 = 0{,}3 \\ 0{,}05\,x_1 + 0{,}7\,x_2 + 0{,}05\,x_3 = 0{,}5 \\ 0{,}15\,x_1 + 0{,}2\,x_2 + 0{,}9\,x_3 = 0{,}2 \end{array} \right|$

Mithilfe des GTR findet man $x_1 \approx 0{,}287$; $x_2 \approx 0{,}692$; $x_3 \approx 0{,}021$.

Alternativ kann man mithilfe des GTR folgende Rechnung durchführen: $M^{-1} \cdot \vec{a} \approx \begin{pmatrix} 0{,}287 \\ 0{,}692 \\ 0{,}021 \end{pmatrix}$

452 **1.** Zustände: A: 0 Zigaretten; B: 10 Zigaretten; C: 20 Zigaretten

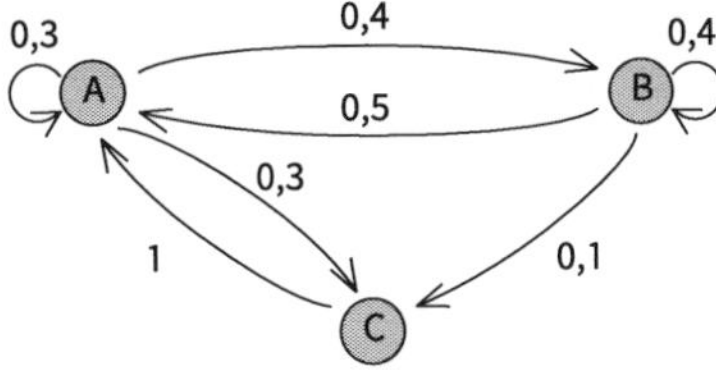

Übergangsmatrix: $M = \begin{pmatrix} 0{,}3 & 0{,}5 & 1 \\ 0{,}4 & 0{,}4 & 0 \\ 0{,}3 & 0{,}1 & 0 \end{pmatrix}$

Man stellt fest: Gleichgültig, welcher Startvektor gewählt wurde,

$\vec{a} = \begin{pmatrix} 1 \\ 0 \\ 0 \end{pmatrix}$ oder $\vec{a} = \begin{pmatrix} 0 \\ 1 \\ 0 \end{pmatrix}$ oder $\vec{a} = \begin{pmatrix} 0 \\ 0 \\ 1 \end{pmatrix}$, nach 1 Monat (= 30 Tagen) ergibt sich $M^{30} \cdot \vec{a} \approx \begin{pmatrix} 0{,}492 \\ 0{,}328 \\ 0{,}180 \end{pmatrix}$,

d. h. im Mittel beträgt der Zigarettenkonsum etwa $0{,}492 \cdot 0 + 0{,}328 \cdot 10 + 0{,}180 \cdot 20 = 6{,}88$ Zigaretten pro Tag. Der Konsum wurde also gesenkt.

453

2. a) Grafik siehe rechts

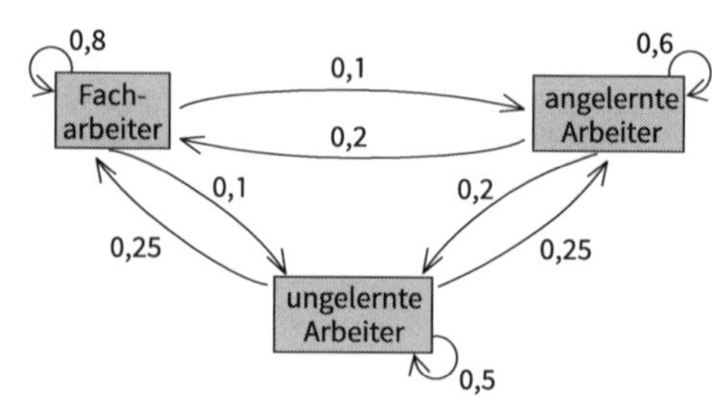

$$M = \begin{pmatrix} 0{,}8 & 0{,}2 & 0{,}25 \\ 0{,}1 & 0{,}6 & 0{,}25 \\ 0{,}1 & 0{,}2 & 0{,}5 \end{pmatrix}$$

$$M^2 = \begin{pmatrix} 0{,}685 & 0{,}33 & 0{,}375 \\ 0{,}165 & 0{,}43 & 0{,}3 \\ 0{,}15 & 0{,}24 & 0{,}325 \end{pmatrix}$$

$$M^3 = \begin{pmatrix} 0{,}6185 & 0{,}41 & 0{,}44125 \\ 0{,}205 & 0{,}351 & 0{,}29875 \\ 0{,}1765 & 0{,}239 & 0{,}26 \end{pmatrix}$$

$$M^4 \approx \begin{pmatrix} 0{,}580 & 0{,}458 & 0{,}478 \\ 0{,}229 & 0{,}311 & 0{,}288 \\ 0{,}191 & 0{,}231 & 0{,}234 \end{pmatrix}$$

b) Am Matrixelement a_{12} ist ablesbar, mit welcher Wahrscheinlichkeit der Übergang vom Zustand „angelernter Arbeiter“ zum Zustand „Facharbeiter“ eintritt.
Enkel: 33 %; Urenkel: 41 %; Ururenkel: 45,8 %

c) Startvektor: $\vec{v_0} = \begin{pmatrix} 0{,}3 \\ 0{,}4 \\ 0{,}3 \end{pmatrix}$;

Zustandsvektor nach *einer* Generation: $\vec{v_1} = M \cdot \vec{v_0} = \begin{pmatrix} 0{,}395 \\ 0{,}345 \\ 0{,}26 \end{pmatrix}$;

nach zwei Generationen: $\vec{v_2} = M^2 \cdot \vec{v_0} = \begin{pmatrix} 0{,}45 \\ 0{,}3115 \\ 0{,}2385 \end{pmatrix}$;

nach drei Generationen: $\vec{v_3} = M^3 \cdot \vec{v_0} \approx \begin{pmatrix} 0{,}4819 \\ 0{,}2915 \\ 0{,}2266 \end{pmatrix}$;

…

nach zehn Generationen: $\vec{v_{10}} = M^{10} \cdot \vec{v_0} \approx \begin{pmatrix} 0{,}525 \\ 0{,}264 \\ 0{,}211 \end{pmatrix}$

Der Zustand nähert sich immer mehr einem Grenzzustand von $\vec{v_\infty} \approx \begin{pmatrix} 0{,}526 \\ 0{,}263 \\ 0{,}211 \end{pmatrix}$.

3. Übergangsmatrix:

a) $M = \begin{pmatrix} 0 & 0{,}6 & 0 & 0 & 0{,}4 \\ 0{,}4 & 0 & 0{,}6 & 0 & 0 \\ 0 & 0{,}4 & 0 & 0{,}6 & 0 \\ 0 & 0 & 0{,}4 & 0 & 0{,}6 \\ 0{,}6 & 0 & 0 & 0{,}4 & 0 \end{pmatrix}$ **b)** $M = \begin{pmatrix} 0{,}5 & 0{,}5 & 0 & 0 & 0 \\ 0{,}5 & 0 & 0{,}5 & 0 & 0 \\ 0 & 0{,}5 & 0 & 0{,}5 & 0 \\ 0 & 0 & 0{,}5 & 0 & 0{,}5 \\ 0 & 0 & 0 & 0{,}5 & 0{,}5 \end{pmatrix}$

Für beide Labyrinthe gilt:
Im Unterschied zu den bisher betrachteten Übergangsmatrizen enthält diese sehr viele Nullen. Außerdem sind auch die Zeilensummen der Matrix gleich 1.

Egal, welchen Startvektor man betrachtet, $\vec{a} = \begin{pmatrix} 1 \\ 0 \\ 0 \\ 0 \\ 0 \end{pmatrix}$ oder $\vec{a} = \begin{pmatrix} 0 \\ 1 \\ 0 \\ 0 \\ 0 \end{pmatrix}$ … oder $\vec{a} = \begin{pmatrix} 0 \\ 0 \\ 0 \\ 0 \\ 1 \end{pmatrix}$,

der Zustandsvektor nähert sich dem einer Gleichverteilung, also $\vec{a_\infty} = \begin{pmatrix} 0{,}2 \\ 0{,}2 \\ 0{,}2 \\ 0{,}2 \\ 0{,}2 \end{pmatrix}$,

d. h. die Mäuse nehmen ihr Futter gleichmäßig von allen Futterstellen.

453

4. a)

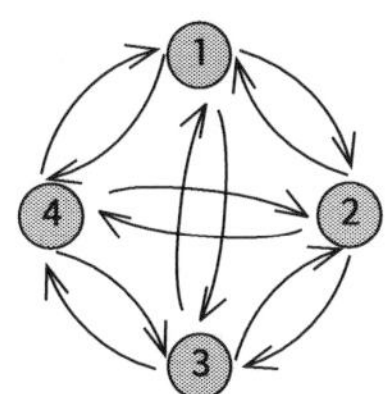

$$M = \begin{pmatrix} 0 & \frac{1}{3} & \frac{1}{3} & \frac{1}{3} \\ \frac{1}{3} & 0 & \frac{1}{3} & \frac{1}{3} \\ \frac{1}{3} & \frac{1}{3} & 0 & \frac{1}{3} \\ \frac{1}{3} & \frac{1}{3} & \frac{1}{3} & 0 \end{pmatrix}; \; M^2 = \begin{pmatrix} \frac{3}{9} & \frac{2}{9} & \frac{2}{9} & \frac{2}{9} \\ \frac{2}{9} & \frac{3}{9} & \frac{2}{9} & \frac{2}{9} \\ \frac{2}{9} & \frac{2}{9} & \frac{3}{9} & \frac{2}{9} \\ \frac{2}{9} & \frac{2}{9} & \frac{2}{9} & \frac{3}{9} \end{pmatrix}; \; M^4 \approx \begin{pmatrix} 0{,}2593 & 0{,}2469 & 0{,}2469 & 0{,}2469 \\ 0{,}2469 & 0{,}2593 & 0{,}2469 & 0{,}2469 \\ 0{,}2469 & 0{,}2469 & 0{,}2593 & 0{,}2469 \\ 0{,}2469 & 0{,}2469 & 0{,}2469 & 0{,}2593 \end{pmatrix};$$

$$M^8 \approx \begin{pmatrix} 0{,}2501 & 0{,}249962 & 0{,}249962 & 0{,}249962 \\ 0{,}249962 & 0{,}2501 & 0{,}249962 & 0{,}249962 \\ 0{,}249962 & 0{,}249962 & 0{,}2501 & 0{,}249962 \\ 0{,}249962 & 0{,}249962 & 0{,}249962 & 0{,}2501 \end{pmatrix}$$

b) $$M = \begin{pmatrix} 0 & \frac{2}{5} & \frac{2}{5} & \frac{1}{3} \\ \frac{2}{5} & 0 & \frac{2}{5} & \frac{1}{3} \\ \frac{2}{5} & \frac{2}{5} & 0 & \frac{1}{3} \\ \frac{1}{5} & \frac{1}{5} & \frac{1}{5} & 0 \end{pmatrix}; \; M^2 = \begin{pmatrix} 0{,}38\overline{6} & 0{,}22\overline{6} & 0{,}22\overline{6} & 0{,}2\overline{6} \\ 0{,}22\overline{6} & 0{,}38\overline{6} & 0{,}22\overline{6} & 0{,}2\overline{6} \\ 0{,}22\overline{6} & 0{,}22\overline{6} & 0{,}38\overline{6} & 0{,}2\overline{6} \\ 0{,}16 & 0{,}16 & 0{,}16 & 0{,}2 \end{pmatrix}; \; M^4 \approx \begin{pmatrix} 0{,}294 & 0{,}269 & 0{,}269 & 0{,}277\overline{3} \\ 0{,}269 & 0{,}294 & 0{,}269 & 0{,}277\overline{3} \\ 0{,}269 & 0{,}269 & 0{,}294 & 0{,}277\overline{3} \\ 0{,}1664 & 0{,}1664 & 0{,}1664 & 0{,}168 \end{pmatrix}$$

$$M^8 \approx \begin{pmatrix} 0{,}278 & 0{,}277 & 0{,}277 & 0{,}277 \\ 0{,}277 & 0{,}278 & 0{,}277 & 0{,}277 \\ 0{,}277 & 0{,}277 & 0{,}278 & 0{,}277 \\ 0{,}166 & 0{,}166 & 0{,}166 & 0{,}166 \end{pmatrix} \rightarrow M^\infty = \begin{pmatrix} \frac{5}{18} & \frac{5}{18} & \frac{5}{18} & \frac{5}{18} \\ \frac{5}{18} & \frac{5}{18} & \frac{5}{18} & \frac{5}{18} \\ \frac{5}{18} & \frac{5}{18} & \frac{5}{18} & \frac{5}{18} \\ \frac{1}{6} & \frac{1}{6} & \frac{1}{6} & \frac{1}{6} \end{pmatrix}$$

5. a) N = Tag mit Niederschlägen;
S = Tag ohne Niederschläge
Übergangsmatrix (Reihenfolge: N – S)

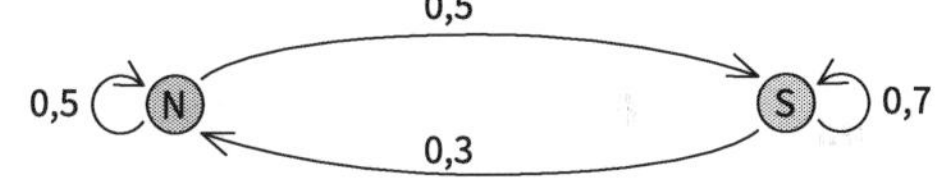

$M = \begin{pmatrix} 0{,}5 & 0{,}3 \\ 0{,}5 & 0{,}7 \end{pmatrix}$

b) Wetter heute: $\overrightarrow{a_0} = \begin{pmatrix} 1 \\ 0 \end{pmatrix}$

Wetter übermorgen: $M^2 \cdot \overrightarrow{a_0} = \begin{pmatrix} 0{,}5 & 0{,}3 \\ 0{,}5 & 0{,}7 \end{pmatrix}^2 \cdot \begin{pmatrix} 1 \\ 0 \end{pmatrix} = \begin{pmatrix} 0{,}4 \\ 0{,}6 \end{pmatrix}$

Wetter am 3. Tag: $M^3 \cdot \overrightarrow{a_0} = \begin{pmatrix} 0{,}38 \\ 0{,}62 \end{pmatrix}$

Wetter am 4. Tag: $M^4 \cdot \overrightarrow{a_0} = \begin{pmatrix} 0{,}376 \\ 0{,}624 \end{pmatrix}$

Wetter am 5. Tag: $M^5 \cdot \overrightarrow{a_0} = \begin{pmatrix} 0{,}3752 \\ 0{,}6248 \end{pmatrix}$

[Wetter auf lange Sicht: $M^{30} \cdot \overrightarrow{a_0} = \begin{pmatrix} 0{,}375 \\ 0{,}625 \end{pmatrix}$, an drei von acht Tagen gibt es Niederschläge, an fünf von acht Tagen keine Niederschläge.]

454

6. a) Die Übergangsmatrix gibt an, mit welcher Wahrscheinlichkeit die Kreuzung einer rot blühenden Pflanze zu Nachkommen führt, die ihrerseits rot, rosa oder weiß sind.

$$M = \begin{pmatrix} 1 & 0{,}75 & 0{,}5 \\ 0 & 0{,}25 & 0{,}5 \\ 0 & 0 & 0 \end{pmatrix} \quad \text{(Spalten: rot, rosa, weiß)}$$

b) Werden rot blühende Pflanzen mit 50 rot blühenden Pflanzen, 20 rosa blühenden und 10 weiß blühenden Pflanzen gekreuzt und es entsteht jedes Mal ein Nachkomme, dann entstehen insgesamt

$1 \cdot 50 + 0{,}75 \cdot 20 + 0{,}5 \cdot 10 = 70$ rote Pflanzen

$0 \cdot 50 + 0{,}25 \cdot 20 + 0{,}5 \cdot 10 = 10$ rosa Pflanzen

$0 \cdot 50 + 0 \cdot 20 + 0 \cdot 10 = 0$ weiße Pflanzen

In Matrixform geschrieben: $\begin{pmatrix} 1 & 0{,}75 & 0{,}5 \\ 0 & 0{,}25 & 0{,}5 \\ 0 & 0 & 0 \end{pmatrix} \cdot \begin{pmatrix} 50 \\ 20 \\ 10 \end{pmatrix} = \begin{pmatrix} 70 \\ 10 \\ 0 \end{pmatrix}$

c) Gesucht sind die Kreuzungspartner für rot blühende Pflanzen (also der Vektor, auf den die Matrix angewandt werden soll):

$$\begin{pmatrix} 1 & 0{,}75 & 0{,}5 \\ 0 & 0{,}25 & 0{,}5 \\ 0 & 0 & 0 \end{pmatrix} \cdot \begin{pmatrix} x \\ y \\ z \end{pmatrix} = \begin{pmatrix} 100 \\ 40 \\ 0 \end{pmatrix}$$

Das lineare Gleichungssystem hat unendlich viele Lösungen. Da die Lösungen nicht negativ sein müssen, ergibt sich für $20 \le z \le 80$:

$(x; y; z) = (z - 20; 160 - 2z; z)$,

d. h. es gibt 61 ganzzahlige Lösungen ($z = 20, z = 21, \ldots, z = 80$).

7. a)

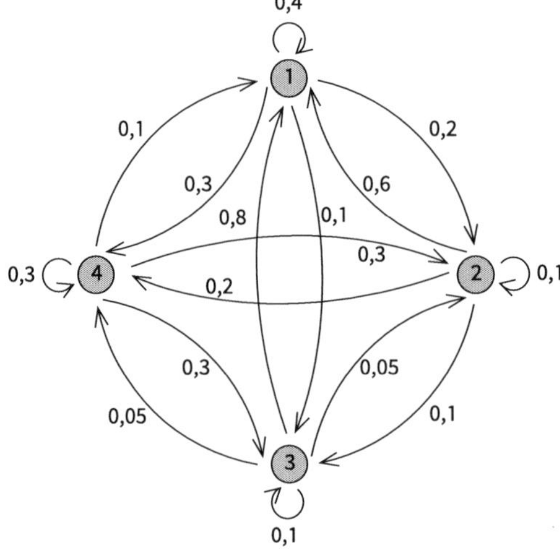

b) Anfangsvektor

$$\vec{a} = M^{-1} \cdot \vec{z} = \begin{pmatrix} 0{,}75 & 15{,}75 & -11{,}75 & -4{,}25 \\ -0{,}75 & -25{,}75 & 11{,}75 & 14{,}25 \\ 1{,}5 & 11{,}5 & -3{,}5 & -8{,}5 \\ -0{,}5 & -0{,}5 & 4{,}5 & -0{,}5 \end{pmatrix} \cdot \begin{pmatrix} 0{,}53 \\ 0{,}14 \\ 0{,}12 \\ 0{,}21 \end{pmatrix} = \begin{pmatrix} 0{,}3 \\ 0{,}4 \\ 0{,}2 \\ 0{,}1 \end{pmatrix}$$

c) Entwicklung nach 2 Jahren:

$$M^2 \cdot \vec{a} = \begin{pmatrix} 0{,}39 & 0{,}4 & 0{,}435 & 0{,}49 \\ 0{,}195 & 0{,}195 & 0{,}185 & 0{,}155 \\ 0{,}16 & 0{,}14 & 0{,}11 & 0{,}16 \\ 0{,}255 & 0{,}265 & 0{,}27 & 0{,}195 \end{pmatrix} \cdot \begin{pmatrix} 0{,}3 \\ 0{,}4 \\ 0{,}2 \\ 0{,}1 \end{pmatrix} = \begin{pmatrix} 0{,}413 \\ 0{,}189 \\ 0{,}142 \\ 0{,}256 \end{pmatrix}$$

454 Entwicklung nach fünf Jahren:

$$M^5\cdot\vec{a} = \begin{pmatrix} 0{,}422665 & 0{,}423295 & 0{,}42425 & 0{,}422505 \\ 0{,}18387 & 0{,}18365 & 0{,}1833 & 0{,}18383 \\ 0{,}14881 & 0{,}14863 & 0{,}14846 & 0{,}14945 \\ 0{,}244655 & 0{,}244425 & 0{,}24399 & 0{,}244215 \end{pmatrix} \cdot \begin{pmatrix} 0{,}3 \\ 0{,}4 \\ 0{,}2 \\ 0{,}1 \end{pmatrix} = \begin{pmatrix} 0{,}423218 \\ 0{,}183664 \\ 0{,}148732 \\ 0{,}244386 \end{pmatrix}$$

7.4.3 Stabilisieren von Zuständen – stationäre Zustände

Einstiegsaufgabe ohne Lösung

a) Reihenfolge rot – grün – blau; $M = \begin{pmatrix} 0{,}4 & 0{,}6 & 0{,}4 \\ 0{,}3 & 0{,}2 & 0{,}4 \\ 0{,}3 & 0{,}2 & 0{,}2 \end{pmatrix}$

b)

	1	2	3	4	5	6	7	8	9	10
rot	0	0,6	0,44	0,460	0,4592	0,4590	0,4590	0,4590	0,4590	0,4590
grün	1	0,2	0,30	0,296	0,2948	0,2951	0,2951	0,2951	0,2951	0,2951
blau	0	0,2	0,26	0,244	0,2460	0,2459	0,2459	0,2459	0,2459	0,2459

Die Wahrscheinlichkeiten stabilisieren sich.

c) Betrachtet man die Sektoren des Glücksrads, dann stehen die Anteile im Verhältnis r : g : b. Betrachtet man alle möglichen Ausgangspositionen (= Startvektoren) eines Spiels, dann müssten diese auch im Verhältnis r : g : b stehen; so ergibt sich das lineare Gleichungssystem.

$\begin{pmatrix} 0{,}4 & 0{,}6 & 0{,}4 \\ 0{,}3 & 0{,}2 & 0{,}4 \\ 0{,}3 & 0{,}2 & 0{,}2 \end{pmatrix} \cdot \begin{pmatrix} r \\ g \\ b \end{pmatrix} = \begin{pmatrix} r \\ g \\ b \end{pmatrix}$ kann auch notiert werden in der Form

$\begin{pmatrix} -0{,}6 & 0{,}6 & 0{,}4 \\ 0{,}3 & -0{,}8 & 0{,}4 \\ 0{,}3 & 0{,}2 & -0{,}8 \end{pmatrix} \cdot \begin{pmatrix} r \\ g \\ b \end{pmatrix} = \begin{pmatrix} 0 \\ 0 \\ 0 \end{pmatrix}$.

Das Gleichungssystem hat unendlich viele Lösungen $(r; g; b) = \left(\frac{28}{15}\cdot b; \frac{6}{5}\cdot b; b\right)$

Da die Summe der Komponenten gleich 1 sein muss, also $\left(\frac{28}{15} + \frac{6}{5} + 1\right)\cdot b = 1$, folgt $b = \frac{15}{61}$; $r = \frac{28}{61}$; $g = \frac{18}{61}$.

Demnach hat das Glücksrad 61 Sektoren, davon sind 15 blau, 28 rot, 18 grün.

457 **1. a)** (1) $\left|\begin{matrix} 0{,}2x + 0{,}1y + 0{,}2z = x \\ 0{,}3x + 0{,}8y + 0{,}4z = y \\ 0{,}5x + 0{,}1y + 0{,}4z = z \\ x + y + z = 1 \end{matrix}\right| \Leftrightarrow \left|\begin{matrix} -0{,}8x + 0{,}1y + 0{,}2z = 0 \\ 0{,}3x - 0{,}2y + 0{,}4z = 0 \\ 0{,}5x + 0{,}1y - 0{,}6z = 0 \\ x + y + z = 1 \end{matrix}\right| \Leftrightarrow \left|\begin{matrix} x \approx 0{,}136 \\ y \approx 0{,}644 \\ z \approx 0{,}220 \end{matrix}\right|$

(2) $M^{50} \approx \begin{pmatrix} 0{,}136 & 0{,}136 & 0{,}136 \\ 0{,}644 & 0{,}644 & 0{,}644 \\ 0{,}220 & 0{,}220 & 0{,}220 \end{pmatrix}$

b) Ein solcher Startvektor kann nicht existieren, da mit Wahrscheinlichkeit 100 % ein Übergang von Zustand A und B erfolgt und umgekehrt.

c) Jeder Startvektor erfüllt die Bedingung, da sich die Zustände nicht ändern.

d) Fixvektor $\vec{v_F} = \begin{pmatrix} \frac{3}{11} \\ \frac{8}{11} \end{pmatrix} = \begin{pmatrix} 0{,}\overline{27} \\ 0{,}\overline{72} \end{pmatrix}$

e) Fixvektor $\vec{v_F} = \begin{pmatrix} \frac{1}{6} \\ \frac{5}{6} \end{pmatrix} = \begin{pmatrix} 0{,}1\overline{6} \\ 0{,}8\overline{3} \end{pmatrix}$

f) Fixvektor $\vec{v_F} = \begin{pmatrix} 0{,}\overline{148} \\ 0{,}\overline{4} \\ 0{,}\overline{259} \\ 0{,}\overline{148} \end{pmatrix}$

457

2. Gesucht ist der Fixvektor der Übergangsmatrix, da die Aufteilung der Anhänger dann stabil bleibt.

Lösung mithilfe eines linearen Gleichungssystems:

$$\left|\begin{array}{l} 0{,}75x + 0{,}08y + 0{,}04z = x \\ 0{,}10x + 0{,}80y + 0{,}06z = y \\ 0{,}15x + 0{,}12y + 0{,}90z = z \\ x + y + z = 1 \end{array}\right| \Leftrightarrow \left|\begin{array}{l} -0{,}25x + 0{,}08y + 0{,}04z = 0 \\ 0{,}10x - 0{,}20y + 0{,}06z = 0 \\ 0{,}15x + 0{,}12y - 0{,}10z = 0 \\ x + y + z = 1 \end{array}\right| \Leftrightarrow \left|\begin{array}{l} x \approx 0{,}173 \\ y \approx 0{,}257 \\ z \approx 0{,}569 \end{array}\right|$$

Lösung mithilfe von Matrixpotenzen:

$$M^{20} = \begin{pmatrix} 0{,}174 & 0{,}175 & 0{,}173 \\ 0{,}258 & 0{,}260 & 0{,}256 \\ 0{,}567 & 0{,}566 & 0{,}571 \end{pmatrix}; \; M^{50} = \begin{pmatrix} 0{,}173 & 0{,}173 & 0{,}173 \\ 0{,}257 & 0{,}257 & 0{,}257 \\ 0{,}569 & 0{,}569 & 0{,}569 \end{pmatrix}$$

3. a) Der Übergang kann durch die Abbildung $f(\vec{x}) = M \cdot \vec{x} + \vec{a}$ mit $M = \begin{pmatrix} 0{,}5 & 0{,}2 & 0{,}1 \\ 0{,}4 & 0{,}4 & 0{,}3 \\ 0 & 0{,}3 & 0{,}5 \end{pmatrix}$ und $\vec{a} = \begin{pmatrix} 2\,000 \\ 8\,000 \\ 0 \end{pmatrix}$ beschrieben werden.

Nach n Jahren gilt: $\vec{x_n} = M^n \cdot \vec{x_0} + (M^{n-1} + M^{n-2} + \ldots + M + E_3) \cdot \vec{a}$

Anfangsvektor: $\vec{x_0} = \begin{pmatrix} 28\,856 \\ 47\,813 \\ 29\,891 \end{pmatrix}$

Nach einem Jahr: $\vec{x_1} = M \cdot \begin{pmatrix} 28\,856 \\ 47\,813 \\ 29\,891 \end{pmatrix} + \vec{a} = \begin{pmatrix} 28\,979{,}7 \\ 47\,634{,}9 \\ 29\,289{,}4 \end{pmatrix}$

Nach zwei Jahren: $\vec{x_2} = M^2 \cdot \begin{pmatrix} 28\,856 \\ 47\,813 \\ 29\,891 \end{pmatrix} + (M + E_3) \cdot \vec{a} = \begin{pmatrix} 28\,945{,}8 \\ 47\,432{,}7 \\ 28\,935{,}2 \end{pmatrix}$

Nach fünf Jahren: $\vec{x_5} = M^5 \cdot \begin{pmatrix} 28\,856 \\ 47\,813 \\ 29\,891 \end{pmatrix} + (M^4 + M^3 + M^2 + M + E_3) \cdot \vec{a} = \begin{pmatrix} 28\,631{,}8 \\ 46\,869{,}8 \\ 28\,372{,}1 \end{pmatrix}$

b) Löse das System $M \cdot \vec{x} = \vec{x_0} - \vec{a} \Leftrightarrow \vec{x} = M^{-1} \cdot (\vec{x_0} - \vec{a})$.

Damit ist $\vec{x} = \begin{pmatrix} 4{,}07407 & -2{,}59259 & 0{,}740741 \\ -7{,}40741 & 9{,}25926 & -4{,}07407 \\ 4{,}44444 & -5{,}55556 & 4{,}44444 \end{pmatrix} \cdot \left(\begin{pmatrix} 28\,856 \\ 47\,813 \\ 29\,891 \end{pmatrix} - \begin{pmatrix} 2\,000 \\ 8\,000 \\ 0 \end{pmatrix} \right) = \begin{pmatrix} 28\,335{,}9 \\ 47\,927{,}4 \\ 31\,025{,}6 \end{pmatrix}$

c) Löse das System $\vec{x} = M \cdot \vec{x} + \vec{a} \Leftrightarrow (E_3 - M) \cdot \vec{x} = \vec{a} \Leftrightarrow \vec{x} = (E_3 - M)^{-1} \cdot \vec{a}$.

Damit ist $\vec{x} = \begin{pmatrix} 3{,}96226 & 2{,}45283 & 2{,}26415 \\ 3{,}77358 & 4{,}71698 & 3{,}58491 \\ 2{,}26415 & 2{,}83019 & 4{,}15094 \end{pmatrix} \cdot \begin{pmatrix} 2\,000 \\ 8\,000 \\ 0 \end{pmatrix} = \begin{pmatrix} 27\,547{,}2 \\ 45\,283 \\ 27\,169{,}8 \end{pmatrix}$

8 Aufgaben zur Vorbereitung auf das Abitur

8.1 Aufgaben zur Analysis

466

1. a) $f(x) = x^3 - 3x^2 = x^2 \cdot (x-3)$
f hat eine doppelte Nullstelle bei $x_1 = 0$ und eine einfache Nullstelle bei $x_2 = 3$.
Wenn $x \to \infty$, dann $f(x) \to \infty$.
Wenn $x \to -\infty$, dann $f(x) \to -\infty$.

b) *1. Möglichkeit:*
$x = 0$ ist eine doppelte Nullstelle und somit eine Extremstelle.
Für alle $x \le 3$ gilt: $f(x) = x^2 \cdot (x-3) \le 0$
Somit berührt der Graph von f an der Stelle $x = 0$ die x-Achse von unten.
Also ist $O(0\,|\,0)$ ein Hochpunkt.
2. Möglichkeit:
$f'(x) = 3x^2 - 6x = 0$ für $x_1 = 0$ und $x_2 = 2$
$f''(x) = 6x - 6$, $f''(0) = -6 < 0$
Somit ist $O(0\,|\,0)$ ein Hochpunkt.

c) Weitere Extremstelle:
$f'(x) = 3x^2 - 6x = 3x \cdot (3x-2)$
$x = 2$, Tiefpunkt

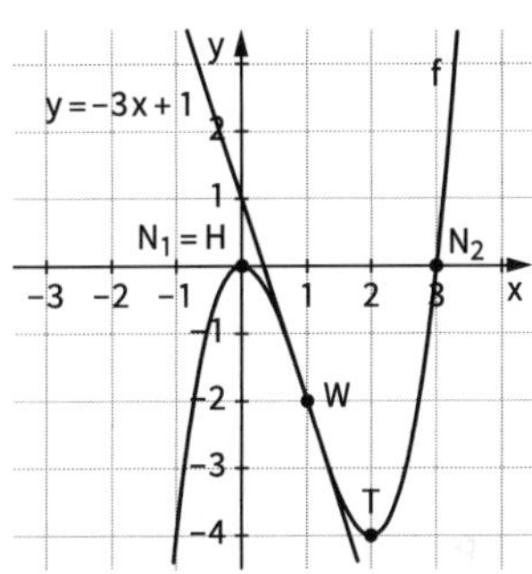

d) $f''(x) = 6x - 6$, $f''(x) = 0$ für $x = 1$
f″ hat bei $x = 1$ einen Vorzeichenwechsel. Also ist $W(1\,|\,-2)$ der Wendepunkt des Graphen von f.
Die Wendetangente hat die Steigung $f'(1) = -3$ und geht durch den Punkt $W(1\,|\,-2)$.
Somit hat diese Tangente die Gleichung $y = (-3) \cdot (x-1) - 2 = -3x + 1$.

2. a) $f(x) = a \cdot x^2 - 3a \cdot x + 1$
$f'(x) = 2a \cdot x - 3a$
$f'(1) = -a$
Die Tangente hat die Steigung $-a$ und geht durch den Punkt $P(1\,|\,-2a+1)$
$y = (-a) \cdot (x-1) - 2a + 1 = -ax - a + 1$

b) Für $a = 1$ hat die Tangente an der Stelle $x_0 = 1$ die Gleichung $y = -x$ und verläuft somit durch den Koordinatenursprung.

3. a) Wahr, denn $f'(x) < 0$ für alle x aus $[-2; 1]$. Das heißt, die Steigung des Graphen von f ist über dem gesamten Intervall $[-2; 1]$ negativ.

b) Falsch, denn f′ hat an der Stelle keinen Vorzeichenwechsel. Der Graph von f hat dort einen Sattelpunkt.

466

c) Richtig, denn f′ hat dort genau zwei Extremstellen bei $x = -3$ und bei $x = -1$. Die Extremstellen von f′ sind die Wendestellen von f.

d) Nicht zu entscheiden. Der Graph von f hat an der Stelle $x = 2$ einen Tiefpunkt, denn es gilt $f'(2) = 0$ und f′ hat dort einen Vorzeichenwechsel von – nach +. Man kann aber nicht entscheiden, ob der Tiefpunkt oberhalb, unterhalb oder auf der x-Achse liegt.

4.
- Bei $x = -2$ liegt eine Nullstelle von f′ mit –/+ Vorzeichenwechsel. Also hat der Graph von f dort einen Tiefpunkt.
- Bei $x = 0{,}5$ liegt eine Extremstelle von f′. Also hat f dort eine Wendestelle.
- Bei $x = 3$ liegt eine Nullstelle von f′ mit +/– Vorzeichenwechsel. Also hat der Graph von f dort einen Hochpunkt.

5. a) $f(x) = x^4 - 4x^2 = x^2 \cdot (x^2 - 4) = x^2 \cdot (x-2) \cdot (x+2)$

$g(x) = -\frac{1}{4}x^2 + 1$

Schnittpunkte:

$x^4 - 4x^2 = -\frac{1}{4}x^2 + 1$

$x^4 - \frac{15}{4}x^2 - 1 = 0$

für $x^2 = \frac{15}{8} + \sqrt{\frac{15^2}{8^2} + 1}$

$x^2 = \frac{15}{8} + \sqrt{\frac{15^2 + 8^2}{8^2}}$

$x^2 = \frac{15}{8} + \frac{17}{8} = 4$

$x_1 = 2$ und $x_2 = -2$

$x^2 = \frac{15}{8} - \frac{17}{8}$ nicht lösbar.

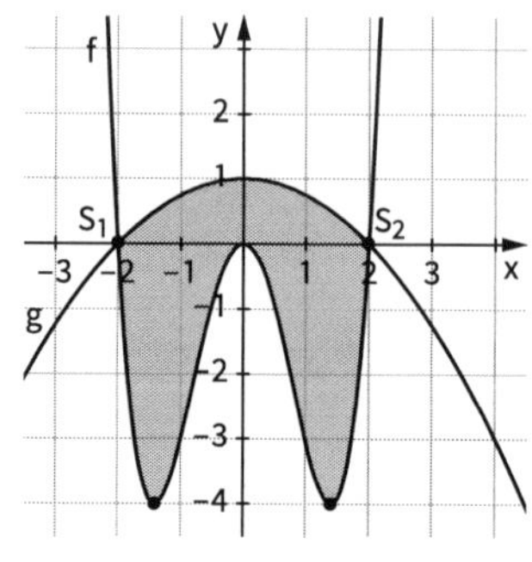

b) $A = \int_{-2}^{2} (g(x) - f(x))\,dx = 2 \cdot \int_{0}^{2} (g(x) - f(x))\,dx$

$A = 2 \cdot \int_{0}^{2} \left(-x^4 + \frac{15}{4}x^2 + 1\right) dx$

$A = 2 \cdot \left[-\frac{1}{5}x^5 + \frac{5}{4}x^3 + x\right]_0^2$

$A = 2 \cdot \left[-\frac{32}{5} + 10 + 2\right]$

$A = 2 \cdot 5{,}6$

$A = 11{,}2\ [FE]$

6. F_1 ist richtig.

Wenn F_1 Stammfunktion von f ist, so gilt $F_1' = f$. Der Graph von f hat an der Stelle –2 eine doppelte Nullstelle. Der Graph der Stammfunktion muss dort einen Sattelpunkt haben. Somit bleibt nur F_1 übrig. Zudem hat f an der Stelle 3 eine Nullstelle mit –/+ Vorzeichenwechsel. Der Graph der Stammfunktion hat dort also einen Tiefpunkt, siehe F_1.

467

7. Man bestimmt die Schnittstellen x_1 und x_2 der beiden Graphen.
Da der Graph von f im Intervall $[x_1; x_2]$ oberhalb des Graphen von g verläuft, gilt:

$$A = \int_{x_1}^{x_2} (f(x) - g(x))\,dx$$

Schnittstellen:

$$-x^2 + 4 = 2x + 1$$

$x^2 + 2x - 3 = 0$ für $x_{1/2} = -1 \pm \sqrt{4}$, $x_1 = 1$ und $x_2 = -3$

$$A = \int_{-3}^{1} (-x^2 - 2x + 3)\,dx = \left[-\tfrac{1}{3}x^3 - x^2 + 3x\right]_{-3}^{1}$$

$$A = \left(\tfrac{5}{3}\right) - (-9) = \tfrac{32}{3} = 10{,}\overline{6}\ [\text{FE}]$$

8. a) Nullstellen von f:
$x_1 = -4$, $x_2 = -1$, $x_3 = 2$
Weiter gilt:
$f(x) \to -\infty$ für $x \to -\infty$ und
$f(x) \to \infty$ für $x \to \infty$
Damit erhält man eine grobe Skizze (rechts).

Es gilt: $\int_{-3}^{0} f(x)\,dx = A_1 - A_2 = \frac{13}{4}$

Gesucht ist aber $A_1 + A_2$.

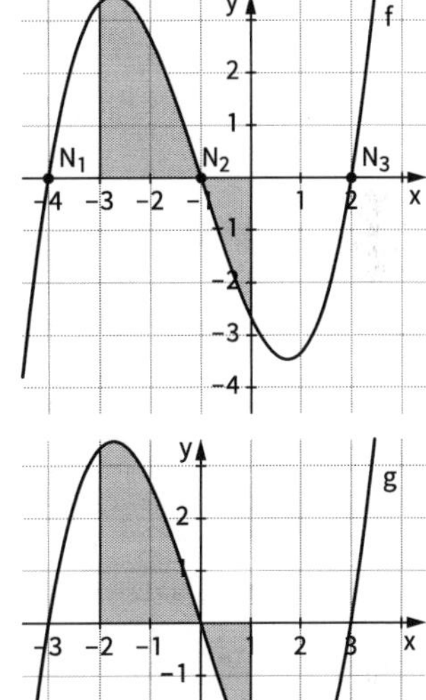

b) $A = \int_{-3}^{-1} f(x)\,dx + \left|\int_{-1}^{0} f(x)\,dx\right|$

Hinweis: Eine Berechnung von A muss nicht erfolgen.
Falls man A bestimmen will, so erhält man durch Ausmultiplizieren

$f(x) = \frac{1}{3}x^3 + x^2 - 2x - \frac{8}{3}$

Man kann aber auch den Graphen zu g mit $g(x) = f(x-1)$ betrachten:

$g(x) = \frac{1}{3} \cdot (x+3) \cdot x \cdot (x-3) = \frac{1}{3}x^3 - 3x$

Dann gilt:

$$A = \int_{-2}^{0} g(x)\,dx + \left|\int_{0}^{1} g(x)\,dx\right|$$

$$A = \left[\tfrac{1}{12}x^4 - \tfrac{3}{2}x^2\right]_{-2}^{0} + \left|\left[\tfrac{1}{12}x^4 - \tfrac{3}{2}x^2\right]_{0}^{1}\right|$$

$$A = \left(0 - \left(-\tfrac{14}{3}\right)\right) + \left|-\tfrac{17}{12}\right|$$

$$A = \tfrac{73}{12}\ [\text{FE}]$$

$$A \approx 6{,}083\ [\text{FE}]$$

467

9. Exponentielles Wachstum kann mithilfe der Funktion f mit $f(t) = a \cdot e^{k \cdot t}$ beschrieben werden. Dabei ist $f(0) = 0$ der Anfangswert.

- Für $k > 0$ beschreibt f eine exponentielle Zunahme mit der Verdoppelungszeit $t_v = \frac{\ln(2)}{k}$.
- Für $k < 0$ beschreibt f eine exponentielle Abnahme mit der Halbwertzeit $t_H = \frac{\ln\left(\frac{1}{2}\right)}{k}$.

a) Falsch. Die Verdoppelungszeit ist unabhängig vom Anfangswert.

b) Vorher: $t_H = \frac{\ln\left(\frac{1}{2}\right)}{k}$

Die Halbwertzeit verdoppelt sich für $k^* = \frac{1}{2}k$, also $t_H^* = \frac{\ln\left(\frac{1}{2}\right)}{\frac{1}{2}k} = 2\,t_H.$

Nun gilt:

$k = \ln(b) = \ln\left(1 - \frac{p}{100}\right)$ und bei halbierter prozentualer Abnahme, also bei $\frac{p}{2}$ gilt:

$k^* = \ln\left(1 - \frac{p}{200}\right)$

Wenn $k^* = \frac{1}{2}k$, dann gilt:

$\ln\left(1 - \frac{p}{200}\right) = \frac{1}{2} \cdot \ln\left(1 - \frac{p}{100}\right)$ und somit $e^{1-\frac{p}{200}} = \left(e^{1-\frac{p}{100}}\right)^{\frac{1}{2}}$ also $e^{2-\frac{p}{100}} = e^{1-\frac{p}{100}}$.

Die e-Funktion ist im gesamten Definitionsbereich streng monoton wachsend. Es gibt also keine Werte $x_1 \neq x_2$ mit $e^{x_1} = e^{x_2}$.

Die Aussage ist also falsch.

c) $f(10 \cdot T_H) = a \cdot e^{k \cdot 10 \cdot T_H} = a \cdot (e^{k \cdot T_H})^{10} = a \cdot \left(\frac{1}{2}\right)^{10} \approx 0{,}0009765\,a$

$\frac{1}{1000} = 0{,}001$

Die Aussage ist richtig.

d) Vorher: $t_v = \frac{\ln(2)}{k}$

Nachher: $t_v^* = \frac{\ln(2)}{2k} = \frac{1}{2}t_v$

Die Aussage ist richtig.

10. a) $f(0) = 8\,000$, $f(10) = 1{,}03 \cdot 8\,000 = 8\,240$

$f(t) = 8\,000 \cdot b^t$

$\frac{f(10)}{8\,000} = 1{,}03 = b^{10}$

$b = (1{,}03)^{\frac{1}{10}}$

Somit gilt: $f(t) = 8000 \cdot 1{,}03^{\frac{t}{10}}$ mit t in Jahren oder $f(t) = 8\,000 \cdot e^{0{,}1 \cdot \ln(1{,}03) \cdot t}$

b) $f'(t) = 800 \cdot \ln(1{,}03) \cdot e^{0{,}1 \cdot \ln(1{,}03) \cdot t}$

$f'(6) = 800 \cdot \ln(1{,}03) \cdot e^{0{,}6 \cdot \ln(1{,}03)}$

467

11. a) $f(x) = 0$ für $x = -1$

Wegen $f(x) = \frac{x+1}{e^{2x}}$ gilt:

$f(x) \to 0$ mit $f(x) > 0$ für $x \to \infty$

$f(x) \to -\infty$ mit $f(x) < 0$ für $x \to -\infty$

Mit $f(0) = 1$ ergibt sich die Skizze rechts.

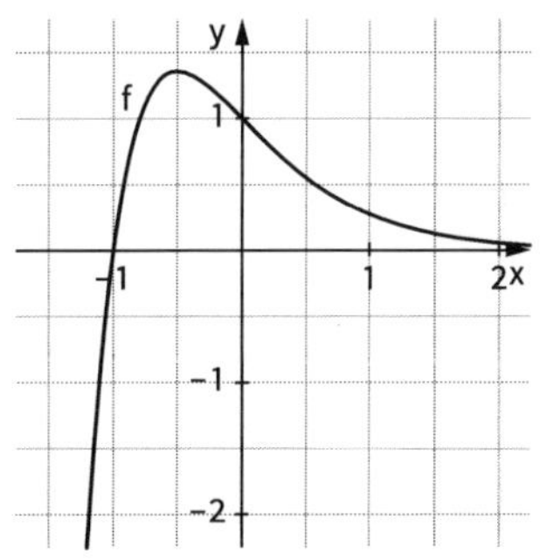

b) $F(x) = -\frac{1}{4}(2x+3) \cdot e^{-2x}$

$F'(x) = \left(-\frac{1}{2}\right) \cdot e^{-2x} + \left(-\frac{1}{4}(2x+3)\right) \cdot (-2) \cdot e^{-2x}$ (Produktregel und Kettenregel)

$F'(x) = -\frac{1}{2} \cdot e^{-2x} + \frac{1}{2}(2x+3)\, e^{-2x}$

$F'(x) = \left[\frac{1}{2}(2x+3) - \frac{1}{2}\right] \cdot e^{-2x}$

$F'(x) = (x+1) \cdot e^{-2x} = f(x)$

c) $A = \lim\limits_{b \to \infty} \int\limits_{-1}^{b} f(x)\, dx$

$A = \lim\limits_{b \to \infty} \left[-\frac{1}{4}(2x+3) \cdot e^{-2x}\right]_{-1}^{b}$

$A = \lim\limits_{b \to \infty} \left[\left(-\frac{1}{4}(2b+3) \cdot e^{-2b}\right) - \left(-\frac{1}{4} \cdot e^{2}\right)\right]$

$A = \frac{1}{4} \cdot e^{2}$ [FE] $\approx 1{,}8473$ [FE]

12. a) $f(x) = 4 \cdot e^{-0{,}5x}$

$f'(x) = (-2) \cdot e^{-0{,}5x}$

Schnittpunkt P mit y-Achse: $P(0\,|\,4)$

$f'(0) = -2$

Die Tangente hat die Steigung -2 und verläuft durch $P(0\,|\,4)$.

Somit hat die Tangente die Gleichung $y = -2x + 4$

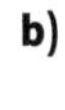
b)

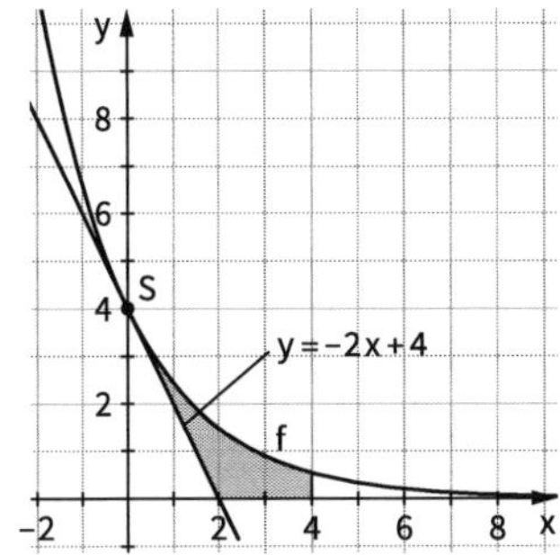

c) $A = \int\limits_{0}^{4} f(x)\, dx - 4$

$A = \left[(-8) \cdot e^{-0{,}5x}\right]_0^4 - 4$

$A = (-8) \cdot e^{-2} - (-8) - 4$

$A = 4 - \frac{8}{e^2}$ [FE] $\approx 2{,}91732$ [FE]

468 **13. a)** $f(x) = e^x$

1. Schritt: $f_1(x) = e^{-x}$ Graph von f an der y-Achse spiegeln

2. Schritt: $f_2(x) = -e^{-x}$ Graph von f_1 an der x-Achse spiegeln

3. Schritt: $f_3(x) = g(x) = 1 - e^{-x}$ Graph von f_2 um 1 Einheit nach oben schieben

b)

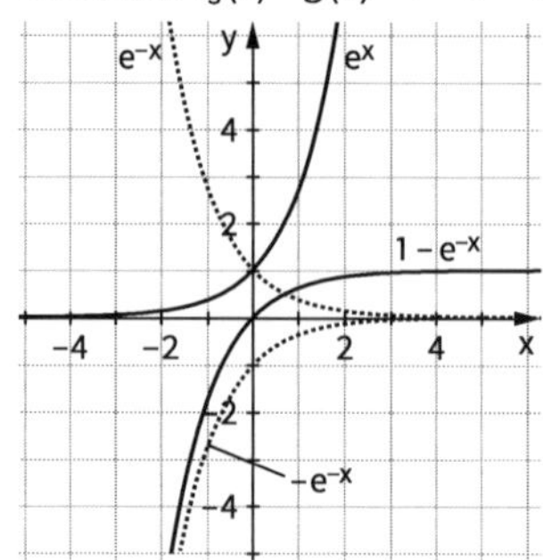

c) Den Graph von g um drei Einheiten nach oben verschieben: $y = g(x) + 3$
und um eine Einheit nach rechts verschieben: $y = g(x-1) + 3$
Daraus ergibt sich die neue Funktion M mit $h(x) = 4 - e^{-(x-1)} = 4 - e^{(1-x)}$

14. a) $f(x) = 5 - e^x$

- $f(x) \to 5$ für $x \to -\infty$ mit $f(x) < 5$
- $f(x) \to -\infty$ für $x \to \infty$

Schnittpunkte mit den Koordinatenachsen: $P(0|4)$ und $Q(\ln(5)|0)$

b) Für $x \to -\infty$ nähert sich der Graph von f von unten an die Gerade mit $y = 5$.

**c)**

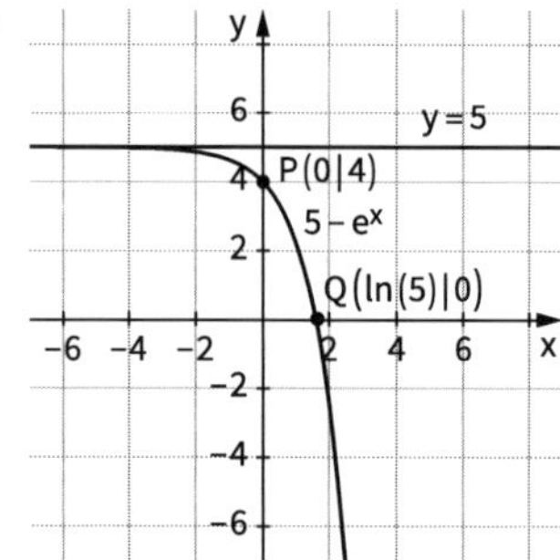

d) $A = \int_0^{\ln(5)} f(x)\,dx = [5x - e^x]_0^{\ln(5)} = (5 \cdot \ln(5) - 5) - (-1)$

$= 5 \cdot \ln(5) - 4$ [FE]

$\approx 2{,}0472$ [FE]

15. a) $f(x) = ax^4 + bx^2 + c$ $\quad f'(x) = 4ax^3 + 2bx$ $\quad f''(x) = 12ax^2 + 2b$

Es gilt:

(1) $f(1) = a + b + c = 0$

(2) $f(\sqrt{3}) = 9a + 3b + c = -1$

(3) $f'(\sqrt{3}) = 12 \cdot \sqrt{3}\,a + 2\sqrt{3}\,b = 0 \Leftrightarrow 6a + b = 0$

468 Daraus erhält man

$b = -6a$, $c = 5a$ und $a = \frac{1}{4}$,

also $a = \frac{1}{4}$, $b = -\frac{3}{2}$, $c = \frac{5}{4}$

$f(x) = \frac{1}{4}x^4 - \frac{3}{2}x^2 + \frac{5}{4}$

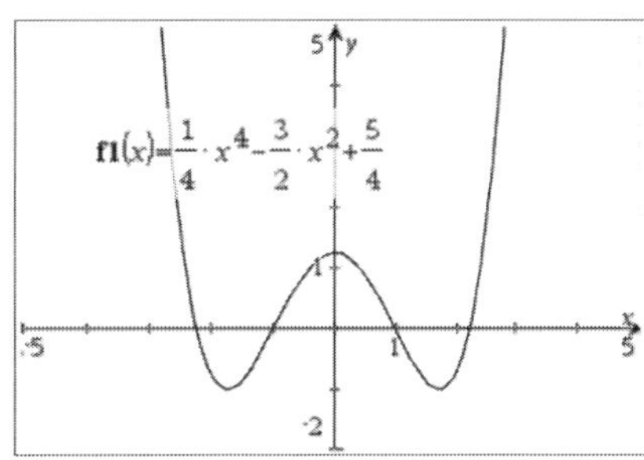

b) $\int\limits_{-\sqrt{5}}^{\sqrt{5}} f(x)\,dx = 0$; d. h. die orientierten Flächen heben sich auf.

c) $f'(x) = 4x^3 - 12x = 0 \Leftrightarrow x = 0,\ x = \sqrt{3},\ x = -\sqrt{3}$

Tiefpunkte: $T_1\left(\sqrt{3}\,|\,k-9\right)$, $T_2\left(-\sqrt{3}\,|\,k-9\right)$

Für $k = 9$ berühren die Tiefpunkte die x-Achse.

d) Keine Lösungen für $k > 9$.

16. a) (1) Definitionsmenge und Wertemenge

$D = \mathbb{R}$; $W = \mathbb{R}_+$

(2) Symmetrie

Achsensymmetrie zur y-Achse

(3) Nullstellen und Schnittpunkte mit der y-Achse

$f(x) = 0 \Leftrightarrow x = -\sqrt{2}$ oder $x = \sqrt{2}$ jeweils doppelt.

Schnittpunkt mit der y-Achse: $f(0) = 1$; damit $S(0\,|\,1)$

(4) Extrempunkte

$f'(x) = x^3 - 2x$

Löse $f'(x) = 0 \Leftrightarrow x = -\sqrt{2} \approx -1{,}414$ oder $x = 0$ oder $x = \sqrt{2} \approx -1{,}414$

$f''(x) = 3x^2 - 2$

$f''\left(-\sqrt{2}\right) = f''\left(\sqrt{2}\right) = 4 > 0 \Rightarrow$ Tiefpunkte $T_1\left(-\sqrt{2}\,|\,0\right)$; $T_2\left(\sqrt{2}\,|\,0\right)$

$f''(0) = -2 < 0 \Rightarrow$ Hochpunkt $H(0\,|\,1)$

(5) Wendepunkte

Löse $f''(x) = 0$

$\Leftrightarrow x = -\sqrt{\frac{2}{3}} \approx -0{,}816$ oder

$x = \sqrt{\frac{2}{3}} \approx -0{,}816$

Wendepunkte bei

$W_1\left(-\sqrt{\frac{2}{3}}\,\middle|\,\frac{4}{9}\right)$; $W_2\left(\sqrt{\frac{2}{3}}\,\middle|\,\frac{4}{9}\right)$

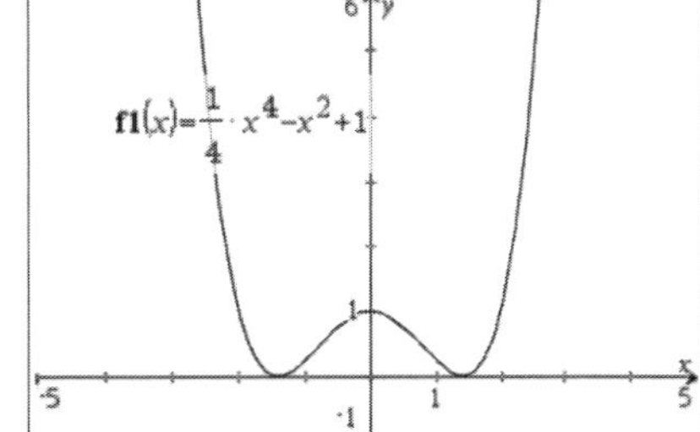

b) $A = \left(9 - f(x)\right) \cdot \frac{1}{2} \cdot 2x$

$A(x) = 9x - x \cdot f(x) = -\frac{1}{5}x^5 + x^3 + 8x$

Extremwert von A

$A'(x) = 8 - \frac{5}{4}x^4 + 3x^2 = 0$ für $x = 2$ $\left(A''(2) = -28\right)$ und $x = -2$ $\left(A''(-2) = 28\right)$

Das Dreieck ABC mit $A(0\,|\,9)$, $B(2\,|\,1)$ und $C(-2\,|\,1)$ hat den maximalen Flächeninhalt $A = 16$.

468

c) $\frac{1}{4}x^4 - x^2 + 1 = \frac{1}{4}x^2$

$\frac{1}{4}x^4 - \frac{5}{4}x^2 + 1 = 0$

für $x = 2,\ x = -2,\ x = 1,\ x = -1$

$A = \int_{-2}^{2} \left|\frac{1}{4}x^4 - \frac{5}{4}x^2 + 1\right| dx = 2$

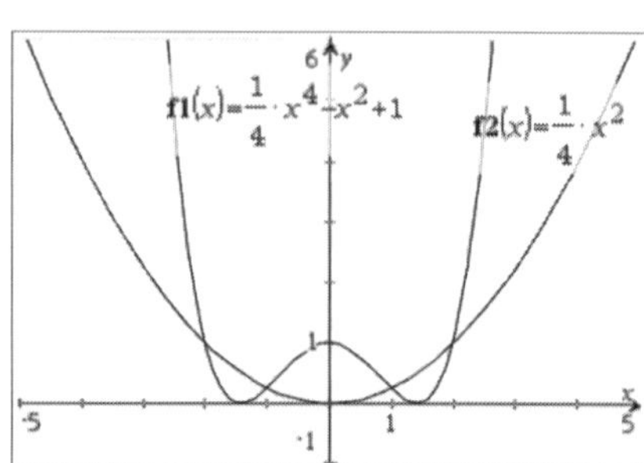

d) $\frac{1}{4}x^4 - \frac{5}{4}x^2 + 1 - c = 0$

$x^4 - 5x^2 + 4 - 4c = 0$

$x^2_{1/2} = +\frac{5}{2} \pm \sqrt{\frac{25}{4} - 4 + 4c}$

$\frac{25}{4} - 4 + 4c = 0 \Leftrightarrow c = -\frac{9}{16}$

Die Gleichung der Parabel lautet

$y = \frac{1}{4}x^2 - \frac{9}{16}$.

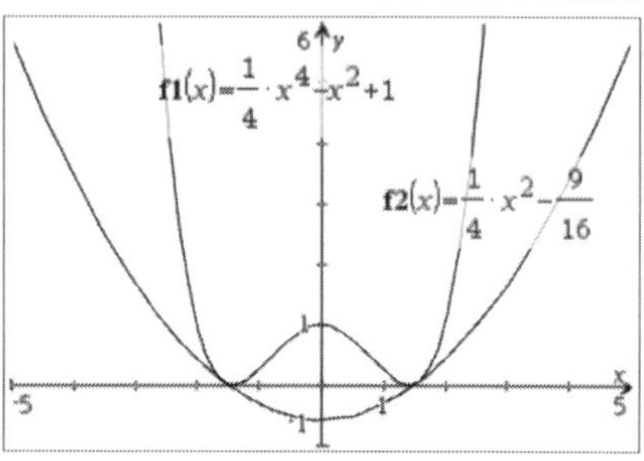

17. a) Es muss überprüft werden, ob sich die beiden Geraden unter einem Winkel von etwa 53° schneiden.

Es gilt $\left|\frac{m_1 - m_2}{1 + m_1 \cdot m_2}\right| = \frac{4}{3} \approx \tan(53°)$.

Bedingungen:

$f(-2) = f(2) = 1;\quad f'(-2) = -\frac{1}{2}$ und $f'(2) = \frac{1}{2}$

b) Der Graph von f muss achsensymmetrisch zur y-Achse sein. Dann müssen nur noch drei Bedingungen erfüllt werden:

$f(2) = 0;$

$f'(2) = \frac{1}{2};$

$f''(2) = 0$

Wähle also $f(x) = ax^4 + bx^2 + c$.

Bestimmen von $f(x)$:

Lösen des Gleichungssystems $\left|\begin{array}{l} a \cdot 2^4 + b \cdot 2^2 + c = 1 \\ 4a \cdot 2^3 + 2b \cdot 2 = \frac{1}{2} \\ 12a \cdot 2^2 + 2b = 0 \end{array}\right|$ liefert

$a = -\frac{1}{128},\ b = \frac{3}{16}$ und $c = \frac{3}{8}$, also gilt $f(x) = -\frac{1}{128}x^4 + \frac{3}{16}x^2 + \frac{3}{8}$.

469

18. a) $F_1(t) = 600 \cdot e^{2,5t} + 100$

$F_2(t) = 600 \cdot e^{2,5t} + 200$

$F_3(t) = 600 \cdot e^{2,5t} + 1\,000$

Allgemein gilt: $F(t) = 600 \cdot e^{2,5t} + c,\ c \in \mathbb{R}$

F(t) gibt dabei die Anzahl der Salmonellen zum Zeitpunkt t in Stunden an.

b) Es ist $F(0) = 600$. Also ist $F(t) = 600 \cdot e^{2,5t}$ die gesuchte Stammfunktion.

c)

nach t min	5	10	15	20	25	30
F(t)	739	910	1121	1381	1700	2094

d) $t = \frac{\ln 2}{k} = \frac{2\ln 2}{5} \approx 0{,}28$, also $h \approx 17\,\text{min}$

469

19. a) Hochpunkt von f bei $x = 0 \Rightarrow$ der innere Bogen hat eine Höhe von $f(0) = 3\,\text{m}$.

b) $g(x) = -x^2 + 4$

c) 

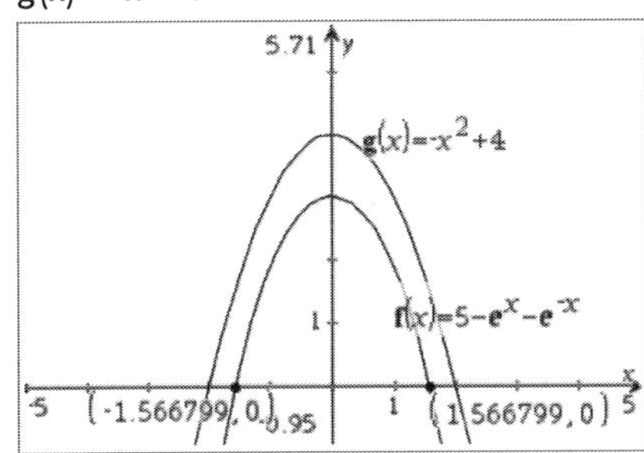

d) $A = 2 \cdot \int_{0}^{1,567} (-x^2 + 4 - (5 - e^x - e^{-x}))\,dx + 2 \cdot \int_{1,567}^{2} (-x^2 + 4)\,dx \approx 4{,}164$

20. a) Die errechneten Werte weichen nur minimal von den Messwerten ab.

x	f(x):= -1/50000*x^3+3/1000*x^2+1/...	
0.	45.	
25.	51.5625	
50.	60.	
75.	68.4375	
100.	75.	
125.	77.8125	
45.		

b) Extrempunkte

$f'(r) = -\frac{3}{50\,000} r^2 + \frac{3}{500} r + \frac{1}{5}$

$f'(r) = 0 \Leftrightarrow r = 50 \pm \frac{50}{3}\sqrt{21}$

Hochpunkt $H\left(50 + \frac{50}{3}\sqrt{21} \,\middle|\, 60 + \frac{35}{3}\sqrt{\frac{7}{3}}\right)$

Tiefpunkt $T\left(50 - \frac{50}{3}\sqrt{21} \,\middle|\, 60 - \frac{35}{3}\sqrt{\frac{7}{3}}\right)$

Wendepunkt $f''(r) = 0 \Leftrightarrow r = 50$

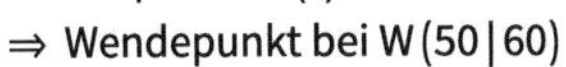

$\Rightarrow$ Wendepunkt bei $W(50\,|\,60)$

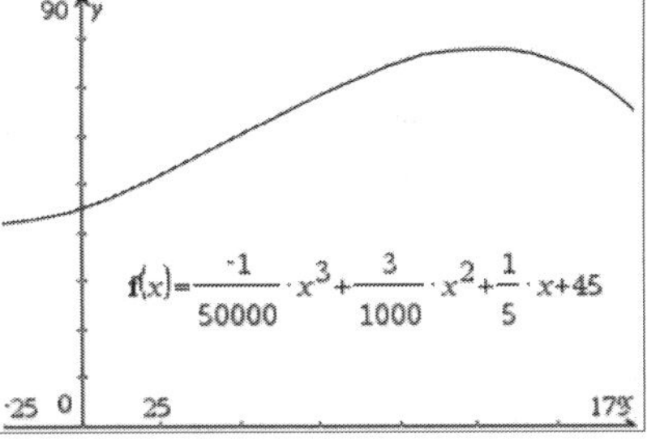

c) Eine Erhöhung der Düngemenge wirkt sich negativ auf den Ertrag aus.
Beim Hochpunkt $f(126{,}38) \approx 77{,}82$ ist der maximale Ernteertrag mit etwa 78 dt pro ha erreicht.
Durch zu viel Dünger kann der Boden nachteilig verändert werden, sodass sich dies negativ auf die Pflanzen auswirkt.

470 **21. a)** Für eine Funktion f gelten folgende Bedingungen:

(1) $f(4) = 1$ (2) $f'(4) = \frac{1}{4}$ (3) $f''(4) = 0$

(4) $f(9) = 6$ (5) $f'(9) = 4$ (6) $f''(9) = 0$

Wir wählen eine ganzrationale Funktion 5. Grades mit
$f(x) = ax^5 + bx^4 + cx^3 + dx^2 + ex + g$ $(x, f(x)$ in 100 m$)$
Das zugehörige LGS hat die Lösung
$a = -\frac{27}{2500}$, $b = \frac{42}{125}$, $c = -\frac{987}{250}$, $d = \frac{2754}{125}$, $e = -\frac{29347}{500}$, $g = \frac{38112}{625}$,
also $f(x) = -\frac{27}{2500}x^5 + \frac{42}{125}x^4 - \frac{987}{250}x^3 + \frac{2754}{125}x^2 - \frac{29347}{500}x + \frac{38112}{625}$, $4 < x < 9$

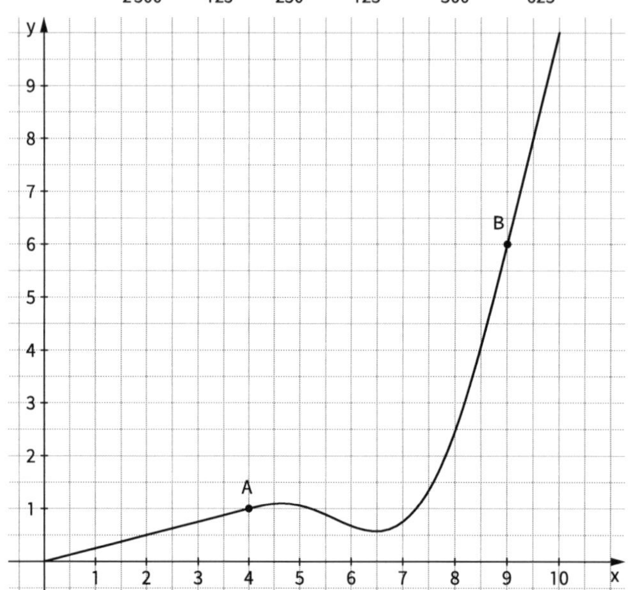

Der Graph von f erfüllt die geforderten Bedingungen „knickfrei" und „krümmungsruckfrei", aber der Weg von A nach B ist sehr lang.

b) ▪ Mittelpunkt der Strecke $\overline{AB}$: M(650 | 350)

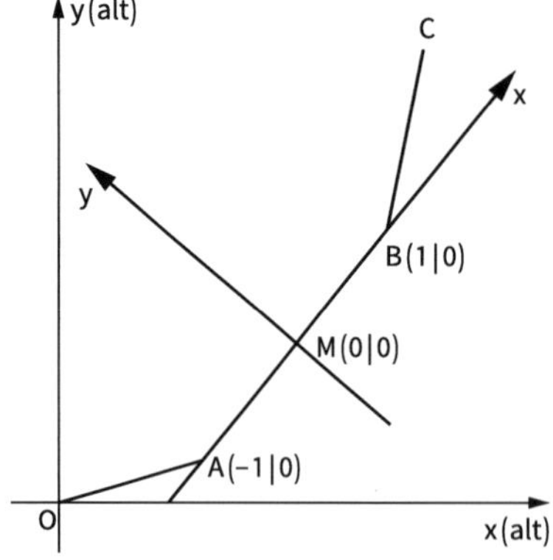

▪ $|AM| = \sqrt{(650 - 400)^2 + (350 - 100)^2} = 250 \cdot \sqrt{2} \approx 353{,}6$
Im neuen Koordinatensystem gilt:
$1\,\text{LE} \triangleq 250 \cdot \sqrt{2}\,\text{m}$

470

- Winkel α zwischen OA und AB
  Im alten Koordinatensystem gilt:
  $m_{OA} = \frac{1}{4} = \tan(\alpha_1)$, also $\alpha_1 \approx 14{,}04°$
  $m_{AB} = 1 = \tan(\alpha_2)$, also $\alpha_2 \approx 45°$

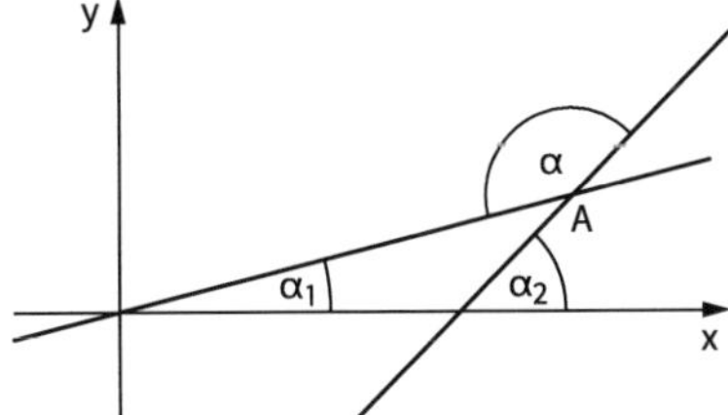

  $\alpha = \alpha_1 + 180° - \alpha_2 \approx 149{,}04°$
- Winkel β zwischen AB und BC
  Im alten Koordinatensystem gilt:
  $m_{AB} = 1 = \tan(\beta_1)$, also $\beta_1 = 45°$
  $m_{BC} = 4 = \tan(\beta_2)$, also $\beta_2 \approx 75{,}96$

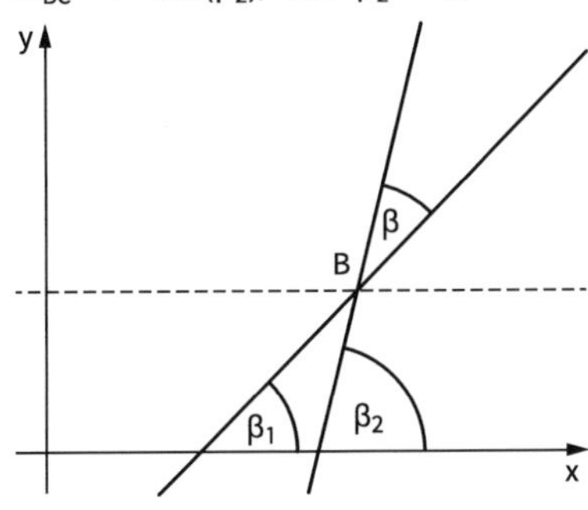

  $\beta = \beta_2 - \beta_1 \approx 30{,}96°$
- $\tan(\alpha) \approx -0{,}6$; $\tan(\beta) \approx 0{,}6$
- Gehen wir von einem achsensymmetrischen Graphen der gesuchten Funktion aus, so wählen wir eine Funktion g mit $g(x) = a\,x^4 + b\,x^2 + c$
  Es gilt:
  (1) $g(-1) = 0$ (2) $g'(-1) = -0{,}6$ (3) $g''(-1) = 0$
  Das zugehörige LGS hat die Lösung
  $a = -0{,}075$; $b = 0{,}45$; $c = -0{,}375$, also $g(x) = -0{,}075\,x^4 + 0{,}45\,x^2 - 0{,}375$

c) Es liegen insgesamt 6 Bedingungen für die gesuchte Funktion vor.
Wir wählen deshalb wie in a) eine ganzrationale Funktion 5. Grades.

470

22. a) $f'(x) = \left(7 - \frac{35}{8}x\right) \cdot e^{-\frac{5}{8}x}$;

$f''(x) = \left(\frac{175}{64}x - \frac{35}{4}\right) \cdot e^{-\frac{5}{8}x}$

Schnittpunkt mit der x-Achse:

$f(x) = 0$, also $x = 0$

$N(0\,|\,0)$

Extrempunkt: $f'(x) = 0$, also $x = \frac{8}{5} = 1{,}6$

$f''\left(\frac{8}{5}\right) = -\frac{35}{8e} < 0$, also $H\left(\frac{8}{5}\,\middle|\,\frac{56}{5e}\right)$

Wendepunkt: $f''(x) = 0$ hat $x = \frac{16}{5}$ als einzige Lösung, somit $W\left(\frac{16}{5}\,\middle|\,\frac{112}{5e^2}\right)$

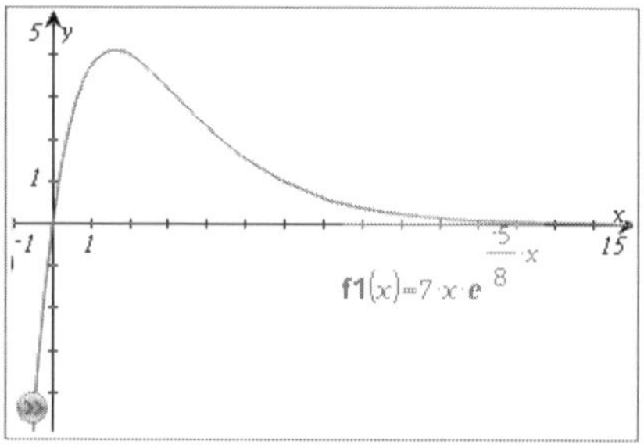

b) 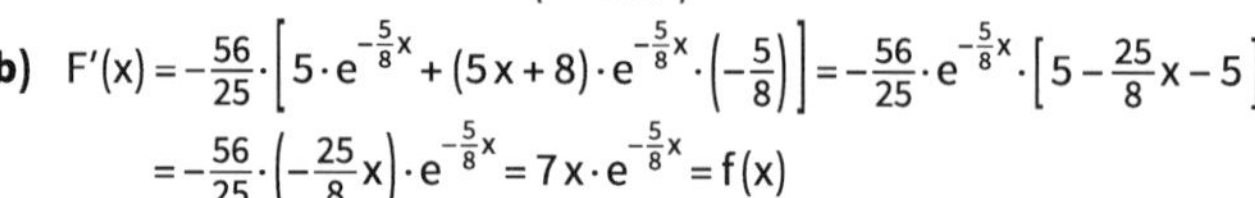

$F'(x) = -\frac{56}{25} \cdot \left[5 \cdot e^{-\frac{5}{8}x} + (5x+8) \cdot e^{-\frac{5}{8}x} \cdot \left(-\frac{5}{8}\right)\right] = -\frac{56}{25} \cdot e^{-\frac{5}{8}x} \cdot \left[5 - \frac{25}{8}x - 5\right]$

$= -\frac{56}{25} \cdot \left(-\frac{25}{8}x\right) \cdot e^{-\frac{5}{8}x} = 7x \cdot e^{-\frac{5}{8}x} = f(x)$

F ist eine Stammfunktion zu f.

c) $A = \int_0^4 f(x)\,dx = [F(x)]_0^4 = -\frac{1568}{25} \cdot e^{-\frac{5}{2}} - \left(-\frac{448}{25}\right) = \frac{448}{25} - \frac{1568}{25} \cdot e^{-\frac{5}{2}} \approx 12{,}77$

d) Die Konzentration ist am höchsten 1,6 h nach Einnahme der Medikamente.

Der Anstieg der Konzentration ist am stärksten zum Zeitpunkt $x = 0$, die Abnahme zum Zeitpunkt $x = \frac{16}{5} = 3{,}2$.

e) Schnittstellen der Graphen von f mit der Geraden mit der Gleichung $y = 1{,}5$

$x_1 \approx 0{,}25$; $x_2 \approx 5{,}06$

Die Wirkungsdauer beträgt ca. 4,8 h.

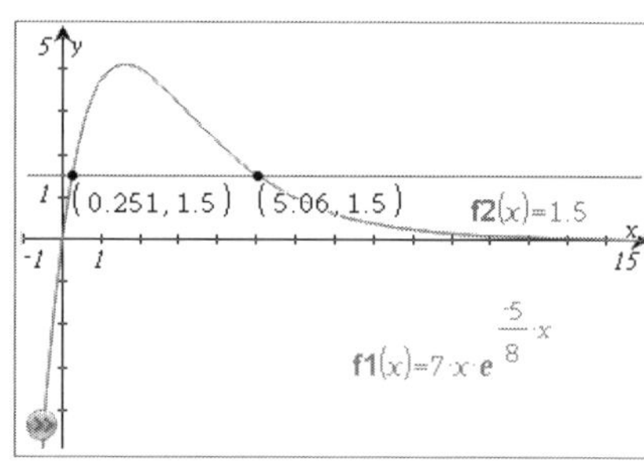

23. a) $f'(x) = \frac{17}{10} \cdot e^{-0{,}1x}$; $f''(x) = -\frac{17}{100} \cdot e^{-0{,}1x}$

$f''(x) < 0$ für alle $x \in \mathbb{R}$.

Somit bildet der Graph von f für alle $x \in \mathbb{R}$ eine Rechtskurve.

f″ besitzt keine Nullstelle, deshalb hat der Graph von f keinen Wendepunkt.

$f(x) \to 24$ für $x \to \infty$

Die Gerade $y = 24$ ist Asymptote des Graphen.

b)

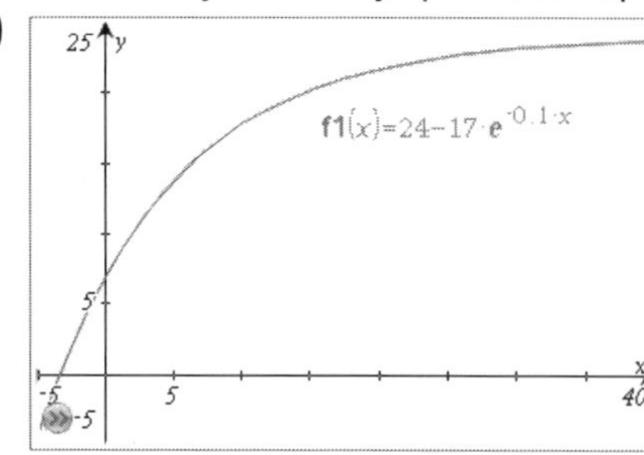

470 **c)** $A(u)=\int_0^u (24-f(x)\,dx=\int_0^u 17\cdot e^{-0,1x}\,dx=[-170\cdot e^{-0,1x}]_0^u=-170\cdot e^{-0,1u}-(-170)$

$=170-170\,e^{-0,1\cdot u}$

$A(u)=170-\frac{170}{e}$, also $\frac{170}{e}=\frac{170}{e^{0,1u}}$, somit $u=10$

Für $u=10$ beträgt der Inhalt der Fläche $170-\frac{170}{e}$.

d) Es gilt: $g(0)=80$, also $20+a\cdot e^0=80$, somit $a=60$

$g(t)=20+60\cdot e^{-0,3t}$

$g(5)=20+60\cdot e^{-1,5}\approx 33,4$

Nach 5 min beträgt die Temperatur noch 33,4°C.

e) $g(t)=22$, also $60\cdot e^{-0,3t}=-2$

Somit $t\approx 11,3$

Es dauert ca. 11,3 min, bis das Wasser die Temperatur von 22°C erreicht hat.

471 **24. a)**
- Verhalten für $x\to\infty$ bzw. $x\to-\infty$:
  Für $x\to-\infty$: $f_k(x)\to\infty$
  Für $x\to\infty$: $f_k(x)\to 0$
- Nullstellen:
  $f_k(x)=0$, falls $x^2=k-1$, also für $x_{1,2}=\pm\sqrt{k-1}$ und $k\geq 1$
- $f_k'(x)=(-x^2+2x+k-1)\cdot e^{-x}$
  $f_k''(x)=(x^2-4x-k+3)\cdot e^{-x}$
  $f_k'(x)=0$, falls $-x^2+2x+k-1=0$, also $x_1=1-\sqrt{k}$, $x_2=1+\sqrt{k}$ und $k\geq 0$
  Beide Nullstellen von f_k' sind einfach Nullstellen mit VZW, also Extremstellen von f_k.
- Wendestellen:
  $f_k''(x)=0$, falls $x^2-4x-k+3=0$, also $x_1=2-\sqrt{k+1}$, $x_2=2+\sqrt{k+1}$ und $k\geq -1$
  Beide Nullstellen von f_k'' sind einfache Nullstellen mit VZW, also Wendestellen von f_k.

b) Extrempunkte von f_k:

$E_1\left(1-\sqrt{k}\,\middle|\,-2(\sqrt{k}-1)\cdot e^{\sqrt{k}-1}\right)$

$E_2\left(1+\sqrt{k}\,\middle|\,2(\sqrt{k}+1)\cdot e^{-\sqrt{k}-1}\right)$

Für E_2 gilt: $x=1+\sqrt{k}$, also $k=(x-1)^2$ und $x\geq 1$, eingesetzt in $y=2(\sqrt{k}+1)\cdot e^{-\sqrt{k}-1}$, also $y=2x\cdot e^{-x}$

Alle Punkte E_2 liegen auf dem Graphen der Funktion g mit $g(x)=2x\cdot e^{-x}$

$g(1-\sqrt{k})=-2(\sqrt{k}-1)\cdot e^{\sqrt{k}-1}$

Auch die Punkte E_1, liegen auf dem Graphen von g.

Der Graph von g enthält den Ursprung; dieser ist kein Extrempunkt einer Funktion der Schar.

c) (1) Aufgrund des Globalverlaufs von f_k ist die Änderungsrate des momentanen Kraftstoffverbrauchs am größten an der Wendestelle $x=2-\sqrt{k+1}$.

(2) Gesamter Kraftstoffverbrauch:

$V=\int_0^2 f_k(x)\,dx=[-x^2-2x+k-3]_0^2=(k-11)\,e^{-2}-k+3=(k-11)\,e^{-2}-k+3\leq 1$,

also $k\cdot(e^{-2}-1)\leq 11\,e^{-2}-2$ bzw. $k'\geq\frac{11\,e^{-2}-2}{e^{-2}-1}\approx 0,591$

Der Parameter k muss im Intervall [0,591; 0,9] liegen.

Alternative Lösung mithilfe des GTR:

k	0,5	0,6	0,7	0,8	0,9
V(k)	1,08	0,99	0,91	0,82	0,73

471

25. a) $f'(x) = 500 \cdot (5\,e^{-0,5x} - 3\,e^{-0,3x})$

$f''(x) = 50 \cdot (9\,e^{-0,3x} - 25\,e^{-0,5x})$

Schnittpunkt mit der x-Achse: $x = 0$, also N(0|0)

Extrempunkte: H(2,55|929,52)

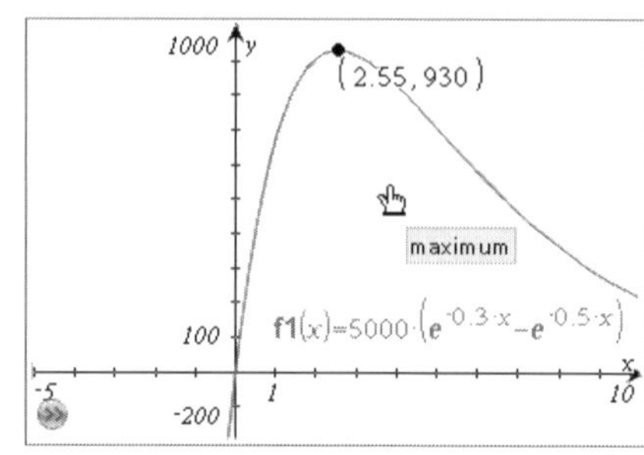

Wendepunkt: W(5,11|691,0)

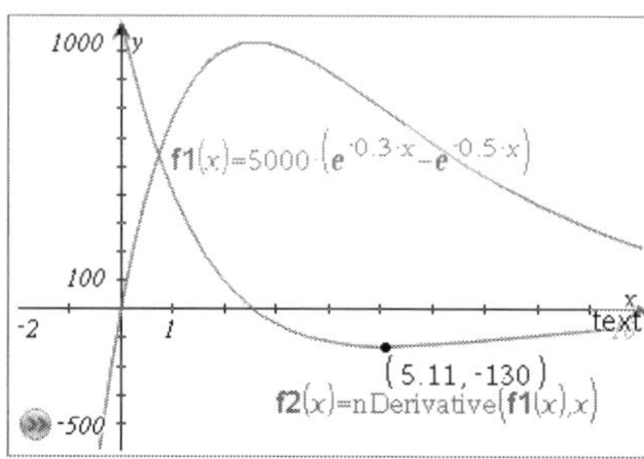

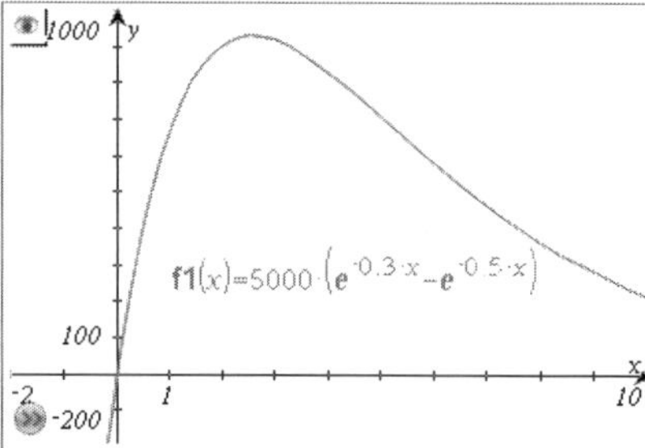

b) $A = \int\limits_0^{10} f(x)\,dx \approx 5\,904{,}26$

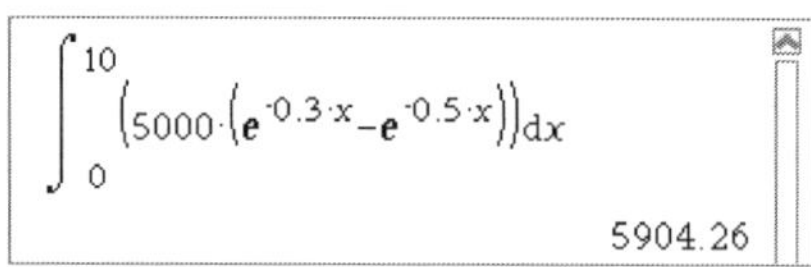

c) Die maximale Zuflussrate beträgt ca. $929{,}5\,\frac{\text{Liter}}{\text{Stunde}}$.
Schnittstellen des Graphen von f mit der Geraden mit der Gleichung $y = 500$:
$x_1 \approx 0{,}65$; $x_2 \approx 6{,}65$
Die Zuflussrate ist im Intervall [0,65; 6,65] größer als 500 Liter pro Stunde.

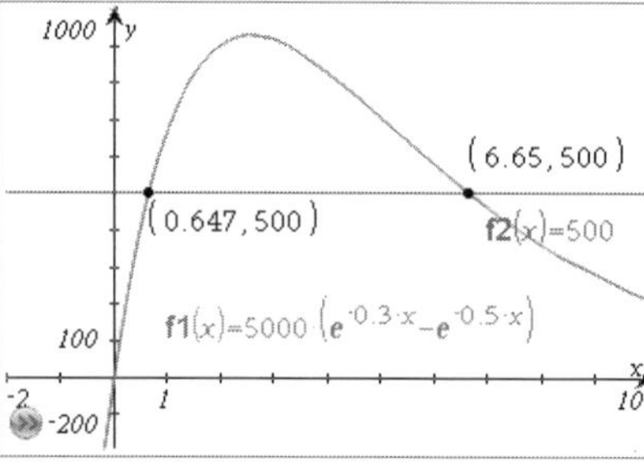

471 **d)** Regenwasser der ersten 10 Stunden:

$$\int_0^{10} f(x)\,dx \approx 5904$$

In den ersten 10 Stunden fallen ca. 5 904 Liter Regenwasser an. Der Tank kann diese Menge nicht aufnehmen.

26. a) Es gilt: $f_k(2) = 26{,}813 = 20 \cdot 2 \cdot e^{-2k}$

Daraus ergibt sich $e^{-2k} = \frac{26{,}813}{40}$ und somit $-2k = \ln\left(\frac{26{,}813}{40}\right) \approx -0{,}4$, also $k \approx 0{,}2$.

Damit erhält man $f_{0,2}(t) = 20 \cdot t \cdot e^{-0{,}2t}$ und $f_{0,2}(12) = 240 \cdot e^{-2{,}4} \approx 21{,}772$

b) Durch Anwenden der Produktregel und der Kettenregel erhält man:

$f'_{0,2}(t) = 20 \cdot e^{-0{,}2t} - 4t \cdot e^{-0{,}2t} = (20 - 4t)\,e^{-0{,}2t}$

Es gilt $f'_{0,2}(t) = 0$ für $t = 5$.

Am Graphen erkennt man ebenfalls gut, dass dort ein Maximum liegt.

Daraus ergibt sich die maximale Wirkstoffkonzentration mit

$f_{0,2}(5) = 100 \cdot e^{-1} \approx 36{,}788$, in $\frac{\text{mg}}{\text{l}}$.

c) Aus $f_{0,2}(t) = 20 \cdot t \cdot e^{-0{,}2t}$ ergibt sich durch Einsetzen: $f_{0,2}(24) = 480e^{-4{,}8} \approx 3{,}95$

d) Aus $f'_{0,2}(t) = (20 - 4t) \cdot e^{-0{,}2t}$ ergibt sich durch Anwenden der Produktregel und der Kettenregel:

$f''_{0,2}(t) = (-4) \cdot e^{-0{,}2t} + (20 - 4t) \cdot (-0{,}2) \cdot e^{-0{,}2t} = (0{,}8t - 8) \cdot e^{-0{,}2t}$

Es gilt $f''_{0,2}(t) = 0$ für $t = 10$, was man auch ungefähr am Graphen erkennen kann, da die Tangente an den Graphen dort den Graphen durchsetzt.

Nach 10 Stunden nimmt die Wirkstoffkonzentration also am stärksten ab.

e) Für das Verhalten der Funktion f für $t \to \infty$ gilt:

$\lim\limits_{t \to \infty} f_{0,2}(t) = \lim\limits_{t \to \infty} \frac{20t}{e^{0{,}2t}} = 0$

Danach wird der Wirkstoff niemals komplett abgebaut sein. Die Funktion $f_{0,2}$ ist allerdings auch nur für das Zeitintervall [0; 24] ein angemessenes Modell für den Abbau der Wirkstoffkonzentration im Blut eines Patienten. In der Praxis ist davon auszugehen, dass der Wirkstoff schon nach einer endlichen Zeit komplett abgebaut wird.

472 **27. a)**

- Der Graph jeder Funktion der Schar f_k ist punktsymmetrisch zum Ursprung, d. h. die Summanden der ganzrationalen Funktionen haben nur ungerade Exponenten.
- Die Nullstelle $x = 0$ haben alle Funktionsgraphen von f_k gemeinsam.
- Es gibt je einen Hochpunkt und einen Tiefpunkt.
- Für $x \to +\infty$ gilt $f_k(x) \to -\infty$. Für $x \to -\infty$ gilt $f_k(x) \to +\infty$.
- Der Koeffizient der größten Potenz ist negativ.
- Der Ursprung ist Wendepunkt von f_k.
- Die Gerade mit der Gleichung $y = x$ ist Tangente im Wendepunkt.

b) Ansatz: $f_k(x) = ax^3 + bx$

Aus $f'_k(0) = 1$ folgt $b = 1$.

Aus $f_k(k) = ak^3 + k = 0$ folgt $a = -\frac{1}{k^2}$ für $k \neq 0$.

Also gilt: $f_k(x) = -\frac{1}{k^2}x^3 + x$

c) $f'_k(x) = 0$, also $-\frac{3}{k^2}x^2 + 1 = 0$ für $k^2 = 3x^2$

$y = f'(x) = -\frac{1}{k^2}x^3 + x = -\frac{1}{3x^2}x^3 + x = \frac{2}{3}x$

Die Extrempunkte von f_k liegen auf der Geraden mit der Gleichung $y = \frac{2}{3}x$.

472

d) Jede Funktion f_k hat den Grad drei.
Im Fall $k \to \infty$ gilt $-\frac{1}{k^2} \to 0$ und somit $f_k(x) \to x$.

e) $A_k = 2 \cdot \int_0^k f_k(x)\,dx = 2 \cdot \left[-\frac{1}{4k^2}x^4 + \frac{1}{2}x^2\right]_0^k = \frac{1}{2}k^2$

28. a) Der Zylinder mit $r = \frac{25}{4}\,\text{dm}$ und $h = 25\,\text{dm}$ hat ein größeres Volumen als der Tank.

$V_{Zylinder} = \pi \cdot \left(\frac{25}{4}\right)^2 \cdot 25 = \frac{15\,625}{16}\pi \approx 3\,068$

Der Zylinder hat ein Volumen von ca. 3 068 l. Somit enthält der Tank weniger als 3 100 l Gas.

b) Rotiert die Fläche unter dem Graphen von f über dem Intervall [a; b] um die x-Achse, dann kann das Volumen des entstehenden Rotationskörpers durch die angegebene Formel berechnet werden.

c)
- Der rot gezeichnete Graph ist eine Parabel und gehört deshalb zur Funktion a. Der Definitionsbereich von b ist $\{x \in \mathbb{R} \mid x \leq 1\,250\}$. Deshalb ist der grün gezeichnete Graph der Graph von b.
- Beide Graphen modellieren im Intervall [1 000, 1 250] die Berandung des Aufsatzes gut. Der Graph von a hat an der Stelle $x = 1\,000$ eine waagrechte Tangente, er schließt deshalb besser an den Zylinder an.
- Tankvolumen:

  $V_{Zylinder} = \pi \cdot \left(\frac{25}{4}\right)^2 \cdot 20 = \frac{3\,125}{4}\pi \approx 2\,454{,}4$ (in l)

  Volumen eines Aufsatzes:

  $V_1 = \pi \cdot \int_{1\,000}^{1\,250} (b(x))^2\,dx \approx 153\,398\,079$

  $V_1 \approx 153\,398\,079\,\text{mm}^3 \approx 153{,}4\,\text{dm}^3$

  Gesamtes Tankvolumen:

  $2\,454{,}4\,\text{l} + 2 \cdot 153{,}4\,\text{l} = 2\,761{,}2\,\text{l}$

  Das Tankvolumen beträgt ca. 2 761 l.

d) h ist streng monoton wachsend.
Die Breite des Tanks im Querschnitt nimmt bis zur Höhe $h = 625\,\text{mm}$ ständig zu. Deshalb nimmt die momentane Änderungsrate von h bis zu dieser Höhe ab.
Ab $h = 625\,\text{mm}$ nimmt die Breite wieder ab, d. h. die momentane Änderungsrate nimmt wieder zu.

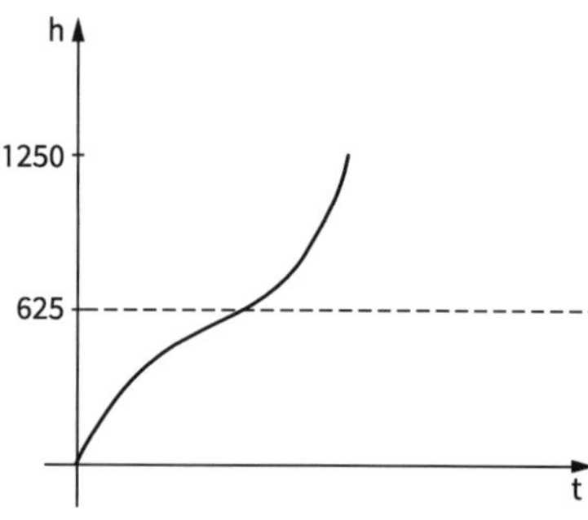

8.2 Aufgaben zur Analytischen Geometrie

473

1. a) Es muss gelten:

$k \cdot \begin{pmatrix} -2 \\ 3 \\ 1 \end{pmatrix} = \begin{pmatrix} 3 \\ b \\ c \end{pmatrix}$, also $k = -\frac{3}{2},\ b = -\frac{9}{2},\ c = -\frac{3}{2}$

b) P liegt auf h, also $\begin{pmatrix} 11 \\ -17 \\ -3 \end{pmatrix} = \begin{pmatrix} -4 \\ -2 \\ 2 \end{pmatrix} + s \cdot \begin{pmatrix} 3 \\ b \\ c \end{pmatrix}$, bzw. $\left| \begin{matrix} 3s = 15 \\ s \cdot b = -15 \\ s \cdot c = -5 \end{matrix} \right|$ mit der Lösung $s = 5,\ b = -3,$ $c = -1$

P liegt auf g für $r = -5$.

Der Vergleich mit dem Ergebnis aus a) zeigt, dass für diese Werte von b und c die beiden Geraden nicht parallel zueinander sind. Somit schneiden sie sich im Punkt P.

2. a) $h: \vec{x} = \begin{pmatrix} 1 \\ -3 \\ 6 \end{pmatrix} + t \cdot \begin{pmatrix} 0 \\ 2 \\ -4 \end{pmatrix}$

b) Die beiden Richtungsvektoren $\begin{pmatrix} 0 \\ 1 \\ -2 \end{pmatrix}$ und $\begin{pmatrix} 0 \\ 2 \\ -4 \end{pmatrix}$ sind Vielfache voneinander, somit sind g und h parallel zueinander.

Punktprobe: $\begin{pmatrix} 1 \\ -3 \\ 6 \end{pmatrix} = \begin{pmatrix} 0{,}5 \\ -1{,}5 \\ 3 \end{pmatrix} + k \cdot \begin{pmatrix} 0 \\ 1 \\ -2 \end{pmatrix}$

ist für keinen Wert von k erfüllbar, somit sind g und h parallel zueinander, aber verschieden voneinander.

3. $C(6 - 2r \mid 4 + r \mid 5 + 2r)$

$\overrightarrow{CA} = \begin{pmatrix} 2r - 3 \\ -r - 2 \\ -2r - 6 \end{pmatrix};\ \overrightarrow{CB} = \begin{pmatrix} 2r + 1 \\ -r - 8 \\ 1 - 2r \end{pmatrix}$

Rechter Winkel bei C, falls $\overrightarrow{CA} * \overrightarrow{CB} = 0$, also $9r^2 + 16r + 7 = 0$, also für $r = -1$ oder $r = -\frac{7}{9}$.

Als mögliche Punkte kommen die Punkte $C_1(8 \mid 3 \mid 3)$ und $C_2\left(\frac{68}{9} \middle| \frac{29}{9} \middle| \frac{31}{9}\right)$ infrage.

4. a) $\overrightarrow{AB} = \begin{pmatrix} 4 \\ 3 \\ 0 \end{pmatrix};\ \overrightarrow{AC} = \begin{pmatrix} 1 \\ 7 \\ 0 \end{pmatrix};\ \overrightarrow{BC} = \begin{pmatrix} -3 \\ 4 \\ 0 \end{pmatrix}$

$\overrightarrow{AB} * \overrightarrow{BC} = 0$, also ist das Dreieck ABC ein rechtwinkliges Dreieck mit dem rechten Winkel bei B.

$|\overrightarrow{AB}| = |\overrightarrow{BC}| = 5$

Das Dreieck ABC ist ein gleichschenklig-rechtwinkliges Dreieck und kann zu einem Quadrat ergänzt werden.

b) Für D gilt: $\overrightarrow{OD} = \overrightarrow{OA} + \overrightarrow{BC} = \begin{pmatrix} 0 \\ 6 \\ 0 \end{pmatrix}$

$D(0 \mid 6 \mid 0)$

c) Für die Koordinaten von M gilt (Mittelpunkt z. B. der Strecke $\overline{AC}$):

$\overrightarrow{OM} = \frac{1}{2}\left(\overrightarrow{OA} + \overrightarrow{OC}\right) = \begin{pmatrix} 3{,}5 \\ 5{,}5 \\ 0 \end{pmatrix}$, also $M(3{,}5 \mid 5{,}5 \mid 0)$

d) $\vec{h} = \begin{pmatrix} 0 \\ 0 \\ 1 \end{pmatrix}$ ist ein Normalenvektor zu der Ebene, in der das Quadrat liegt.

$g: \vec{x} = \begin{pmatrix} 3{,}5 \\ 5{,}5 \\ 0 \end{pmatrix} + r \cdot \begin{pmatrix} 0 \\ 0 \\ 1 \end{pmatrix}$

473

5. **a)** g: $\vec{x} = \begin{pmatrix} 6 \\ -2 \\ -1 \end{pmatrix} + k \cdot \begin{pmatrix} -2 \\ 1 \\ 1 \end{pmatrix}$

Schnittpunkt von g mit der x_2x_3-Ebene:

$x_1 = 6 - 2k = 0$, also $k = 3$; $S(0|1|2)$

b) $\overrightarrow{AB} = \begin{pmatrix} -10 \\ 5 \\ 5 \end{pmatrix}$; $\overrightarrow{AS} = \begin{pmatrix} -6 \\ 3 \\ 3 \end{pmatrix} = \frac{3}{5}\begin{pmatrix} -10 \\ 5 \\ 5 \end{pmatrix}$, d. h. S liegt zwischen A und B.

c) Wir wählen als Richtungsvektor der Geraden h z. B. $\begin{pmatrix} 1 \\ 0 \\ 2 \end{pmatrix}$.

Es gilt: $\begin{pmatrix} -2 \\ 1 \\ 1 \end{pmatrix} * \begin{pmatrix} 1 \\ 0 \\ 2 \end{pmatrix} = 0$

Mögliche Geraden h: $\vec{x} = \begin{pmatrix} 0 \\ 1 \\ 2 \end{pmatrix} + r \cdot \begin{pmatrix} 1 \\ 0 \\ 2 \end{pmatrix}$

6. **a)** E ist parallel zur x_2-Achse. $E: \vec{x} = \begin{pmatrix} 4 \\ 0 \\ 0 \end{pmatrix} + r \cdot \begin{pmatrix} 4 \\ 0 \\ -8 \end{pmatrix} + s \cdot \begin{pmatrix} 0 \\ 1 \\ 0 \end{pmatrix}$

b) E ist parallel zur x_1x_3-Ebene. $E: \vec{x} = \begin{pmatrix} 0 \\ -5 \\ 0 \end{pmatrix} + r \cdot \begin{pmatrix} 1 \\ 0 \\ 0 \end{pmatrix} + s \cdot \begin{pmatrix} 0 \\ 0 \\ 1 \end{pmatrix}$

c) E ist parallel zur x_1x_2-Ebene. $E: \vec{x} = \begin{pmatrix} 0 \\ 0 \\ 25 \end{pmatrix} + r \cdot \begin{pmatrix} 1 \\ 0 \\ 0 \end{pmatrix} + s \cdot \begin{pmatrix} 0 \\ 1 \\ 0 \end{pmatrix}$

7. **a)** $\text{Abst}(O, E) = \frac{|-20|}{3} = \frac{20}{3}$

b) $\text{Abst}(A; E) = \frac{|2a - 1 + 8 - 20|}{3} = \frac{|2a - 13|}{3}$

$\text{Abst}(A; E) = 1$, also $\frac{|2a - 13|}{3} = 1$

mit den Lösungen $a = 5$ oder $a = 8$.

Die Punkte $A_1(5|1|4)$ und $A_2(8|1|4)$ haben den Abstand 1 zu E.

c) Die Punkte, die zu E den Abstand 1 haben, liegen auf den beiden Ebenen E_1 und E_2, die parallel zu E sind und von E den Abstand 1 haben. Dies sind die beiden Ebenen E_1: $2x_1 - x_2 + 2x_3 - 17 = 0$ und E_2: $2x_1 - x_2 + 2x_3 - 23 = 0$

8. **a)** Man bestimmt zwei Punkte G und H auf g und h so, dass der Vektor $\overrightarrow{GH}$ orthogonal zu den Richtungsvektoren von g und h ist. $|\overrightarrow{GH}|$ ist dann der Abstand der windschiefen Geraden.

b) $\begin{pmatrix} 4 \\ 1 \\ -1 \end{pmatrix}$ und $\begin{pmatrix} -4 \\ 0 \\ 2 \end{pmatrix}$ sind keine Vielfache voneinander, somit sind g und h nicht parallel zueinander.

Die Gleichung $\begin{pmatrix} 3 \\ -2 \\ 4 \end{pmatrix} + t \cdot \begin{pmatrix} 4 \\ 1 \\ -1 \end{pmatrix} = \begin{pmatrix} 2 \\ -4 \\ 7 \end{pmatrix} + r \cdot \begin{pmatrix} -4 \\ 0 \\ 2 \end{pmatrix}$ hat keine Lösung.

Also sind g und h windschief zueinander.

$\overrightarrow{GH} = \begin{pmatrix} -4r - 4t - 1 \\ -t - 2 \\ 2r + t + 3 \end{pmatrix}$

$\overrightarrow{GH} * \begin{pmatrix} 4 \\ 1 \\ -1 \end{pmatrix} = 0$, also $-18r - 18t - 9 = 0$

$\overrightarrow{GH} * \begin{pmatrix} -4 \\ 0 \\ 2 \end{pmatrix} = 0$, also $20r + 18t + 10 = 0$

473

Das LGS $\left|\begin{array}{l} -18r - 18t = 9 \\ 20r + 18t = -10 \end{array}\right|$ hat die Lösung $r = -\frac{1}{2}$, $t = 0$.

$\overrightarrow{GH} = \begin{pmatrix} 1 \\ -2 \\ 2 \end{pmatrix}$

$\text{Abst}(g; h) = \left|\begin{pmatrix} 1 \\ -2 \\ 2 \end{pmatrix}\right| = 3$

c) G(3|−2|4); H(4|−4|6)

474

9. Spitze des Baumes vor dem Umknicken: B(3|1|2)
Punkt, in dem der Baum umknickt: K(3|1|z) mit $0 < z < 2$

Es gilt: $|\overrightarrow{KS}| = |\overrightarrow{KB}|$, also $\left|\begin{pmatrix} -1 \\ 1 \\ -z \end{pmatrix}\right| = \left|\begin{pmatrix} 0 \\ 0 \\ 2-z \end{pmatrix}\right|$

$\sqrt{z^2+2} = 2 - z;\ 0 < z < 2$

$z^2 + 2 = 4 - 4z + z^2$

$z = \frac{1}{2}$

Der Baum knickt in 5 m Höhe um.

10. a) C(0|c|0)

$\overrightarrow{BA} = \begin{pmatrix} 0 \\ -4 \\ 3 \end{pmatrix}$; $\overrightarrow{BC} = \begin{pmatrix} -6 \\ c-4 \\ 0 \end{pmatrix}$

$\overrightarrow{BA} * \overrightarrow{BC} = 0$, also $-4c + 16 = 0$, d. h.

$c = 4$; C(0|4|0)

$\overrightarrow{OD} = \overrightarrow{OA} + \overrightarrow{BC} = \begin{pmatrix} 0 \\ 0 \\ 3 \end{pmatrix}$, also D(0|0|3)

$|\overrightarrow{AB}| = 5$; $|\overrightarrow{BC}| = 6$

Flächeninhalt des Rechtecks:

$|\overrightarrow{AB}| \cdot |\overrightarrow{BC}| = 30$

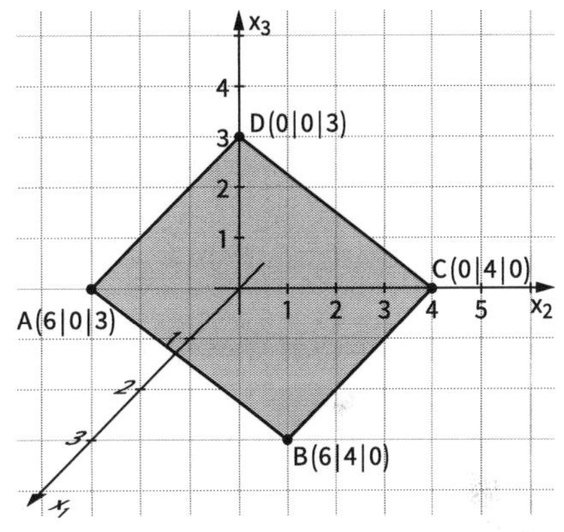

b) $\overrightarrow{OS} = \frac{1}{2}\left(\overrightarrow{OA} + \overrightarrow{OC}\right) = \begin{pmatrix} 3 \\ 2 \\ 1{,}5 \end{pmatrix}$, also S(3|2|1,5)

Für den Richtungsvektor $\vec{u} = \begin{pmatrix} u_1 \\ u_2 \\ u_3 \end{pmatrix}$ von g gilt

(1) $\vec{u} * \overrightarrow{AC} = 0$

(2) $\vec{u} * \overrightarrow{BD} = 0$, also

(1) $-6u_1 + 4u_2 - 3u_3 = 0$

(2) $-6u_1 - 4u_2 + 3u_3 = 0$

Mögliche Lösung $u_1 = 0$, $u_2 = 3$; $u_3 = 4$ also $\vec{u} = \begin{pmatrix} 0 \\ 3 \\ 4 \end{pmatrix}$

g: $\vec{x} = \begin{pmatrix} 3 \\ 2 \\ 1{,}5 \end{pmatrix} + t \cdot \begin{pmatrix} 0 \\ 3 \\ 4 \end{pmatrix}$

c) $P_t(3|2+3t|1{,}5+4t)$

$\left|\overrightarrow{SP_t}\right| = \left|t \cdot \begin{pmatrix} 0 \\ 3 \\ 4 \end{pmatrix}\right| = 5 \cdot |t|$

Aus $\left|\overrightarrow{SP_t}\right| = 15$ folgt $t = 3$ oder $t = -3$.

Die gesuchten Punkte sind $P_1(3|11|13{,}5)$ und $P_2(3|-7|-10{,}5)$.

474

11. a) $\overrightarrow{AB} = \begin{pmatrix} -6 \\ 3 \\ 6 \end{pmatrix}$, $\overrightarrow{DC} = \begin{pmatrix} -2 \\ 1 \\ 2 \end{pmatrix}$

$\overrightarrow{AB} = 3 \cdot \overrightarrow{DC}$

Die Seiten $\overline{AB}$ und $\overline{DC}$ des Vierecks sind parallel zueinander, das Viereck ist also ein Trapez.

$$\cos\alpha = \frac{\overrightarrow{AB} * \overrightarrow{AD}}{|\overrightarrow{AB}| \cdot |\overrightarrow{AD}|} = \frac{\begin{pmatrix} -6 \\ 3 \\ 6 \end{pmatrix} * \begin{pmatrix} -3 \\ -4 \\ 4 \end{pmatrix}}{\left|\begin{pmatrix} -6 \\ 3 \\ 6 \end{pmatrix}\right| \cdot \left|\begin{pmatrix} -3 \\ -4 \\ 4 \end{pmatrix}\right|} = \frac{30}{9 \cdot \sqrt{41}}, \text{ also } \alpha \approx 58{,}6°$$

$$\cos\beta = \frac{\overrightarrow{BA} * \overrightarrow{BC}}{|\overrightarrow{BA}| \cdot |\overrightarrow{BC}|} = \frac{\begin{pmatrix} 6 \\ -3 \\ -6 \end{pmatrix} * \begin{pmatrix} 1 \\ -6 \\ 0 \end{pmatrix}}{\left|\begin{pmatrix} +6 \\ -3 \\ -6 \end{pmatrix}\right| \cdot \left|\begin{pmatrix} 1 \\ -6 \\ 0 \end{pmatrix}\right|} = \frac{24}{9 \cdot \sqrt{37}}, \text{ also } \beta \approx 64{,}0°$$

$\gamma = 180° - \beta \approx 116°$

$\delta = 180° - \alpha \approx 121{,}4°$

b) Es gilt: $\overrightarrow{OE} = \overrightarrow{OA} + \overrightarrow{BC} = \begin{pmatrix} 3 \\ 2 \\ 1 \end{pmatrix}$, also $E(3|2|1)$.

12. a) $|\overrightarrow{AB}| = \left|\begin{pmatrix} -52 \\ 7 \\ 29 \end{pmatrix}\right| = \sqrt{3594} \approx 59{,}95$

$|\overrightarrow{AC}| = \left|\begin{pmatrix} -81 \\ 10 \\ 38 \end{pmatrix}\right| = \sqrt{8105} \approx 90{,}03$

$|\overrightarrow{BC}| = \left|\begin{pmatrix} -29 \\ 3 \\ 9 \end{pmatrix}\right| = \sqrt{931} \approx 30{,}51$

$|\overrightarrow{AC}|^2 \neq |\overrightarrow{AB}|^2 + |\overrightarrow{BC}|^2$, das Dreieck ist nicht rechwinklig.

$E: \vec{x} = r \cdot \begin{pmatrix} -52 \\ 7 \\ 29 \end{pmatrix} + s \cdot \begin{pmatrix} -81 \\ 10 \\ 38 \end{pmatrix}$

Normalenvektor von E: $\vec{n} = \begin{pmatrix} 24 \\ 373 \\ -47 \end{pmatrix}$

$E: \begin{pmatrix} 24 \\ 373 \\ -47 \end{pmatrix} * \left(\vec{x} - \begin{pmatrix} 0 \\ 0 \\ 0 \end{pmatrix}\right) = 0$

$E: 24x_1 + 373x_2 - 47x_3 = 0$

b) Ein Punkt, der von A, B und C den gleiche Abstand hat, ist der Schnittpunkt der Mittelsenkrechten des Dreiecks.

- Mittelsenkrechte der Seite $\overline{AB}$:

  $M_{AB}\left(-26\left|\frac{7}{2}\right|\frac{29}{2}\right)$

  Für den Richtungsvektor $\overrightarrow{u_1}$ gilt:

  (1) $\overrightarrow{u_1} * \begin{pmatrix} 24 \\ 373 \\ -47 \end{pmatrix} = 0$ (2) $\overrightarrow{u_1} * \begin{pmatrix} -52 \\ 7 \\ 29 \end{pmatrix} = 0$

  Also $\overrightarrow{u_1} = \begin{pmatrix} 5573 \\ 874 \\ 9782 \end{pmatrix}$

  $m_{AB}: \vec{x} = \begin{pmatrix} -26 \\ \frac{7}{2} \\ \frac{29}{2} \end{pmatrix} + r \cdot \begin{pmatrix} 5573 \\ 874 \\ 9782 \end{pmatrix}$

474

- Mittelsenkrechte der Seite $\overline{AC}$:

  $M_{AC}\left(-\frac{81}{2}\middle|5\middle|19\right)$

  Für den Richtungsvektor $\overrightarrow{u_2}$ gilt:

  (1) $\overrightarrow{u_2} * \begin{pmatrix} 24 \\ 373 \\ -47 \end{pmatrix} = 0$ (2) $\overrightarrow{u_2} * \begin{pmatrix} -81 \\ 10 \\ 38 \end{pmatrix} = 0$

  Also $\overrightarrow{u_2} = \begin{pmatrix} 14644 \\ 2895 \\ 30453 \end{pmatrix}$

  $m_{AC}\colon \vec{x} = \begin{pmatrix} -\frac{81}{2} \\ 5 \\ 19 \end{pmatrix} + s \cdot \begin{pmatrix} 14644 \\ 2895 \\ 30453 \end{pmatrix}$

- Schnittpunkt der Geraden m_{AB} und m_{AC}

  $\begin{pmatrix} -26 \\ \frac{7}{2} \\ \frac{29}{2} \end{pmatrix} + r \cdot \begin{pmatrix} 5573 \\ 874 \\ 9782 \end{pmatrix} = \begin{pmatrix} -\frac{81}{2} \\ 5 \\ 19 \end{pmatrix} + s \cdot \begin{pmatrix} 14644 \\ 2895 \\ 30453 \end{pmatrix}$ mit $r = -\frac{2721}{141914}$, $s = -\frac{895}{141914}$

  Schnittpunkt $S(-132{,}9\,|\,-13{,}3\,|\,-173{,}1)$

  Die Punkte, die von A, B und C den gleichen Abstand haben, liegen auf der Orthogonalen durch S zu E.

  $S\colon \vec{x} = \begin{pmatrix} -132{,}9 \\ -13{,}3 \\ -173{,}1 \end{pmatrix} + k \cdot \begin{pmatrix} 24 \\ 373 \\ -47 \end{pmatrix}$

c)
- $A' = A(0|0|0)$
- Den Bildpunkt B′ erhält man durch Schnitt der Geraden BW: $\vec{x} = \begin{pmatrix} 64 \\ 0 \\ 0 \end{pmatrix} + k \cdot \begin{pmatrix} 116 \\ -7 \\ -29 \end{pmatrix}$ mit der x_2x_3-Ebene.

  $x_1 = 64 + 116k = 0$, also $k = -\frac{16}{29}$

  $B'\left(0\middle|\frac{112}{29}\middle|16\right)$

- Bildpunkt C′

  $BC\colon \vec{x} = \begin{pmatrix} 64 \\ 0 \\ 0 \end{pmatrix} + r \cdot \begin{pmatrix} 145 \\ -10 \\ -38 \end{pmatrix}$

  $x_1 = 64 + 145r = 0$, also $r = -\frac{64}{145}$

  $C'\left(0\middle|\frac{128}{29}\middle|\frac{2432}{145}\right)$

  $B'(0|3{,}9|16)$, $C'(0|4{,}4|16{,}8)$

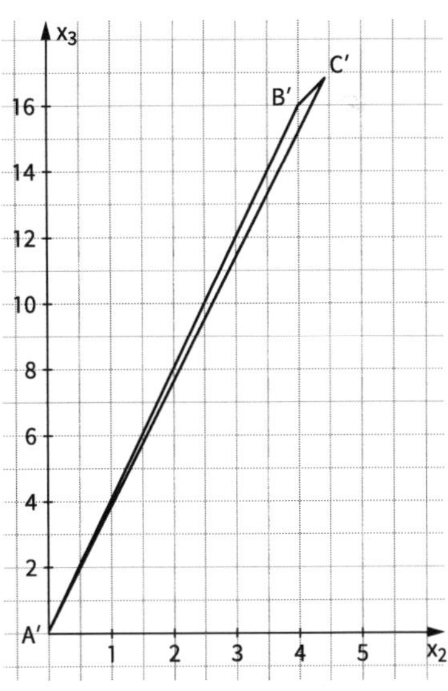

475 **13. a)** (1) $g_1\colon \vec{x} = \begin{pmatrix} -1 \\ 11 \\ 0 \end{pmatrix} + t \cdot \begin{pmatrix} \frac{1}{3} \\ -\frac{2}{3} \\ \frac{2}{3} \end{pmatrix}$ $\begin{pmatrix} -1 \\ 11 \\ 0 \end{pmatrix} + 30 \cdot \begin{pmatrix} \frac{1}{3} \\ -\frac{2}{3} \\ \frac{2}{3} \end{pmatrix} = \begin{pmatrix} 9 \\ -9 \\ 20 \end{pmatrix}$

Nach 30 Zeiteinheiten hat F_1 den Punkt $(9\,|\,-9\,|\,20)$ erreicht.

Der Punkt $P(3\,|\,3\,|\,6)$ liegt nicht auf der Geraden g_1, daher fliegt F_1 nicht durch diesen Punkt.

Die Gleichung $\begin{pmatrix} -2 \\ 13 \\ -2 \end{pmatrix} = \begin{pmatrix} -1 \\ 11 \\ 0 \end{pmatrix} + t \cdot \begin{pmatrix} \frac{1}{3} \\ -\frac{2}{3} \\ \frac{2}{3} \end{pmatrix}$ hat die Lösung $t = -3$.

F_1 startet zum Zeitpunkt $t = 0$, es fliegt nur durch Punkte auf g_1 mit positivem Parameter.

(2) $\left(-1 + \frac{1}{3}t\right) - 2 \cdot \left(11 - \frac{2}{3}t\right) + 2 \cdot \left(\frac{2}{3}t\right) = 4 \iff t = 9$

$\Rightarrow g_1$ schneidet E, g_1 geht nach 9 Zeiteinheiten durch E.

Berechnung des Schnittwinkels:

$$\sin\varphi = \frac{\left|\begin{pmatrix} \frac{1}{3} \\ -\frac{2}{3} \\ \frac{2}{3} \end{pmatrix} * \begin{pmatrix} 1 \\ -2 \\ 2 \end{pmatrix}\right|}{\left|\begin{pmatrix} \frac{1}{3} \\ -\frac{2}{3} \\ \frac{2}{3} \end{pmatrix}\right| * \left|\begin{pmatrix} 1 \\ -2 \\ 2 \end{pmatrix}\right|} \iff \sin\varphi = 1 \iff \varphi = 90°$$

b)

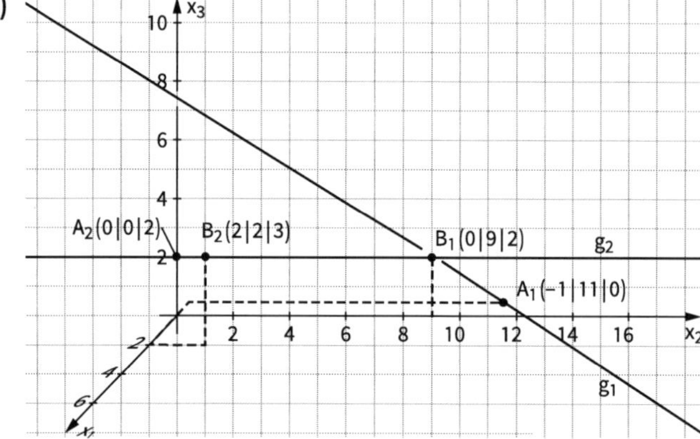

(1) $g_2\colon \vec{x} = \begin{pmatrix} 0 \\ 0 \\ 2 \end{pmatrix} + s \cdot \begin{pmatrix} \frac{1}{3} \\ \frac{1}{3} \\ \frac{1}{6} \end{pmatrix}$

$\begin{pmatrix} -1 \\ 11 \\ 0 \end{pmatrix} + t \cdot \begin{pmatrix} \frac{1}{3} \\ -\frac{2}{3} \\ \frac{2}{3} \end{pmatrix} = \begin{pmatrix} 0 \\ 0 \\ 2 \end{pmatrix} + s \cdot \begin{pmatrix} \frac{1}{3} \\ \frac{1}{3} \\ \frac{1}{6} \end{pmatrix}$

hat keine Lösung, g_1 und g_2 haben also keinen gemeinsamen Punkt.

475

(2) Abstand der Geraden g_1 und g_2:

Hilfsebene E_1, die g_2 enthält und parallel zu g_1 ist:

$$E_1\colon \vec{x} = \begin{pmatrix} 0 \\ 0 \\ 2 \end{pmatrix} + t_1 \cdot \begin{pmatrix} \frac{1}{3} \\ -\frac{2}{3} \\ \frac{2}{3} \end{pmatrix} + t_2 \cdot \begin{pmatrix} \frac{1}{3} \\ \frac{1}{3} \\ \frac{1}{6} \end{pmatrix}$$

Normalenvektor von E_1: $\vec{n} = \begin{pmatrix} -2 \\ 1 \\ 2 \end{pmatrix}$

Lotgerade g durch A_1 zu E_1: $g\colon \vec{x} = \begin{pmatrix} -1 \\ 11 \\ 0 \end{pmatrix} + s_1 \cdot \begin{pmatrix} -2 \\ 1 \\ 2 \end{pmatrix}$

Lotfußpunkt: $F(1\,|\,10\,|\,-2)$

$\text{Abst}(g_1; g_2) = \text{Abst}(g_2; E_1) = \text{Abst}(A_2; E_1) = \left|\overrightarrow{A_2F}\right| = \sqrt{2^2 + (-1)^2 + (-2)^2} = 3$

Der Abstand zwischen g_1 und g_2 beträgt also 3 Längeneinheiten.

Bestimmen des Punktes auf g_2, dem F_1 bei seiner Bewegung am nächsten kommt:

$$\begin{pmatrix} -1 + \frac{1}{3}t \\ 11 - \frac{2}{3}t \\ \frac{2}{3}t \end{pmatrix} + r \cdot \begin{pmatrix} -2 \\ 1 \\ 2 \end{pmatrix} = \begin{pmatrix} 0 \\ 0 \\ 2 \end{pmatrix} + s \cdot \begin{pmatrix} \frac{1}{3} \\ \frac{1}{3} \\ \frac{1}{6} \end{pmatrix}$$

Lösen des zugehörigen Gleichungssystems ergibt $t = 9$, $r = -1$ und $s = 12$.

$$\begin{pmatrix} 0 \\ 0 \\ 2 \end{pmatrix} + 12 \cdot \begin{pmatrix} \frac{1}{3} \\ \frac{1}{3} \\ \frac{1}{6} \end{pmatrix} = \begin{pmatrix} 4 \\ 4 \\ 4 \end{pmatrix}$$

Der Punkt auf g_2, dem F_1 bei seiner Bewegung am nächsten kommt, hat also die Koordinaten $(4\,|\,4\,|\,4)$. F_1 kommt g_2 nach 9 Zeiteinheiten am nächsten.

c) (1) $\text{Abst}(A_1; A_2) = \left|\overrightarrow{A_1A_2}\right| = \left|\begin{pmatrix} 1 \\ -11 \\ 2 \end{pmatrix}\right| = 3\sqrt{14} \approx 11{,}23$

Nach 6 Zeiteinheiten befinden sich F_1 und F_2 in den Punkten $C_1(1\,|\,7\,|\,4)$ und $C_2(2\,|\,2\,|\,3)$.

$\text{Abst}(C_1; C_2) = \left|\overrightarrow{C_1C_2}\right| = \left|\begin{pmatrix} 1 \\ -5 \\ -1 \end{pmatrix}\right| = \sqrt{27} \approx 5{,}20$

Bestimmen des Zeitpunktes, zu dem sich F_1 und F_2 am nächsten kommen:

$$d(t) = \left|\begin{pmatrix} \frac{1}{3}t \\ \frac{1}{3}t \\ 2 + \frac{1}{6}t \end{pmatrix} - \begin{pmatrix} -1 + \frac{1}{3}t \\ 11 - \frac{2}{3}t \\ \frac{2}{3}t \end{pmatrix}\right| = \left|\begin{pmatrix} 1 \\ t - 11 \\ -\frac{1}{2}t + 2 \end{pmatrix}\right| = \sqrt{1{,}25t^2 - 24t + 126}$$

$$d'(t) = \frac{1{,}25t - 12}{\sqrt{1{,}25t^2 - 24t + 126}}$$

$d'(t) = 0 \Leftrightarrow t = 9{,}6$

(2) Nach 9,6 Zeiteinheiten ist der Abstand der beiden Flugobjekte am kleinsten. Danach nimmt der Abstand stetig zu und ist daher zu einem Zeitpunkt t* wieder so groß wie zu Beginn.

475 **14 a)** (1)

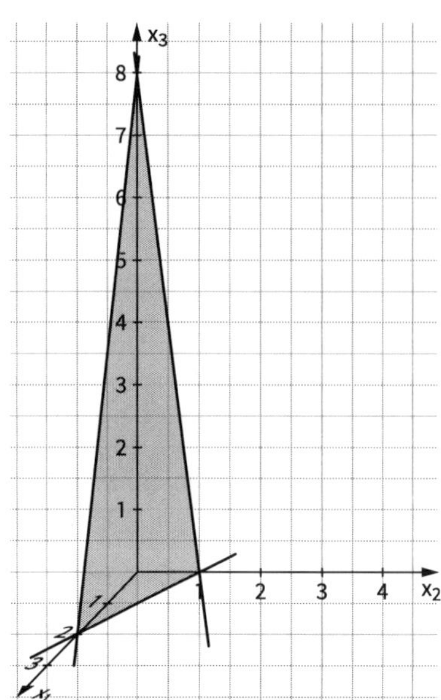

(2) g: $\vec{x} = t \cdot \begin{pmatrix} 4 \\ 8 \\ 1 \end{pmatrix}$

$4 \cdot 4t + 8 \cdot 8t + t = 8 \Leftrightarrow t = \frac{8}{81}$

Lotfußpunkt: $F\left(\frac{32}{81} \middle| \frac{64}{81} \middle| \frac{8}{81}\right)$

$\text{Abst}(O; E) = \text{Abst}(O; F) = |\overrightarrow{OF}| = \frac{8}{9}$

h: $\vec{x} = \begin{pmatrix} 11 \\ 15 \\ 6 \end{pmatrix} + s \cdot \begin{pmatrix} 4 \\ 8 \\ 1 \end{pmatrix}$

$4 \cdot (11 + 4s) + 8 \cdot (15 + 8s) + 6 + s = 8 \Leftrightarrow s = -2$

Schnittpunkt von h mit E: $S(3|-1|4)$

(3) $\begin{pmatrix} 11 \\ 15 \\ 6 \end{pmatrix} - 4 \cdot \begin{pmatrix} 4 \\ 8 \\ 1 \end{pmatrix} = \begin{pmatrix} -5 \\ -17 \\ 2 \end{pmatrix} \Rightarrow P^*(-5|-17|2)$

b) (1) $g_a: \vec{x} = \begin{pmatrix} -2a \\ 1 \\ 8a \end{pmatrix} + t \cdot \begin{pmatrix} 1 \\ -1 \\ 4 \end{pmatrix} = \begin{pmatrix} 0 \\ 1 \\ 0 \end{pmatrix} + a \cdot \begin{pmatrix} -2 \\ 0 \\ 8 \end{pmatrix} + t \cdot \begin{pmatrix} 1 \\ -1 \\ 4 \end{pmatrix}$

Umformen in die Koordinatenform liefert $g_a: 4x_1 + 8x_2 + x_3 = 8$

(2) h: $\vec{x} = \begin{pmatrix} 0 \\ 1 \\ 0 \end{pmatrix} + s \cdot \begin{pmatrix} -2 \\ 0 \\ 8 \end{pmatrix}$

Der Schnittwinkel hängt nur von den Richtungsvektoren der beiden Geraden ab. Diese sind konstant.

$$\cos\alpha = \frac{\left|\begin{pmatrix} 1 \\ -1 \\ 4 \end{pmatrix} * \begin{pmatrix} -2 \\ 0 \\ 8 \end{pmatrix}\right|}{\left|\begin{pmatrix} 1 \\ -1 \\ 4 \end{pmatrix}\right| \cdot \left|\begin{pmatrix} -2 \\ 0 \\ 8 \end{pmatrix}\right|} \Leftrightarrow \alpha \approx 31°$$

475 **c)** (1)

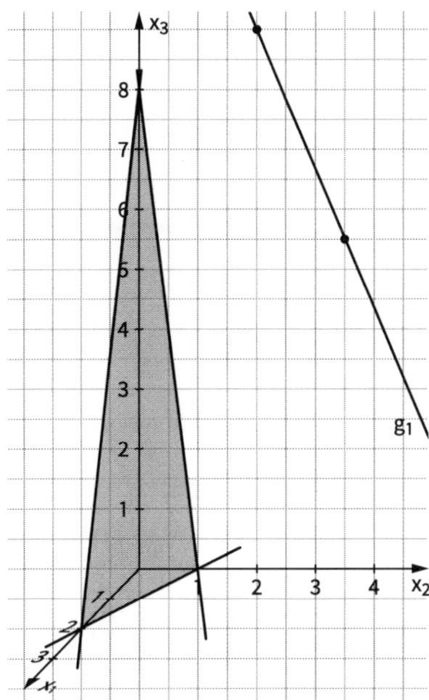

Gleichung einer Ebene, die P enthält und orthogonal zu g_1 ist:

$E': \vec{x} = \begin{pmatrix} 11 \\ 15 \\ 6 \end{pmatrix} + r \cdot \begin{pmatrix} 1 \\ 1 \\ 0 \end{pmatrix} + s \cdot \begin{pmatrix} 0 \\ 4 \\ 1 \end{pmatrix}$

gleichsetzen mit g_1 liefert $r = -13{,}5,\ s = 0,\ t = -0{,}5$.

$\Rightarrow \overline{OP'} = \begin{pmatrix} 11 \\ 15 \\ 6 \end{pmatrix} - 27 \cdot \begin{pmatrix} 1 \\ 1 \\ 0 \end{pmatrix} = \begin{pmatrix} -16 \\ -12 \\ 6 \end{pmatrix}$, d. h. $P'(-16|-12|6)$

(2) $\begin{pmatrix} 3 \\ -1 \\ 4 \end{pmatrix} = \begin{pmatrix} -2a \\ 1 \\ 8a \end{pmatrix} + t \cdot \begin{pmatrix} 1 \\ -1 \\ 4 \end{pmatrix} \Leftrightarrow t = 2$ und $a = -0{,}5$

(3) Bestimmen des Abstands von g_1 und $g_{-0,5}$ mit einer Hilfsebene:

$E'': \vec{x} = \begin{pmatrix} 1 \\ 1 \\ -4 \end{pmatrix} + r \cdot \begin{pmatrix} 1 \\ 1 \\ 0 \end{pmatrix} + s \cdot \begin{pmatrix} 0 \\ 4 \\ 1 \end{pmatrix}$

Schnittpunkt von g_1 und E'': $(-4{,}5\,|\,3{,}5\,|\,-2)$

$\text{Abst}(g_1; g_{-0,5}) = \left| \begin{pmatrix} 1 \\ 1 \\ -4 \end{pmatrix} - \begin{pmatrix} -4{,}5 \\ 3{,}5 \\ -2 \end{pmatrix} \right| = \left| \begin{pmatrix} 5{,}5 \\ -2{,}5 \\ -2 \end{pmatrix} \right| = \sqrt{40{,}5} \approx 6{,}36$

(4) $\overrightarrow{PP^*} = \begin{pmatrix} -16 \\ -32 \\ -4 \end{pmatrix}$, $\overrightarrow{P^*P'} = \begin{pmatrix} -11 \\ 5 \\ 4 \end{pmatrix}$, $\overrightarrow{P'P} = \begin{pmatrix} -27 \\ -27 \\ 0 \end{pmatrix}$

$\overrightarrow{PP^*} * \overrightarrow{P^*P'} = (-16) \cdot (-11) + (-32) \cdot 5 + (-4) \cdot 4 = 0$

Ja, das Dreieck hat einen rechten Winkel im Punkt P*.

476

15. a) D(−4 | 9 | 0); Mittelpunkt der Grundfläche: $M\left(-\frac{1}{2}\middle|\,8{,}5\,\middle|\,0\right) \Rightarrow S\left(-\frac{1}{2}\middle|\,8{,}5\,\middle|\,8\right)$

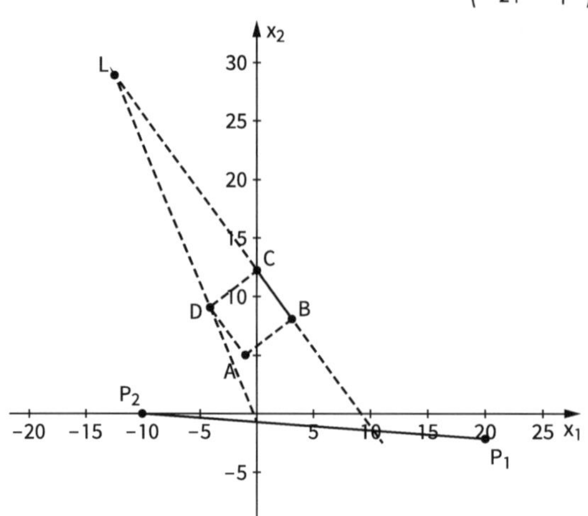

b)
- Gerade durch L und S: $g_1\colon \vec{x} = \begin{pmatrix} -12 \\ 28 \\ 0 \end{pmatrix} + r_1 \cdot \begin{pmatrix} 11{,}5 \\ -19{,}5 \\ 8 \end{pmatrix}$

  Hauswand Ebene: $x_1 + 15x_2 = -10$

  Der Schnittpunkt $S_1(5{,}11 \,|\, -1{,}01 \,|\, 11{,}9)$ liegt auf der Wand.
- Gerade durch L und D: $g_2\colon \vec{x} = \begin{pmatrix} -12 \\ 28 \\ 0 \end{pmatrix} + r_2 \cdot \begin{pmatrix} 8 \\ -19 \\ 0 \end{pmatrix}$;

  Schnittpunkt mit Ebene $S_2(0{,}07 \,|\, -0{,}67 \,|\, 0)$
- Gerade durch L und B: $g_3\colon \vec{x} = \begin{pmatrix} -12 \\ 28 \\ 0 \end{pmatrix} + r_3 \cdot \begin{pmatrix} 15 \\ -20 \\ 0 \end{pmatrix}$;

  Schnittpunkt mit Ebene $S_3(10 \,|\, -1{,}33 \,|\, 0)$

c) $L_t' = \begin{pmatrix} -12 \\ 28 \\ 0 \end{pmatrix} + t \cdot \begin{pmatrix} 11{,}5 \\ -19{,}5 \\ 0 \end{pmatrix}$; $0 \le t < 1$

Geradenschar durch L′ und S: $g_t\colon \vec{x} = \begin{pmatrix} -\frac{1}{2} \\ 8{,}5 \\ 8 \end{pmatrix} + s \cdot \begin{pmatrix} 11{,}5(1-t) \\ -19{,}5(1-t) \\ 8 \end{pmatrix}$

Schnittpunkt mit Ebene: $S_t\left(5{,}11 \,\middle|\, -1{,}01 \,\middle|\, 8 - \frac{1096}{281\,(t-1)}\right)$

Für $t > 0{,}4428$ liegt S_t nicht mehr auf der Hauswand, da dann $8 + \frac{1096}{281} \cdot \frac{1}{1-t} > 15$.

16. a) Schnittgerade von E_1 und E_2:

$E_1\colon 3x_1 + 4x_2 + 5x_3 = 15$

$E_2\colon 6x_1 + 8x_2 + 5x_3 = 30$

Mit $x_1 = r$ erhält man das LGS $\left|\begin{array}{l} 4x_2 + 5x_3 = 15 - 3r \\ 8x_2 + 5x_3 = 30 - 6r \end{array}\right|$ mit der Lösung $x_2 = \frac{15}{4} - \frac{3}{4}r$; $x_3 = 0$

Schnittgerade s von E_1 und E_2:

$g\colon \vec{x} = \begin{pmatrix} 0 \\ \frac{15}{4} \\ 0 \end{pmatrix} + r \cdot \begin{pmatrix} 4 \\ -3 \\ 0 \end{pmatrix}$

476

Zu zeigen: g liegt in jeder Ebene E_t

$3t\cdot(4r)+4t\cdot\left(\frac{15}{4}-3r\right)+5\cdot 0-15t=0$

$12tr+15t-12tr-15t=0$

$0=0$

D. h. g liegt in jeder der Ebenen E_t.

g: $\vec{x}=\begin{pmatrix}0\\ \frac{15}{4}\\ 0\end{pmatrix}+r\cdot\begin{pmatrix}4\\ -3\\ 0\end{pmatrix}$ ist die Schnittgerade aller Ebenen der Schar.

b) Zwei Ebenen E_{t_1} und E_{t_2} sind zueinander orthogonal, wenn ihre Normalenvektoren zueinander orthogonal sind.

Also: $\begin{pmatrix}3t_1\\ 4t_1\\ 5\end{pmatrix}*\begin{pmatrix}3t_2\\ 4t_2\\ 5\end{pmatrix}=0$ bzw. $25t_1\cdot t_2+25=0$

Zwei Ebenen E_{t_1} und E_{t_2} sind zueinander orthogonal, falls $t_1\cdot t_2=-1$ bzw. $t_2=-\frac{1}{t_1}$

c) Schnittpunkt von E_t mit der x_3-Achse:

$5x_3=15t$, also $x_3=3t$

$S_t(0|0|3t)$

Schnittpunkt von E_{t_1} mit der x_3-Achse:

$S_{t_1}(0|0|3t_1)$

Schnittpunkt von E_{t_2} mit der x_3-Achse:

$S_{t_2}\left(0|0|-\frac{3}{t_1}\right)$

Abstand von S_{t_1} und S_{t_2}:

$d(t_1)=\left|3t_1-\frac{3}{t_1}\right|$

$d(t_1)$ wird minimal für $t_1=1$ oder $t_1=-1$.

Für die beiden Ebenen E_1 und E_{-1} wird der Abstand der beiden Schnittpunkte minimal.

17. a) Spurpunkte: $S_1(4t|0|0)$, $S_2(0|3|0)$, $S_3\left(0|0|\frac{2}{t}\right)$

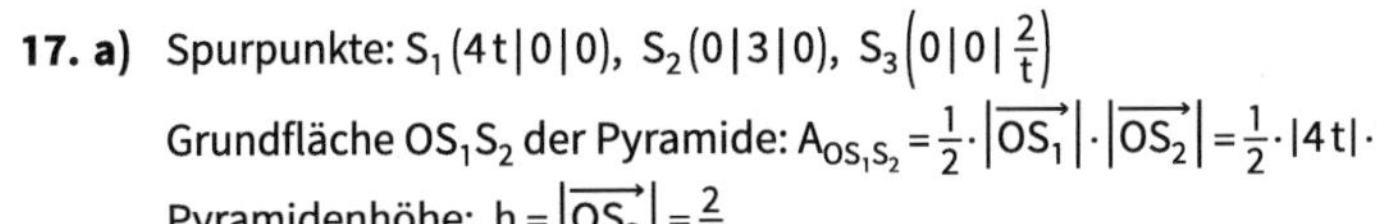

Grundfläche OS_1S_2 der Pyramide: $A_{OS_1S_2}=\frac{1}{2}\cdot\left|\overrightarrow{OS_1}\right|\cdot\left|\overrightarrow{OS_2}\right|=\frac{1}{2}\cdot|4t|\cdot 3=\left|\frac{3}{2}\right|\cdot|4t|$

Pyramidenhöhe: $h=\left|\overrightarrow{OS_3}\right|=\frac{2}{t}$

Volumen: $V=\frac{1}{3}\cdot\frac{3}{2}\cdot|4t|\cdot\left|\frac{2}{t}\right|=4$ unabhängig von t

b) $\text{Abst}(O;E_t)=d(t)=\frac{|-12t|}{\sqrt{36t^4+16t^2+9}}=\frac{|12t|}{\sqrt{36t^4+16t^2+9}}$ für $t\neq 0$

Der Graph der Funktion d hat ein Minimum an der Stelle $t=0$. Da dieser Wert ausgeschlossen ist, gibt es keine Ebene der Schar, die einen minimalen Abstand zu O hat.
Die Maxima des Graphen liegen bei $t_{1,2}\approx 0{,}707$.
Für die beiden Werte hat die Ebene E_t einen maximalen Abstand zu O.

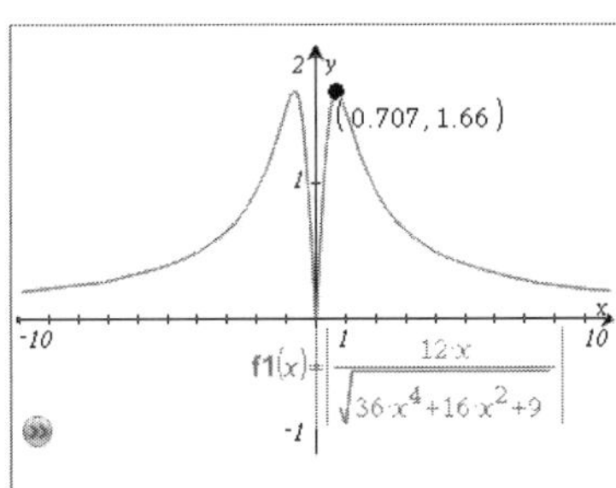

8.3 Aufgaben zur Wahrscheinlichkeitsrechnung und zu Matrizen

477 **1. a)**

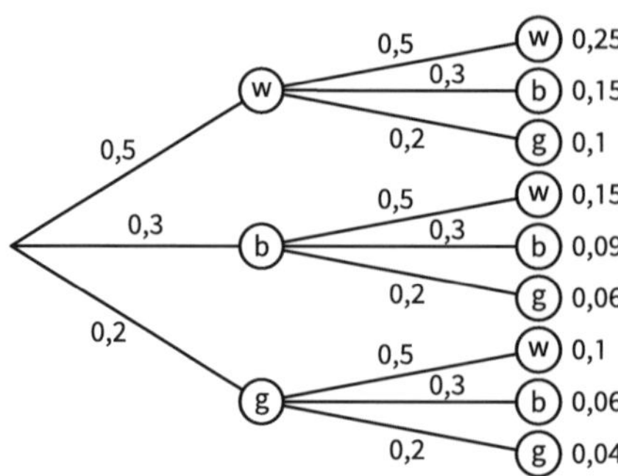

b) $P(E) = 0{,}5^2 + 0{,}3^2 + 0{,}2^2 = 0{,}38$

c) Zufallsgröße X: *Auszahlung in €*

$E(X) = 0{,}38 \cdot 2\,€ + 0{,}62 \cdot 0\,€ = 0{,}76\,€$

Im Mittel werden pro Spiel 0,76 € ausgezahlt, d. h. der Spielbetreiber hat im Mittel einen Gewinn von 0,24 € pro Spiel.

2. a) Aus dem Histogramm ist zu entnehmen:

$P(X=0) = P(X=4) = \frac{1}{9}$; $P(X=1) = P(X=3) = \frac{2}{9}$ sowie $P(X=2) = \frac{3}{9}$

Da das Histogramm symmetrisch ist, müsste $p = 0{,}5$ sein; allerdings ist dann:

$P(X=0) = P(X=4) = 0{,}5^4 = 0{,}0625$; $P(X=1) = P(X=2) = 4 \cdot 0{,}5^4 = 0{,}25$ und

$P(X=3) = 6 \cdot 0{,}5^4 = 0{,}375$, was nicht mit den Werten des Histogramms übereinstimmt.

Alternativ kann man schließen: Aus $P(X=0) = p^4 = \frac{1}{9}$, dass gilt: $p = \frac{1}{\sqrt[4]{9}} = \frac{1}{\sqrt{3}}$;

andererseits müsste wegen $P(X=4) = (1-p)^4$ auch gelten: $q = \frac{1}{\sqrt[4]{9}} = \frac{1}{\sqrt{3}}$.

Da aber $p + q = 1$ sein muss, kann das abgebildete Histogramm nicht zu einer Binomialverteilung gehören.

b) Wenn $p = 0{,}5$ ist, dann ist auch $q = 0{,}5$ und daher vereinfacht sich die Berechnung gemäß BERNOULLI-Formel: $P(X=k) = \binom{n}{k} \cdot 0{,}5^k$. Da für die Binomialkoeffizienten gilt $\binom{n}{k} = \binom{n}{n-k}$, d. h. der Binomialkoeffizient ist symmetrisch, folgt

$P(X = n-k) = \binom{n}{n-k} \cdot 0{,}5^k = \binom{n}{k} \cdot 0{,}5^k = P(X=k)$.

c) Die Wahrscheinlichkeitsverteilung wurde bereits in der Lösung von Teilaufgabe b) angegeben:

k	P(X = k)
0	0,0625
1	0,2500
2	0,3750
3	0,2500
4	0,0625

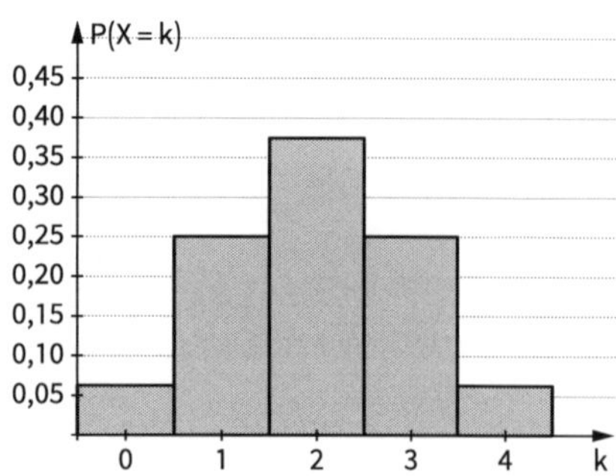

477 **d)** Da n ungerade ist, ist der Erwartungswert nicht ganzzahlig. Hier ergibt sich: $E(X) = 5 \cdot 0{,}5 = 2{,}5$. Daher gibt es zwei Anzahlen von Erfolgen, für welche die Wahrscheinlichkeit maximal ist:
Es gilt $P(X=2) = P(X=3) = 10 \cdot 0{,}5^5 = 0{,}3125$

3. a) $\mu = n \cdot p = 150 \cdot 0{,}4 = 60;\ \sigma = \sqrt{150 \cdot 0{,}4 \cdot 0{,}6} = \sqrt{36} = 6$

b) Die LAPLACE-Bedingung $(\sigma > 3)$ ist erfüllt. Daher lassen sich die Sigma-Regeln anwenden. $1{,}96 \cdot \sigma \approx 11{,}76$. Mit einer Wahrscheinlichkeit von ca. 95 % wird die Anzahl der gewonnenen Spiele also zwischen 49 und 71 (einschließlich) liegen.

c) In der $1\,\sigma$-Umgebung von μ liegen ungefähr zwei Drittel der Ergebnisse, d. h. die Wahrscheinlichkeit, dass die Anzahl der gewonnenen Spiele in das Intervall $54 \le X \le 66$ fällt, ist deutlich größer als 50 %, also ist die Wette vorteilhaft.

4. a) $M = \begin{pmatrix} a & b \\ d & c \end{pmatrix}$

b) Da vom Zustand A aus entweder ein Übergang nach A oder nach B erfolgt, muss die Summe der Wahrscheinlichkeiten a und d gleich 1 sein. Entsprechendes gilt für die Übergänge von B aus. Daher gilt: $a + d = 1$ und $b + c = 1$.

c) $\vec{v_1} = \begin{pmatrix} a & b \\ d & c \end{pmatrix} \cdot \begin{pmatrix} 1 \\ 0 \end{pmatrix} = \begin{pmatrix} a \\ d \end{pmatrix};\ \vec{v_2} = \begin{pmatrix} a & b \\ d & c \end{pmatrix} \cdot \begin{pmatrix} a \\ d \end{pmatrix} = \begin{pmatrix} a^2 + b \cdot d \\ a \cdot d + c \cdot d \end{pmatrix}$

d) Es muss gelten: $\begin{pmatrix} a & b \\ d & c \end{pmatrix} \cdot \begin{pmatrix} 0{,}5 \\ 0{,}5 \end{pmatrix} = \begin{pmatrix} 0{,}5 \\ 0{,}5 \end{pmatrix}$, also $0{,}5\,a + 0{,}5\,b = 0{,}5\ (\Leftrightarrow a + b = 1)$ und $0{,}5\,d + 0{,}5\,c = 0{,}5\ (\Leftrightarrow d + c = 1)$. Da außerdem noch die Bedingungen aus Teilaufgabe b) gelten müssen, ergibt sich ein lineares Gleichungssystem mit 4 Gleichungen und 4 Variablen:

$$\begin{vmatrix} a + b = 1 \\ c + d = 1 \\ a + d = 1 \\ b + c = 1 \end{vmatrix}$$

Hinweis: Dieses Gleichungssystem besitzt unendlich viele Lösungen:
$(1 - t;\ t;\ 1 - t;\ t)$ mit $0 \le t \le 1$

5. a) Da die Übergangswahrscheinlichkeiten von den Zuständen A, B, C zu den Zuständen A, B, C jeweils zusammen 100 % betragen müssen, ergibt sich: $x = 0{,}7$ und $y = 0{,}7$ sowie $a = 0{,}2;\ b = 0{,}5;\ c = 0{,}5$.

b) $M_2 = \begin{pmatrix} 0{,}3 & 0{,}3 \\ 0{,}7 & 0{,}7 \end{pmatrix};\quad M_3 = \begin{pmatrix} 0{,}3 & 0{,}3 & 0{,}3 \\ 0{,}2 & 0{,}2 & 0{,}2 \\ 0{,}5 & 0{,}5 & 0{,}5 \end{pmatrix}$

c) $\begin{pmatrix} 0{,}3 & 0{,}3 \\ 0{,}7 & 0{,}7 \end{pmatrix} \cdot \begin{pmatrix} x \\ y \end{pmatrix} = \begin{pmatrix} 0{,}3x + 0{,}3y \\ 0{,}7x + 0{,}7y \end{pmatrix} = \begin{pmatrix} 0{,}3 \cdot (x+y) \\ 0{,}7 \cdot (x+y) \end{pmatrix} = \begin{pmatrix} 0{,}3 \\ 0{,}7 \end{pmatrix}$, da $x + y = 1$.

$\begin{pmatrix} 0{,}3 & 0{,}3 & 0{,}3 \\ 0{,}2 & 0{,}2 & 0{,}2 \\ 0{,}5 & 0{,}5 & 0{,}5 \end{pmatrix} \cdot \begin{pmatrix} x \\ y \\ z \end{pmatrix} = \begin{pmatrix} 0{,}3 \cdot (x+y+z) \\ 0{,}2 \cdot (x+y+z) \\ 0{,}5 \cdot (x+y+z) \end{pmatrix} = \begin{pmatrix} 0{,}3 \\ 0{,}2 \\ 0{,}5 \end{pmatrix}$, da $x + y + z = 1$.

478 **6. a)** X: *Anzahl der tatsächlich belegten Plätze*; $n = 54;\ p = 0{,}9;$
$P(X < 51) = P(X \le 50) = \text{binomcdf}(54, 0.9, 50) = 0{,}802$

b) $n = 120;\ p = 0{,}9;\ P(X \le 108) = \text{binomcdf}(120, 0.9, 108) = 0{,}544$

c) $n = 200;\ p = 0{,}95;$
$P(X \le 180) = \text{binomcdf}(200, 0.95, 180) = 0{,}0027$

478

d) X: *Anzahl der Buchungen*; $n = 150,\ p = 0{,}45$;
Prognose (Intervallschätzung): $\mu = 67{,}5$; $1{,}96\sigma \approx 11{,}94$; also σ-Regel:
$P(55 \le X \le 80) \approx 0{,}95$ (Kontrollrechnung: $P(55 \le X \le 80) = 0{,}967$; $P(56 \le X \le 79) = 0{,}951$)
Das Ergebnis $X = 59$ weicht nicht signifikant von μ ab.

e) X: *Anzahl der Einzelzimmer-Buchungen*; $p = 0{,}23$;
$P(X \ge 1) = 1 - P(X = 0) = 1 - 0{,}77^n \ge 0{,}99 \Leftrightarrow 0{,}77^n \le 0{,}01 \Leftrightarrow n \ge \log_{0{,}77}(0{,}01) \approx 17{,}6$
Mindestens 18 Buchungen müssen abgewartet werden, bis darunter mit einer Wahrscheinlichkeit von mindestens 99 % mindestens eine Einzelzimmerbuchung ist.

7. a) X: *Anzahl der Sportbegeisterten*; $n = 250,\ p = 0{,}7$
(1) $P(X = 175) = \text{binompdf}(250, 0.7, 175) = 0{,}055$
(2) $P(X < 180) = P(X \le 179) = \text{binomcdf}(250, 0.7, 179) = 0{,}731$
(3) $P(170 \le X \le 185) = \text{binomcdf}(250, 0.7, 170, 185) = 0{,}705$

b) 

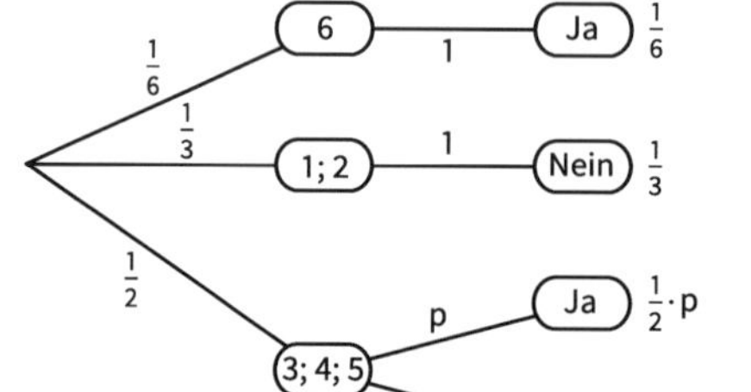

(1) $P(\text{„Ja"}) = \frac{1}{6} + \frac{1}{2} \cdot 0{,}21 \approx 27{,}2\,\%$

(2) $\frac{1}{6} + \frac{1}{2} \cdot p = 0{,}35 \Rightarrow p \approx 36{,}7\,\%$

c) X: *Anzahl der Jugendlichen, deren Lieblingsfach Geschichte ist*;
für $n = 180$; $p = \frac{1}{3}$ ist $\mu = 60$; $1{,}64\sigma \approx 10{,}4$: $P(49 \le X \le 71) \approx 0{,}90$
(Kontrollrechnung: $P(49 \le X \le 71) = 0{,}931$; $P(50 \le X \le 70) = 0{,}904$)
Entscheidungsregel: Wenn weniger als 50 oder mehr als 70 Mädchen in der Befragung Geschichte als Lieblingsfach bezeichnen, würde man den Ansatz $p = \frac{1}{3}$ für falsch halten.
Fehler 1. Art: Tatsächlich ist auch bei den Mädchen der Anteil ein Drittel, aber in der Stichprobe weicht das Ergebnis signifikant vom Erwartungswert ab. Man geht irrtümlich davon aus, dass die Beliebtheit des Fachs Geschichte bei Jungen und Mädchen unterschiedlich ist.
Fehler 2. Art: Tatsächlich gibt es Unterschiede hinsichtlich der Beliebtheit des Fachs Geschichte bei Jungen und Mädchen, aber aufgrund des Stichprobenergebnisses im Annahmebereich wird dies nicht aufgedeckt.

d) X: *Anzahl der Jugendlichen, die zum Interview bereit sind*; $p = 0{,}4$

n	600	650	660	670	675	676
$P(X \ge 250) = 1 - P(X \le 249)$	0,214	0,800	0,876	0,928	0,947	0,950

Alternative Lösung mithilfe der σ-Regeln: $P(\mu - 1{,}64\sigma \le X \le \mu + 1{,}64\sigma) \approx 0{,}9$;
also $P(X \ge \mu - 1{,}64\sigma) \approx 0{,}95$.
Gesucht wird die Lösung der Ungleichung $0{,}4 \cdot n - 1{,}64 \cdot \sqrt{n \cdot 0{,}5 \cdot 0{,}6} \ge 250$.
Mithilfe des Gleichungslösers des GTR findet man $n \ge 677{,}3$.
Durch Kontrollrechnung kann dann dieser Näherungswert korrigiert werden.

479

8. a)

Anzahl Pralinen	Wahrscheinlichkeit	Gewinn* in €	Berechnung des Erwartungswertes
0	0,5	−1	−0,5
2	0,1	−0,6	−0,06
4	0,1	−0,2	−0,02
6	0,1	+0,2	+0,02
8	0,1	+0,6	+0,06
10	0,1	+1	+0,1
		E(Gewinn*) =	−0,4

* Gewinn aus der Sicht des Spielteilnehmers

Der Betreiber des Spiels gewinnt im Mittel 0,40 € pro Spiel.

b)

Anzahl Pralinen	Wahrscheinlichkeit	Gewinn* in €	Berechnung des Erwartungswertes
1	0,5	−0,8	−0,4
a	0,3	0,2 a − 1	0,06 a − 0,3
2a	0,1	0,2 a − 1	0,02 a − 0,1
5a	0,1	0,5 a − 1	0,05 a − 0,1
		E(Gewinn) =	0,13 a − 0,9

Dieser Erwartungswert des Gewinns ist für $a \in \{1; 2; \ldots; 6\}$ negativ, d. h. günstig für den verfolgten Zweck.

c) $p = 0{,}2$; X: Anzahl der Pralinen vom Typ *Kult*

$n = 10$

(1) $P(X = 2) = \binom{10}{2} \cdot 0{,}2^2 \cdot 0{,}8^8 \approx 0{,}302$

(2) $P(X \le 4) \approx 0{,}967$

(3) $P(3 < X < 6) = P(X = 4) + P(X = 5) \approx 0{,}115$

d) $n = 100$

(1) $P(18 \le X \le 22) \approx 0{,}468$

(2) $P(X > 25) = 1 - P(X \le 25) \approx 0{,}087$

e) $P(X \ge 1) = 1 - P(X = 0) \ge 0{,}99$; $P(X = 0) = 0{,}8^n$

Aus $1 - 0{,}8^n \ge 0{,}99$ folgt $0{,}8^n \le 0{,}01$. $n \ge \log_{0,8}(0{,}01) \approx 20{,}6$

Dies ist erfüllt für $n \ge 21$.

9. a) $n = 100$; $p = \frac{1}{6}$; X: *Anzahl beschädigter Pralinen*

Wahrscheinlichkeit	Gewinn durch den Verkauf von 100 Pralinen in 10 Tüten
$P(X = 0) \approx 0$	$10 \cdot 3{,}50$ € = 35,00 €
$P(1 \le X \le 10) \approx 0{,}0427$	$9 \cdot 3{,}50$ € + $1 \cdot 0{,}50$ € = 32,00 €
$P(11 \le X \le 20) \approx 0{,}8054$	$8 \cdot 3{,}50$ € + $2 \cdot 0{,}50$ € = 29,00 €
$P(21 \le X \le 30) \approx 0{,}1516$	$7 \cdot 3{,}50$ € + $3 \cdot 0{,}50$ € = 26,00 €
$P(31 \le X \le 40) \approx 0{,}0003$	$6 \cdot 3{,}50$ € + $4 \cdot 0{,}50$ € = 23,00 €

$E(\text{Gewinn}) = 0 \cdot 35 + 0{,}0427 \cdot 32 + \ldots + 0{,}0003 \cdot 23 \approx 28{,}67$ €

480

b) Es geht um die Frage, ob die Qualität besser, d. h. der Anteil beschädigter Pralinen geringer geworden ist, und nicht um die Frage, ob sich der Anteil verändert hat.
Hersteller: Der Anteil beschädigter Pralinen ist geringer geworden $\left(p > \frac{5}{6}\right)$. Von diesem Standpunkt gehe ich nur ab, wenn in einer Stichprobe extrem viele beschädigte Pralinen gefunden werden.
Skeptischer Kunde: Der Anteil beschädigter Pralinen ist nicht geringer geworden $\left(p \le \frac{5}{6}\right)$. Von diesem Standpunkt gehe ich nur ab, wenn in einer Stichprobe extrem wenige beschädigte Pralinen gefunden werden.

c) $n = 250$; für $p = \frac{5}{6}$ ergibt sich $\mu \approx 208{,}3$; $\sigma \approx 5{,}89$.
$\mu - 1{,}28\sigma \approx 200{,}8$; $\mu + 1{,}28\sigma \approx 215{,}9$
Entscheidungsregeln (nach Kontrollrechnung):

- Verwirf die Hypothese $p > \frac{5}{6}$, wenn in der Stichprobe mehr als 49 beschädigte Pralinen gefunden werden.
- Verwirf die Hypothese $p \le \frac{5}{6}$, wenn in der Stichprobe weniger als 34 beschädigte Pralinen gefunden werden.

d) Hypothese $p > \frac{5}{6}$
Auswirkungen Fehler 1. Art:
In der Stichprobe sind zufällig viele beschädigte Pralinen, obwohl die Qualität gegenüber früher verbessert wurde. Die Verbesserung der Qualität wird nicht erkannt.
Auswirkungen Fehler 2. Art:
In der Stichprobe sind zufällig so viele beschädigte Pralinen, dass man keinen Anlass hat, die Hypothese $p > \frac{5}{6}$ zu verwerfen, obwohl die Qualität nicht verbessert wurde.
Hypothese $p \le \frac{5}{6}$
Auswirkungen Fehler 1. Art:
In der Stichprobe sind zufällig nur wenige beschädigte Pralinen, obwohl die Qualität gegenüber früher nicht verbessert wurde. Man geht davon aus, dass die Qualität verbessert wurde, obwohl das nicht zutrifft.
Auswirkungen Fehler 2. Art:
In der Stichprobe sind zufällig so viele beschädigte Pralinen, dass man keinen Anlass hat, die Hypothese $p \le \frac{5}{6}$ zu verwerfen, obwohl die Qualität verbessert wurde.

e) $p > \frac{5}{6}$: Annahmebereich: $A_1 = \{201; 202; \ldots; 250\}$
$p \le \frac{5}{6}$: Annahmebereich: $A_2 = \{0; \ldots; 215; 216\}$
$P_{p=0,75}(A_1) \approx 2{,}65\,\%$; $P_{p=0,9}(A_2) \approx 4{,}1\,\%$

f) Mit einer Wahrscheinlichkeit von ca. 90 % unterscheidet sich die relative Häufigkeit in einer Stichprobe vom Umfang n von der zugrunde liegenden Erfolgswahrscheinlichkeit p um höchstens $1{,}64\frac{\sigma}{n}$:
$\left|\frac{X}{n} - p\right| \le 1{,}64\frac{\sigma}{n}$; $p \approx \frac{5}{6}$
Wenn $1{,}64\frac{\sigma}{n} \le 0{,}01$, also $1{,}64 \cdot \sqrt{\frac{\frac{1}{6}\cdot\frac{5}{6}}{n}} \le 0{,}01$, d. h. $n \ge \frac{1{,}64^2}{0{,}01^2}\cdot\frac{1}{6}\cdot\frac{5}{6} \approx 3736$, dann ist die Bedingung mit einer Wahrscheinlichkeit von 90 % erfüllt.

480

10. a) Um die Aussage „statistisch zu beweisen", muss die Hypothese $p \leq 0{,}305$ (höchstens 30,5 % der ledigen bzw. geschiedenen 40- bis 65-Jährigen rauchen) getestet werden. Für $n = 500$; $p = 0{,}305$; $\mu = 152{,}5$; $\sigma \approx 10{,}30$ ist $\mu + 1{,}28\sigma \approx 165{,}7$; für $p < 0{,}305$ ergibt sich ein kleinerer Wert für $\mu + 1{,}28\,\sigma$.
Entscheidungsregel auf dem Signifikanzniveau von 10 %: Verwirf die Hypothese $p \leq 0{,}305$, falls in der Stichprobe mehr als 165 Raucher sind.

b) Aus den Angaben $\mu \approx 22{,}7\,\frac{\text{kg}}{\text{m}^2}$ und $P(X \leq 25) \approx 0{,}824$ muss auf σ geschlossen werden.
$\Phi(0{,}93) \approx 0{,}824$; d. h. $\mu + 0{,}93 \cdot \sigma \approx 25$; also $\sigma \approx \frac{25 - 22{,}7}{0{,}93} \approx 2{,}5$
Alternativ kann man die Funktion f mit $f(x) = \text{normalcdf}(0, 25, 22.7, x)$ betrachten und in der Wertetabelle nachschauen, für welche Standardabweichung x sich $f(x) \approx 0{,}824$ ergibt.

c) $\mu - 1{,}64\sigma \approx 16{,}84$; $\mu + 1{,}64\sigma \approx 26{,}36$
Ca. 90 % der jungen Frauen haben einen BMI, der zwischen $16{,}84\,\frac{\text{kg}}{\text{m}^2}$ und $26{,}36\,\frac{\text{kg}}{\text{m}^2}$ liegt.

11. a) $n = 100$; $p = 0{,}7$
$P(X > 60) = 1 - P(X \leq 60) = 0{,}979$
$P(55 \leq X \leq 70) = 0{,}537$

b) $P(X \geq 1) = 1 - P(X = 0) = 1 - (0{,}3)^n \geq 0{,}9 \Rightarrow n \geq 2$

c) (1) *Hypothese 1:* Der Anteil der Jugendlichen, die ein Fernsehgerät besitzen, ist in bestimmten Schichten größer als 70 %: $p > 0{,}7$
Von diesem Standpunkt lassen sich die Vertreter des Standpunkts nur abbringen, wenn in der Stichprobe signifikant wenige Jugendliche mit Fernsehgerät angetroffen werden.
Für $p = 0{,}7$ ist $\mu = 140$ und $\sigma = 6{,}48$, also $\mu - 1{,}28\sigma = 131{,}7$.
Für $p > 0{,}7$ ist $\mu - 1{,}28\sigma > 131{,}7$.
Entscheidungsregel:
Verwirf die Hypothese $p > 0{,}7$, falls in der Stichprobe weniger als 132 Haushalte von Jugendlichen mit eigenem Fernsehgerät vorgefunden werden.
Fehler 1. Art:
Tatsächlich ist der Anteil in bestimmten Schichten größer als 70 %.
Zufällig werden in der Stichprobe weniger als 132 Haushalte vorgefunden. Man erhält eine richtige Hypothese nicht länger aufrecht.
Fehler 2. Art:
Tatsächlich gibt es keine besonderen Unterschiede in verschiedenen gesellschaftlichen Schichten. Wegen des nicht signifikanten Stichprobenergebnisses geht man nicht von der falschen Hypothese ab.
Hypothese 2:
Der Anteil der Jugendlichen, die ein eigenes Fernsehgerät besitzen, ist in einer bestimmten Schicht genau so hoch wie sonst: $p \leq 0{,}7$
Von dieser Meinung gehen die Vertreter des Standpunktes nur bei signifikanten Abweichungen nach oben ab.
Für $p = 0{,}7$ ist $\mu = 140$ und $\sigma = 6{,}48$, also $\mu + 1{,}28\sigma = 148{,}3$.
Für $p < 0{,}7$ ist $\mu + 1{,}28\sigma < 148{,}3$.

480 *Entscheidungsregel:*

Verwirf die Hypothese $p \leq 0{,}7$, falls in der Stichprobe mehr als 148 Haushalte von Jugendlichen mit eigenem Fernsehgerät gefunden werden.

Fehler 1. Art:

Tatsächlich gibt es keine Unterschiede zwischen den gesellschaftlichen Schichten. Zufällig werden aber in der Stichprobe mehr als 148 Haushalte gefunden, sodass man von gesellschaftlichen Unterschieden ausgeht.

Fehler 2. Art:

Es gibt zwar Unterschiede zwischen unterschiedlichen gesellschaftlichen Schichten. Wegen des unauffälligen Stichprobenergebnisses wird dies jedoch nicht erkannt.

(2) Hypothese 1: $p > 0{,}7$; Annahmebereich: $X \geq 132$; $P_{p=0{,}65}(X \geq 132) = 0{,}415 = 41{,}5\,\%$
Hypothese 2: $p \leq 0{,}7$; Annahmebereich: $X \leq 148$; $P_{p=0{,}75}(X \leq 148) = 0{,}398 = 39{,}8\,\%$

(3) Ein solches Ergebnis kann zufällig auftreten, auch wenn der Anteil der Jugendlichen mit eigenem Fernsehgerät auch dort 70 % beträgt.
Die Wahrscheinlichkeit hierfür beträgt allerdings nur
$P_{p=0{,}7}(X \geq 152) = 1 - \text{binomcdf}(200, 0.7, 151) \approx 0{,}036 = 3{,}6\,\%$

481 **12. Fehler in der 1. Auflage des Schülerbandes:** richtig: **d)** (3) … tatsächlich 65 % beträgt.

a) $n = 100$; $p = 0{,}6$

(1) $P(X = 60) = 0{,}081$

(2) $P(55 < X < 65) = P(56 \leq X \leq 64) = 0{,}642$

b) $p = 0{,}89$; X: *Anzahl der 3-Jährigen, die regelmäßig fernsehen*

$P(X \geq 1) = 1 - P(X = 0) = 1 - 0{,}11^n \geq 0{,}9$

Auflösen nach n: $0{,}11^n \leq 0{,}1$; d. h. $n \geq 2$

c) $P\left(\left|\frac{X}{n} - p\right| \leq 1{,}64\frac{\sigma}{n}\right) \approx 0{,}90$; $p \approx 0{,}6$

Wenn $1{,}64 \cdot \sqrt{\frac{0{,}6 \cdot 0{,}4}{n}} \leq 0{,}02$, also $n \geq \frac{1{,}64^2}{0{,}02^2} \cdot 0{,}6 \cdot 0{,}4 \approx 1614$, dann ist die Bedingung mit einer Wahrscheinlichkeit von 90 % erfüllt.

d) (1) Beim „statistischen Beweis" stellt man das logische Gegenteil dessen, was man „beweisen" möchte, als Hypothese auf in der Hoffnung, diese verwerfen zu können.

Hypothese: $p \leq 0{,}6$

Für $p = 0{,}6$ und $n = 200$ ist $\mu = 120$; $\sigma \approx 6{,}93$; $\mu + 1{,}28\sigma \approx 128{,}9$.

Entscheidungsregel: Verwirf die Hypothese $p \leq 0{,}6$, falls mehr als 128 Kinder in der Stichprobe regelmäßig fernsehen.

Fehler 1. Art: In der Stichprobe sind zufällig extrem viele 2-Jährige, die regelmäßig fernsehen, obwohl der Anteil eigentlich höchstens 60 % beträgt. Die Soziologen werden in ihrer Meinung bestätigt, obwohl sie falsch ist.

Fehler 2. Art: In der Stichprobe sind zufällig weniger als 129 Kinder, die regelmäßig fernsehen, obwohl der Anteil eigentlich größer ist als bisher vermutet. Die Soziologen können ihre richtige Vermutung nicht statistisch beweisen.

(2) Gemäß Entscheidungsregel kann die Hypothese $p \leq 0{,}6$ nicht verworfen werden.

(3) Annahmebereich $A = \{0; 1; \ldots; 128\}$. $P_{p=0{,}65}(A) \approx 0{,}409$

481

13. a) Startvektor: $\overrightarrow{v_0} = \begin{pmatrix} 0{,}32 \\ 0{,}28 \\ 0{,}22 \\ 0{,}18 \end{pmatrix}$

Zustand nach einem Quartal:

$\overrightarrow{v_1} = M \cdot \overrightarrow{v_0} = \begin{pmatrix} 0{,}367 \\ 0{,}297 \\ 0{,}194 \\ 0{,}142 \end{pmatrix}$

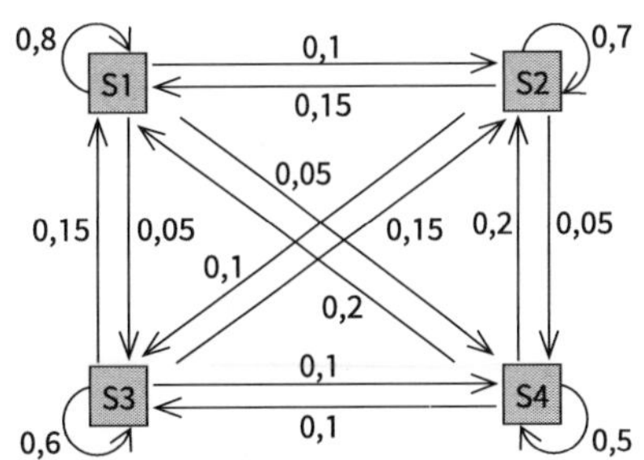

b)

Hersteller	1. Quartal	2. Quartal	3. Quartal	4. Quartal	5. Quartal	6. Quartal
S1	0,367	0,396	0,413	0,424	0,431	0,436
S2	0,297	0,302	0,303	0,301	0,300	0,299
S3	0,194	0,179	0,170	0,164	0,161	0,159
S4	0,142	0,124	0,115	0,110	0,108	0,107

Der Marktanteil von S2 liegt im 2. bis 5. Quartal oberhalb von 30 %.

c) Auf lange Sicht ergibt sich: $\overrightarrow{v_\infty} = \begin{pmatrix} 0{,}444 \\ 0{,}296 \\ 0{,}156 \\ 0{,}105 \end{pmatrix}$ (Rundungsfehler: Summe = 1,001)

d) Lösung mithilfe des linearen Gleichungssystems $M \cdot \begin{pmatrix} a \\ b \\ c \\ d \end{pmatrix} = \begin{pmatrix} 0{,}32 \\ 0{,}28 \\ 0{,}22 \\ 0{,}18 \end{pmatrix}$ oder mithilfe der Umkehrmatrix M^{-1}: $M^{-1} \cdot \overrightarrow{v_0} = \begin{pmatrix} 0{,}242 \\ 0{,}235 \\ 0{,}264 \\ 0{,}260 \end{pmatrix}$

Geht man noch weiter zurück, so erhält man negative Anteile, d. h. die Annahme der gleichbleibenden Übergangsquoten ist nicht realistisch:

Hersteller	letztes Quartal	vorletztes Quartal	vorvorletztes Quartal
S1	0,242	0,108	−0,125
S2	0,235	0,125	−0,129
S3	0,264	0,339	0,466
S4	0,260	0,428	0,788